"十四五"时期
国家重点出版物出版专项规划项目
国家出版基金项目
NATIONAL PUBLICATION FOUNDATION

航天先进技术研究与应用系列

王子才　总主编

空间桁架式可展开抓取机构设计

Design of Space Truss-type Deployable Grasping Mechanisms

李　兵　黄海林　郭宏伟　刘荣强　著

哈爾濱工業大學出版社
HARBIN INSTITUTE OF TECHNOLOGY PRESS

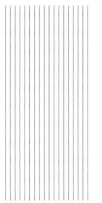

内 容 简 介

空间桁架式可展开抓取机构可以收拢到紧凑状态以方便在狭小空间行进、储藏、运输，待进入特定位置后再展开到较大的作业状态以实现较大范围的作业，其在航空航天领域有着十分广泛的应用前景。本书在对宇航空间机构多年理论研究与工程经验积累的基础上，密切结合我国航空航天事业的发展需求，以空间桁架式可展开机构为对象，对空间桁架式可展开抓取机构的技术发展与应用进行了全面概括，并从空间桁架式可展开抓取机构的构型设计、运动学与动力学分析、驱动设计、轻量化设计、空间环境多场耦合、抓取规划与控制方法等方面系统地阐述该类机构的设计理论与分析方法。

本书可供科研院所、从事宇航空间机构研究的高等院校的工程设计人员、教师、研究生等阅读和参考。

图书在版编目(CIP)数据

空间桁架式可展开抓取机构设计/李兵等著.—哈尔滨:哈尔滨工业大学出版社，2022.3

(航天先进技术研究与应用系列)

ISBN 978-7-5603-9124-3

Ⅰ.①空… Ⅱ.①李… Ⅲ.①空间桁架-机械手-机构综合 Ⅳ.①TH112

中国版本图书馆CIP数据核字(2020)第204569号

空间桁架式可展开抓取机构设计

KONGJIAN HENGJIASHI KEZHANKAI ZHUAQU JIGOU SHEJI

策划编辑 王桂芝 孙连嵩

责任编辑 张 颖 谢晓彤 鹿 峰 张 荣

出版发行 哈尔滨工业大学出版社

社　　址 哈尔滨市南岗区复华四道街10号 邮编150006

传　　真 0451-86414749

网　　址 http://hitpress.hit.edu.cn

印　　刷 哈尔滨博奇印刷有限公司

开　　本 720 mm×1 000 mm 1/16 印张17.5 字数340千字

版　　次 2022年3月第1版 2022年3月第1次印刷

书　　号 ISBN 978-7-5603-9124-3

定　　价 108.00元

前　言

自从人类探索太空以来，已经进行了几千次的航天器发射任务。然而，伴随着航天器发射任务的增多，报废的航天器及其产生的太空垃圾却尚未得到充分的回收。当前已有数千吨的太空垃圾盘旋在太空中，这些太空垃圾以极高的速度运动，对在轨航天器造成了巨大的威胁。这就迫切地需要设计出一种可以抓取太空垃圾的空间桁架式可展开抓取机构来减少太空垃圾的数量，从而为在轨航天器提供安全的工作环境，因此该类机构的设计及研究具有重要的意义。

本书是作者在长期总结空间桁架式机构设计理论和性能分析方法基础上撰写而成的，主要包括了空间桁架式可展开抓取机构的构型综合方法、性能分析、驱动实例等内容。全书共分 7 章：第 1 章介绍空间桁架式可展开抓取机构的研究现状并总结当前空间桁架式可展开抓取机构在设计中存在的一些问题，以此提出空间桁架式可展开抓取机构的概念、构型设计、性能分析、驱动器设计、多场耦合动力学、控制方法、样机与试验验证等；第 2 章介绍旋量理论及其在构型综合中的应用，利用基于约束旋量理论的构型综合方法设计出一系列的变胞机构模块，这些模块可以用来构造空间桁架式可展开抓取机构，此外还提出四面体和欠驱动桁架式机械手的设计方法；第 3 章对空间桁架式可展开抓取机构进行性能分析，如展开性能、工作空间、可操作度、动力学及热力耦合等；第 4 章介绍空间桁架式可展开抓取机构的驱动设计，包括尼龙纤维驱动器、形状记忆合金驱动器以及变刚度驱动器三种驱动器；第 5 章介绍空间桁架式可展开抓取机构的抓取规划，研究内容有指尖抓取规划、包络抓取规划和最优抓取规划，并通过仿真结果对抓取规划进行相应分析；第 6 章介绍基于多种情况下的空间桁架式可展开抓取机构的控制，其中包括基于扩张状态观测器的展开运动控制、基于动力学前馈的展开抓取运动控制、基于扩张状态观测器的展开抓取运动控制；第7章介绍空间桁架式可展开抓取机构的设计实例，分别是基于变胞机构模块的桁架式可展开抓取机构和基于平行四边形的欠驱动索杆桁架式可展开抓取机械手。

本书作者均为从事空间桁架式机构设计的科研人员，第1章由刘荣强撰写，第2、3、5、6章由李兵撰写，第4章由郭宏伟撰写，第7章由黄海林撰写。全书由李兵统稿，黄海林对全书进行了整理和修改。作者指导的博士生为本书的撰写提供了相应内容，博士生贾广鲁提供了空间桁架式可展开抓取机构中变胞机构模块的构型综合方法（第2章），并与硕士生程韦达共同完成了多场耦合及构型优化的相关内容（第3章）；硕士生香世贵和吴楠分别提供了基于四面体桁架式机械手和欠驱动索杆桁架式机械手的设计内容（第2章）；博士生李国涛提供了空间桁架式可展开抓取机构的性能分析方法、运动规划及控制方法的相关内容（第3、5、6章）；博士生高长青、乔尚岭，硕士生江子奔、欧阳伟民、王佳豪提供了空间桁架式可展开抓取机构的驱动器设计方法及样机实例（第4、7章），在此一并表示感谢。

本书所涉及的研究工作得到了NSFC—深圳机器人基础研究中心基金项目“空间大尺度可变构型智能结构体创新设计与在轨操控方法研究”（U1613201）、国家自然科学基金重点项目“空间大型薄膜无铰链轻质可展机构设计理论与方法”（51835002）及哈尔滨工业大学（深圳）教改项目的资助。在此对项目资助单位表示感谢。

由于作者水平有限，书中难免存在疏漏及不足之处，恳请读者批评指正。

作　者

2022年1月

目　录

第1章

绪　论

1.1　概　述

随着我国载人飞船、空间站、月球和火星探测、对地观测、空间科学研究等重大航天工程的陆续启动与实施，对可实现空间大范围在轨操控任务的宇航空间机构的需求越来越迫切。近年来国内外对宇航空间折展机构的研究较为关注，这类机构可由发射时的收拢状态展开并锁定成为大尺度的空间结构状态，典型的折展机构包括空间伸展臂机构、航天器太阳能帆板展开机构、反射面天线展开机构等，此类机构活动度少、展开锁定后无法运动，功能相对单 、固定。在未来的航天任务中，宇航机构必须具备开展大范围作业空间的能力，如实现太空垃圾的回收、失控卫星的轨道修正与维护、对大型航天器的在轨操控等，此类任务的特点是作业范围大、作业任务复杂多变、承载能力大。传统的关节式空间机械手虽然活动度多、灵活性好，但是对接触操作条件要求较高，容易产生碰撞等安全性问题，在操控过程中需要实现对目标和机械臂的精确运动规划和控制。因此，要实现宇航空间大范围的操控作业，迫切需要研究大尺度、多活动度的空间桁架式可展开机构系统。

空间桁架式可展开机构的作业范围大，可操控活动度多，整体刚性好，可根据任务需求改变自身形状与构型，并实现复杂在轨操控作业的多环桁架式机构一结构系统，是集关节式机械臂、可展开机构与大型空间桁架结构特点于一体的复杂机构系统。空间桁架式可展开机构可针对数十甚至上百米以外的目标航天器进行在轨操作，从而实现大范围和机动灵活的在轨作业。作为空间大范围作业机器人亟待突破的关键技术，空间桁架式可展开机构设计理论与方法是下一代空间特种机器人亟待突破的关键理论和技术，对未来航天事业的发展将产生重要影响。

1.2　空间桁架式可展开机构的技术发展与应用

1.2.1　空间桁架式可展开机构的研究与发展

随着空间机器人技术的升级与发展，宇航空间桁架式可展开机构在向大尺度、大负载、多功能、轻量化方向发展，可以概括为以下几个方面。

(1) 大型可展开与可组装机构。

空间大型可展开机构通常由折叠状态通过展开机构进行多模块同步展开，在展开状态下经刚化锁定得到空间结构体，目前已广泛应用于空间太阳能帆板支承机构、合成孔径雷达天线和抛物面卫星天线等。该类机构的特点是展开长度较大，比如美国的 SRTM 一维伸展臂结构，展开长度可达 60 m，如图 1.1(a) 所示；加拿大二维平面展开机构的 SAR 天线展开可达 20 m，如图 1.1(b) 所示；图 1.1(c) 所示是日本工程测试卫星单个反射面天线，面积约为 19 m × 17 m。空间大型可展开机构由于活动度单一，一旦锁定即变为固定结构，不能实现更多的灵活操控与在轨作业。

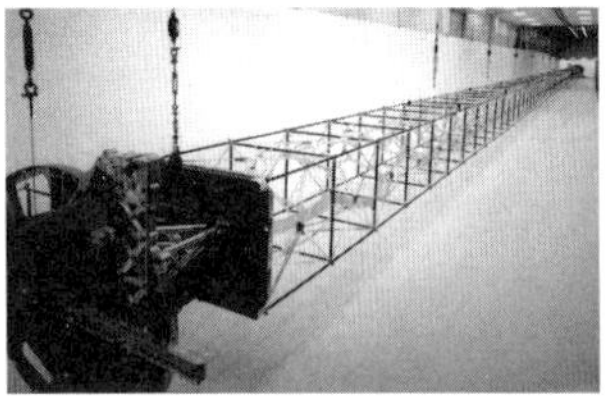
(a)一维伸展臂结构

(b)二维平面展开结构

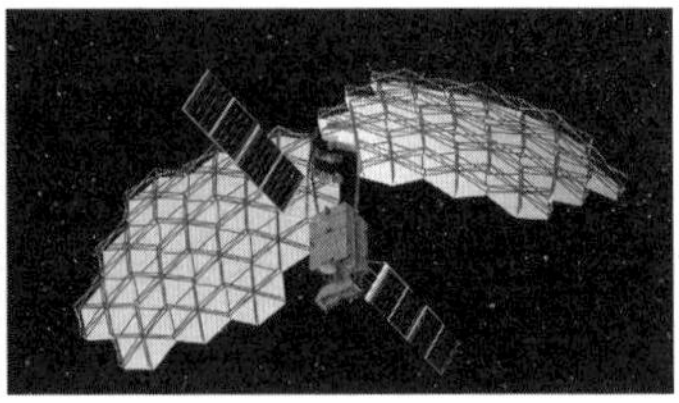
(c)三维曲面展开结构

图1.1　空间大型可展开机构系统

针对大尺度空间结构的需求，美国设计了“蜘蛛制造(SpiderFab)”原型样机，还提出了“千米级”桁架机构在轨制造的概念(图 1.2)，该桁架机构通过在轨 3D 打印桁架单元，再由空间机器人进行在轨二次组装。在轨制造的桁架机构虽然可以实现超大尺度结构的构建，但是构型固定，功能单一，再次回收困难。

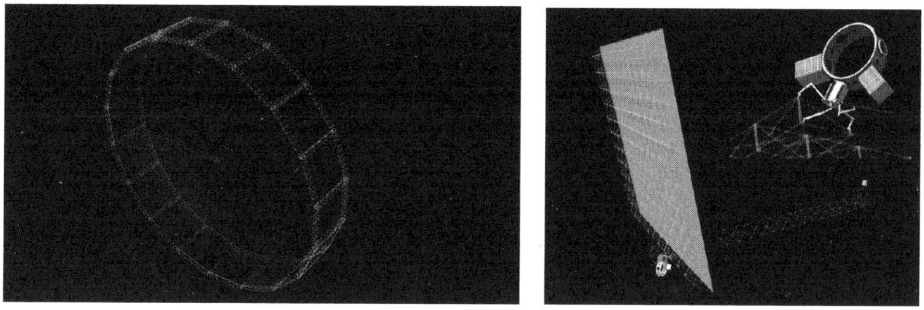

(a) 环形反射面天线桁架　　(b) 平面挡板桁架

图1.2 美国提出的“千米级”的大型桁架

由于可展开机构通常构型单一、活动度少，加州理工学院喷气推进实验室针对詹姆斯－韦伯太空望远镜的光学反射面天线结构提出了基于机器人技术的直径为 100 m 左右的大型在轨结构装配概念，其基本模块为可展开机构，可实现多样性的可展开机构空间形态。基于空间机器人技术的大型桁架机构在轨构建如图 1.3 所示。

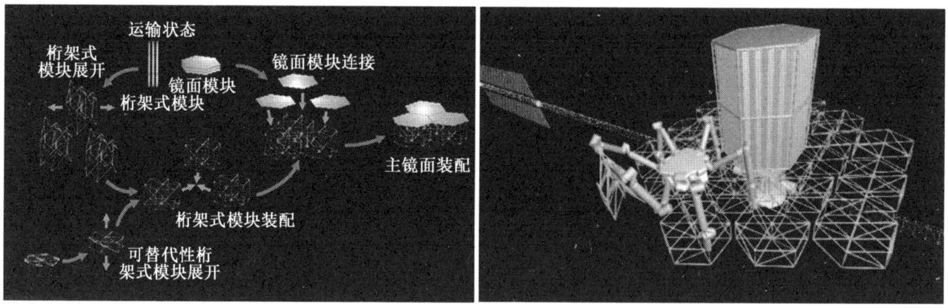

(a) 可展开桁架镜面模块装配　　(b) 基于机器人的桁架模块组装

图1.3 基于空间机器人技术的大型桁架机构在轨构建

(2) 大型变几何桁架结构。

变几何桁架(Variable Geometry Truss，VGT)是由一系列基于多活动度并联机构串联而成的多环机构系统，一般通过移动副驱动。变几何桁架机构活动度较多，可实现灵活的运动，具有良好的形状适应性，多模块串联后可构造超冗余桁架式机械臂，实现较大的操作刚度。美国国家航空航天局(NASA)在“小行星重定向任务(Asteroid Redirect Mission)”计划中提出基于变几何桁架抓取数吨重卵石的抓取机构，如图 1.4 所示，通过该抓取机构从小行星表面抓取巨大卵石送回到宇航员可操作的轨道。NASA 还设计了基于变几何桁架机构的着陆器，如图 1.5 所示，在着陆器支撑下由机械臂进行小行星取样操作。

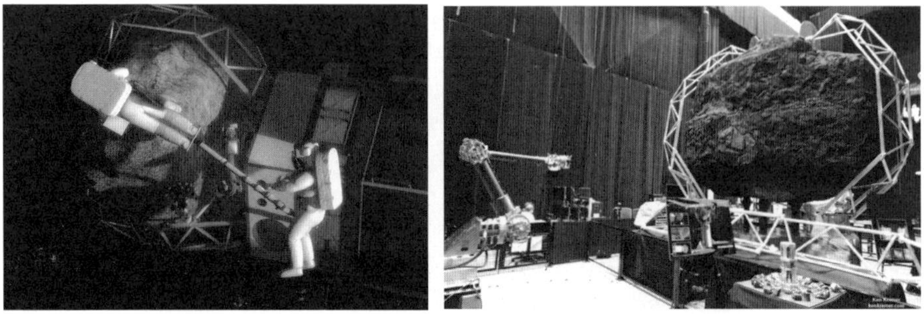

(a)宇航员在轨操作　　　　(b)地面抓取试验

图1.4　基于变几何桁架抓取数吨重卵石的抓取机构

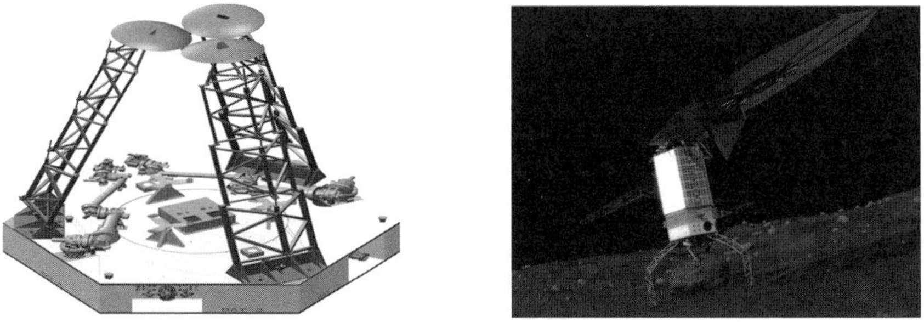

(a) 着陆器　　　　(b) 在着陆器支撑下进行作业

图1.5　基于变几何桁架机构的着陆器

(3) 大型可变构型航天器。

空间大范围操控作业要求航天器具有一定适应复杂任务的能力，变构型可使航天器适应复杂多变的作业任务，模块化可变构型航天器已经成为今后的研究热点。2011 年，美国针对 GEO 卫星的重用而提出了“凤凰计划”，力图利用“细胞形态学理论”进行模块卫星的设计，每一个“细胞”为缩小的传统卫星的子系统或组件，将一定数量和几何形状的“细胞”装配到一起构成一颗模块化卫星，例如 Nova Wurks 的 Satlet 系统，如图 1.6(a) 所示。由于卫星的体积和质量小，受发射限制较小，入轨后通过在轨释放系统和空间机械臂操作可集成为大型或超大型模块化结构系统，如图 1.6(b) 所示，且可根据空间任务需要在轨动态组织新的构型。

美国 NASA 工程师约翰 · 曼金斯博士等人提出的太空太阳能电站概念（图 1.7），可构建成如图 1.7(b) 所示的名为“SPS－ALPHA”（大型相控阵列卫星）鸡尾酒杯形卫星，旨在探索利用部署在太空中的太阳能电池板向地球传输能量的可能性，该卫星预计可在 2025 年发射升空，一个太阳能卫星阵列即可满足人类 1/3 的用电需求。

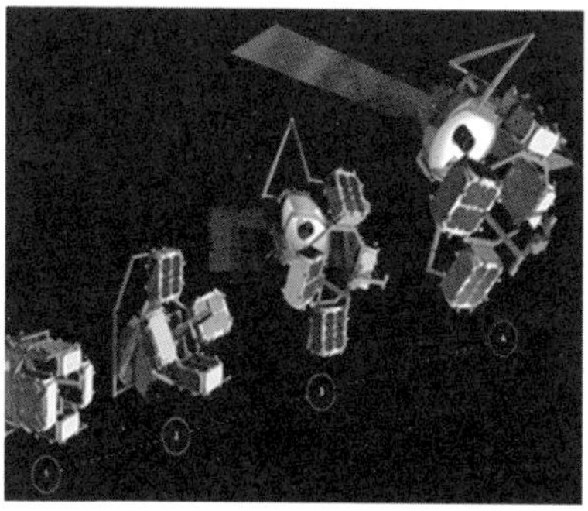

(a) Nova Wurks的Satlet系统

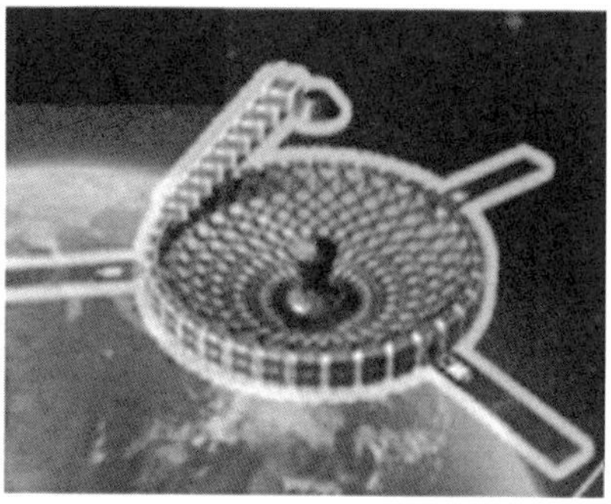

(b) 超大型模块化结构系统

图1.6　模块化可重构卫星

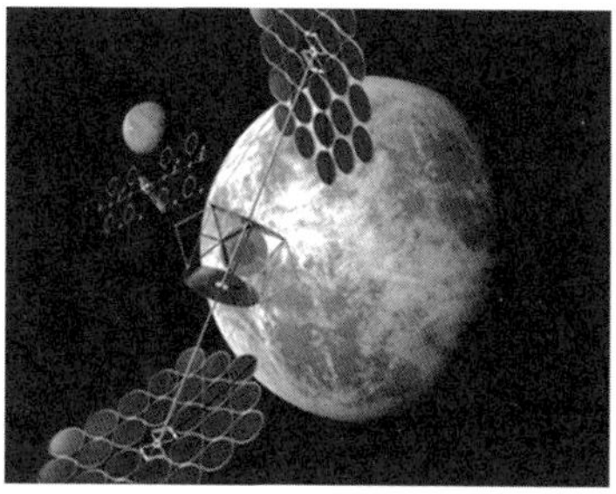

(a) 集成对称聚光系统

(b) 大型相控阵列卫星

图1.7　太空太阳能电站概念

德国柏林工业大学与德国宇航中心(DLR)开展了iBOSS项目的研究,该项目的重点在于将传统卫星平台分解为多个相同的建造积木,每个建造积木包含特定的功能,由空间机械臂完成在轨组装,集成为所需的空间系统,iBOSS空间系统如图1.8(a)所示。2005年,日本东京大学提出可重构空间系统的概念,由"细胞卫星"CellSat和"在轨服务机器人"OSR组成,日本的可重构空间系统如图1.8(b)所示。CellSat可实现遥感、通信等功能,由多个类似于积木的细胞单元组成,具有可重构的体系架构。

通过以上对空间在轨操控技术以及大尺度宇航空间机构国内外研究发展现状的综述可知,近年来,国际航天大国十分重视对空间大尺度宇航空间机构的相关研究。现有空间桁架式可展开机构还存在如下问题:空间可展开机构可以构造几十米甚至上百米的大型结构,但因其活动度较少而无法进行在轨操控;变几何桁架机构可以实现较多的活动度,但是其驱动复杂;模块化航天器可以通过模块的重组获得不同构型,但是不具备多样化的可操控活动度,并且重构过程往往需要辅助机器人来实现。因此,需要深入系统地研究新型空间桁架式可展开机构的设计理论与分析方法。

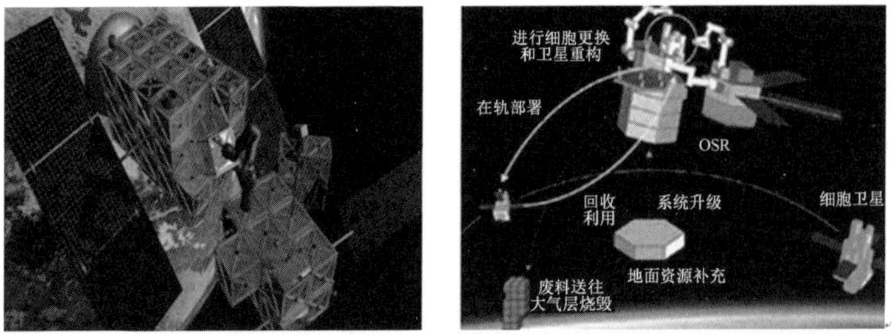

(a) iBOSS空间系统　　(b) 日本的可重构空间系统

图1.8　可重构空间系统

1.2.2　空间桁架式可展开机构的创新设计方法

大尺度桁架式机构本质上是一种复杂多环机构－结构系统，对此类复杂机构系统的创新设计就是采用机构综合的方法获得大量的可行构型，再从可行构型中优选获得性能良好的创新构型。机构的构型综合通常分为概念设计和运动学综合两个阶段：概念设计阶段从拓扑的层面对机构提出要求，例如自由度类型、机构是否包含闭环、闭环的个数与布置等，图论是此阶段进行拓扑综合的有效数学工具；运动学综合阶段是在给定机构自由度类型的前提下，在已知关节类型的集合中，寻找连杆与关节所有可能的连接方式，使组合得到的机构具有需要的自由度类型。当前机构运动学综合方法主要有 Grübler-Kutzbach 自由度公式及其修正公式、旋量理论、位移李群理论与位移流形理论等。

(1) 在机构运动学综合方面，主要分为基于位移李群综合理论和基于旋量理论两种方法。法国的 Hervé 教授在 1978 年列出了全部 12 类位移子群，奠定了基于位移李群综合的理论基础。此外，Angeles、Rico 等也基于位移李群理论提出了若干综合方法。香港科技大学的李泽湘等提出了基于微分流形理论的机构综合方法和系统化的数学理论。黄真、李秦川、方跃法等、孔宪文等、戴建生等在基于旋量理论的构型综合方面取得了重要成果；高峰等提出的 Gf 综合法，Gogu 提出的线性变换法，李兵等提出的直观几何法等都可综合出大量的新型并联机构。

(2) 在可展开机构设计方面，以由衷、陈焱为代表对可展机构的几何设计进行了深入的研究；在张拉整体结构方面，以加州理工学院空间结构实验室 Sergio Pellegrino 教授为代表的研究团队做了大量研究工作。国内以邓宗全教授为代表的研究团队在宇航可展开机构的构型综合与系统设计方面做了深入、系统的研究；张学波等针对宇航可展开机构进行了在轨服务任务的仿真分析、能力验证和关键性能指标及效能评估；史纪鑫研究了可变构型复合结构航天器动力学建模方法；杨毅、丁希仑等研究了基于空间多面体向心机构的伸展臂机构；杨廷力等研究了基于 Groebner 基的八面体变几何桁架机构。

(3) 在可变构型机构设计方面，主要有以戴建生为代表的变胞机构设计理论与方法，通过变胞关节设计，锁定与解锁关节实现机构变构型；以孔宪文和 C. C. Lee 为代表的断续自由度机构设计理论与方法通过机构在特殊形位下自由度产生分岔，改变机构的自由度类型，从而实现了机构的活动度改变。在模块化可重构机构方面，以 Mark Yim 为代表提出了多种基于多智能模块的可重构机器人系统，可通过模块重构实现构型变换。

1.2.3　轻量化智能材料驱动器设计

在大型桁架式机构的驱动器设计方面，由于尺度大、铰链多、约束复杂、系统质量大，无法完全基于传统机器人的纯电机驱动模式，而基于智能材料与智能结构的轻量化智能驱动技术有望解决这些技术难题。目前应用较广的智能材料包括压电材料、形状记忆材料、电磁致伸缩材料、电磁流变材料等。慕尼黑工业大学的 Baier 等通过在结构中嵌入形状记忆合金实施主动型面控制，提高反射镜的型面精度；利用压电作动器来改善大型天线的动力学性能；在太阳能帆板和卫星连接处利用压电材料设计主动阻尼器。韩国首尔大学的 Wei Wang 等人基于复合材料研究了可折展太阳能帆板机构。De Weck 等提出在太阳能帆板上嵌入形状记忆合金实施主动振动抑制。

在国内，孙东昌等提出了板壳振动控制的分布式压电单元法，在此基础上给出了压电模态传感器与压电模态致动器的设计方法；蔡炜等从 Hamilton 原理出发，应用 Lyapunov 及负速度反馈控制算法来实现振动控制；张妃二等提出基于边界元法的压电传感器与压电致动器的设计方法，研究了复合材料层合板智能结构的主动振动控制问题；陈亚梅提出在航天器太阳能帆板上嵌入形状记忆合金丝作为执行机构，采用经典线性最优控制理论研究了太阳能帆板的振动控制问题；邱志成针对航天器上板式挠性结构，提出了在板面上粘贴压电陶瓷片作动器和传感器控制板的弯曲和扭转振动的方法；蒋建平提出了新的智能结构动力学模型并应用分散控制理论实现了航天器太阳能帆板智能结构振动控制。目前，面向空间桁架式可展开机构进行轻量化智能驱动的研究还不多见。

1.2.4　动力学建模与控制方法

目前对于宇航空间机构动力学方面的研究大多集中在可展开机构方面，由于可展开机构尺度大、系统复杂，早期航天器动力学多采用多刚体模型进行研究。Li 通过采用第二类拉格朗日方程建立了环形桁架式天线的多刚体动力学模型，同时利用五次多项式来规划天线的展开速度，从而得出相应的控制绳索张力，实现了天线的平稳展开。Neto 等采用柔性多体动力学建模方法，建立了合成孔径雷达天线(SAR)的刚柔耦合展开动力学模型,分析和优化了天线的展开过程,通过采用模态综合法降低了模型求解规模,从而提高了求解效率。Mitsugi等建立了六边形模块化构架式展开天线的柔体动力学模型,并通过对直径4.8 m的单模块进行展开测试,验证了数值仿真结果的正确性。Wasfy等针对NASA的大口径望远镜建立了多柔体动力学模型,通过采用模糊集来描述控制器的驻留时间,研究了驻留时间对展开动力学特性的影响。Zhang等基于小变形假设,同时忽略刚体运动与弹性部件的耦合作用,建立了多柔体展开动力学模型,研究了杆件柔性对环形桁架式天线展开运动的影响,该仿真试验未能反映机构展开运动过程中的不同步现象。但是,对大型空间机构建立多柔体展开动力学模型的过程十分复杂,且求解过程也会耗费大量的时间成本,不满足实时控制的要求,因此大型空间机构的展开控制还大多基于准静态模型或多刚体展开动力学模型。

1.3 空间桁架式可展开机构相关研究及存在的问题

宇航空间大尺度桁架式机构相关研究存在如下共性问题。

(1) 空间大尺度桁架式可展开抓取机构是一类复杂多环路机构,运动学约束复杂,尺度较大,自由度类型多,既要可以展开收拢,又要可以实现抓取操作,其构型设计与运动学分析远比少自由度可展开机构复杂,目前还没有系统化的构型设计与分析方法,而当前国内外相关研究还很少报道,亟待开展前瞻性和创新性的研究工作。

(2) 高昂的发射成本与复杂的太空作业环境要求空间大尺度机构系统的驱动要尽可能节能。由于存在高能粒子冲击,要求对电机及其驱动器的应用要尽可能少,基于轻量化智能材料的新型驱动器有望解决此类问题。但是,目前基于智能材料的轻量化驱动器存在驱动行程较短、迟滞性能明显、驱动功率较低等问题,仍然需要与宇航空间机构作业环境进行集成设计与提高,才能应用到空间作业环境中。

(3) 大尺度桁架机构难以建立合理准确的结构动力学模型,这是因为航天结构多是复杂的多体系统,各部段之间的连接亦不相同,其动力学特性对连接状态、质量分布及比例极为敏感,这些因素导致了难以建立较精确的动力学模型。加之这类结构易出现损伤,且损伤扩展难以预估,极大地增加了建模难度,因此复杂刚柔耦合的空间大型机构系统动力学建模与求解方法仍需要大量的理论研究和试验验证。

(4) 宇航空间桁架式机构的大范围作业过程前后都会引起操作平台及空间

目标的非线性振动,这是造成航天器失效与性能降低的重要因素。因此,研究空间桁架式机构操控过程的控制算法和进行相关的振动控制十分必要。当前的控制算法较少考虑振动抑制,因此需要基于计算机辅助设计与仿真手段把振动带来的负面影响降到最低。

通过以上对国内外现状综述和存在问题的分析,要实现大范围的宇航在轨作业,亟须开展对形式多样、功能各异的大型空间桁架式可展开机构的系统研究,特别在其构型设计理论、新型驱动方法、动力学与操控方法等关键科学与技术问题方面,亟待深入研究。

1.4 空间桁架式可展开机构的研究内容

空间桁架式可展开机构属于空间多环路机构,其构型形式复杂多样,根据不同的应用背景和设计需求,特点各不相同。该类机构的设计涉及机构学、机器人学、材料学、力学等多个学科。空间桁架式可展开机构设计内容包括构型设计、性能分析、驱动器设计、多场耦合动力学、控制方法、样机与试验验证等。

1.4.1 构型设计

空间桁架式可展开机构设计难度较大。为了实现机构形式多样化与构型可变,可以研究活动度可变的关节设计与分析方法,通过锁定与解锁机构、特殊限位机构、自锁机构等形式实现关节的变胞与变构。图论、旋量理论、位移李群理论与位移流形理论等现代几何理论可以研究基于变胞关节、变胞机构、断续自由度机构、变拓扑机构、柔顺机构等形式的构型可变机构的综合与创新设计方法,还可以基于机构学基础理论研究构型可变机构的运动学建模方法、性能分析与评价方法和构型优选方法。

1.4.2 性能分析

空间桁架式可展开机构的结构形式使得该类机构的性能分析难以按照常规机构的分析方法展开,需要展开的分析涉及运动学、动力学与控制、机构学、材料学、力学等学科内容,传统并联机构与可展开机构的分析方法无法适用,部分性能指标也难以建立精确分析模型,需要基于计算机辅助设计与分析技术研究该类机构的可视化设计、辅助建模与分析方法,甚至需要进行多平台、多学科联合仿真分析才能实现对该类复杂机构的性能分析。

1.4.3 驱动器设计

针对多环路机构的结构特点，需要从结构轻量化和可靠驱动的角度出发，研究基于新型智能材料、形状记忆合金、压电等驱动器设计方法。通过理论分析、试验测试等方法，研究智能材料的力学性能与规律。通过材料复合、物理化学设计等方法，研究基于形状记忆合金的驱动器加工工艺，进行运动放大机构设计、复合铰链设计以及整体拓扑优化设计，建立基于智能材料的小型、轻量化、大输出的驱动器设计方法。针对空间大尺度桁架机构系统多模块联动的特点，提出超冗余自由度系统的协调驱动方法，提出基于电机、弹性元件、智能驱动器的分布式混合驱动优化配置方法。

1.4.4 多场耦合动力学

空间桁架式可展开机构含有大量刚性构件、柔性构件、关节铰链等，具有结构柔性大、系统阻尼小、非线性、强耦合等特点，而且工作在大温差、高真空、微重力等苛刻空间环境下，多场耦合作用下机构的刚柔耦合对动力学性能产生较大影响。因此需要提出刚柔耦合多体系统动力学的离散建模与分析方法，同时考虑关节铰链、柔性构件的非线性效应，建立大型空间系统的多体非线性动力学模型，分析结构参数、构型变化等对结构动力学性能的影响规律。此外，还需要建立多场耦合作用下的大型机构动力学特性分析方法，分析系统在多场耦合作用下的热振动、热变形与结构力振动及力变形的耦合作用关系，研究热载荷及力载荷对机构动力学性能的影响规律。

1.4.5 控制方法

空间桁架式可展开机构的动力学模型难以精确建模，并且在作业环境复杂多变的情况下大型空间桁架式可展开机构的控制需要考虑来自多方面的干扰因素。由于动力学与环境参与无法精确预测，因此需要研究机构在轨状态测量与感知方法，建立大型机构的多输入、多输出在轨控制方法，研究被操控目标形状、位置、运动等信息缺失条件下的大型智能机构对非合作目标的操控方法，建立具有大容差能力的在轨操控方法。

1.4.6 样机与试验验证

面向宇航空间大范围作业的桁架式可展开机构需要建立地面试验系统进行大量的模拟试验，才能验证其可行性。首先，需要建立地面微重力的作业环境，通过水浮、气浮、吊绳或者自由落体等形式建立微重力仿真环境，在微重力仿真环境中还需要建立多场耦合作业环境，通过高低温环境实现对太空环境的模拟；

其次，通过辅助机械臂的方式实现对在轨运动目标的模拟，在此平台的基础上，验证大型机构系统对非合作目标对象的自主操控能力；最后，基于原理样机和地面模拟试验系统，对空间桁架式可展开机构进行运动学性能、动力学性能、驱动与控制性能、轨迹规划性能的测试与验证，通过原理样机与半物理仿真试验提出样机方案的改进与优化方法。

1.5 本章小结

本章介绍了空间桁架式可展开机构的研究现状、主要结构形式、技术发展现状及应用。可展开机构可以收拢到较小的尺度以方便储藏与运输，也可以展开到较大的尺寸实现一定的功能，因而在宇航空间在轨维护领域有望获得较大应用前景。本章针对空间桁架式可展开机构当前研究存在的若干问题，提出未来的研究方向。

参考文献

[1] 秦文波，陈萌，张崇峰，等.空间站大型机构研究综述[J].上海航天，2010，27(4):32-42.

[2] HOYT R P, CUSHING J I, SLOSTAD J T, et al. SpiderFab: an architecture for self-fabricating space systems[C].San Diego: AIAA Space Conference and Exposition,2013.

[3] LEE M, BACKES P, BURDICK J, et al. Architecture for in-space robotic assembly of a modular space telescope[J]. Journal of Astronomical Telescopes, Instruments, and Systems,2016,2(4):041207.

[4] GATES M, MAZANEK D, MUIRHEAD B, et al. NASA's asteroid redirect mission concept development summary[C].Big Sky: 2015 IEEE Aerospace Conference,2015.

[5] 陈罗婧，郝金华，袁春柱，等."凤凰"计划关键技术及其启示[J].航天器工程，2013,22(5):119-128.

[6] ARYA M, LEE N, PELLEGRINO S. Ultralight structures for space solar power satellites[C].San Diego: 3rd AIAA Spacecraft Structures Conference,2016.

[7] 庞羽佳，李志，陈新龙，等.模块化可重构空间系统研究[J].航天器工程，2016，

25(3):101-107.
[8] LEE C C, HERVÉ J M. Translational parallel manipulators with doubly planar limbs[J]. Mechanism and Machine Theory,2006, 41(4): 433-435.
[9] ANGELES J. The qualitative synthesis of parallel manipulators[J]. Journal of Mechanical Design,2004,126(4):617-624.
[10] RICO J M, CERVANTES-SANCHEZ J J, TADEO-CHAVEZ A,et al. A comprehensive theory of type synthesis of fully parallel platforms[C]. Philadelphia: Proceedings of 2006 ASME DETC Conference,2006.
[11] MENG J, LIU G F, LI Z X. A geometric theory for synthesis and analysis of sub 6-DOF parallel manipulators[J]. IEEE Transactions on Robotics, 2007,23(4):625-649.
[12] HUANG Z, LI Q C. General methodology for type synthesis of lower-mobility symmetrical parallel manipulators and several novel manipulators[J]. International Journal of Robotic Research,2002,21(2): 131-146.
[13] HUANG Z, LI Q C. Type synthesis of symmetrical lower-mobility parallel mechanisms using constraint-synthesis method[J]. International Journal of Robotic Research,2003,22(1):59-79.
[14] FANG Y F, TSAI L W. Structure synthesis of a class of 3-DOF rotational parallel manipulators[J]. IEEE Transaction on Robotics and Automation, 2004,20(1):117-121.
[15] KONG X W, GOSSELIN C M, RICHARD P L. Type synthesis of parallel mechanisms[J]. Springer Tracts in Advanced Robotics,2015, 129(6):595-601.
[16] GAN D, DAI J S, LIAO Q. Mobility change in two types of metamorphic parallel mechanisms[J]. Journal of Mechanisms and Robotics,2009,1(4): 041007.
[17] DAI J S, HUANG Z, LIPKIN H. Mobility of overconstrained parallel mechanisms[J]. Journal of Mechanical Design,2006,128(1):220-229.
[18] GAO F, ZHANG Y, LI W. Type synthesis of 3-DOF reducible translational mechanisms[J]. Robotica,2005,23(2):239-245.
[19] GOGU G. Structural synthesis of fully-isotropic translational parallel robots via theory of linear transformations[J]. European Journal of Mechanics A/Solids,2004,23(6):1021-1039.
[20] ZHAO J G, LI B, YANG X J, et al. Geometrical method to determine the

reciprocal screws and applications to parallel manipulators[J]. Robotica, 2009,27(6):929-940.
[21] YOU Z, CHEN Y. Motion structures: deployable structural assemblies of mechanisms[M]. London: CRC Press,2011.
[22] TIBERT A G, PELLEGRINO S. Review of form-finding methods for tensegrity structures[J]. International Journal of Space Structures,2003, 18(4):209-223.
[23] 邓宗全.空间折展机构设计[M].哈尔滨:哈尔滨工业大学出版社,2013.
[24] 张学波,于小红,张智海.空间智能操控装备在轨服务建模与仿真研究[J].装备学院学报,2014,25(2):47-51.
[25] 史纪鑫,曲广吉.可变构型复合柔性航天器动力学建模研究[J].宇航学报,2007,28(7):130-135.
[26] 杨毅,丁希仑.基于空间多面体向心机构的伸展臂设计研究[J].机械工程学报,2011,47(5):26-34.
[27] 杭鲁滨,王彦,邓辉宇,等.基于 Groebner 基的八面体变几何桁架机构位置正解分析[J].机械科学与技术,2004,23(6):745-747.
[28] DAI J S, REES J J. Mobility in metamorphic mechanisms of foldable/erectable kinds[J]. Journal of Mechanical Design,1999,12(10):375-382.
[29] KONG X W, GOSSELIN C M, RICHARD P L. Type synthesis of parallel mechanisms with multiple operation modes[J]. Journal of Mechanical Design,2007,129(6):595-601.
[30] LEE C C, HERVÉ J M. A novel discontinuously movable six-revolute mechanism[C]. Londo: ASME/IFToMM International Conference on REMAR,2009.
[31] YIM M, ROUFAS K, DUFF D, et al. Modular reconfigurable robots in space applications[J]. Autonomous Robots,2003,14(2-3):225-237.
[32] CHARON W, BAIER H. Active damping and compensation of satellite appendages[C]. Graz International Astronautical Federation Congress, 1993.
[33] WANG W, RODRIGUE H, AHN S H. Deployable soft composite structures[J].Scientific Reports, 2016,6:20869.
[34] OLIVIER D, WALTER H. Challenges and solutions for low-area-density spacecraft components application to ultra-in solar panel technology[C]. AIAA Defense and Civil Space Programs Conference and Exhibit,1998.

[35] 孙东昌，王大钧.智能板振动控制的分布压电单元法[J].力学学报，1996，28(6)：692-699.

[36] 蔡炜，李山青，杨耀文，等.压电层合板结构振动控制的有限元法[J].固体力学学报，1998，19(1)：45-52.

[37] 张妃二，姚立宁.复合材料层合板智能结构主动振动控制的边界元法[J].振动与冲击，2003，22(1)：40-42.

[38] 陈亚梅.基于形状记忆合金的太阳帆板的变结构控制[J].机械制造与自动化，2009，38(3)：6-7.

[39] QIU Z, WU H, ZHANG D. Experimental researches on sliding mode active vibration control of flexible piezoelectric cantilever plate integrated gyroscope[J]. Thin-Walled Structures，2009，47(8)：836-846.

[40] 蒋建平.航天器太阳能帆板智能结构动力学建模与分散化振动控制研究[D].长沙：国防科学技术大学，2009.

[41] LI T J. Deployment analysis and control of deployable space antenna[J]. Aerospace Science and Technology，2012，18(1)：42-47.

[42] NETO M A, AMBROSIO J A C, LEAL R P. Composite materials in flexible multibody systems[J]. Computer Methods in Applied Mechanics and Engineering，2006，195(50-51)：6860-6873.

[43] AMBROSIO J A C, NETO M A, LEAL R P. Optimization of a complex flexible multibody systems with composite materials[J]. Multibody System Dynamics，2007，18(2)：117-144.

[44] MITSUGI J, ANDO K, SENBOKUYA Y, et al. Deployment analysis of large space antenna using flexible multibody dynamics simulation[J]. Acta Astronautica，2000，47(1)：19-26.

[45] WASFY T M, NOOR A K. Multibody dynamic simulation of the next generation space telescope using finite elements and fuzzy sets[J]. Computer Methods in Applied Mechanics and Engineering，2000，190(5-7)：803-824.

[46] ZHANG Y, DUAN B, LI T. A controlled deployment method for flexible deployable space antennas[J]. Acta Astronautica，2012，81(1)：19-29.

[47] 刘明治，高桂芳.空间可伸展天线结构研究进展[J].宇航学报，2003，24(1)：82-87.

[48] 关富玲，刘亮.四面体构架式可展天线展开过程控制及测试[J].工程设计学报，2010，17(5)：381-387.

第2章

空间桁架式可展开抓取机构的构型设计

2.1 概　述

机构的构型设计可通过构型综合来完成，机构的构型综合主要分为概念设计和运动学综合两类。前者从拓扑结构的设计出发，而后者则是基于给定机构的自由度需求进行构型综合。机构运动学综合主要分为两种方法：基于位移李群的综合理论和基于旋量理论。尽管基于位移李群的综合方法经 Hervé、Angeles 和 Rico 等人的研究而逐渐成熟，但由于刚体在运动过程中有一些运动子集并不具备位移子群的结构，所以这些运动无法通过使用李群理论进行准确的描述与分析，因此李群理论在构型综合中有一定的局限性。而基于旋量理论的方法则没有这种局限性，所以被广泛地应用在构型综合方法中。例如，黄真等、方跃法、李秦川等、孔宪文等提出了基于旋量理论的并联机构的构型综合方法。此外，高峰等提出的 Gf 综合法、Gogu 提出的线性变换法以及李兵等提出的直观几何法也均可用于并联机构的构型综合中。

本章设计的空间桁架式可展开抓取机构需要展开和抓取两种不同类型的自由度，并且二者可以通过变胞机构进行自由度切换。本章主要介绍该类机构的构型综合方法，将具有展开和抓取两种不同类型自由度的变胞机构作为主要的构型综合对象，结合旋量理论和空间几何约束分析，针对任务需求对可变胞的可展开机构进行构型综合。此外，本章也介绍了四面体桁架式可展开抓取机构与欠驱动索杆桁架式机械手的设计方法。

2.2 旋量理论简介

由于本章介绍的构型综合方法是基于旋量理论展开的，因此，首先简单介绍一下旋量理论的基本概念。

1.旋量理论的概念

带有旋距要素的线矢量即为旋量。线矢量的自互矩为零，但旋量考虑旋距后其自互矩不再为零。因此线矢量 $\boldsymbol{L}$ 和旋距 h 结合后即可得到旋量。旋量可表示为

$$\boldsymbol{S}=\begin{pmatrix}\boldsymbol{l}\\ \boldsymbol{r}\times\boldsymbol{l}+h\boldsymbol{l}\end{pmatrix}\tag{2.1}$$

式中 h—— 旋距，为副部在主部的投影；

$\boldsymbol{l}$—— 线矢量 $\boldsymbol{L}$ 的姿态向量，也是旋量的轴线；

$\boldsymbol{r}$—— 姿态向量 $\boldsymbol{l}$ 的位置向量。

2.旋量的表示

旋量是几个几何体，可用由一对三维向量构成的六维向量表示为

$$\boldsymbol{S}=\begin{pmatrix}\boldsymbol{s}\\ \boldsymbol{s}_0\end{pmatrix}=\begin{pmatrix}\boldsymbol{s}\\ \boldsymbol{r}\times\boldsymbol{s}+h\boldsymbol{s}\end{pmatrix}=[\boldsymbol{s}_x,\ \boldsymbol{s}_y,\ \boldsymbol{s}_z,\ \boldsymbol{s}_{x0},\ \boldsymbol{s}_{y0},\ \boldsymbol{s}_{z0}]^{\mathrm{T}}=[\boldsymbol{l},\ \boldsymbol{m},\ \boldsymbol{n},\ \boldsymbol{p},\ \boldsymbol{q},\ \boldsymbol{r}]^{\mathrm{T}}\tag{2.2}$$

式中 $\boldsymbol{s}$—— 由姿态向量 $\boldsymbol{l}$ 表示的旋量轴线。

当旋距为零时，旋量退化为线矢量。当旋量表示刚体的瞬时运动时，称为运动旋量；当旋量表示力或力偶时，称为力旋量，本书主要用旋量表示动平台受到的约束力或力偶，因此又称力旋量为约束旋量。

3.旋量的互易积

两旋量互矩称为旋量的互易积，也称旋量的标量积，即

$$\boldsymbol{S}_1\circ\boldsymbol{S}_2=\boldsymbol{s}_1\cdot\boldsymbol{s}_{20}+\boldsymbol{s}_2\cdot\boldsymbol{s}_{10}\tag{2.3}$$

互易积也称相互不变量，独立于坐标系，具有不变性。

当公式满足如下条件时，则称这两个旋量互逆，即

$$\boldsymbol{S}_1\circ\boldsymbol{S}_2=\boldsymbol{s}_1\cdot\boldsymbol{s}_{20}+\boldsymbol{s}_2\cdot\boldsymbol{s}_{10}=0\tag{2.4}$$

从物理意义上看，互易积为零的 2 个旋量，一个表示物体运动，一个表示物体

受到的约束力，则互易积就是力旋量对运动旋量所做的瞬时功。如 2 个旋量的互易积为零，则表示力旋量不能约束运动旋量代表的瞬时运动。由以上运动旋量和力旋量的互逆定义可知，如果 $\boldsymbol{S}^r$ 与 $\boldsymbol{S}_1$ 和 $\boldsymbol{S}_2$ 互逆，则 $\boldsymbol{S}^r$ 也与 $\boldsymbol{S}_1$ 和 $\boldsymbol{S}_2$ 的任意线性组合所得的旋量互逆。

2.3　空间桁架式可展开抓取机构的概念设计

本书介绍的空间桁架式可展开抓取机构属于多指机械手的一种，机械手既可以展开到较大的尺度以实现对大型目标的抓取，也可以收拢到较小的尺度以方便储藏与运输，空间桁架式可展开抓取机构的示意图如图 2.1 所示。机械手的手指由变胞机构模块串联而成，这些变胞机构模块既有收拢、展开自由度，也有弯曲抓取自由度，两者之间的变换是通过变胞实现的。传统机械手的手指多为串联机构，而空间桁架式可展开抓取机构的机械手是空间桁架式多环路机构，可以实现较大的刚性和负载能力，从而实现大型目标的抓取，也可以实现较大的抓取力，因而适用于空间大型目标的抓取与操作。因此，空间桁架式可展开抓取机构的设计首先是从变胞机构模块开始的。

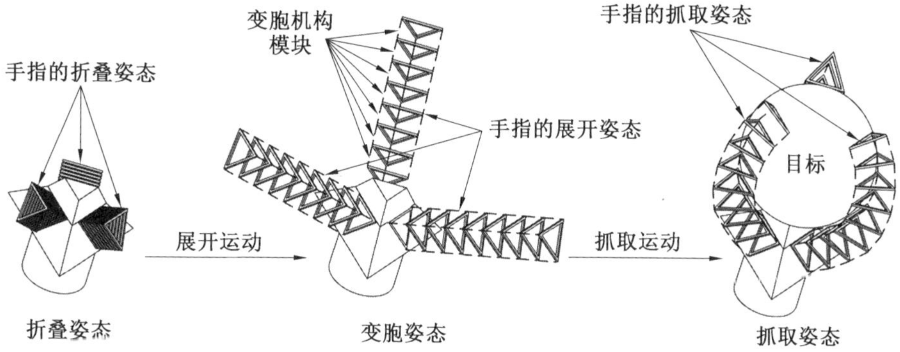

图2.1　空间桁架式可展开抓取机构的示意图

2.4　空间桁架式可展开抓取机构的模块设计

2.4.1　模块分解

图 2.1 中的变胞机构模块由变胞子机构、连接子机构、支撑子机构和类合页

子机构 4 部分组成,变胞机构模块的组成示意图如图 2.2 所示。

图 2.2 所示的虚线模型分别代表变胞子机构和 2 个支撑子机构。其中,变胞子机构是根据机构自由度需求设计的,实现展开运动到抓取运动的变胞,通过剪叉状机构实现收拢与展开运动,通过自由度分岔实现自由度变胞。支撑子机构和变胞子机构一起通过连接子机构与类合页子机构把变胞子机构和支撑子机构组成桁架式机构,以此实现刚度增强和负载能力提升。图中的双箭头实线代表箭头两端的杆件将被连接。从图 2.2 中可以看出,连接子机构由 4 个运动副组成,它们用来连接变胞子机构和支撑子机构,而类合页子机构则用来连接两个支撑子机构。

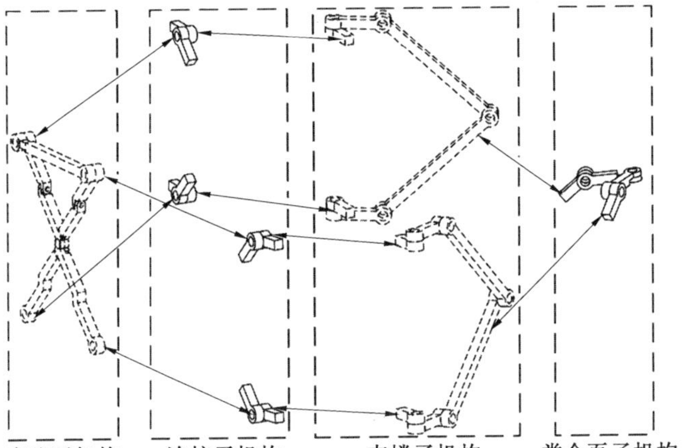

图2.2　变胞机构模块的组成示意图

本章主要介绍支撑子机构的构型综合方法,所用的构型综合步骤如下:

(1) 把变胞机构模块分为变胞子机构和支撑子机构,根据展开运动和抓取运动的自由度性质设计变胞子机构。

(2) 引入 1 个抓取面和 2 个支撑面。其中,变胞子机构和支撑子机构分别位于抓取面和支撑面。

(3) 引入连接子机构,从而连接变胞子机构并对其进行几何位置分析。

(4) 计算得到不同任务下带有连接子机构的变胞子机构约束旋量系,然后结合每个约束旋量系进行讨论分析,得到变胞子机构需要受到的额外约束。

(5) 基于变胞子机构需要受到的额外约束,结合类合页子机构的影响,得到支撑子机构需要满足的约束条件。

(6) 对支撑子机构进行构型综合,并用枚举法列出所有满足条件的支撑子机构,从而得到变胞机构模块。

本章内容包含大量的符号,符号表示的意义见表 2.1。

表 2.1　符号表示的意义

符号及命名	意义
$\{O_g - X_gY_gZ_g\}$	X_g 轴和 Z_g 轴位于抓取面的坐标系
$\{O_a - X_aY_aZ_a\}$	X_g 轴和 Z_g 轴位于支撑面的坐标系
$\mathbb{S}_g$	基于坐标系$\{O_g - X_gY_gZ_g\}$的运动旋量系
$\mathbb{S}_g^r$	基于坐标系$\{O_g - X_gY_gZ_g\}$的约束旋量系
$\mathbb{S}_a$	基于坐标系$\{O_a - X_aY_aZ_a\}$的运动旋量系
$\mathbb{S}_a^r$	基于坐标系$\{O_a - X_aY_aZ_a\}$的约束旋量系
$\boldsymbol{S}_{gj}$	基于坐标系$\{O_g - X_gY_gZ_g\}$的第 j 个运动副的运动旋量
$\boldsymbol{S}_{gj}^r$	基于坐标系$\{O_g - X_gY_gZ_g\}$的第 j 个运动副的约束旋量
$\boldsymbol{S}_{aj}$	基于坐标系$\{O_a - X_aY_aZ_a\}$的第 j 个运动副的约束旋量
$\boldsymbol{S}_{aj}^r$	基于坐标系$\{O_a - X_aY_aZ_a\}$的第 j 个运动副的运动旋量
${}^xR_C^2$	由两个转动轴线平行于 X_g 轴的转动副组成的一对连接子机构
${}^yR_C^2$	由两个转动轴线平行于 Y_g 轴的转动副组成的一对连接子机构
${}^zR_C^2$	由两个转动轴线平行于 Z_g 轴的转动副组成的一对连接子机构
${}^xP_C^2$	由两个移动方向平行于 X_g 轴的移动副组成的一对连接子机构
${}^yP_C^2$	由两个移动方向平行于 Y_g 轴的移动副组成的一对连接子机构
${}^zP_C^2$	由两个移动方向平行于 Z_g 轴的移动副组成的一对连接子机构
${}^{t1}P_C^2$，${}^{t2}P_C^2$	两对连接子机构，每对连接子机构由两个移动方向不平行，但位于 X_gZ_g 平面的移动副组成
${}^xR$	转动轴线垂直于 Y_aZ_a平面的转动副
${}^yR$	转动轴线垂直于 X_aZ_a平面的转动副
${}^wP$	移动方向平行于 X_aZ_a 平面的移动副
${}^{w1}P$，${}^{w2}P$	移动方向平行于 X_aZ_a 平面且互不平行的两个移动副
${}^vP$	移动方向平行于 Y_aZ_a 平面的移动副
${}^{v1}P^{v2}P$	移动方向平行于 Y_aZ_a 平面且互不平行的两个移动副
${}^zP$	移动方向平行于 Z_a 的移动副
$({}^iR^jR)_N$	2R 球面子链
$({}^iR^jR^kR)_N$	3R 球面子链
${}^{u1}R^{u2}R$	斜交于 X_aZ_a 平面的 2R 球面子链
${}^{u1}R^{u2}R^{u3}R$	斜交于 X_aZ_a 平面的 3R 球面子链

根据以上步骤即可完成对变胞机构模块的构型综合，构型综合过程中做如下假设：

(1) 支撑子机构的杆件数量不多于 6 个。

(2) 支撑子机构中的运动副只考虑转动副和移动副，不含复合铰链。

(3) 支撑子机构中的杆件最多包含 3 个运动副。

2.4.2 变胞子机构的设计

空间桁架式可展开抓取机构主要由变胞子机构和支撑子机构组成，首先根据任务需求完成了变胞子机构的设计。为了完成构型综合任务，选择 4 个轴线均平行于 Y_g 轴的转动副来组成连接子机构，即连接子机构为 ${}^{y}R_C^2\ {}^{y}R_C^2$。

变胞子机构主要用来完成抓取过程中与物体接触的任务，该机构由 5 个转动副(R1 ~ R5) 和 1 个移动副(P1) 组成，具有展开和抓取两种自由度的变胞子机构如图 2.3 所示。其中，R2 和 R3 的轴线总是交于一点或共线，R1 的轴线总是垂直于 R2 和 R3 的轴线。此外，R2 和 R3 的轴线所形成的平面为平面 1，该平面与 R1 的轴线垂直。R1 和杆 1、杆 2 组成了用于展开运动的剪叉状机构。

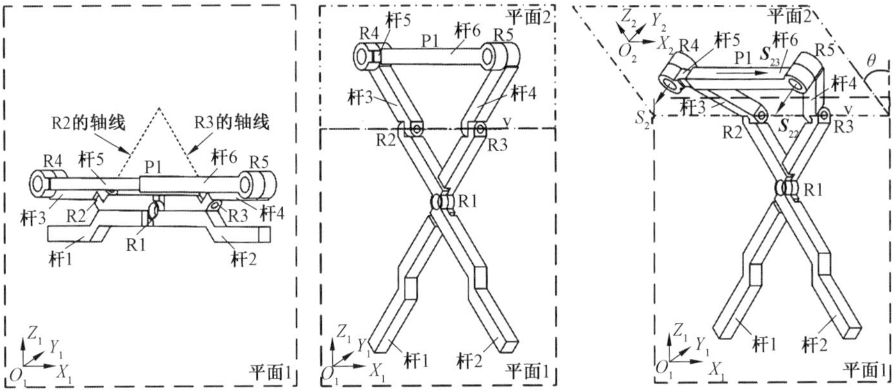

(a) 折叠姿态　　(b) 变胞姿态　　(c) 抓取姿态

图2.3　具有展开和抓取两种自由度的变胞子机构

图 2.3 分别表示了变胞子机构的折叠姿态、变胞姿态和抓取姿态。首先，杆 1 和杆 2 绕 R1 的轴线进行展开运动，当 R2 和 R3 的轴线共线时(图 2.3(b) 中用 v 表示)，变胞子机构进入变胞姿态。此时，杆 3 和杆 4 可以绕 R2 和 R3 的共线轴线进行旋转运动，即变胞子机构的自由度由展开自由度转为抓取自由度。在变胞姿态时，R1 将因设计时考虑的物理限位而停止旋转，从而保证了机构此时将停止展开运动，只能进行绕 R2 和 R3 的共线轴线的旋转运动。

此外，为了保证变胞子机构在展开运动和抓取运动中只有 1 个自由度，R4、R5 和 P1 被引入形成闭环机构，所有的运动副都是对称分布：R4 和 R5 的轴线彼此平行且垂直于 P1 的移动方向，R4 的轴线垂直于 R2 的轴线，R5 的轴线垂直于 R3 的轴线。穿过 R2 及 R3 的轴线并垂直于 R4 或 R5 的轴线的平面为平面 2。

图 2.3 中的两个坐标系$\{O_1-X_1Y_1Z_1\}$和$\{O_2-X_2Y_2Z_2\}$的确定方法：对于坐标系$\{O_1-X_1Y_1Z_1\}$，X_1 轴平行于 R2 的轴线，Y_1 轴平行于 R1 的轴线，Z_1 轴由右手定则来确定；对于坐标系$\{O_2-X_2Y_2Z_2\}$，X_2 轴平行于 P1 的运动方向，Y_2 轴平行于 R4 的轴线，Z_2 轴由右手定则来确定。

当变胞子机构在进行展开运动时，基于旋量理论，由 R4、R5 和 P1 组成的子链的运动旋量系为

$$\mathbb{S}_2=\left\{\begin{array}{l}\boldsymbol{S}_{21}=[0,-1,0,z_4,0,-x_4]^{\mathrm{T}}\\\boldsymbol{S}_{22}=[0,-1,0,z_5,-x_5]^{\mathrm{T}}\\\boldsymbol{S}_{23}=[0,0,0,1,0,0]^{\mathrm{T}}\end{array}\right\}\tag{2.5}$$

其中，$(z_4,0,-x_4)$和$(z_5,0,-x_5)$由 R4 和 R5 的位置向量与它们相应的轴的方向向量的叉积得到，(1,0,0) 表示 P1 在坐标系$\{O_2-X_2Y_2Z_2\}$的移动方向。

根据互易旋量理论，式(2.5) 对应的约束旋量系为

$$\mathbb{S}_2^{\mathrm{r}}=\left\{\begin{array}{l}\boldsymbol{S}_{21}^{\mathrm{r}}=[0,0,0,1,0,0]^{\mathrm{T}}\\\boldsymbol{S}_{22}^{\mathrm{r}}=[0,0,0,0,0,1]^{\mathrm{T}}\\\boldsymbol{S}_{23}^{\mathrm{r}}=[0,1,0,0,0,0]^{\mathrm{T}}\end{array}\right\}\tag{2.6}$$

式(2.6) 表示由 R4、R5 和 P1 所组成的机构子链存在 1 个约束力和 2 个约束力偶。其中，1 个约束力将约束沿 Y_2 轴的移动自由度，2 个约束力偶将约束绕平行于 X_2Z_2 平面的任意 2 个方向的转动自由度。也就是说，杆 3 相对于杆 4 有 3 个自由度，1 个绕 Y_2 轴的转动自由度和沿平行于 X_2Z_2 平面的任意 2 个方向的移动自由度。

变胞子机构在进行抓取运动中，R1 的轴线不再平行于由 R4、R5 和 P1 组成的机构子链所产生的转动自由度的方向，即转动副 R1 将失效，机构只能绕 R2 和 R3 的共线轴线进行抓取运动。

综上所述，变胞子机构在进行展开运动时不能进行抓取运动，在进行抓取运动时不能进行展开运动，即变胞子机构的展开自由度和抓取自由度相对独立。

2.4.3　桁架支撑子机构的设计

在设计完变胞子机构后，设计两个结构对称的支撑子机构，该子机构与变胞子机构组成桁架式变胞机构模块。首先，进行变胞机构模块的几何位置分析。在本章中，选择 4 个转动轴线垂直于抓取面，即平行于 Y_g 轴的转动副作为 2 对连接子机构进行后续的分析。

为了后续的构型综合引入了 1 个抓取面和 2 个支撑面，3 个平面以三棱柱的形式组成，抓取面和支撑面的几何位置关系如图 2.4 所示。变胞子机构和支撑子

机构的局部坐标系分别与抓取面和支撑面有关。其中,抓取面与上一小节的平面 1 共面,2 个支撑面相对抓取面对称分布。

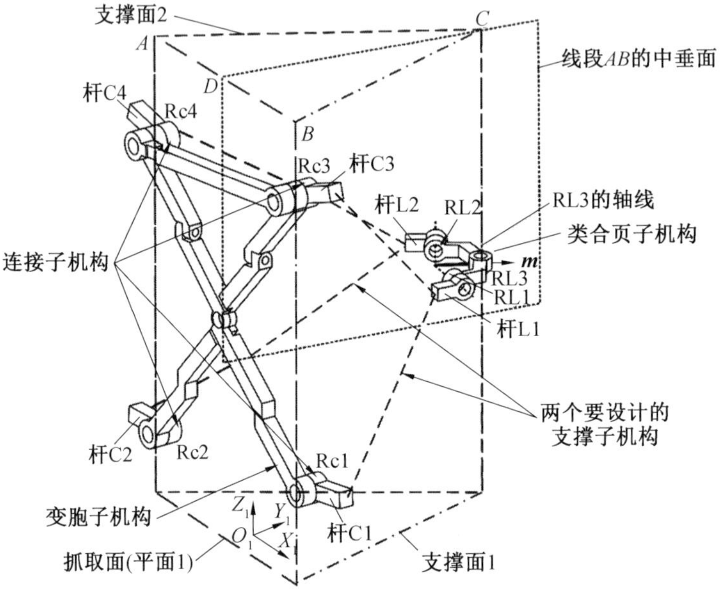

图2.4　抓取面和支撑面的几何位置关系

此外,还引入了 4 个连接子机构(Rc1 ～ Rc4)来连接变胞子机构和支撑子机构。由于变胞机构模块的对称性,引入由 3 个对称分布的转动副(RL1 ～ RL3)所组成的类合页子机构来连接 2 个支撑子机构。其中,RL1 和 RL2 对称,且其轴线垂直于 RL3 的轴线,如图 2.4 所示。

因为设计的变胞机构模块具有对称性,将有以下结论:①RL1 和 RL2 的轴线将分别垂直于支撑面 1 和支撑面 2;②2 个支撑面相对抓取面对称,所以图 2.4 中线段 AC 的长度等于线段 BC 的长度;③RL3 的轴线总是位于由 2 个支撑子机构所确定的线段 AB 的中垂面上。

一个转动副被约束的转动自由度方向与其轴线方向共面且不共线,因此,杆 L1 相对杆 L2 被限制的转动自由度方向位于由 RL1 和 RL2 的轴线所确定的平面,且沿着 RL3 的轴线方向,即图 2.4 中的 $\boldsymbol{m}$。因变胞机构模块的对称几何特性,$\boldsymbol{m}$ 位于线段 AB 的中垂面,且平行于 Y_1Z_1 平面。这就意味着杆 C3 相对杆 C1 被约束了绕任意平行于 Y_1Z_1 平面的方向的转动自由度。

此外,其中一个支撑子机构由 2 个分别连接杆 L1 和杆 C1、杆 L1 和杆 C3 的机构子链组成,另一个支撑子机构可以用相似的方法得到。具体的对支撑子机构进行构型综合的方法在后面章节中详细介绍。

2.4.4　连接子机构的引入及运动学分析

基于展开和抓取两种不同的自由度，在前面小节中已经设计了变胞子机构，然后引入 4 个连接子机构来连接变胞子机构和支撑子机构，这 4 个连接子机构分别用 Rc1 ~ Rc4 表示，变胞子机构的折叠和抓取姿态示意图如图 2.5 所示。Rc1 和 Rc2 的轴线平行于 R1 的轴线，Rc3 的轴线与 R5 的轴线共线，Rc4 的轴线与 R4 的轴线共线。

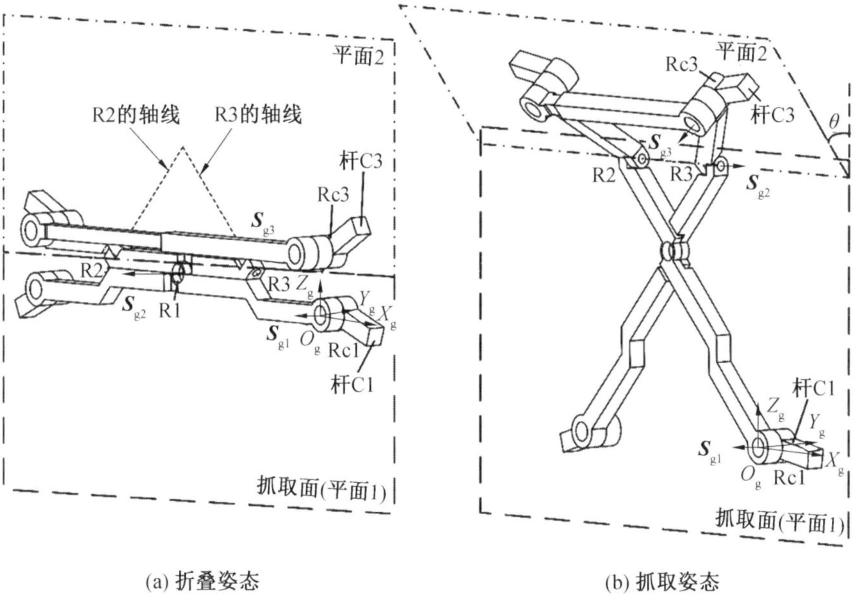

图2.5　变胞子机构的折叠和抓取姿态示意图

图 2.5 中的局部坐标系 $\{O_g - X_g Y_g Z_g\}$ 的确定方法：该坐标系原点为 Rc1 的轴线与抓取面的交点，Y_g 轴与 Rc1 的轴线共线，Z_g 轴位于抓取面且垂直于 P1 的运动方向，X_g 轴可以由右手定则来确定。根据之前的分析结果，当机构进行展开运动时，R2 和 R3 不能转动，因为它们的轴线不共线；当机构进行抓取运动时，R4、R5 和 P1 不能工作。这就意味着在展开过程中，只有 Rc1、Rc2、R4、R5 和 P1 工作，由于对称性，只分析其中一侧，即用 Rc1、Rc3 和 R1（或者 Rc2、Rc4 和 R1）来连接其中一个支撑子机构。含有连接子机构的变胞子机构的运动旋量系为

$$\mathbb{S}_g=\begin{Bmatrix} \boldsymbol{S}_{g1}=[0,-1,0,0,0,0]^T \\ \boldsymbol{S}_{g2}=[0,-1,0,z_2,0,-x_2]^T \\ \boldsymbol{S}_{g3}=[0,-1,0,z_3,0,-x_3]^T \end{Bmatrix} \tag{2.7}$$

其中，(0,0,0)、$(z_2, 0, -x_2)$ 和 $(z_3, 0, -x_3)$ 分别由 Rc1、R1 和 Rc3 在局

部坐标系$\{O_g-X_gY_gZ_g\}$中的位置向量与其相应的轴线的方向向量的叉积得到，由互易旋量理论即可得到相应的约束旋量系为

$$\mathbb{S}_g^r=\begin{cases}\boldsymbol{S}_{g1}^r=[0,0,0,1,0,0]^T\\ \boldsymbol{S}_{g2}^r=[0,0,0,0,0,1]^T\\ \boldsymbol{S}_{g3}^r=[0,1,0,0,0,0]^T\end{cases} \tag{2.8}$$

式(2.8)表明，在该子机构进行展开运动过程中，由Rc1、Rc3和R1(或者Rc2、Rc4和R1)组成的机构子链的约束旋量系中有2个约束力偶和1个约束力。约束力偶限制了所有平行于X_gZ_g平面的方向的转动自由度，约束力限制了沿Y_g轴方向的移动自由度。为了保证在展开运动中，杆C3相对杆C1有且只有1个自由度，需要引入1个约束力偶和1个约束力。该约束力偶和约束力应分别限制杆C3相对杆C1绕Y_g轴的转动自由度和沿X_g轴的移动自由度。

图2.5(b)显示了抓取过程中机构的几何位置。在这个过程中，只有Rc1、Rc2、Rc3、Rc4、R2和R3可以运动。当平面2与平面1有夹角时，R1将被锁死。此时，由对称性只考虑Rc1、R3和Rc3，则在抓取运动中，带有连接子机构的变胞子机构的运动旋量系为

$$\mathbb{S}_g=\begin{cases}\boldsymbol{S}_{g1}=[0,-1,0,0,0,0]^T\\ \boldsymbol{S}_{g2}=[1,0,0,0,z_2,0]^T\\ \boldsymbol{S}_{g3}=[0,-\cos\theta,-\sin\theta,-y_3\sin\theta+z_3\cos\theta,0,0]^T\end{cases} \tag{2.9}$$

其中，(0,0,0)、(0, z_2, 0)和($-y_3\sin\theta+z_3\cos\theta$, 0, 0)分别由Rc1、R3和Rc3在局部坐标系$\{O_g-X_gY_gZ_g\}$中的位置向量与它们相应的轴线的方向向量的叉积得到，由互易旋量理论，即可得到相应的约束旋量系为

$$\mathbb{S}_g^r=\begin{cases}\boldsymbol{S}_{g1}^r=[0,0,1,0,0,0]^T\\ \boldsymbol{S}_{g2}^r=[0,0,0,-z_2,0,1]^T\\ \boldsymbol{S}_{g3}^r=[-\sin\theta,0,0,0,0,y_3\sin\theta-z_3\cos\theta]^T\end{cases} \tag{2.10}$$

由式(2.10)可知，该子机构在进行抓取运动时，约束了空间上的3个移动自由度。为了保证在抓取运动中，杆C3相对杆C1有且只有1个自由度，需要引入2个约束力偶。该约束力偶应限制杆C3相对杆C1绕任意平行于Y_gZ_g平面的方向的转动自由度。

上一小节引入的类合页子机构可以约束所有平行于Y_1Z_1平面的方向的转动自由度。因为Y_1Z_1平面平行于Y_gZ_g平面，类合页子机构也约束了所有平行于Y_gZ_g平面的方向的转动自由度。为了保证变胞机构模块在展开运动和抓取运动中均有且只有1个自由度，支撑子机构需要满足以下3个条件：

(1) 限制杆C3相对杆C1沿X_g轴的移动自由度。

(2) 不能限制杆C3相对杆C1绕平行于X_g轴方向的转动自由度。

(3) 不能限制杆 C3 相对杆 C1 沿 Z_g 轴的移动自由度。

由条件(1) 可知，与抓取面相关的变胞子机构需要被限制沿 X_g 轴的移动自由度。此时引入新的局部坐标系$\{O_a - X_aY_aZ_a\}$：Y_a 轴垂直于支撑面 1，Z_a 轴平行于 Z_g 轴，X_a 轴由右手定则确定，抓取面和支撑面中约束力之间的关系如图 2.6 所示。根据约束力特性及抓取面和支撑面之间的几何位置关系，约束力 $\boldsymbol{F}_{gx}$ 可以分解成分别沿着 X_a 轴和 Y_a 轴的 $\boldsymbol{F}_{ax}$ 和 $\boldsymbol{F}_{ay}$。因此条件(1) 也可表示为：支撑子机构需要限制杆 C3 相对杆 C1 沿 X_a 轴，或 Y_a 轴，或 X_a 轴及 Y_a 轴的移动自由度。

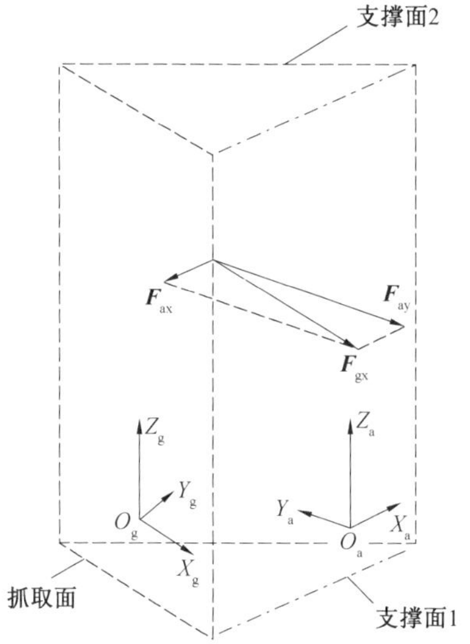

图2.6　抓取面和支撑面中约束力之间的关系

类似于条件(1)，条件(2) 可以根据 3 个平面的几何位置关系通过改变参考坐标系用另一种方式说明，即支撑子机构不能限制杆 C3 相对杆 C1 绕任意平行于 X_aY_a 平面的方向的转动自由度。相同地，由条件(3) 可知，支撑子机构不能限制杆 C3 相对杆 C1 沿 Z_a 轴的移动自由度。

结合以上 3 个条件可知，支撑子机构不能限制杆 C3 相对杆 C1 绕任意平行于 X_aY_a 平面的方向的转动自由度和沿 Z_a 轴的移动自由度。而且，支撑子机构还应该限制杆 C3 相对杆 C1 沿任意平行于 X_aY_a 平面方向的移动自由度。值得注意的是，限制任意平行于 X_aY_a 平面方向的移动自由度可以分成以下 3 种情况：限制平行于 X_a 轴的移动自由度；限制平行于 Y_a 轴的移动自由度；限制平行于 X_a 轴和 Y_a 轴 2 个方向的移动自由度。此外，考虑到可以限制杆 C3 相对杆 C1 绕 Z_a 轴的转动自由度，当局部坐标系$\{O_a - X_aY_aZ_a\}$ 选为参考坐标系时，在综合过程中，支撑子机构有且仅有 6 种情况，即支撑子机构限制了 ① 沿 Y_a 轴的移动自由度；② 沿X_a 轴的移动自由度；③ 沿 X_a 轴和 Y_a 轴的移动自由度；④ 沿 X_a 轴的移动自

由度和绕 Z_a 轴的转动自由度；⑤沿 X_a 轴的移动自由度和绕 Z_a 轴的转动自由度；⑥沿 X_a 轴和 Y_a 轴的移动自由度及绕 Z_a 轴的转动自由度。以下关于自由度分析的内容都是以杆 C3 相对杆 C1 进行讨论。

2.5 连接子机构为特殊类型转动副的构型综合

2.5.1 连接子机构为 ${}^{Y}R_C^2\ {}^{Y}R_C^2$

1.支撑子机构约束沿 Y_a 轴的移动自由度

支撑子机构约束沿 Y_a 轴的移动自由度情况下，支撑子机构的约束旋量系的标准基为

$$\mathbb{S}_a^r = \{\boldsymbol{S}_{a1}^r = [0,1,0,0,0,0]^T\} \tag{2.11}$$

这是一个沿着 Y_a 轴方向的约束力，根据互易旋量理论，可以得到支撑子机构的运动旋量系标准基为

$$\mathbb{S}_a = \begin{cases} \boldsymbol{S}_{a1} = [1,0,0,0,0,0]^T \\ \boldsymbol{S}_{a2} = [0,1,0,0,0,0]^T \\ \boldsymbol{S}_{a3} = [0,0,1,0,0,0]^T \\ \boldsymbol{S}_{a4} = [0,0,0,1,0,0]^T \\ \boldsymbol{S}_{a5} = [0,0,0,0,0,1]^T \end{cases} \tag{2.12}$$

$\boldsymbol{S}'_{a1}$、$\boldsymbol{S}'_{a2}$ 和 $\boldsymbol{S}'_{a3}$ 可以通过对 $\boldsymbol{S}_{a1}$、$\boldsymbol{S}_{a2}$ 和 $\boldsymbol{S}_{a3}$ 进行线性组合得到，如式(2.13)所示，它表示的是在不考虑球副前提下的 3R 球面子链。

$${}^1\mathbb{S}'_a = \begin{cases} \boldsymbol{S}'_{a1} = [l_1, m_1, n_1, 0,0,0]^T \\ \boldsymbol{S}'_{a2} = [l_2, m_2, n_2, 0,0,0]^T \\ \boldsymbol{S}'_{a3} = [l_3, m_3, n_3, 0,0,0]^T \end{cases} \tag{2.13}$$

新的移动副 $\boldsymbol{S}'_{a4}$ 和 $\boldsymbol{S}'_{a5}$ 可以通过对方向平行于 Y_aZ_a 平面的 $\boldsymbol{S}_{a4}$ 和 $\boldsymbol{S}_{a5}$ 进行线性组合得到，

$${}^2\mathbb{S}'_a = \begin{cases} \boldsymbol{S}'_{a4} = [0,0,0,l_4,0,n_4]^T \\ \boldsymbol{S}'_{a5} = [0,0,0,l_5,0,n_5]^T \end{cases} \tag{2.14}$$

移动副 $\boldsymbol{S}_{a4}$ 和 $\boldsymbol{S}_{a5}$ 可以与 $\boldsymbol{S}_{a2}$ 进行线性组合得到转动副 $\boldsymbol{S}''_{a4}$ 和 $\boldsymbol{S}''_{a5}$，所得到的转动副的轴线方向平行于 Y_a 轴，即

$${}^2\mathbb{S}''_a = \begin{cases} \boldsymbol{S}''_{a4} = [0,1,0,a_4,0,b_4]^T \\ \boldsymbol{S}''_{a5} = [0,1,0,a_5,0,b_5]^T \end{cases} \tag{2.15}$$

由式(2.15)可知，支撑子机构的全部运动副可以均为转动副。此外，新的运动旋量 $\boldsymbol{S}''_{a2}$ 可以通过对 $\boldsymbol{S}_{a2}$、$\boldsymbol{S}_{a4}$ 和 $\boldsymbol{S}_{a5}$ 进行线性组合得到。值得注意的是，$\boldsymbol{S}_{a1}$ 不能与 $\boldsymbol{S}_{a4}$ 进行线性组合；相似地，$\boldsymbol{S}_{a3}$ 不能与 $\boldsymbol{S}_{a5}$ 进行线性组合。$\boldsymbol{S}''_{a1}$ 可以通过对 $\boldsymbol{S}_{a1}$ 和 $\boldsymbol{S}_{a5}$ 进行线性组合得到，$\boldsymbol{S}''_{a3}$ 可以通过对 $\boldsymbol{S}_{a3}$ 和 $\boldsymbol{S}_{a4}$ 线性组合得到，即

$$
{}^{1}\mathbb{S}''_{a}=\begin{Bmatrix}\boldsymbol{S}''_{a1}=[1,0,0,0,0,b_1]^{\mathrm{T}}\\ \boldsymbol{S}''_{a2}=[0,1,0,a_2,0,b_2]^{\mathrm{T}}\\ \boldsymbol{S}''_{a3}=[0,0,1,a_3,0,0]^{\mathrm{T}}\end{Bmatrix} \tag{2.16}
$$

新的运动旋量 $\boldsymbol{S}'''_{a1}$、$\boldsymbol{S}'''_{a2}$ 和 $\boldsymbol{S}'''_{a3}$ 可以通过式(2.16)中的 $\boldsymbol{S}''_{a1}$、$\boldsymbol{S}''_{a2}$ 和 $\boldsymbol{S}''_{a3}$ 线性组合得到，即

$$
{}^{1}\mathbb{S}'''_{a}=\begin{Bmatrix}\boldsymbol{S}'''_{a1}=[l'_1,m'_1,n'_1,a'_1,0,b'_1]^{\mathrm{T}}\\ \boldsymbol{S}'''_{a2}=[l'_2,m'_2,n'_2,a'_2,0,b'_2]^{\mathrm{T}}\\ \boldsymbol{S}'''_{a3}=[l'_3,m'_3,n'_3,a'_3,0,b'_3]^{\mathrm{T}}\end{Bmatrix} \tag{2.17}
$$

由式(2.17)可知，支撑子机构可以由不交于同一点且斜交于 X_aZ_a 平面的 3 个连续转动副组成，当 5 个运动旋量中的一个用 $\boldsymbol{S}''_{a2}$ 表示时，支撑子机构也可以由斜交于 X_aZ_a 平面的 2R 球面子链组成。值得注意的是，2 个或 3 个组成球面子链的连续转动副必须与连接子机构相连，以避免构型出瞬时机构。

此外，为了让支撑子机构的约束旋量不变，公式中所有运动旋量的第 5 个分量必须为 0。然后，支撑子机构中的运动副按照它们轴线的方向分为两类：一类平行于 Y_a 轴，另一类交于同一点形成球面子链或不交于同一点但斜交于 X_aZ_a 平面。而且，任意一类转动副的最大数目都不能超过 3 个，避免不同运动副所对应的运动旋量线性相关。

约束力的作用点也需要被考虑，但因为 2 个支撑子机构在空间上呈对称分布，也就保证了 2 个支撑子机构所产生的约束力将会始终交于同一点，因此无须再考虑约束力作用点不共点的其他情况。

综上所述，支撑子机构应该具备以下结构特性：

(1) 运动链中必须含有 2 个或 3 个连续的转动副，它们可能形成球面子链，也可能轴线不交于同一点但斜交于 X_aZ_a 平面。

(2) 除了连续的转动副外，其他转动副的轴线方向必须平行于 Y_a 轴。

(3) 移动副的轴线方向必须平行于 X_aZ_a 平面。

结合以上结构特性，用枚举法即可得到支撑子机构的所有可能构型，约束沿 Y_a 轴移动自由度的支撑子机构构型的综合结果见表 2.2。该表分为三种情况：支撑子机构中含有 2 个移动副、含有 1 个移动副和不含移动副。

表 2.2　约束沿 Y_a 轴移动自由度的支撑子机构构型的综合结果

情况	列举
含有 2 个移动副	${}^{w1}P^{w2}P^{u1}R^{u2}R^{u3}R$，　${}^{u1}R^{u2}R^{u3}R^{w1}P^{w2}P$，　${}^{w1}P^{w2}P^{y}R^{u1}R^{u2}R$， ${}^{w1}P^{y}R^{w2}P^{u1}R^{u2}R$　${}^{y}R^{w1}P^{w2}P^{u1}R^{u2}R$，　${}^{u1}R^{u2}R^{w1}P^{w2}P^{y}R$， ${}^{u1}R^{u2}R^{y}R^{w1}P^{w2}P$，　${}^{u1}R^{u2}R^{w1}P^{y}R^{w2}P$，　${}^{w1}P^{w2}P({}^{i}R^{j}R^{k}R)_{N}$， $({}^{i}R^{j}R^{k}R)_{N}{}^{w1}P^{w2}P$，　${}^{w1}P^{w2}P^{y}R({}^{i}R^{j}R)_{N}$，　${}^{w1}P^{y}R^{w2}P({}^{i}R^{j}R)_{N}$， ${}^{y}R^{w1}P^{w2}P({}^{i}R^{j}R)_{N}$，　$({}^{i}R^{j}R)_{N}{}^{w1}P^{w2}P^{y}R$，　$({}^{i}R^{j}R)_{N}{}^{y}R^{w1}P^{w2}P$， $({}^{i}R^{j}R)_{N}{}^{w1}P^{y}R^{w2}P$
含有 1 个移动副	${}^{w}P^{y}R^{u1}R^{u2}R^{u3}R$，　${}^{y}R^{w}P^{u1}R^{u2}R^{u3}R$，　${}^{u1}R^{u2}R^{u3}R^{y}R^{w}P$， ${}^{u1}R^{u2}R^{u3}R^{w}P^{y}R$，　${}^{w}P^{y}R^{y}R^{u1}R^{u2}R$，　${}^{u1}R^{u2}R^{y}R^{y}R^{w}P$， ${}^{y}R^{w}P^{y}R^{u1}R^{u2}R$，　${}^{y}R^{y}R^{w}P^{u1}R^{u2}R$，　${}^{u1}R^{u2}R^{y}R^{w}P^{y}R$， ${}^{u1}R^{u2}R^{w}P^{y}R^{y}R$，　${}^{w}P^{y}R({}^{i}R^{j}R^{k}R)_{N}$，　${}^{y}R^{w}P({}^{i}R^{j}R^{k}R)_{N}$， $({}^{i}R^{j}R^{k}R)_{N}{}^{y}R^{w}P$，　$({}^{i}R^{j}R^{k}R)_{N}{}^{w}P^{y}R$，　${}^{w}P^{y}R^{y}R({}^{i}R^{j}R)_{N}$， $({}^{i}R^{j}R)_{N}{}^{y}R^{y}R^{w}P$，　${}^{y}R^{w}P^{y}R({}^{i}R^{j}R)_{N}$，　${}^{y}R^{y}R^{w}P({}^{i}R^{j}R)_{N}$， $({}^{i}R^{j}R)_{N}{}^{y}R^{w}P^{y}R$，　$({}^{i}R^{j}R)_{N}{}^{w}P^{y}R^{y}R$
不含移动副	${}^{y}R^{y}R^{u1}R^{u2}R^{u3}R$，　${}^{u1}R^{u2}R^{u3}R^{y}R^{y}R$，　${}^{y}R^{y}R^{y}R^{u1}R^{u2}R$， ${}^{u1}R^{u2}R^{y}R^{y}R^{y}R$，　${}^{y}R^{y}R({}^{i}R^{j}R^{k}R)_{N}$，　$({}^{i}R^{j}R^{k}R)_{N}{}^{y}R^{y}R$， ${}^{y}R^{y}R^{y}R({}^{i}R^{j}R)_{N}$，　$({}^{i}R^{j}R)_{N}{}^{y}R^{y}R^{y}R$

选用表 2.2 中的一个构型综合结果(${}^{w1}P^{w2}P^{u1}R^{u2}R^{u3}R$)可以得到一个具体的变胞机构模块，支撑子机构为${}^{w1}P^{w2}P^{u1}R^{u2}R^{u3}R$的变胞机构模块如图 2.7 所示。这个变胞机构模块中的一个支撑子机构内，有 3 个连续的转动副和 2 个移动副，分别用 Ra1～Ra3 和 Pa1～Pa2 表示。图 2.7(a)所示为变胞机构模块的折叠姿态，此时该机构只有一个绕转动副 R1(图 2.5 中标出)轴线旋转的转动自由度。当变胞机构模块进行展开运动直至转动副 R2 和 R3(图 2.5 中标出)的轴线共线时，进入变胞姿态，如图 2.7(b)所示。在变胞姿态时，变胞机构模块可以开始绕转动副 R2 和 R3(图 2.5 中标出)的共线轴线进行旋转，然后进入抓取姿态，如图 2.7(c)所示。

2.支撑子机构约束沿 X_a 轴的移动自由度

支撑子机构约束沿 X_a 轴的移动自由度情况下，支撑子机构的约束旋量系的标准基为

$$\mathbb{S}_{a}^{r}=\{\boldsymbol{S}_{a1}^{r}=[1,0,0,0,0,0]^{T}\} \tag{2.18}$$

这是一个沿着 X_a 轴方向的约束力，根据互易旋量理论，可以得到支撑子机

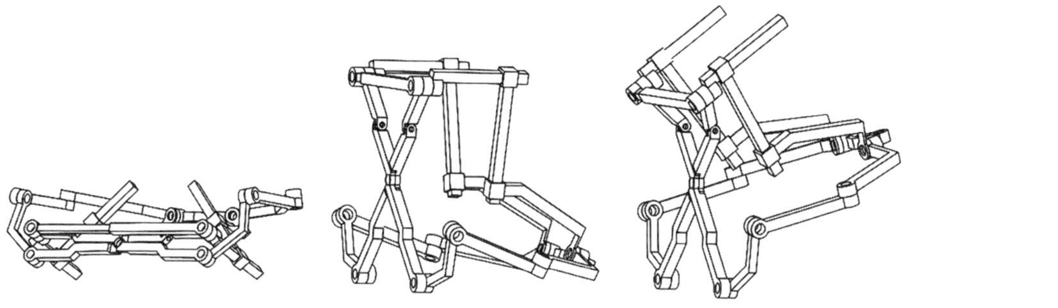

图2.7　支撑子机构为 ${}^{w1}P{}^{w2}P{}^{u1}R{}^{u2}R{}^{u3}R$ 的变胞机构模块

构的运动旋量系标准基为

$$\mathbb{S}_a=\begin{Bmatrix}\boldsymbol{S}_{a1}=[1,0,0,0,0,0]^T\\ \boldsymbol{S}_{a2}=[0,1,0,0,0,0]^T\\ \boldsymbol{S}_{a3}=[0,0,1,0,0,0]^T\\ \boldsymbol{S}_{a4}=[0,0,0,0,1,0]^T\\ \boldsymbol{S}_{a5}=[0,0,0,0,0,1]^T\end{Bmatrix} \tag{2.19}$$

支撑子机构的运动链可以通过对式(2.19)中的 5 个运动旋量进行线性组合得到。新的 $\boldsymbol{S}'_{a1}$、$\boldsymbol{S}'_{a2}$ 和 $\boldsymbol{S}'_{a3}$ 可以通过对 $\boldsymbol{S}_{a1}$、$\boldsymbol{S}_{a2}$ 和 $\boldsymbol{S}_{a3}$ 进行线性组合得到，如式(2.20)所示，它表示的是在不考虑球副前提下的 3R 球面子链。

$${}^1\mathbb{S}'_a=\begin{Bmatrix}\boldsymbol{S}'_{a1}=[l_1,m_1,n_1,0,0,0]^T\\ \boldsymbol{S}'_{a2}=[l_2,m_2,n_2,0,0,0]^T\\ \boldsymbol{S}'_{a3}=[l_3,m_3,n_3,0,0,0]^T\end{Bmatrix} \tag{2.20}$$

然后，新的移动副 $\boldsymbol{S}'_{a4}$ 和 $\boldsymbol{S}'_{a5}$ 可以通过对方向平行于 Y_aZ_a 平面的 $\boldsymbol{S}_{a4}$ 和 $\boldsymbol{S}_{a5}$ 进行线性组合得到，即

$${}^2\mathbb{S}'_a=\begin{Bmatrix}\boldsymbol{S}'_{a4}=[0,0,0,0,m_4,n_4]^T\\ \boldsymbol{S}'_{a5}=[0,0,0,0,m_5,n_5]^T\end{Bmatrix} \tag{2.21}$$

移动副 $\boldsymbol{S}_{a4}$ 和 $\boldsymbol{S}_{a5}$ 可以与 $\boldsymbol{S}_{a1}$ 进行线性组合得到转动副 $\boldsymbol{S}''_{a4}$ 和 $\boldsymbol{S}''_{a5}$，所得到的转动副的轴线方向平行于 X_a 轴，即

$${}^2\mathbb{S}''_a=\begin{Bmatrix}\boldsymbol{S}''_{a4}=[1,0,0,0,a_4,b_4]^T\\ \boldsymbol{S}''_{a5}=[1,0,0,0,a_5,b_5]^T\end{Bmatrix} \tag{2.22}$$

由式(2.22)可知，支撑子机构的全部运动副可以均为转动副。此外，新的运动旋量 $\boldsymbol{S}''_{a1}$ 可以通过对 $\boldsymbol{S}_{a1}$ 与 $\boldsymbol{S}_{a4}$ 和 $\boldsymbol{S}_{a5}$ 进行线性组合得到。值得注意的是，为了

避免得到螺旋副，$\boldsymbol{S}_{a2}$ 不能与 $\boldsymbol{S}_{a4}$ 进行线性组合；同样地，$\boldsymbol{S}_{a3}$ 不能与 $\boldsymbol{S}_{a5}$ 进行线性组合。$\boldsymbol{S}''_{a2}$ 可以通过对 $\boldsymbol{S}_{a2}$ 和 $\boldsymbol{S}_{a5}$ 进行线性组合得到，$\boldsymbol{S}''_{a3}$ 可以通过对 $\boldsymbol{S}_{a3}$ 和 $\boldsymbol{S}_{a4}$ 进行线性组合得到，即

$$
{}^{1}\mathbb{S}''_{a}=\left\{\begin{array}{l}\boldsymbol{S}''_{a1}=[1,0,0,0,0,b_{1}]^{\mathrm{T}}\\ \boldsymbol{S}''_{a2}=[0,1,0,0,a_{2},b_{2}]^{\mathrm{T}}\\ \boldsymbol{S}''_{a3}=[0,0,1,0,a_{3},0]^{\mathrm{T}}\end{array}\right\}\tag{2.23}
$$

新的运动旋量 $\boldsymbol{S}'''_{a1}$、$\boldsymbol{S}'''_{a2}$ 和 $\boldsymbol{S}'''_{a3}$ 可以通过式(2.23)中的 $\boldsymbol{S}''_{a1}$、$\boldsymbol{S}''_{a2}$ 和 $\boldsymbol{S}''_{a3}$ 进行线性组合得到，即

$$
{}^{1}\mathbb{S}'''_{a}=\left\{\begin{array}{l}\boldsymbol{S}'''_{a1}=[l'_{1},m'_{1},n'_{1},0,a'_{1},b'_{1}]^{\mathrm{T}}\\ \boldsymbol{S}'''_{a2}=[l'_{2},m'_{2},n'_{2},0,a'_{2},b'_{2}]^{\mathrm{T}}\\ \boldsymbol{S}'''_{a3}=[l'_{3},m'_{3},n'_{3},0,a'_{3},b'_{3}]^{\mathrm{T}}\end{array}\right\}\tag{2.24}
$$

由式(2.24)可知，支撑子机构可以由不交于同一点且斜交于 X_aZ_a 平面的 3 个连续转动副组成，也就是说，支撑子机构可以含有 3 个连续的、但不是 3R 球面子链的转动副。值得注意的是，运动旋量 $\boldsymbol{S}''_{a1}$ 表示的是 1 个轴线方向为 X_a 轴，但不穿过坐标系 $\{O_a-X_aY_aZ_a\}$ 原点的转动副，即剩下的 $\boldsymbol{S}_{a2}$ 和 $\boldsymbol{S}_{a3}$ 只能形成 2R 球面子链，或 $\boldsymbol{S}''_{a2}$ 和 $\boldsymbol{S}''_{a3}$ 形成 2 个连续的且其轴线斜交于 X_aZ_a 平面的转动副。为了避免构型出瞬时机构，这 2 个或 3 个连续的转动副必须与连接子机构相连。

此外，为了保证支撑子机构运动过程中其约束旋量系不发生变化，公式中所有运动旋量的第 4 个分量必须为零。然后，支撑子机构中的运动副按照它们轴线方向分为两类：一类平行于 X_a 轴，另一类交于同一点或不交于同一点但斜交于 X_aZ_a 平面。而且，任意一类转动副的最大数目都不能超过 3 个，以避免不同运动副所对应的运动旋量线性相关。

由上一小节可知，无须再考虑约束力作用点不共点的其他情况。

综上所述，支撑子机构应该具备以下结构特性：

(1) 运动链中必须含有 2 个或 3 个连续的转动副，它们可能形成球面子链，也可能轴线不交于同一点但斜交于 X_aZ_a 平面。

(2) 除了连续的转动副外，其他转动副的轴线方向必须平行于 X_a 轴。

(3) 移动副的轴线方向必须平行于 Y_aZ_a 平面。

结合以上结构特性，用枚举法即可得到支撑子机构的所有可能构型，约束沿 X_a 轴移动自由度的支撑子机构构型的综合结果见表 2.3。该表分为 3 种情况：支撑子机构中含有 2 个移动副、含有 1 个移动副和不含移动副。

表 2.3　约束沿 X_a 轴移动自由度的支撑子机构构型的综合结果

情况	列举
含有 2 个移动副	${}^{v1}P^{v2}P^{u1}R^{u2}R^{u3}R$，${}^{u1}R^{u2}R^{u3}R^{v1}P^{v2}P$，${}^{v1}P^{v2}P^{x}R^{u1}R^{u2}R$， ${}^{v1}P^{x}R^{v2}P^{u1}R^{u2}R$，${}^{x}R^{v1}P^{v2}P^{u1}R^{u2}R$，${}^{u1}R^{u2}R^{v1}P^{v2}P^{x}R$， ${}^{u1}R^{u2}R^{x}R^{v1}P^{v2}P$，${}^{u1}R^{u2}R^{v1}P^{x}R^{v2}P$，${}^{v1}P^{v2}P({}^{i}R^{j}R^{k}R)_N$， $({}^{i}R^{j}R^{k}R)_N{}^{v1}P^{v2}P$，${}^{v1}P^{v2}P^{x}R({}^{i}R^{j}R)_N$，${}^{v1}P^{x}R^{v2}P({}^{i}R^{j}R)_N$， ${}^{x}R^{v1}P^{v2}P({}^{i}R^{j}R)_N$，$({}^{i}R^{j}R)_N{}^{v1}P^{v2}P^{x}R$，$({}^{i}R^{j}R)_N{}^{x}R^{v1}P^{v2}P$， $({}^{i}R^{j}R)_N{}^{v1}P^{x}R^{v2}P$
含有 1 个移动副	${}^{v}P^{x}R^{u1}R^{u2}R^{u3}R$，${}^{x}R^{v}P^{u1}R^{u2}R^{u3}R$，${}^{u1}R^{u2}R^{u3}R^{x}R^{v}P$， ${}^{u1}R^{u2}R^{u3}R^{v}P^{x}R$，${}^{v}P^{x}R^{x}R^{u1}R^{u2}R$，${}^{u1}R^{u2}R^{x}R^{x}R^{v}P$， ${}^{x}R^{v}P^{x}R^{u1}R^{u2}R$，${}^{x}R^{x}R^{v}P^{u1}R^{u2}R$，${}^{u1}R^{u2}R^{x}R^{v}P^{x}R$， ${}^{u1}R^{u2}R^{v}P^{x}R^{x}R$，${}^{v}P^{x}R({}^{i}R^{j}R^{k}R)_N$，${}^{x}R^{v}P({}^{i}R^{j}R^{k}R)_N$， $({}^{i}R^{j}R^{k}R)_N{}^{x}R^{v}P$，$({}^{i}R^{j}R^{k}R)_N{}^{v}P^{x}R$，${}^{v}P^{x}R^{x}R({}^{i}R^{j}R)_N$， $({}^{i}R^{j}R)_N{}^{x}R^{x}R^{v}P$，${}^{x}R^{v}P^{x}R({}^{i}R^{j}R)_N$，${}^{x}R^{x}R^{v}P({}^{i}R^{j}R)_N$， $({}^{i}R^{j}R)_N{}^{x}R^{v}P^{x}R$，$({}^{i}R^{j}R)_N{}^{v}P^{x}R^{x}R$
不含移动副	${}^{x}R^{x}R^{u1}R^{u2}R^{u3}R$，${}^{u1}R^{u2}R^{u3}R^{x}R^{x}R$，${}^{x}R^{x}R^{x}R^{u1}R^{u2}R$， ${}^{u1}R^{u2}R^{x}R^{x}R^{x}R$，${}^{x}R^{x}R({}^{i}R^{j}R^{k}R)_N$，$({}^{i}R^{j}R^{k}R)_N{}^{x}R^{x}R$， ${}^{x}R^{x}R^{x}R({}^{i}R^{j}R)_N$，$({}^{i}R^{j}R)_N{}^{x}R^{x}R^{x}R$

选用表 2.3 中的 1 个构型综合结果(${}^{v}P^{x}R^{u1}R^{u2}R^{u3}R$)可以得到 1 个具体的变胞机构模块，支撑子机构为${}^{v}P^{x}R^{u1}R^{u2}R^{u3}R$ 的变胞机构模块如图 2.8 所示。这个变胞机构模块中的 1 个支撑子机构内有 4 个连续的转动副和 1 个移动副，分别用 Ra1 ～ Ra4 和 Pa1 表示。图 2.8(a) 所示为变胞机构模块的折叠姿态，此时该机构只有 1 个绕转动副 R1(图 2.5 中标出) 轴线旋转的转动自由度。当变胞机构模块进行展开运动直至转动副 R2 和 R3(图 2.5 中标出) 的轴线共线时，进入变胞姿态，如图 2.8(b) 所示。在变胞姿态时，变胞机构模块可以开始绕转动副 R2 和 R3(图 2.5 中标出) 的共线轴线进行旋转，然后进入抓取姿态，如图 2.8(c) 所示。

3.支撑子机构约束沿 X_a 轴和 Y_a 轴的移动自由度

支撑子机构约束沿 X_a 轴和 Y_a 轴的移动自由度情况下，支撑子机构的约束旋量系的标准基为

$$\mathbb{S}_a^r=\left\{\begin{aligned}\boldsymbol{S}_{a1}^r&=[1,0,0,0,0,0]^T\\\boldsymbol{S}_{a2}^r&=[0,1,0,0,0,0]^T\end{aligned}\right\}\tag{2.25}$$

这是两个分别沿着 X_a 轴和 Y_a 轴方向的约束力，根据互易旋量理论，可以得到支撑子机构的运动旋量系标准基为

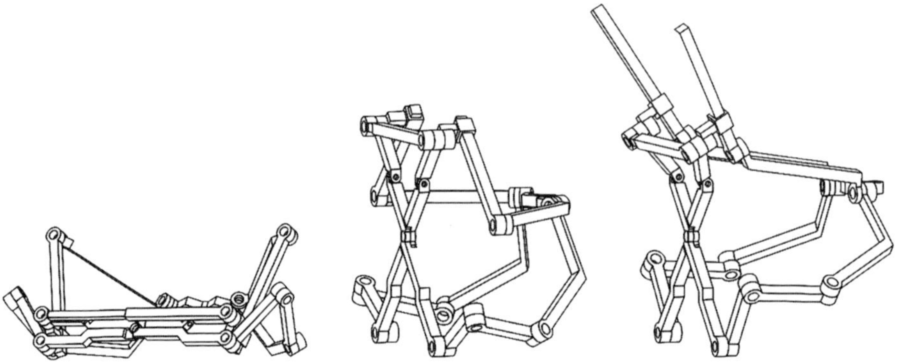

(a) 折叠姿态　　(b) 变胞姿态　　(c) 抓取姿态

图2.8　支撑子机构为 $^{v}P^{x}R^{u1}R^{u2}R^{u3}R$ 的变胞机构模块

$$\mathbb{S}_a=\begin{Bmatrix}\boldsymbol{S}_{a1}=[1,0,0,0,0,0]^T\\ \boldsymbol{S}_{a2}=[0,1,0,0,0,0]^T\\ \boldsymbol{S}_{a3}=[0,0,1,0,0,0]^T\\ \boldsymbol{S}_{a4}=[0,0,0,0,0,1]^T\end{Bmatrix}\tag{2.26}$$

支撑子机构的运动链可以通过对式(2.26)中的5个运动旋量进行线性组合得到。新的 $\boldsymbol{S}'_{a1}$、$\boldsymbol{S}'_{a2}$ 和 $\boldsymbol{S}'_{a3}$ 可以通过对 $\boldsymbol{S}_{a1}$、$\boldsymbol{S}_{a2}$ 和 $\boldsymbol{S}_{a3}$ 进行线性组合得到，如式(2.27)所示，它表示的是在不考虑球副前提下的3R球面子链。

$$^1\mathbb{S}'_a=\begin{Bmatrix}\boldsymbol{S}'_{a1}=[l_1,m_1,n_1,0,0,0]^T\\ \boldsymbol{S}'_{a2}=[l_2,m_2,n_2,0,0,0]^T\\ \boldsymbol{S}'_{a3}=[l_3,m_3,n_3,0,0,0]^T\end{Bmatrix}\tag{2.27}$$

$\boldsymbol{S}'_{a1}$、$\boldsymbol{S}'_{a2}$ 和 $\boldsymbol{S}'_{a3}$ 与 $\boldsymbol{S}_{a4}$ 线性组合后，可以得到连续的、轴线方向不交于一点且斜交于 X_aZ_a 平面的3个转动副，即

$$^1\mathbb{S}''_a=\begin{Bmatrix}\boldsymbol{S}''_{a1}=[l_1,m_1,n_1,0,0,c_1]^T\\ \boldsymbol{S}''_{a2}=[l_2,m_2,n_2,0,0,c_2]^T\\ \boldsymbol{S}''_{a3}=[l_3,m_3,n_3,0,0,c_3]^T\end{Bmatrix}\tag{2.28}$$

此外，由式(2.28)可知，如果支撑子机构中含有移动副，那么该移动副的运动方向必须平行于 Z_a 轴。转动副 $\boldsymbol{S}'_{a4}$ 可以通过对 $\boldsymbol{S}_{a1}$、$\boldsymbol{S}_{a2}$ 和 $\boldsymbol{S}_{a4}$ 进行线性组合得到，其轴线方向位于 X_aY_a 平面，即

$$^2S'_a=\{\boldsymbol{S}'_{a4}=[l_4,m_4,0,0,0,c_4]^T\}\tag{2.29}$$

值得注意的是，如果通过对 $\boldsymbol{S}_{a1}$ 和 $\boldsymbol{S}_{a4}$ 进行线性组合得到了新的运动旋量 $\boldsymbol{S}''_{a1}=(1,0,0,0,0,c'_1)$，其轴线方向平行于 X_a 轴且位于 X_aY_a 平面。然后剩余的转动副 $\boldsymbol{S}_{a1}$ 和 $\boldsymbol{S}_{a2}$ 可以组成2R球面子链，或者它们的轴线方向斜交于 X_aZ_a 平面。但是，支撑子机构做了有限位移后，$\boldsymbol{S}_{a1}$ 的轴线方向不再位于 X_aY_a 平面，这

就意味着这种假设会得到瞬时机构，需要舍去。也意味着支撑子机构中的转动副的数量必须大于 2 个，即至少含有 3 个转动副。因为这种情况下的支撑子机构一共只有 4 个运动副，所以该子机构最多只能含有 1 个移动副。

约束沿 X_a 轴和 Y_a 轴移动自由度的支撑子机构构型的综合结果见表 2.4。该表分为两种情况：支撑子机构中含有 1 个移动副和不含移动副。

表 2.4　约束沿 X_a 轴和 Y_a 轴移动自由度的支撑子机构构型的综合结果

情况	列举
含有 1 个移动副	${}^{z}P^{u1}R^{u2}R^{u3}R$，${}^{u1}R^{u2}R^{u3}R^{z}P$，${}^{z}P({}^{i}R^{j}R^{k}R)_N$，$({}^{i}R^{j}R^{k}R)_N{}^{z}P$
不含移动副	${}^{x}R^{u1}R^{u2}R^{u3}R$，${}^{u1}R^{u2}R^{u3}R^{x}R$，${}^{x}R({}^{i}R^{j}R^{k}R)_N$，$({}^{i}R^{j}R^{k}R)_N{}^{x}R$

选用表 2.4 中的一个构型综合结果(${}^{x}R^{u1}R^{u2}R^{u3}R$) 可以得到 1 个具体的变胞机构模块，支撑子机构为 ${}^{x}R^{u1}R^{u2}R^{u3}R$ 的变胞机构模块如图 2.9 所示。该变胞机构模块中的 1 个支撑子机构内有 4 个转动副，分别用 Ra1 ～ Ra4 表示。含有这类支撑子机构的变胞机构具有 3 种不同的姿态，分别为折叠姿态、变胞姿态、抓取姿态。图 2.9(a) 所示为变胞机构模块的折叠姿态，对应变胞机构模块的变胞姿态如图 2.9(b) 所示，抓取姿态如图 2.9(c) 所示。

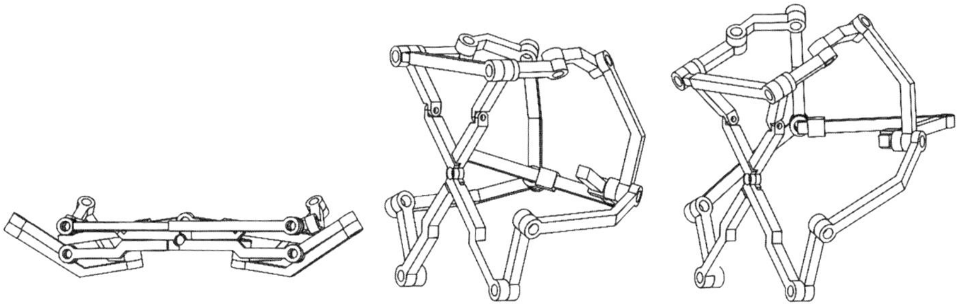

(a) 折叠姿态　(b) 变胞姿态　(c) 抓取姿态

图2.9　支撑子机构为 ${}^{x}R^{u1}R^{u2}R^{u3}R$ 的变胞机构模块

4.支撑子机构约束沿 X_a 轴的移动自由度和绕 Z_a 轴的转动自由度

支撑子机构约束沿 X_a 轴的移动自由度和绕 Z_a 轴的转动自由度情况下，支撑子机构的约束旋量系的标准基为

$$\mathbb{S}_a^r=\begin{Bmatrix}\boldsymbol{S}_{a1}^r=[1,0,0,0,0,0]^T\\ \boldsymbol{S}_{a2}^r=[0,0,0,0,0,1]^T\end{Bmatrix} \tag{2.30}$$

这是一个沿着 X_a 轴的约束力和一个绕 Z_a 轴的约束力偶，根据互易旋量理论，可以得到支撑子机构的运动旋量系标准基为

$$\mathbb{S}_{a}=\begin{cases}\boldsymbol{S}_{a1}=[1,0,0,0,0,0]^{T}\\\boldsymbol{S}_{a2}=[0,1,0,0,0,0]^{T}\\\boldsymbol{S}_{a3}=[0,0,0,0,1,0]^{T}\\\boldsymbol{S}_{a4}=[0,0,0,0,0,1]^{T}\end{cases}\tag{2.31}$$

值得注意的是,公式中任意运动旋量的第3个元素必须始终为0,即$\boldsymbol{S}_{a1}$和$\boldsymbol{S}_{a2}$的线性组合只能得到2个转动副:$\boldsymbol{S}'_{ai}=(l_i,m_i,0,0,0,0)^{T}(i=1,2)$,这2个新得到的转动副的轴线必须位于$X_aY_a$平面。但是,当支撑子机构产生有限位移后,新的转动副的轴线至少有1个不再位于X_aY_a平面。因此,由公式得到的支撑子机构为瞬时机构,需要舍去。

5.支撑子机构约束沿Y_a轴的移动自由度和绕Z_a轴的转动自由度

支撑子机构约束沿Y_a轴的移动自由度和绕Z_a轴的转动自由度情况下,支撑子机构的约束旋量系的标准基为

$$\mathbb{S}_{a}^{r}=\begin{cases}\boldsymbol{S}_{a1}^{r}=[0,1,0,0,0,0]^{T}\\\boldsymbol{S}_{a2}^{r}=[0,0,0,0,0,1]^{T}\end{cases}\tag{2.32}$$

这是一个沿着Y_a轴的约束力和绕Z_a轴的约束力偶,根据互易旋量理论,可以得到支撑子机构的运动旋量系标准基为

$$\mathbb{S}_{a}=\begin{cases}\boldsymbol{S}_{a1}=[1,0,0,0,0,0]^{T}\\\boldsymbol{S}_{a2}=[0,1,0,0,0,0]^{T}\\\boldsymbol{S}_{a3}=[0,0,0,1,0,0]^{T}\\\boldsymbol{S}_{a4}=[0,0,0,0,0,1]^{T}\end{cases}\tag{2.33}$$

根据式(2.33)中运动旋量的特点,结合上一小节的结论,相似地,由式(2.33)所得到的支撑子机构为瞬时机构,需要舍去。

6.支撑子机构约束沿X_a轴和Y_a轴的移动自由度及绕Z_a轴的转动自由度

支撑子机构约束沿X_a轴和Y_a轴的移动自由度及绕Z_a轴的转动自由度情况下,支撑子机构的约束旋量系的标准基为

$$\mathbb{S}_{a}^{r}=\begin{cases}\boldsymbol{S}_{a1}^{r}=[1,0,0,0,0,0]^{T}\\\boldsymbol{S}_{a2}^{r}=[0,1,0,0,0,0]^{T}\\\boldsymbol{S}_{a3}^{r}=[0,0,0,0,0,1]^{T}\end{cases}\tag{2.34}$$

这是两个分别沿着X_a轴和Y_a轴的约束力和一个绕Z_a轴的约束力偶,根据互易旋量理论,可以得到支撑子机构的运动旋量系标准基为

$$\mathbb{S}_{a}=\begin{cases}\boldsymbol{S}_{a1}=[1,0,0,0,0,0]^{T}\\\boldsymbol{S}_{a2}=[0,1,0,0,0,0]^{T}\\\boldsymbol{S}_{a3}=[0,0,0,0,0,1]^{T}\end{cases}\tag{2.35}$$

显然，类似于上一小节的情况，由式(2.35)得到的支撑子机构为瞬时机构，需要舍去。

2.5.2　连接子机构为 ${}^{x}R_{C}^{2}\ {}^{x}R_{C}^{2}$

在连接子机构为 ${}^{x}R_{C}^{2}\ {}^{x}R_{C}^{2}$ 情况下，带有连接子机构为 ${}^{x}R_{C}^{2}\,{}^{x}R_{C}^{2}$ 的变胞子机构如图 2.10 所示。图 2.10(a) 中，一对连接子机构中有 4 个转动轴线平行于 X_g 轴的转动副，记作 Rc1、Rc2、Rc3 和 Rc4。由 Rc1、R1 和 Rc3 所组成的运动子链展开过程如图 2.10(b) 所示。此时，该子机构中的杆 2 相对杆 1 绕着 R1 的轴线旋转角度为 2α，其运动旋量为

$$\mathbb{S}_g=\left\{\begin{aligned}&\boldsymbol{S}_{g1}=[\cos\alpha,0,-\sin\alpha,0,0,0]^{T}\\&\boldsymbol{S}_{g2}=[0,-1,0,z_2,0,-x_2]^{T}\\&\boldsymbol{S}_{g3}=[\cos\alpha,0,\sin\alpha,y_3\sin\alpha,z_3\cos\alpha-x_3\sin\alpha,-y_3\cos\alpha]^{T}\end{aligned}\right\} \tag{2.36}$$

考虑到 $x_3=y_3=0$，式(2.36)化简为

$$\mathbb{S}_g=\left\{\begin{aligned}&\boldsymbol{S}_{g1}=[\cos\alpha,0,-\sin\alpha,0,0,0]^{T}\\&\boldsymbol{S}_{g2}=[0,-1,0,z_2,0,-x_2]^{T}\\&\boldsymbol{S}_{g3}=[\cos\alpha,0,\sin\alpha,0,z_3\cos\alpha,0]^{T}\end{aligned}\right\} \tag{2.37}$$

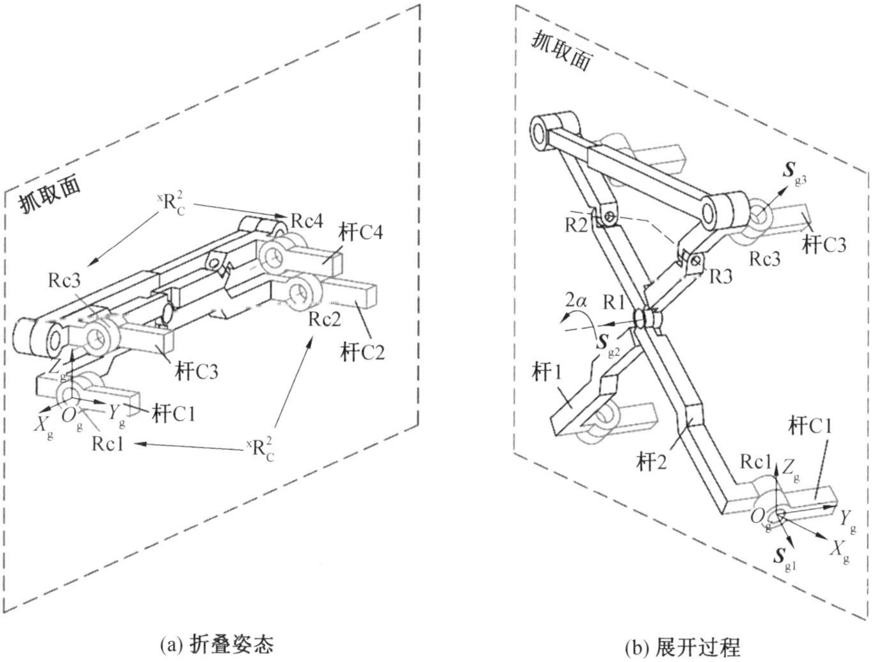

图2.10　带有连接子机构为 ${}^{x}R_{C}^{2}\ {}^{x}R_{C}^{2}$ 的变胞子机构

其约束旋量系为

$$\mathbb{S}_{g}^{r}=\begin{cases}\boldsymbol{S}_{g1}^{r}=[1,0,0,0,z_2,0]^{T}\\ \boldsymbol{S}_{g2}^{r}=[0,0,1,0,-x_2,0]^{T}\\ \boldsymbol{S}_{g3}^{r}=[0,1,0,z_3/2,0,z_3\tan\alpha/2]^{T}\end{cases}\tag{2.38}$$

式(2.38)意味着有3个约束力存在,其中有一个沿着 Z_g 轴方向的约束力,这就意味着该子机构不能沿着 Z_g 轴运动。而本章通过构型综合得到的变胞机构模块需要沿着 Z_g 轴运动的自由度。因此在这种情况下,无法通过构型综合得到所要的机构。

2.5.3 连接子机构为 ${}^{z}R_{C}^{2}\ {}^{z}R_{C}^{2}$

在连接子机构为 ${}^{z}R_{C}^{2}\ {}^{z}R_{C}^{2}$ 情况下,带有连接子机构为 ${}^{z}R_{C}^{2}\,{}^{z}R_{C}^{2}$ 的变胞子机构如图2.11所示。图2.11(a)中,1对连接子机构中有4个转动轴线平行于 Z_g 轴的转动副,记作Rc1、Rc2、Rc3和Rc4。由Rc1、R1和Rc3所组成的运动子链展开过程如图2.11(b)所示。此时,该子机构中的杆2相对杆1绕着R1的轴线旋转角度为 2α,其运动旋量为

$$\mathbb{S}_{g}=\begin{cases}\boldsymbol{S}_{g1}=[\sin\alpha,0,\cos\alpha,0,0,0]^{T}\\ \boldsymbol{S}_{g2}=[0,-1,0,z_2,0,-x_2]^{T}\\ \boldsymbol{S}_{g3}=[\sin\alpha,0,-\cos\alpha,-y_3\cos\alpha,z_3\sin\alpha+x_3\cos\alpha,-y_3\sin\alpha]^{T}\end{cases}\tag{2.39}$$

考虑到 $x_3=y_3=0$,式(2.39)化简为

$$\mathbb{S}_{g}=\begin{cases}\boldsymbol{S}_{g1}=[\sin\alpha,0,\cos\alpha,0,0,0]^{T}\\ \boldsymbol{S}_{g2}=[0,-1,0,z_2,0,-x_2]^{T}\\ \boldsymbol{S}_{g3}=[\sin\alpha,0,-\cos\alpha,0,z_3\sin\alpha,0]^{T}\end{cases}\tag{2.40}$$

其约束旋量系为

$$\mathbb{S}_{g}^{r}=\begin{cases}\boldsymbol{S}_{g1}^{r}=[1,0,0,0,z_2,0]^{T}\\ \boldsymbol{S}_{g2}^{r}=[0,0,1,0,-x_2,0]^{T}\\ \boldsymbol{S}_{g3}^{r}=[0,1,0,-z_3/2,0,z_3\tan\alpha/2]^{T}\end{cases}\tag{2.41}$$

式(2.41)意味着有3个约束力存在,其中有一个沿着 Z_g 轴的约束力,意味着该子机构不能沿着 Z_g 轴运动。而本章通过构型综合得到的变胞机构模块需要沿着 Z_g 轴运动的自由度。因此在这种情况下,无法通过构型综合得到所要的机构。

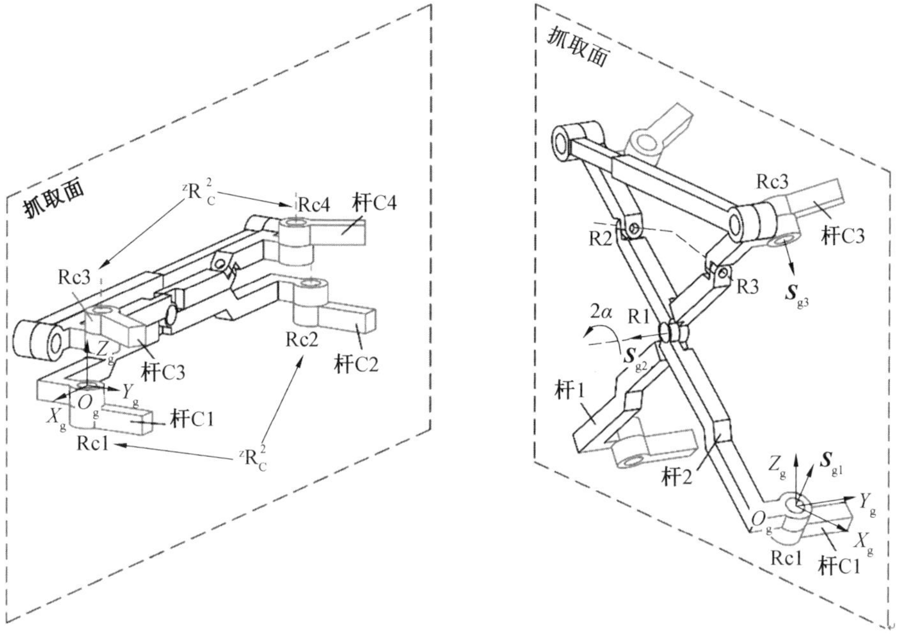

(a) 折叠姿态　　　　(b) 展开过程

图2.11　带有连接子机构为 $^zR_C^2\ ^zR_C^2$ 的变胞子机构

2.6　连接子机构为特殊类型移动副的构型综合

2.6.1　连接子机构为 $^xP_C^2\ ^xP_C^2$

连接子机构为 $^xP_C^2\ ^xP_C^2$ 情况下，带有连接子机构为 $^xP_C^2\ ^xP_C^2$ 的变胞子机构如图 2.12 所示。图 2.12(a) 中，1 对连接子机构中有 4 个移动方向平行于 X_g 轴的移动副，记作 Pc1、Pc2、Pc3 和 Pc4。由 Pc1、P1 和 Pc3 所组成的运动子链展开过程如图 2.11(b) 所示。此时，该子机构中的杆 2 相对杆 1 绕着 R1 的轴线旋转角度为 2α，对应的运动旋量为

$$\mathbb{S}_g=\begin{Bmatrix}\boldsymbol{S}_{g1}=[0,0,0,\cos\alpha,0,-\sin\alpha]^T\\ \boldsymbol{S}_{g2}=[0,-1,0,z_1,0,-x_1]^T\\ \boldsymbol{S}_{g3}=[0,0,0,\cos\alpha,0,\sin\alpha]^T\end{Bmatrix}\tag{2.42}$$

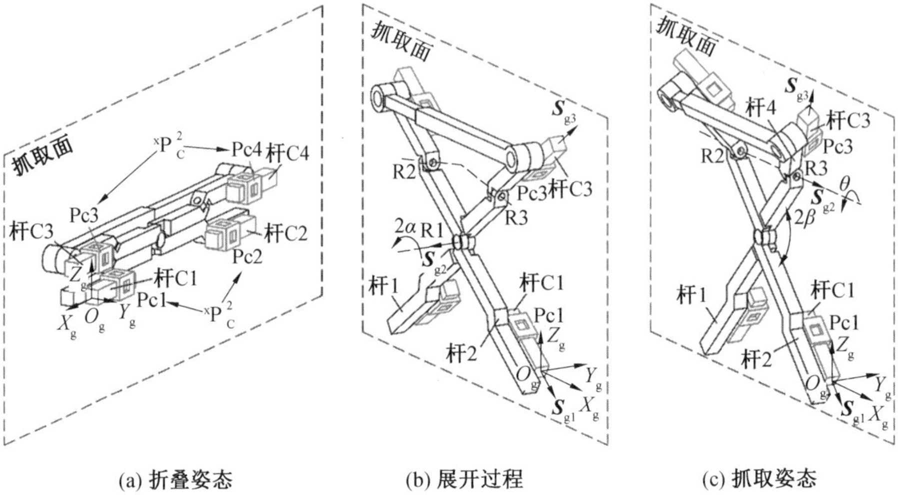

图2.12　带有连接子机构为$^{x}P_{C}^{2}$ $^{x}P_{C}^{2}$ 的变胞子机构

由互易旋量理论即可得到相应的约束旋量系为

$$\mathbb{S}_{g}^{r}=\begin{cases}\boldsymbol{S}_{g1}^{r}=[0,0,0,1,0,0]^{T}\\\boldsymbol{S}_{g2}^{r}=[0,0,0,0,0,1]^{T}\\\boldsymbol{S}_{g3}^{r}=[0,1,0,0,0,0]^{T}\end{cases}\tag{2.43}$$

式(2.43)表明，在该子机构进行展开运动过程中，由Pc1、Pc3和P1组成的机构子链的约束旋量系中有2个约束力偶和1个约束力。约束力偶限制了所有绕平行于X_gZ_g平面的方向的转动自由度，约束力限制了沿Y_g轴的移动自由度。为了保证在展开运动中，杆C3相对杆C1有且只有1个自由度，需要引入1个约束力偶和1个约束力。该约束力偶和约束力应分别限制杆C3相对杆C1绕Y_g轴的转动自由度和沿X_g轴的移动自由度。

如图2.12(c)所示，杆4相对杆1绕R3的轴线旋转角度为θ，从而可以计算得到带有该类连接子机构的变胞子机构的运动旋量系为

$$\mathbb{S}_{g}=\begin{cases}\boldsymbol{S}_{g1}=[0,0,0,\cos\alpha,0,-\sin\alpha]^{T}\\\boldsymbol{S}_{g2}=[1,0,0,0,z_{3},-y_{3}]^{T}\\\boldsymbol{S}_{g3}=[0,0,0,\cos\alpha,-\sin\alpha\sin\theta,\sin\alpha\cos\theta]^{T}\end{cases}\tag{2.44}$$

式(2.44)相应的约束旋量系为

$$\mathbb{S}_{g}^{r}=\left\{\begin{array}{l}\boldsymbol{S}_{g1}^{r}=[0,0,0,0,1,0]^{T}\\\boldsymbol{S}_{g2}^{r}=[0,0,0,0,0,1]^{T}\\\boldsymbol{S}_{g3}^{r}=[\tan\alpha\sin\theta,1+\cos\theta,\sin\theta,-z_{3}(1+\cos\theta)+y_{3}\sin\theta,0,0]^{T}\end{array}\right\}\tag{2.45}$$

由式(2.45)可知，该子机构在进行抓取运动时，约束了空间上的 3 个移动自由度。为了保证在抓取运动中，杆 C3 相对杆 C1 有且只有 1 个自由度，需要引入 2 个约束力偶。该约束力偶应限制杆 C3 相对杆 C1 绕任意平行于 Y_gZ_g 平面的方向的转动自由度。

由 2.4.3 节可知，类合页子机构可以约束所有绕平行于 Y_gZ_g 平面的方向的转动自由度。为了保证变胞机构模块在展开运动和抓取运动中均有且只有 1 个自由度，支撑子机构需要满足以下条件：

(1) 限制杆 C3 相对杆 C1 沿 X_g 轴的移动自由度。

(2) 不能限制杆 C3 相对杆 C1 绕平行于 X_g 轴的转动自由度。

(3) 不能限制杆 C3 相对杆 C1 沿 Z_g 轴的移动自由度。

结合 2.4.4 节与这 3 个条件可知，支撑子机构不能限制杆 C3 相对杆 C1 绕任意平行于 X_aY_a 平面的方向的转动自由度和沿 Z_a 轴的移动自由度，而且支撑子机构还应该限制杆 C3 相对杆 C1 沿任意平行于 X_aY_a 平面的方向的移动自由度。值得注意的是，限制任意平行于 X_aY_a 平面的移动自由度可以分成以下 3 种情况：① 限制平行于 X_a 轴的移动自由度；② 限制平行于 Y_a 轴的移动自由度；③ 限制平行于 X_a 轴和 Y_a 轴两个方向的移动自由度。此外，考虑到可以限制杆 C3 相对杆 C1 绕平行于 Z_a 轴的转动自由度，当选择局部坐标系 $\{O_a-X_aY_aZ_a\}$ 为参考坐标系时，在综合过程中，支撑子机构有且仅有 4 种情况，即支撑子机构约束了 ① 沿 Y_a 轴的移动自由度；② 沿 X_a 轴和 Y_a 轴的移动自由度；③ 沿 Y_a 轴的移动自由度和绕 Z_a 轴的转动自由度；④ 沿 X_a 轴和 Y_a 轴的移动自由度。以下关于自由度分析的内容都以杆 C3 相对杆 C1 进行讨论。

1.支撑子机构约束沿 Y_a 轴的移动自由度

支撑子机构约束沿 Y_a 轴的移动自由度情况下，支撑子机构的约束旋量系的标准基为

$$\mathbb{S}_{a}^{r}=\{\boldsymbol{S}_{a1}^{r}=[0,1,0,0,0,0]^{T}\}\tag{2.46}$$

这是一个沿着 Y_a 轴方向的约束力，根据互易旋量理论，可以得到支撑子机构的运动旋量系标准基为

$$\mathbb{S}_{a}=\begin{cases}\boldsymbol{S}_{a1}=[1,0,0,0,0,0]^{T}\\ \boldsymbol{S}_{a2}=[0,1,0,0,0,0]^{T}\\ \boldsymbol{S}_{a3}=[0,0,1,0,0,0]^{T}\\ \boldsymbol{S}_{a4}=[0,0,0,1,0,0]^{T}\\ \boldsymbol{S}_{a5}=[0,0,0,0,0,1]^{T}\end{cases} \tag{2.47}$$

根据式(2.47),可得到 $\boldsymbol{S}_{a1}$、$\boldsymbol{S}_{a2}$ 和 $\boldsymbol{S}_{a3}$ 的所有的线性组合,即

$$\begin{gathered}{}^{1}\mathbb{S}'_{a}=\begin{cases}\boldsymbol{S}'_{a1}=[l_1,m_1,n_1,0,0,0]^{T}\\ \boldsymbol{S}'_{a2}=[l_2,m_2,n_2,0,0,0]^{T}\\ \boldsymbol{S}'_{a3}=[l_3,m_3,n_3,0,0,0]^{T}\end{cases}\\ {}^{1}\mathbb{S}''_{a}=\begin{cases}\boldsymbol{S}''_{a1}=[1,0,0,0,0,b_1]^{T}\\ \boldsymbol{S}''_{a2}=[0,1,0,a_2,0,b_2]^{T}\\ \boldsymbol{S}''_{a3}=[0,0,1,a_3,0,0]^{T}\end{cases}\\ {}^{1}\mathbb{S}'''_{a}=\begin{cases}\boldsymbol{S}'''_{a1}=[l'_1,m'_1,n'_1,a'_1,0,b'_1]^{T}\\ \boldsymbol{S}'''_{a2}=(l'_2,m'_2,n'_2,a'_2,0,b'_2)^{T}\\ \boldsymbol{S}'''_{a3}=[l'_3,m'_3,n'_3,a'_3,0,b'_3]^{T}\end{cases}\end{gathered} \tag{2.48}$$

此外,由 $\boldsymbol{S}_{a4}$ 和 $\boldsymbol{S}_{a5}$ 可以得到的线性组合为

$$\begin{gathered}{}^{2}\mathbb{S}'_{a}=\begin{cases}\boldsymbol{S}'_{a4}=[0,0,0,l_4,0,n_4]^{T}\\ \boldsymbol{S}'_{a5}=[0,0,0,l_5,0,n_5]^{T}\end{cases}\\ {}^{2}\mathbb{S}''_{a}=\begin{cases}\boldsymbol{S}''_{a4}=[0,1,0,a_4,0,b_4]^{T}\\ \boldsymbol{S}''_{a5}=[0,1,0,a_5,0,b_5]^{T}\end{cases}\end{gathered} \tag{2.49}$$

结合式(2.48)、式(2.49),即可得知支撑子机构应该具备以下结构特性:

(1) 运动链中必须含有 2 个或 3 个连续的转动副,它们可能形成球面子链,也可能轴线不交于同一点但斜交于 X_aZ_a 平面。

(2) 除了连续的转动副外,其他转动副的轴线必须平行于 Y_a 轴。

(3) 移动副的方向必须平行于 X_aZ_a 平面。

结合以上结构特性,用枚举法即可得到支撑子机构的所有可能构型,约束沿 Y_a 轴移动自由度的支撑子机构构型的综合结果见表 2.5。该表分为 3 种情况:支撑子机构中含有 2 个移动副、含有 1 个移动副和不含移动副。

表 2.5　约束沿 Y_a 轴移动自由度的支撑子机构构型的综合结果

情况	列举
含有 2 个移动副	${}^{w1}P{}^{w2}P{}^{u1}R{}^{u2}R{}^{u3}R$，${}^{u1}R{}^{u2}R{}^{u3}R{}^{w1}P{}^{w2}P$，${}^{w1}P{}^{w2}P{}^{y}R{}^{u1}R{}^{u2}R$， ${}^{w1}P{}^{y}R{}^{w2}P{}^{u1}R{}^{u2}R$，${}^{y}R{}^{w1}P{}^{w2}P{}^{u1}R{}^{u2}R$，${}^{u1}R{}^{u2}R{}^{w1}P{}^{w2}P{}^{y}R$， ${}^{u1}R{}^{u2}R{}^{y}R{}^{w1}P{}^{w2}P$，${}^{u1}R{}^{u2}R{}^{w1}P{}^{y}R{}^{w2}P$，${}^{w1}P{}^{w2}P({}^{i}R{}^{j}R{}^{k}R)_N$， $({}^{i}R{}^{j}R{}^{k}R)_N{}^{w1}P{}^{w2}P$，${}^{w1}P{}^{w2}P{}^{y}R({}^{i}R{}^{j}R)_N$，${}^{w1}P{}^{y}R{}^{w2}P({}^{i}R{}^{j}R)_N$， ${}^{y}R{}^{w1}P{}^{w2}P({}^{i}R{}^{j}R)_N$，$({}^{i}R{}^{j}R)_N{}^{w1}P{}^{w2}P{}^{y}R$，$({}^{i}R{}^{j}R)_N{}^{y}R{}^{w1}P{}^{w2}P$， $({}^{i}R{}^{j}R)_N{}^{w1}P{}^{y}R{}^{w2}P$
含有 1 个移动副	${}^{w}P{}^{y}R{}^{u1}R{}^{u2}R{}^{u3}R$，${}^{y}R{}^{w}P{}^{u1}R{}^{u2}R{}^{u3}R$，${}^{u1}R{}^{u2}R{}^{u3}R{}^{y}R{}^{w}P$， ${}^{u1}R{}^{u2}R{}^{u3}R{}^{w}P{}^{y}R$，${}^{w}P{}^{y}R{}^{y}R{}^{u1}R{}^{u2}R$，${}^{u1}R{}^{u2}R{}^{y}R{}^{y}R{}^{w}P$， ${}^{y}R{}^{w}P{}^{y}R{}^{u1}R{}^{u2}R$，${}^{y}R{}^{y}R{}^{w}P{}^{u1}R{}^{u2}R$，${}^{u1}R{}^{u2}R{}^{y}R{}^{w}P{}^{y}R$， ${}^{u1}R{}^{u2}R{}^{w}P{}^{y}R{}^{y}R$，${}^{w}P{}^{y}R({}^{i}R{}^{j}R{}^{k}R)_N$，${}^{y}R{}^{w}P({}^{i}R{}^{j}R{}^{k}R)_N$， $({}^{i}R{}^{j}R{}^{k}R)_N{}^{y}R{}^{w}P$，$({}^{i}R{}^{j}R{}^{k}R)_N{}^{w}P{}^{y}R$，${}^{w}P{}^{y}R{}^{y}R({}^{i}R{}^{j}R)_N$， $({}^{i}R{}^{j}R)_N{}^{y}R{}^{y}R{}^{w}P$，${}^{y}R{}^{w}P{}^{y}R({}^{i}R{}^{j}R)_N$，${}^{y}R{}^{y}R{}^{w}P({}^{i}R{}^{j}R)_N$， $({}^{i}R{}^{j}R)_N{}^{y}R{}^{w}P{}^{y}R$，$({}^{i}R{}^{j}R)_N{}^{w}P{}^{y}R{}^{y}R$
不含移动副	${}^{y}R{}^{y}R{}^{u1}R{}^{u2}R{}^{u3}R$，${}^{u1}R{}^{u2}R{}^{u3}R{}^{y}R{}^{y}R$，${}^{y}R{}^{y}R{}^{y}R{}^{u1}R{}^{u2}R$， ${}^{u1}R{}^{u2}R{}^{y}R{}^{y}R{}^{y}R$，${}^{y}R{}^{y}R({}^{i}R{}^{j}R{}^{k}R)_N$，$({}^{i}R{}^{j}R{}^{k}R)_N{}^{y}R{}^{y}R$， ${}^{y}R{}^{y}R{}^{y}R({}^{i}R{}^{j}R)_N$，$({}^{i}R{}^{j}R)_N{}^{y}R{}^{y}R{}^{y}R$

选用该表中的 1 个构型综合结果即可得到相应的变胞机构模块，带有连接子机构为 ${}^{x}P_{C}^{2}\,{}^{x}P_{C}^{2}$ 的变胞机构模块如图 2.13 所示。图 2.13(a) 所示为变胞机构模块的折叠姿态，此时该机构只有 1 个绕转动副 R1(图 2.5 中标出) 轴线旋转的转动自由度。当变胞机构模块进行展开运动直至转动副 R2 和 R3(图 2.5 中标出) 的轴线共线时，进入变胞姿态，如图 2.13(b) 所示。在变胞姿态时，变胞机构模块可以开始绕转动副 R2 和 R3(图 2.5 中标出) 的共线轴线进行旋转，然后进入抓取姿态，如图 2.13(c) 所示。

2.支撑子机构约束沿 X_a 轴和 Y_a 轴的移动自由度

支撑子机构约束沿 X_a 轴和 Y_a 轴的移动自由度情况下，支撑子机构的约束旋量系的标准基为

$$\mathbb{S}_a^r=\left\{\begin{matrix}\boldsymbol{S}_{a1}^r=[1,0,0,0,0,0]^T\\ \boldsymbol{S}_{a2}^r=[0,1,0,0,0,0]^T\end{matrix}\right\} \tag{2.50}$$

这是一个沿着 Y_a 轴的约束力，根据互易旋量理论，可以得到支撑子机构的运动旋量系标准基为

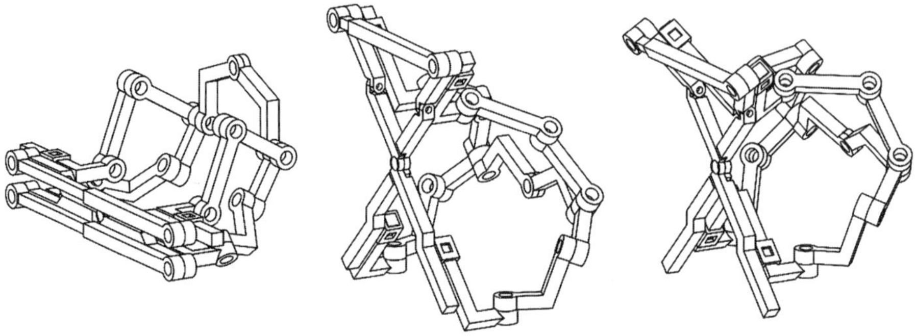

(a) 折叠姿态　　(b) 变胞姿态　　(c) 抓取姿态

图2.13　带有连接子机构为 $^{\times}P_C^2\ ^{\times}P_C^2$ 的变胞机构模块

$$\mathbb{S}_a=\begin{cases}\boldsymbol{S}_{a1}=[1,0,0,0,0,0]^T\\ \boldsymbol{S}_{a2}=[0,1,0,0,0,0]^T\\ \boldsymbol{S}_{a3}=[0,0,1,0,0,0]^T\\ \boldsymbol{S}_{a4}=[0,0,0,0,0,1]^T\end{cases}\tag{2.51}$$

根据式(2.51)即可得到 $\boldsymbol{S}_{a1}$、$\boldsymbol{S}_{a2}$ 和 $\boldsymbol{S}_{a3}$ 的所有线性组合，即

$$^1\mathbb{S}'_a=\begin{cases}\boldsymbol{S}'_{a1}=[l_1,m_1,n_1,0,0,0]^T\\ \boldsymbol{S}'_{a2}=[l_2,m_2,n_2,0,0,0]^T\\ \boldsymbol{S}'_{a3}=[l_3,m_3,n_3,0,0,0]^T\end{cases}$$

$$^1\mathbb{S}''_a=\begin{cases}\boldsymbol{S}''_{a1}=[l_1,m_1,n_1,0,0,c_1]^T\\ \boldsymbol{S}''_{a2}=[l_2,m_2,n_2,0,0,c_2]^T\\ \boldsymbol{S}''_{a3}=[l_3,m_3,n_3,0,0,c_3]^T\end{cases}\tag{2.52}$$

此外，结合 $\boldsymbol{S}_{a4}$ 还可以得到的线性组合为

$$^2\mathbb{S}'_a=\{\boldsymbol{S}'_{a4}=[l_4,m_4,0,0,0,c_4]^T\}$$

$$^2\mathbb{S}''_a=\{\boldsymbol{S}''_{a4}=[1,0,0,0,0,c'_1]^T\}\tag{2.53}$$

结合式(2.52)和式(2.53)即可得知支撑子机构应该具备以下结构特性：

(1) 运动链中必须含有3个连续的转动副，它们可能形成球面子链，也可能轴线不交于同一点但斜交于 X_aZ_a 平面。

(2) 除了连续的转动副外，其他转动副的轴线必须平行于 X_a 轴。

(3) 移动副的方向必须垂直于 X_aY_a 平面。

结合以上结构特性，用枚举法即可得到支撑子机构的所有可能构型，约束沿 X_a 轴和 Y_a 轴移动自由度的支撑子机构构型的综合结果见表2.6。该表分为2种情况：支撑子机构中含有1个移动副和不含移动副。

表 2.6　约束沿 X_a 轴和 Y_a 轴移动自由度的支撑子机构构型的综合结果

情况	列举
含有一个移动副	${}^{z}P^{u1}R^{u2}R^{u3}R$，${}^{u1}R^{u2}R^{u3}R^{z}P$，${}^{z}P({}^{i}R^{j}R^{k}R)_N$，$({}^{i}R^{j}R^{k}R)_N{}^{z}P$
不含移动副	${}^{x}R^{u1}R^{u2}R^{u3}R$，${}^{u1}R^{u2}R^{u3}R^{x}R$，${}^{x}R({}^{i}R^{j}R^{k}R)_N$，$({}^{i}R^{j}R^{k}R)_N{}^{x}R$

3.支撑子机构约束沿 Y_a 轴的移动自由度和绕 Z_a 轴的转动自由度

支撑子机构约束沿 Y_a 轴的移动自由度和绕 Z_a 轴的转动自由度情况下，支撑子机构的约束旋量系的标准基为

$$\mathbb{S}_a^r=\begin{Bmatrix}\boldsymbol{S}_{a1}^r=[0,1,0,0,0,0]^T\\ \boldsymbol{S}_{a2}^r=[0,0,0,0,0,1]^T\end{Bmatrix}\tag{2.54}$$

这是 1 个沿着 Y_a 轴的约束力和 1 个绕 Z_a 轴的约束力偶，根据互易旋量理论可以得到支撑子机构的运动旋量系标准基为

$$\mathbb{S}_a=\begin{Bmatrix}\boldsymbol{S}_{a1}=[1,0,0,0,0,0]^T\\ \boldsymbol{S}_{a2}=[0,1,0,0,0,0]^T\\ \boldsymbol{S}_{a3}=[0,0,0,1,0,0]^T\\ \boldsymbol{S}_{a4}=[0,0,0,0,0,1]^T\end{Bmatrix}\tag{2.55}$$

值得注意的是，式(2.55) 中任意运动旋量的第 3 个元素必须始终为 0，即 $\boldsymbol{S}_{a1}$ 和 $\boldsymbol{S}_{a2}$ 的线性组合只能得到 2 个转动副：$\boldsymbol{S}'_{ai}=[l_i,m_i,0,0,0,0]^T(i=1,\ 2)$，这 2 个新得到的转动副的轴线必须位于 X_aY_a 平面。但是，当支撑子机构产生有限位移后，新转动副的轴线至少有 1 个不再位于 X_aY_a 平面。因此由式(2.55) 所得到的支撑子机构为瞬时机构，需要舍去。

4.支撑子机构约束沿 X_a 轴和 Y_a 轴的移动自由度及绕 Z_a 轴的转动自由度

支撑子机构约束沿 X_a 轴和 Y_a 轴的移动自由度及绕 Z_a 轴的转动自由度情况下，支撑子机构的约束旋量系的标准基为

$$\mathbb{S}_a^r=\begin{Bmatrix}\boldsymbol{S}_{a1}^r=[1,0,0,0,0,0]^T\\ \boldsymbol{S}_{a2}^r=[0,1,0,0,0,0]^T\\ \boldsymbol{S}_{a3}^r=[0,0,0,0,0,1]^T\end{Bmatrix}\tag{2.56}$$

这是一个沿着 X_a 轴和 Y_a 轴的约束力和绕 Z_a 轴的约束力偶，根据互易旋量理论可以得到支撑子机构的运动旋量系标准基为

$$\mathbb{S}_a=\begin{Bmatrix}\boldsymbol{S}_{a1}=[1,0,0,0,0,0]^T\\ \boldsymbol{S}_{a2}=[0,1,0,0,0,0]^T\\ \boldsymbol{S}_{a3}=[0,0,0,0,0,1]^T\end{Bmatrix}\tag{2.57}$$

显然，类似于上一小节的情况，由式(2.57) 所得到的支撑子机构为瞬时机

构,需要舍去。

2.6.2 连接子机构为${}^{y}P_{C}^{2}\ {}^{y}P_{C}^{2}$

在连接子机构为${}^{y}P_{C}^{2}\ {}^{y}P_{C}^{2}$情况下,带有连接子机构为${}^{y}P_{C}^{2}\,{}^{y}P_{C}^{2}$的变胞子机构如图2.14所示。图2.14(a)中,1对连接子机构中有4个移动方向平行于Y_g轴的移动副,记作Pc1、Pc2、Pc3和Pc4。由Pc1、R1和Pc3所组成的运动子链展开过程如图2.14(b)所示。此时,该子机构中的杆2相对杆1绕着R1的轴线旋转角度为2α,其运动旋量为

$$\mathbb{S}_{g}=\begin{cases}\boldsymbol{S}_{g1}=[0,0,0,0,1,0]^{T}\\ \boldsymbol{S}_{g2}=[0,-1,0,z_{1},0,-x_{1}]^{T}\\ \boldsymbol{S}_{g3}=[0,0,0,0,1,0]^{T}\end{cases}\tag{2.58}$$

由互易旋量理论可得到相应的约束旋量系为

$$\mathbb{S}_{g}^{r}=\begin{cases}\boldsymbol{S}_{g1}^{r}=[0,0,0,1,0,0]^{T}\\ \boldsymbol{S}_{g2}^{r}=[0,0,0,0,0,1]^{T}\\ \boldsymbol{S}_{g3}^{r}=[1,0,0,0,z_{1},0]^{T}\\ \boldsymbol{S}_{g4}^{r}=[0,0,1,0,0,-x_{1}]^{T}\end{cases}\tag{2.59}$$

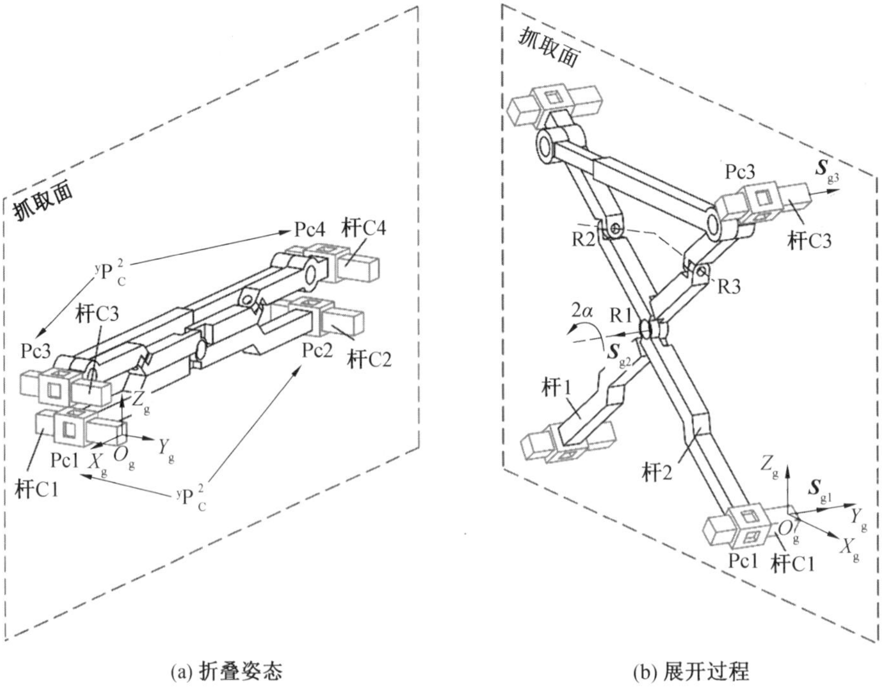

图2.14 带有连接子机构为${}^{y}P_{C}^{2}\ {}^{y}P_{C}^{2}$的变胞子机构

式(2.59)表明,该约束旋量系约束了该子机构沿 Z_g 轴的移动自由度,该机构无法沿着 Z_g 轴进行展开运动,因此无法通过构型综合得到满足要求的构型。

2.6.3 连接子机构为 $^zP_C^2\ ^zP_C^2$

在连接子机构为 $^zP_C^2\ ^zP_C^2$ 情况下,带有连接子机构为 $^zP_C^2\ ^zP_C^2$ 的变胞子机构如图 2.15 所示。图 2.15(a) 中,1 对连接子机构中有 4 个移动方向平行于 Z_g 轴的移动副,记作 Pc1、Pc2、Pc3 和 Pc4。由 Pc1、R1 和 Pc3 所组成的运动子链展开过程如图 2.15(b) 所示。此时,该子机构中的杆 2 相对杆 1 绕着 R1 的轴线旋转角度为 2α,其运动旋量为

$$\mathbb{S}_g=\begin{Bmatrix}\boldsymbol{S}_{g1}=[0,0,0,\sin\alpha,0,\cos\alpha]^T\\\boldsymbol{S}_{g2}=[0,-1,0,z_1,0,-x_1]^T\\\boldsymbol{S}_{g3}=[0,0,0,\sin\alpha,0,-\cos\alpha]^T\end{Bmatrix}\tag{2.60}$$

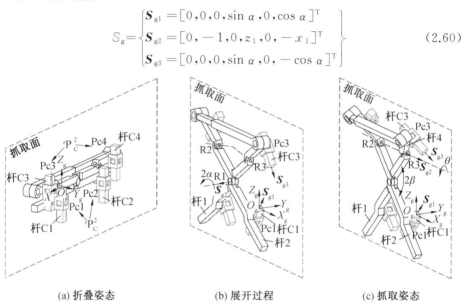

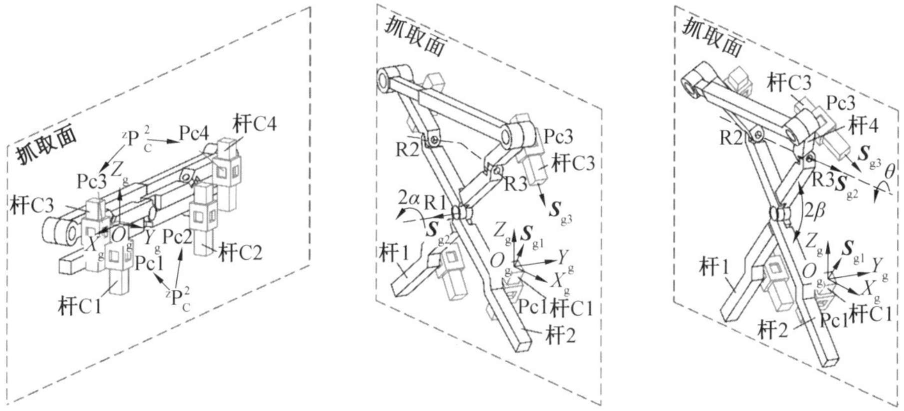

(a) 折叠姿态　　(b) 展开过程　　(c) 抓取姿态

图2.15　带有连接子机构为 $^yP_C^2\ ^yP_C^2$ 的变胞子机构

由互易旋量理论可得到相应的约束旋量系为

$$\mathbb{S}_g^r=\begin{Bmatrix}\boldsymbol{S}_{g1}^r=[0,0,0,1,0,0]^T\\\boldsymbol{S}_{g2}^r=[0,0,0,0,0,1]^T\\\boldsymbol{S}_{g3}^r=[0,1,0,0,0,0]^T\end{Bmatrix}\tag{2.61}$$

式(2.61)表明,在该子机构进行展开运动过程中,由 Pc1、Pc3 和 R1 组成的机构子链的约束旋量系中有 2 个约束力偶和 1 个约束力。约束力偶限制了所有绕平行于 X_gZ_g 平面的方向的转动自由度,约束力限制了沿 Y_g 轴的移动自由度。为了保证在展开运动中,杆 C3 相对杆 C1 有且只有 1 个自由度,需要引入 1 个约束力偶和 1 个约束力。该约束力偶和约束力应分别限制杆 C3 相对杆 C1 绕 Y_g 轴的

转动自由度和沿 X_g 轴的移动自由度。

由图 2.15(c) 可知，杆 4 相对杆 1 绕 R3 的轴线旋转角度为 θ，从而可以计算得到带有该类连接子机构的变胞子机构的运动旋量系为

$$\mathbb{S}_g=\left\{\begin{aligned}&\boldsymbol{S}_{g1}=[0,0,0,\sin\alpha,0,\cos\alpha]^T\\&\boldsymbol{S}_{g2}=[1,0,0,0,z_3,-y_3]^T\\&\boldsymbol{S}_{g3}=[0,0,0,\sin\alpha,\cos\alpha\sin\theta,-\cos\alpha\cos\theta]^T\end{aligned}\right\}\tag{2.62}$$

式(2.62) 的相应约束旋量系为

$$\mathbb{S}_g^r=\left\{\begin{aligned}&\boldsymbol{S}_{g1}^r=[0,0,0,0,1,0]^T\\&\boldsymbol{S}_{g2}^r=[0,0,0,0,0,1]^T\\&\boldsymbol{S}_{g3}^r=[-\cot\alpha\sin\theta,1+\cos\theta,\sin\theta,-z_3(1+\cos\theta)+y_3\sin\theta,0,0]^T\end{aligned}\right\}\tag{2.63}$$

由式(2.63) 可知，该子机构在进行抓取运动时，约束了空间上的 3 个移动自由度。为了保证在抓取运动中，杆 C3 相对杆 C1 有且只有 1 个自由度，需要引入 2 个约束力偶。该约束力偶应限制杆 C3 相对杆 C1 绕任意平行于 Y_gZ_g 平面方向的转动自由度。

类合页子机构可以约束所有平行于 Y_gZ_g 平面方向的转动自由度。为了保证变胞机构模块在展开运动和抓取运动中均有且只有 1 个自由度，支撑子机构需要满足以下条件：

(1) 限制杆 C3 相对杆 C1 沿 X_g 轴的移动自由度。

(2) 不能限制杆 C3 相对杆 C1 绕平行于 X_g 轴方向的转动自由度。

(3) 不能限制杆 C3 相对杆 C1 沿 Z_g 轴的移动自由度。

上述 3 个条件与 2.6.1 节的一样，因此支撑子机构可能的结构见表 2.5 和表 2.6。

选用表 2.5 中的 1 个构型综合结果即可得到相应的变胞机构模块，带有连接子机构为 ${}^zP_C^2\ {}^zP_C^2$ 的变胞机构模块如图 2.16 所示。

图 2.16(a) 所示为变胞机构模块的折叠姿态，此时该机构只有 1 个绕转动副 R1(图 2.5 中标出) 轴线的转动自由度。当变胞机构模块进行展开运动直至转动副 R2 和 R3(图 2.5 中标出) 的轴线共线时，进入变胞姿态，如图 2.16(b) 所示。在变胞姿态时，变胞机构模块可以开始绕转动副 R2 和 R3(图 2.5 中标出) 的共线轴线进行旋转，然后进入抓取姿态，如图 2.16(c) 所示。

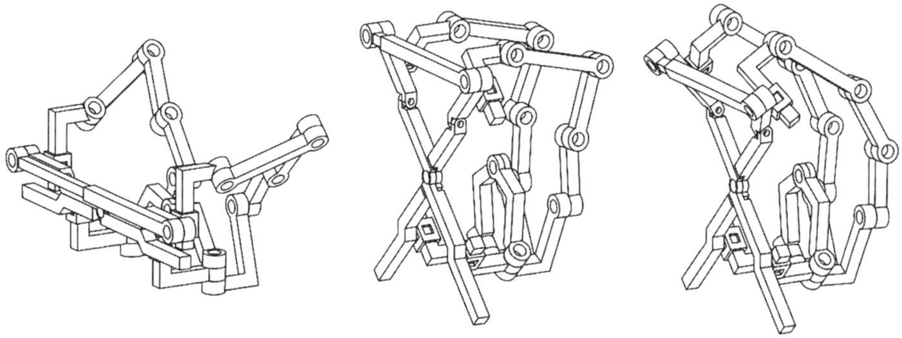

(a) 折叠姿态　(b) 变胞姿态　(c) 抓取姿态

图2.16　带有连接子机构为$^{z}P_{C}^{2}\,{}^{z}P_{C}^{2}$的变胞机构模块

2.7　一般类型的连接子机构

2.7.1　连接子机构需要满足的结构特性

从以上章节中可以得知，并非全部的连接子机构均可进行构型综合。因此，总结出连接子机构在构型综合时需要满足的结构特性非常重要。此外，以上章节中所涉及的连接子机构在每种情况中是由同一种运动副组成，如何基于一般类型的连接子机构进行构型综合也是本节需要解决的难点。

首先，当连接子机构为特殊类型的转动副时，根据 2.5 节可以得知，当连接子机构为$^{x}R_{C}^{2}\,{}^{x}R_{C}^{2}$和$^{z}R_{C}^{2}\,{}^{z}R_{C}^{2}$时，无法通过构型综合得到需要的构型。这是因为存在着沿 Z_g 轴线的约束力限制了机构沿 Z_g 轴线的展开运动。只有当连接子机构为$^{y}R_{C}^{2}\,{}^{y}R_{C}^{2}$时才可以通过构型综合得到相应的构型。因此，当选择转动副作为连接子机构时，其转动轴线必须平行于 Y_g 轴。

此外，2.6 节分析了 3 种特殊类型的移动副作为连接子机构时构型综合的结果。当连接子机构为$^{y}P_{C}^{2}\,{}^{y}P_{C}^{2}$时，带有该类型连接子机构的变胞子机构中存在着沿 Z_g 轴的约束力。因此，该机构无法沿着 Z_g 轴进行展开运动，从而无法通过构型综合得到具有满足要求的构型。而当连接子机构为$^{x}P_{C}^{2}\,{}^{x}P_{C}^{2}$或$^{z}P_{C}^{2}\,{}^{z}P_{C}^{2}$时，可以通过构型综合得到满足任务需求的变胞机构的构型。基于 2.6 节中约束旋量的分析及结果可以得知，如果移动副被选作连接子机构时，其转动轴线必须平行于 X_gZ_g 平面。

根据上述分析可以得到构型综合时连接子机构需要满足的结构特性：

(1) 转动副的转动轴线必须平行于 Y_g 轴。

(2) 移动副的移动方向必须平行于 $X_g Z_g$ 平面。

因为 X_g 轴和 Z_g 轴位于抓取面(图 2.5 中标出)，所以可以进一步得到基于抓取面的构型综合时连接子机构需要满足的结构特性：

(1) 转动副的转动轴线必须垂直于抓取面。

(2) 移动副的移动方向必须平行于抓取面。

为了验证该结论，本节将选择满足上述结构特性的一般类型连接子机构进行构型综合。

2.7.2　连接子机构为 $^{t1}P_C^2\,^{t2}P_C^2$

在连接子机构为 $^{t1}P_C^2\,^{t2}P_C^2$ 情况下，带有连接子机构为 $^{y}P_C^2\,^{y}P_C^2$ 的变胞子机构如图 2.17 所示。图 2.17(a) 中，2 对连接子机构由 4 个移动方向不平行但位于 $X_g Z_g$ 平面的移动副组成，记作 Pc1、Pc2、Pc3 和 Pc4。由 Pc1、R1 和 Pc3 所组成的运动子链展开过程如图 2.17(b) 所示。此时，该子机构中的杆 2 相对杆 1 绕着 R1 的轴线旋转角度为 2α，其运动旋量为

$$\mathbb{S}_g=\begin{cases}\boldsymbol{S}_{g1}=[0,0,0,\cos(\alpha+\psi),0,-\sin(\alpha+\psi)]^T\\ \boldsymbol{S}_{g2}=[0,-1,0,z_1,0,-x_1]^T\\ \boldsymbol{S}_{g3}=[0,0,0,\cos(\varphi-\alpha),0,-\sin(\varphi-\alpha)]^T\end{cases}\tag{2.64}$$

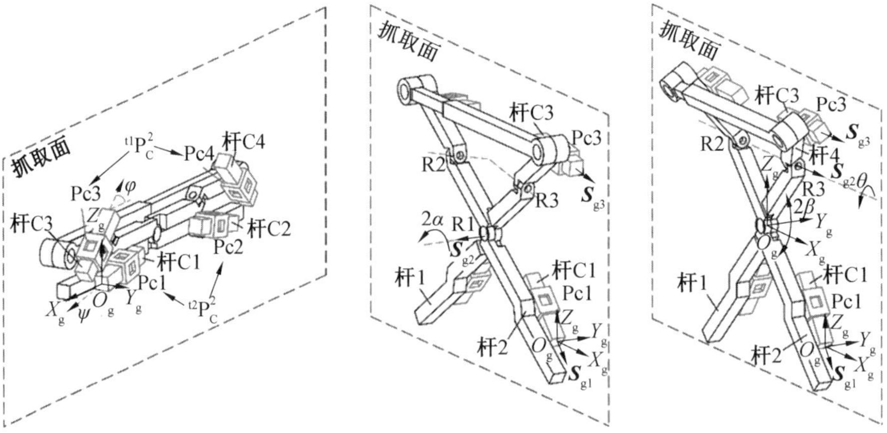

(a) 折叠姿态　　(b) 展开过程　　(c) 抓取姿态

图2.17　带有连接子机构为 $^{y}P_C^2\,^{y}P_C^2$ 的变胞子机构

由互易旋量理论可得到相应的约束旋量系为

$$\mathbb{S}_g^r=\begin{cases}\boldsymbol{S}_{g1}^r=[0,0,0,1,0,0]^T\\ \boldsymbol{S}_{g2}^r=[0,0,0,0,0,1]^T\\ \boldsymbol{S}_{g3}^r=[0,1,0,0,0,0]^T\end{cases}\tag{2.65}$$

式(2.65)表明,在该子机构进行展开运动过程中,由 Pc1、Pc3 和 P1 组成的机构子链的约束旋量系中有 2 个约束力偶和 1 个约束力。约束力偶限制了绕所有平行于 X_gZ_g 平面方向的转动自由度,约束力限制了沿 Y_g 轴的移动自由度。为了保证在展开运动中,杆 C3 相对杆 C1 有且只有 1 个自由度,需要引入 1 个约束力偶和 1 个约束力。该约束力偶和约束力应分别限制杆 C3 相对杆 C1 绕 Y_g 轴的转动自由度和沿 X_g 轴的移动自由度。

由图 2.17(c) 可知,杆 4 相对杆 1 绕 R3 的轴线旋转角度为 θ,从而可以计算得到带有该类连接子机构的变胞子机构的运动旋量系为

$$\mathbb{S}_g=\begin{Bmatrix}\boldsymbol{S}_{g1}=[0,0,0,\cos(\alpha+\psi),0,-\sin(\alpha+\psi)]^T\\ \boldsymbol{S}_{g2}=[1,0,0,0,z_3,-y_3]^T\\ \boldsymbol{S}_{g3}=[0,0,0,\cos(\varphi-\alpha),\sin(\varphi-\alpha)\sin\theta,-\sin(\varphi-\alpha)\cos\theta]^T\end{Bmatrix} \tag{2.66}$$

式(2.66)的相应约束旋量系为

$$\mathbb{S}_g^r=\begin{Bmatrix}\boldsymbol{S}_{g1}^r=[0,0,0,0,1,0]^T\\ \boldsymbol{S}_{g2}^r=[0,0,0,0,0,1]^T\\ \boldsymbol{S}_{g3}^r=[\tan(\alpha+\psi)\sin\theta,-\cot(\varphi-\alpha)\tan(\alpha+\psi)+\cos\theta,\sin\theta,\\ \quad z_3[\cot(\varphi-\alpha)\tan(\alpha+\psi)-\cos\theta]+y_3\sin\theta,0,0]^T\end{Bmatrix} \tag{2.67}$$

由式(2.67)可知,该子机构在进行抓取运动时,约束了空间上的 3 个移动自由度。为了保证在抓取运动中,杆 C3 相对杆 C1 有且只有 1 个自由度,需要引入 2 个约束力偶。该约束力偶应限制杆 C3 相对杆 C1 绕任意平行于 Y_gZ_g 平面的转动自由度。

由 2.4.4 节可知,类合页子机构可以约束所有绕平行于 Y_gZ_g 平面方向的转动自由度。为了保证变胞机构模块在展开运动和抓取运动中均有且只有 1 个自由度,支撑子机构需要满足以下条件:

(1) 限制杆 C3 相对杆 C1 沿 X_g 轴的移动自由度。

(2) 不能限制杆 C3 相对杆 C1 绕平行于 X_g 轴方向的转动自由度。

(3) 不能限制杆 C3 相对杆 C1 沿 Z_g 轴的移动自由度。

上述 3 个条件与 2.6.1 节的条件一致,因此支撑子机构的所有构型见表 2.5 和表 2.6。

选用表 2.5 中的 1 个构型综合结果即可得到相应的变胞机构模块,带有连接子机构为 ${}^{t1}P_C^2\,{}^{t2}P_C^2$ 的变胞机构模块如图 2.18 所示。图 2.18(a) 所示为变胞机构模块的折叠姿态,此时该机构只有 1 个绕转动副 R1(图 2.5 中标出)轴线旋转的转动

自由度。当变胞机构模块进行展开运动直至转动副 R2 和 R3(图 2.5 中标出) 的轴线共线时,进入变胞姿态,如图 2.18(b) 所示。在变胞姿态时,变胞机构模块可以开始绕转动副 R2 和 R3(图 2.5 中标出) 的共线轴线进行旋转,然后进入抓取姿态,如图2.18(c) 所示。

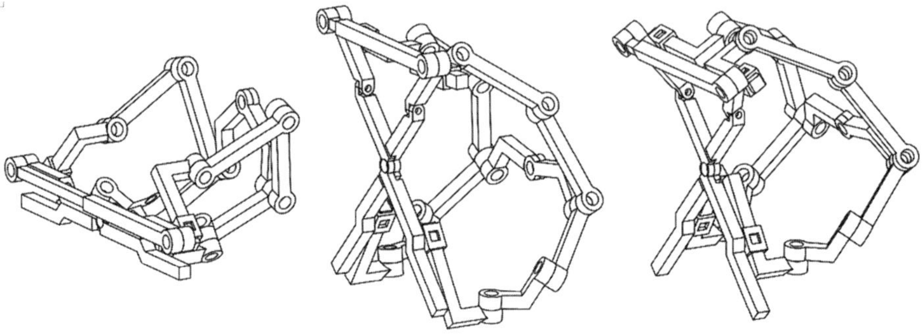

(a) 折叠姿态　　(b) 变胞姿态　　(c) 抓取姿态

图2.18　带有连接子机构为 ${}^{t1}P_C^2\ {}^{t2}P_C^2$ 的变胞机构模块

2.7.3　连接子机构为 ${}^{y}R_C^2\ {}^{x}P_C^2$

在连接子机构为 ${}^{y}R_C^2\ {}^{x}P_C^2$ 情况下,带有连接子机构为 ${}^{y}R_C^2\,{}^{x}P_C^2$ 的变胞子机构如图 2.19 所示。图 2.19(a) 中,第 1 对连接子机构由 2 个转动轴线平行于 Y_g 轴的转动副组成,记作 Rc1 和 Rc2;第 2 对连接子机构由 2 个移动方向不平行但位于 X_gZ_g 平面的移动副组成,记作 Pc3 和 Pc4。由 Rc1、R1 和 Pc3 所组成的运动子链展开过程如图 2.19(b) 所示。此时,该子机构中的杆 2 相对杆 1 绕着 R1 的轴线旋转角度为 2α,其运动旋量为

$$\mathbb{S}_g=\begin{Bmatrix}\boldsymbol{S}_{g1}=[0,-1,0,0,0,0]^T\\ \boldsymbol{S}_{g2}=[0,-1,0,z_1,0,-x_1]^T\\ \boldsymbol{S}_{g3}=[0,0,0,\cos\alpha,0,\sin\alpha]^T\end{Bmatrix}\tag{2.68}$$

由互易旋量理论可得到相应的约束旋量系为

$$\mathbb{S}_g^r=\begin{Bmatrix}\boldsymbol{S}_{g1}^r=[0,0,0,1,0,0]^T\\ \boldsymbol{S}_{g2}^r=[0,0,0,0,0,1]^T\\ \boldsymbol{S}_{g3}^r=[0,1,0,0,0,0]^T\end{Bmatrix}\tag{2.69}$$

式(2.69) 表明,在该子机构进行展开运动过程中,由 Rc1、Pc3 和 R1 组成的机构子链的约束旋量系中有 2 个约束力偶和 1 个约束力。约束力偶限制了所有绕平行于 X_gZ_g 平面方向的转动自由度,约束力限制了沿 Y_g 轴的移动自由度。为

了保证在展开运动中，杆 C3 相对杆 C1 有且只有 1 个自由度，需要引入 1 个约束力偶和 1 个约束力。该约束力偶和约束力应分别限制杆 C3 相对杆 C1 绕 Y_g 轴的转动自由度和沿 X_g 轴的移动自由度。

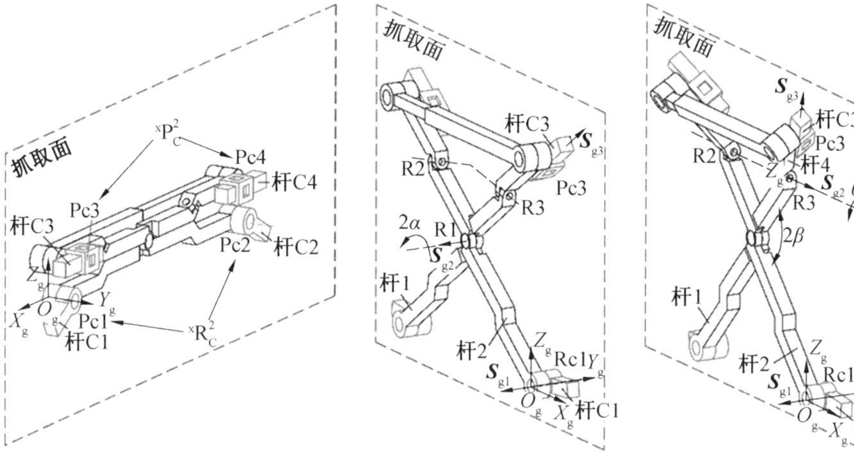

(a) 折叠姿态　　(b) 展开过程　　(c) 抓取姿态

图2.19　带有连接子机构为 ${}^{y}R_C^2\ {}^{x}P_C^2$ 的变胞子机构

由图 2.19(c) 可知，杆 4 相对杆 1 绕 R3 的轴线旋转角度为 θ，从而可以计算得到带有该类连接子机构的变胞子机构的运动旋量系为

$$\mathbb{S}_g=\left\{\begin{aligned}&\boldsymbol{S}_{g1}=[0,-1,0,0,0,0]^T\\&\boldsymbol{S}_{g2}=[1,0,0,0,z_3,-y_3]^T\\&\boldsymbol{S}_{g3}=[0,0,0,\cos\alpha,-\sin\alpha\sin\theta,\sin\alpha\cos\theta]^T\end{aligned}\right\} \tag{2.70}$$

式(2.70) 的相应的约束旋量系为

$$\mathbb{S}_g^r=\left\{\begin{aligned}&\boldsymbol{S}_{g1}^r=[0,0,0,0,0,1]^T\\&\boldsymbol{S}_{g2}^r=[\tan\alpha\sin\theta,1,0,-z_3,0,0]^T\\&\boldsymbol{S}_{g3}^r=[0,1,\tan\theta,-z_3+y_3\tan\theta,0,0]^T\end{aligned}\right\} \tag{2.71}$$

由式(2.71) 可知，该子机构在进行抓取运动时，约束了空间上的 3 个移动自由度。为了保证在抓取运动中，杆 C3 相对杆 C1 有且只有 1 个自由度，需要引入 2 个约束力偶。该约束力偶应限制杆 C3 相对杆 C1 绕任意平行于 Y_gZ_g 平面方向的转动自由度。

类合页子机构可以约束所有绕平行于 Y_gZ_g 平面方向的转动自由度。为了保证变胞机构模块在展开运动和抓取运动中均有且只有 1 个自由度，支撑子机构需要满足以下条件：

(1) 限制杆 C3 相对杆 C1 沿 X_g 轴的移动自由度。

(2) 不能限制杆 C3 相对杆 C1 绕平行于 X_g 轴方向的转动自由度。

(3) 不能限制杆 C3 相对杆 C1 沿 Z_g 轴的移动自由度。

上述 3 个约束条件与 2.6.1 节的条件一致,因此支撑子机构的所有构型见表 2.5 和表 2.6 所示。

选用表 2.5 中的 1 个构型综合结果即可得到相应的变胞机构模块,带有连接子机构为 ${}^{y}R_{C}^{2}\ {}^{x}P_{C}^{2}$ 的变胞机构模块如图 2.20 所示。图 2.20(a) 所示为变胞机构模块的折叠姿态,此时该机构只有 1 个绕转动副 R1(图 2.5 中标出) 轴线旋转的转动自由度。当变胞机构模块进行展开运动直至转动副 R2 和 R3(图 2.5 中标出) 的轴线共线时,进入变胞姿态,如图 2.20(b) 所示。在变胞姿态时,变胞机构模块可以开始绕转动副 R2 和 R3(图 2.5 中标出) 的共线轴线进行旋转,然后进入抓取姿态,如图 2.20(c) 所示。

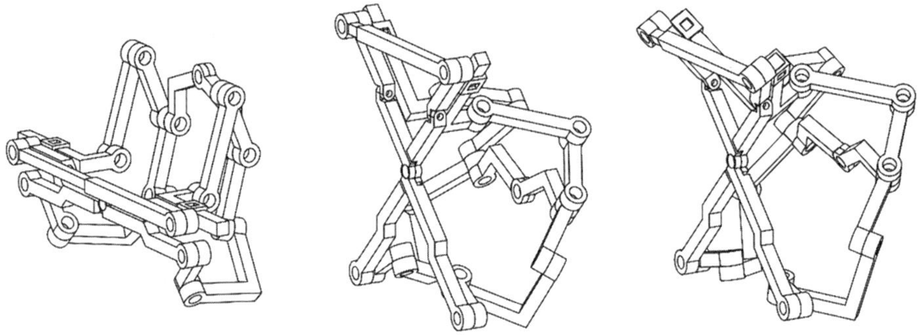

(a) 折叠姿态　　(b) 变胞姿态　　(c) 抓取姿态

图2.20　带有连接子机构为 ${}^{y}R_{C}^{2}\ {}^{x}P_{C}^{2}$ 的变胞机构模块

2.8　空间桁架式可展开抓取机构的模块化连接方法

在得到变胞机构模块后,需要将该模块进行连接,从而完成机械手指的设计,然后再用相同的方法得到多个手指,从而得到整体的可展开抓取机构。本节介绍一种连接变胞机构模块的方法。

因为图 2.21 所示的变胞子机构的 R4、R5、P1、杆 5 和杆 6 不能直接与相邻的变胞机构模块连接,所以引入了连接机构。以图 2.7 中的变胞机构模块为例,通过使用由移动副 P_{CM} 所连接的杆 A 和杆 B 来设计连接机构,两个相邻变胞机构模块的连接方法如图 2.21 所示。

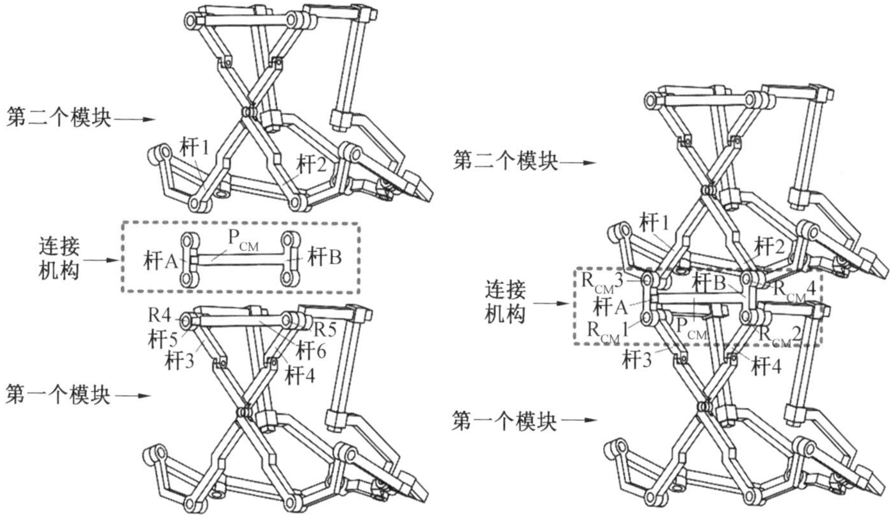

图2.21　两个相邻变胞机构模块的连接方法

在杆 A 和杆 B 的两端分别设计了 2 个转动副用来连接相邻的 2 个变胞机构模块。因为变胞机构模块中的变胞子机构本身含有由移动副和转动副组成的运动子链,因此连接机构可以直接连接相邻的 2 个单元。首先,$R_{CM}3$ 用来连接第 2 个模块的杆 1 和连接机构的杆 A,$R_{CM}4$ 用来连接第 2 个模块的杆 2 和连接机构的杆 B,从而连接了第 2 个模块与连接机构。然后,$R_{CM}1$ 替代了第 1 个模块的 R4,杆 A 和杆 B 分别替代了第 1 个模块的杆 5 和杆 6,从而完成了第 1 个模块与连接机构的连接。最后,在完成上述和第 1 个模块连接的同时,每个单元原来的自由度也未受影响。用相同的方法即可连接更多的变胞机构模块。

2.9　四面体桁架式可展开抓取机构设计

除了基于构型综合方法的构型设计,也可以根据具体任务需求直接对机构进行设计。本节提出一种基于四面体桁架结构的模块化抓取机构,该抓取机构由两个或两个以上可变形四面体机构模块组成,本节利用结构模块化特点,从机构自由度的角度简要分析其运动性能,得到了一种较优的结构。

对于四面体机构模块,可以根据其形状可变性完成抓取机构的设计,此种变形方式区别于传统抓取机构,具有质量轻、结构简单、变形连续等优点。本节内容主要基于四面体机构模块，设计合理的连接方式使相邻单元拼接组成串联性的可连续变形的可展开抓取机构，然后选择合适的驱动器，实现抓取功能。

结合桁架式可展开抓取机构的优点，以及串联结构相比于并联结构具有更大的可达空间等优点，提出如下的机构设计目标：

(1) 利于拓展的模块化设计。

(2) 抓取机构具有较大的运动可达空间(最大抓取直径为 1.2 m；最小抓取直径为 100 mm)。

(3) 质量较轻，结构简单。

(4) 装置由 3 个机械臂组成，每个机械臂有 3 个关节。

为了更加明确地说明该机构的设计过程，将 2 个四面体单元组成的基本单元称为四面体机构模块，该四面体机构模块拓展得到的桁架结构称为四面体可展开抓取机构，由该机构组成的整体机构称为桁架式抓取装置。

2.9.1 四面体机构模块分析

四面体单元具有结构简单和稳定的特点，如果将相邻四面体单元通过一种特殊设计的接头相连接，组成四面体机构模块，然后在该结构的适当位置安装驱动，则可以使该结构发生形状变化，并且该种形状可以通过控制驱动器的位移量实现形状的连续改变。

桁架结构广泛用于各类支撑结构中，其具有质量轻、刚度大等优点，因此平面变形结合桁架结构将具有同样的优势。以三角形、正方形和正六边形为基本单元进行拓展可组成一维平面。

图 2.22 所示为三角板平面线性机构的三种不同状态，如果在铰链位置安装驱动，该机构可以实现弯曲和扭转变形。

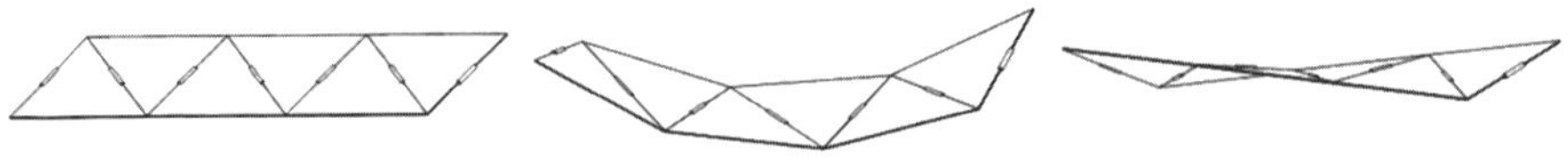

(a) 展开状态　　(b) 弯曲状态　　(c) 扭转状态

图2.22　三角板平面线性机构的三种不同状态

由上述平面线性机构可知，其虽能实现弯曲变形，但在平面垂直方向上刚度较差，整体刚度受铰链限制，机构整体稳定性较差。因此，用四面体桁架单元代替三角板即可得到与上述机构有着相同运动特性的等效机构，四面体机构模块的演化原理图如图 2.23 所示。

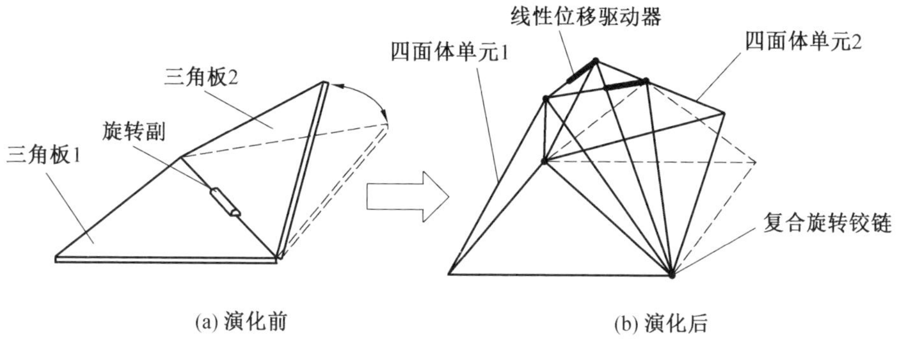

图2.23　四面体机构模块的演化原理图

上述等效机构较初始机构而言，三角板用四面体单元替代，机构由线性位移驱动器进行驱动，静态下组成一个封闭固定三角形，稳定性增加，另外机构整体刚度也得到增强，但质量减轻。

将上述四面体机构模块进行拓展即可得到四面体可展开抓取机构的直线姿态，如图 2.24 所示。

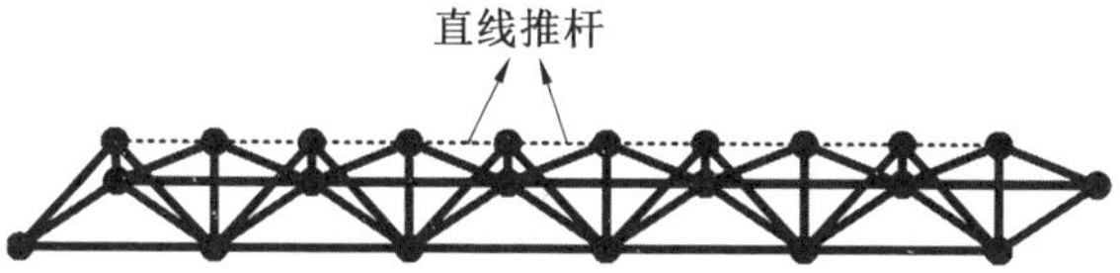

图2.24　四面体可展开抓取机构的直线姿态

当所有线性位移驱动器同时缩短或者伸长时，线性四面体可展开抓取机构呈现弯曲的运动状态，如图 2.25 所示。

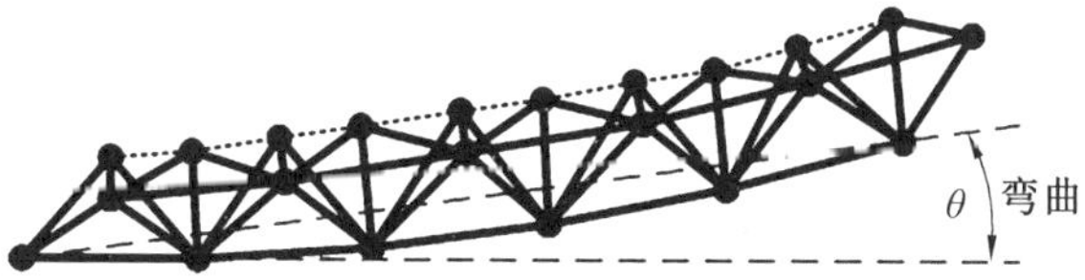

图2.25　四面体可展开抓取机构的弯曲姿态

因此，上述四面体可展开抓取机构与前面提出的多个三角板串联机构具有同样的运动特性。

1.四面体机构模块的运动原理

四面体机构模块的结构图如图 2.26 所示，将 2 个四面体单元串联，其底部共用 1 个共用杆，其顶点通过直线副连接。单个模块是关于共用杆对称的 2 个四面体，单个四面体为静定体系，单个模块的自由度为 1。

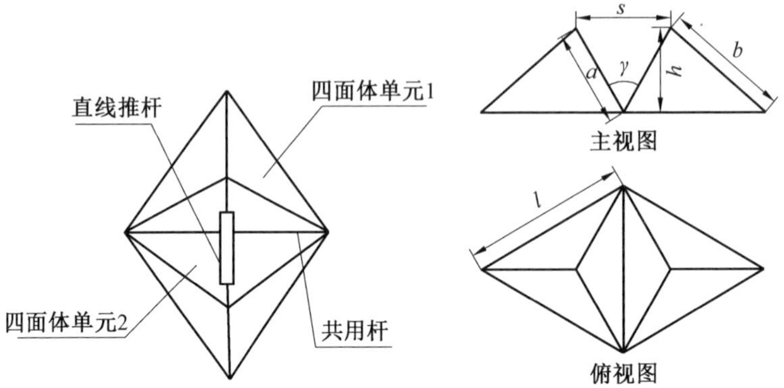

(a) 四面体机构模块示意图　　(b) 四面体机构模块两视图

图2.26　四面体机构模块的结构图

下面对四面体机构模块进行分析。当直线推杆伸长时，2 个模块之间夹角 γ 变大；当直线推杆缩短时，夹角 γ 变小。整个四面体单元绕共用杆转动，其中转动角度和推杆变化量以及四面体杆件尺寸关系推导如下。

四面体机构模块主要参数的关系为

$$a=\sqrt{b^2-\left(\frac{l}{2}\right)^2} \tag{2.72}$$

$$\cos\gamma=\frac{2a^2-s^2}{2a^2} \tag{2.73}$$

由式(2.73) 推得直线推杆长度变化 Δs 与转动角度变化 $\Delta\gamma$ 之间的关系为

$$\Delta\gamma=\arccos\frac{2a^2-(s+\Delta s)^2}{2a^2}-\gamma \tag{2.74}$$

用 Matlab 编程求解推杆长度变化 Δs 与转动角度变化 $\Delta\gamma$ 之间的关系，如图 2.27 所示。

由图 2.27 可知，在直线推杆 40 mm 的行程中，其夹角的变化范围为 60 °，夹角变化范围的确定，为后续抓取运动自锁、运动连续性、运动范围和轨迹求解提供了理论支持。

2.四面体机构模块优化设计

四面体机构模块的受力等效示意图如图 2.28 所示，将多个四面体机构模块串联，组成基于四面体的桁架式可展开抓取机构，机构模块之间可以用转动副连接。在驱动器位移处于初始值时，整个桁架式结构为一个直线单元，此时将其左端固结，则该结构可以简化为一个悬臂梁进行力学分析。

由材料力学知识可知，当在悬臂梁末端施加一个载荷 $\boldsymbol{F}$ 时，悬臂梁从根部至

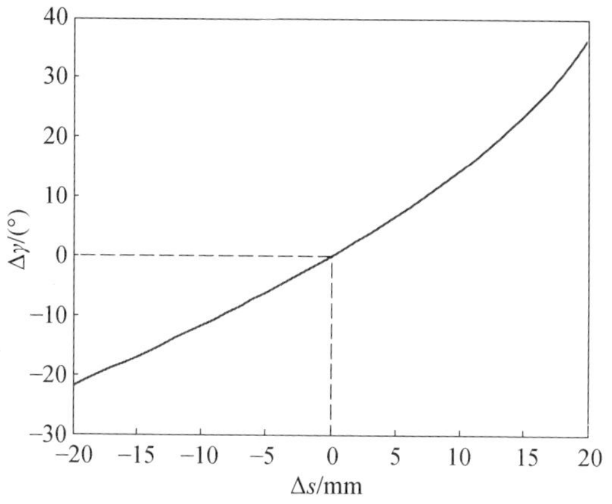

图2.27　直线推杆变化与转动角变化关系图

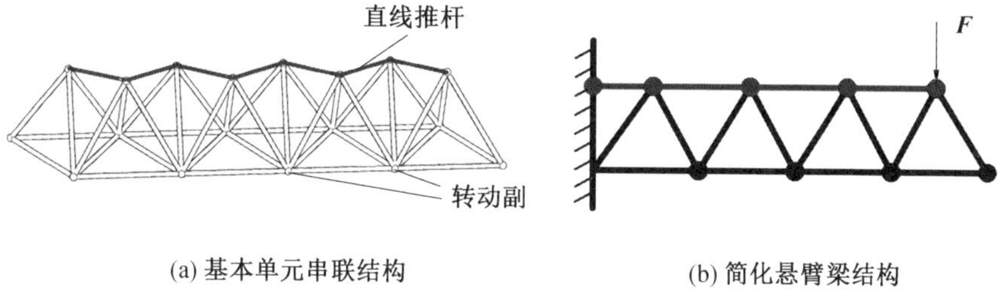

图2.28　受力等效示意图

外梢均受到弯曲和剪切应力的作用，且根部到外梢所受应力载荷逐渐减少。因此人们在设计悬臂梁时一般都将根部加粗，向外延伸逐渐变细，这样设计能够较好地改善悬臂梁因在不同位置载荷不同而造成局部破坏的现象。因此在对四面体线性桁架单元进行优化设计时，做出如下假设：

(1) 线性桁架近似看成悬臂梁，靠近根部的单元内部应力按比例增加。

(2) 一个单元内对称杆的内部应力相同，且认为接头（转动副）不先破坏。

依据上述假设，只需分析一个四面体机构模块的受力，根据约束条件得到其相关参数，其他四面体机构模块即可按照比例进行相应的优化设计。

已知条件：杆件的壁厚为 T，杆件所用材料的弹性模量为 E，许用屈服强度为 $[\sigma_y]$，四面体桁架单元顶端受到一个集中力 $\boldsymbol{P}$ 的作用，四面体底边单元杆件的长度为 B。

约束条件：杆件的平均直径取值范围为 $D_1 \leqslant D \leqslant D_2$，四面体单元高度的取值范围为 $H_1 \leqslant H \leqslant H_2$，要求在满足四面体机构模块强度条件以及稳定性要求条件下，确定四面体机构模块中杆件的平均直径 D 和四面体高度 H，使四面体机构模块用料最优。

(1) 四面体机构模块中各杆的力学分析。

四面体机构模块受力图如图 2.29 所示，不计四面体单元杆件自身的质量，AC、AB、AD、BC、CD、BD 可看作二力杆，其中 AC、AB、AD 受力对称，BC、CD、BD 受力对称。因此，这里只需分别分析杆 AC、CD 的受力情况即可。

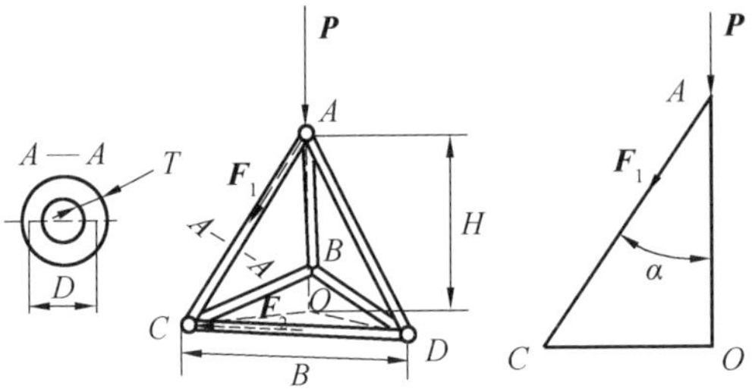

图2.29 四面体机构模块受力图

对于杆 AC，其内部受到压应力 $\boldsymbol{F}_1$，该压应力由底部杆件产生的轴向支座反力平衡，构成矢量三角形，根据静力平衡有

$$F_1=\frac{P/3}{\cos\alpha}=\frac{P\sqrt{\dfrac{B^2}{3}+H^2}}{3H}=\frac{P\sqrt{B^2+3H^2}}{27H} \tag{2.75}$$

由式(2.75)得

$$\cos\alpha=\frac{H}{\sqrt{\left(\dfrac{B}{2\cos 30^\circ}\right)^2+H^2}}=\frac{9H}{\sqrt{B^2+3H^2}}$$

根据压杆轴向压缩公式，杆 AC 截面上的压应力为

$$\sigma_1=\frac{F}{\pi DT}=\frac{P\sqrt{B^2+3H^2}}{27\pi DTH} \tag{2.76}$$

根据压杆轴向压缩稳定性公式，压杆 AC 失稳临界应力为

$$F_{AC}=\frac{\pi^2EI}{l}=\frac{\pi(D+T/2)^4}{32}\left[1-\frac{(D-T/2)^4}{(D+T/2)^4}\right]\frac{\pi^2E}{H^2+B^2/3} \tag{2.77}$$

式中 I—— 截面惯性矩，$I=\dfrac{\pi D_1^4}{32}(1-\alpha^2)$；

α—— 直径比，$\alpha=d/D_1$；

D_1—— 外径；

d—— 内径。

对于杆 CD，其内部受到拉应力的作用，力 $\boldsymbol{F}_1$ 在杆轴向方向上的分量与其平衡可得

$$F_2 = F_1 \sin\alpha \cos 30^\circ = \frac{P\sqrt{B^2+3H^2}}{27H} \times \frac{3\sqrt{3}B}{\sqrt{B^2+3H^2}} \times \frac{\sqrt{3}}{2} = \frac{BP}{6H} \quad (2.78)$$

式中　$\sin\alpha = \dfrac{\dfrac{B}{\sqrt{3}}}{\sqrt{\dfrac{B^2}{3}+H^2}}$。

故可得到其拉应力计算公式为

$$\sigma_2 = \frac{F_2}{\pi DT} = \frac{BP}{6\pi HDT} \quad (2.79)$$

(2) 建立优化设计的数学模型。

设计变量：取需要求解的四面体桁架单元杆件的平均直径 D 和高度 H 作为设计变量。

目标函数：要求用料量最小，即四面体桁架单元的质量最小，在密度一定情况下即为体积最小。

$$\min V = \pi DT\left(3B + \frac{\sqrt{B^2+3H^2}}{3}\right) \quad (2.80)$$

约束条件：

① 杆 AC 的强度条件 $[\sigma_y] \geqslant \sigma_1$，即

$$\frac{P\sqrt{B^2+3H^2}}{27\pi DTH} - [\sigma_y] \leqslant 0 \quad (2.81)$$

② 杆 CD 的强度条件 $[\sigma_y] \geqslant \sigma_2$，即

$$\frac{BP}{6\pi HDT} - [\sigma_y] \leqslant 0 \quad (2.82)$$

③ 稳定性条件 $F_{AC} \geqslant F_1$，即

$$\frac{P\sqrt{B^2+3H^2}}{27H} - \frac{\pi(D+T/2)^4}{32}\left[1 - \frac{(D-T/2)^4}{(D+T/2)^4}\right]\frac{\pi^2 E}{H^2+B^2/3} \leqslant 0 \quad (2.83)$$

④ 结构条件 $D_1 \leqslant D \leqslant D_2, H_1 \leqslant H \leqslant H_2$，即

$$\begin{cases} D - D_1 \geqslant 0 \\ D - D_2 \leqslant 0 \\ H - H_1 \geqslant 0 \\ H - H_2 \leqslant 0 \end{cases} \quad (2.84)$$

将设计参数用设计变量 $\boldsymbol{x} = [x_1, x_2]^{\mathrm{T}} = [D, H]^{\mathrm{T}}$ 表示，代入以上数学表达式，得到优化设计的数学模型：

$$\begin{cases} \min f(\boldsymbol{x}) = \pi x_1 T\left(3B + \dfrac{\sqrt{B^2+3x_2{}^2}}{3}\right) \\ g_1(\boldsymbol{x}) = \dfrac{P\sqrt{B^2+3x_2{}^2}}{27\pi x_1 T x_2} - [\sigma_y] \leqslant 0 \\ g_2(\boldsymbol{x}) = \dfrac{BP}{6\pi x_1 x_2 T} - [\sigma_y] \leqslant 0 \\ g_3(\boldsymbol{x}) = \dfrac{P\sqrt{B^2+3x_2{}^2}}{27x_2} - \dfrac{\pi(x_1+T/2)^4}{32}\left[1 - \dfrac{(x_1-T/2)^4}{(x_1+T/2)^4}\right]\dfrac{\pi^2 E}{x_2{}^2+B^2/3} \leqslant 0 \\ g_4(\boldsymbol{x}) = x_1 - D_1 \geqslant 0 \\ g_5(\boldsymbol{x}) = x_1 - D_2 \leqslant 0 \\ g_6(\boldsymbol{x}) = x_2 - H_1 \geqslant 0 \\ g_7(\boldsymbol{x}) = x_2 - H_2 \leqslant 0 \end{cases} \tag{2.85}$$

由上述数学模型可知，这是一个有 7 个约束条件的二维非线性优化问题。

根据整体刚度较大与质量较轻的设计原则，四面体机构模块中的杆件选用碳纤维材料，其弹性模量约为 3×10^5 MPa，屈服极限为 4.5×10^4 MPa，设空心杆件厚度 $T=1$ mm，底边长度 $B=300$ mm，平均直径的取值范围为 4 mm $\leqslant D \leqslant$ 15 mm，高度取值范围为 20 mm $\leqslant H \leqslant$ 200 mm，外界载荷 $P=5\ 000$ N。

由于这是一个二维非线性优化问题，可以在二维平面进行几何描述。在 Matlab 中使用 contour 函数绘制目标函数等值线和约束条件，四面体机构模块的优化设计平面如图 2.30 所示。

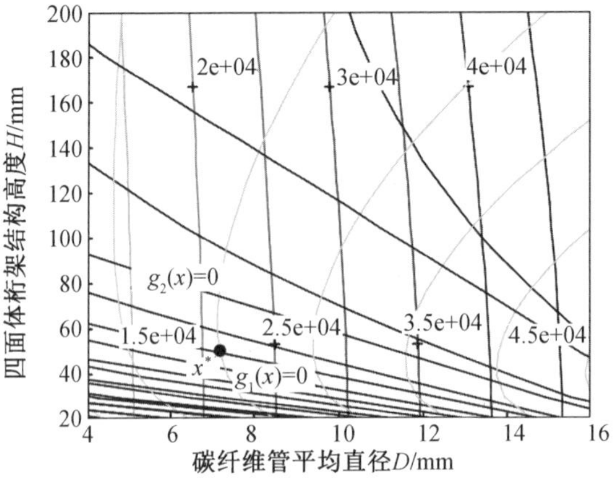

图2.30　四面体机构模块的优化设计平面

从图 2.30 中可以得知，优化的结果近似为

$$x^* = \begin{pmatrix} x_1 \\ x_2 \end{pmatrix} = \begin{pmatrix} D \\ H \end{pmatrix} = \begin{pmatrix} 7 \\ 50 \end{pmatrix} \text{mm} \tag{2.86}$$

因此，在设计四面体机构模块的结构尺寸时，在给定上述约束条件下，将其杆件直径设计为 7 mm、四面体高度设计为 50 mm 时，具有较好的结构稳定性和抗压强度。

2.9.2　基于四面体机构模块的可展开抓取机构设计方案

1.四面体机构模块自锁现象的排除

当作用于物体的主动力的合力作用线在摩擦角之内时，则无论此力多大，总会有一个全反力与之平衡，使物体保持静止，这种现象称为自锁。在本节所提出的四面体机构模块中，则可反映为推力电机永远无法伸长至最终位置(该机构的最终位置为四面体的侧边与相邻四面体的底边平行时)，四面体机构模块运动过程如图2.31 所示。

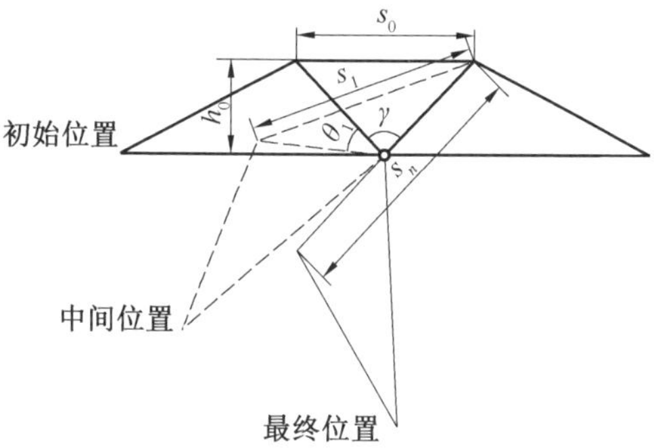

图2.31　四面体机构模块运动过程

此机构由电机驱动旋转，在初始位置时设电机长度为 s_0，运动至某一中间位置时电机长度为 s_1，在最终位置时电机的长度为 s_n。但由于自锁，电机的长度不能伸长至其极限位置 s_n 处。

四面体机构模块受力分析如图 2.32 所示。电机对四面体机构模块施加推力 $\boldsymbol{F}$，将 $\boldsymbol{F}$ 分解为运动轨迹的切向力 $\boldsymbol{F}_t$ 和法向力 $\boldsymbol{F}_N$，进而在转轴处可以获得转轴对四面体机构模块施加的支反力 $\boldsymbol{F}'_N$，以及转轴切向的摩擦力 $\boldsymbol{F}_f$。

在运动过程中，切向力 $\boldsymbol{F}_t$ 在转轴处的转矩 $\boldsymbol{M}_t$ 和摩擦力 $\boldsymbol{F}_f$ 在转轴处的转矩 $\boldsymbol{M}_f$ 必然存在如下关系：

$$M_t > M_f \tag{2.87}$$

随着转角 θ 的增大，切向力 $\boldsymbol{F}_t$ 逐渐减小，法向力 $\boldsymbol{F}_N$ 逐渐增大，在摩擦系数 f 不变的情况下，摩擦力 $\boldsymbol{F}_f$ 也会增大，最终会使 $\boldsymbol{M}_t$ 与 $\boldsymbol{M}_f$ 大小相等。此时，四面体

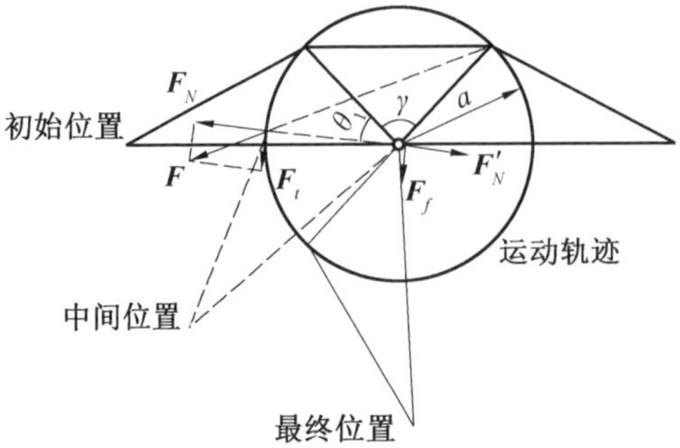

图2.32　四面体机构模块受力分析

机构模块发生自锁。此时发生自锁的力学关系为

$$
\begin{cases}
F_t = F\cos\dfrac{\theta+\gamma}{2} \\
F_t = F\sin\dfrac{\theta+\gamma}{2} \\
F_N = F'_N \\
F_f = f \cdot F'_N \\
As = fF_N \\
M_t = F_t a
\end{cases}
\tag{2.88}
$$

设转轴半径为 r，则有

$$M_f = F_f r \tag{2.89}$$

联立上述各式，当 $M_t = M_f$ 时，有

$$F\sin\left(\frac{\theta+\gamma}{2}\right) fr = F\cos\left(\frac{\theta+\gamma}{2}\right) a \tag{2.90}$$

求解，可得

$$\theta = 2\arctan\frac{a}{fr} - \gamma \tag{2.91}$$

所以每个轴的旋转角度不会超过 $2\arctan\dfrac{a}{fr}-\gamma$，且该值与电机的驱动力 $\boldsymbol{F}$ 无关。故在抓取过程中，单个单元所能达到的极限角度为 θ，令 $\theta > 60°$ 为抓取的一个边界条件(由直线推杆与关节角度关系得知60°为直线推杆运动下关节转动的最大角度)，当 $\theta > 60°$ 时，可保证运动过程连续且无死点位置出现。

2.可展开抓取机构设计方案

将四面体机构模块交叉串联，相邻 2 个四面体机构模块的直线推杆交错布置，进行拓展，构成可展开抓取机构。根据不同的抓取状况，可以对四面体单元数目进行拓展，本节主要仿人手指 3 个关节，故只对 6 个四面体单元组成的可展开抓取机构进行抓取分析。

四面体可展开抓取机构示意图如图2.33所示，单个可展开抓取机构由6个四面体机构模块交叉串联组成，共有6个抓取面，每2个四面体机构模块共同组成1个关节，每个关节包含 2 个抓取面，每个直线推杆电机驱动 1 个抓取面。与抓取装置底座相连接的直线推杆(1 号推杆) 与可展开抓取机构平行，当 1 号推杆长度变化，整个拓展单元(此时 1 号推杆主要控制 1 号面与抓取目标的接近和远离) 绕 1 号轴沿平行于 1 号推杆的平面运动；当 2 号推杆长度变化时，2 号面绕 2 号轴沿着平行于 1 号推杆的平面运动，其带动 2 号面单元接近与远离抓取目标。依此类推，每个直线推杆控制对应抓取面绕公共轴沿着平行于 1 号直线推杆的平面完成接近与远离抓取目标。其中，1 号面和 2 号面构成了一个关节；3 号面和 4 号面构成了一个关节；5 号面和 6 号面构成了一个关节。值得一提的是，同一个关节内 2 个抓取面之间有基于公共轴的夹角，其对于目标物体的抓紧有帮助，这也是该机构用于抓取的一大优势，可以更精准牢靠地抓取目标物体。

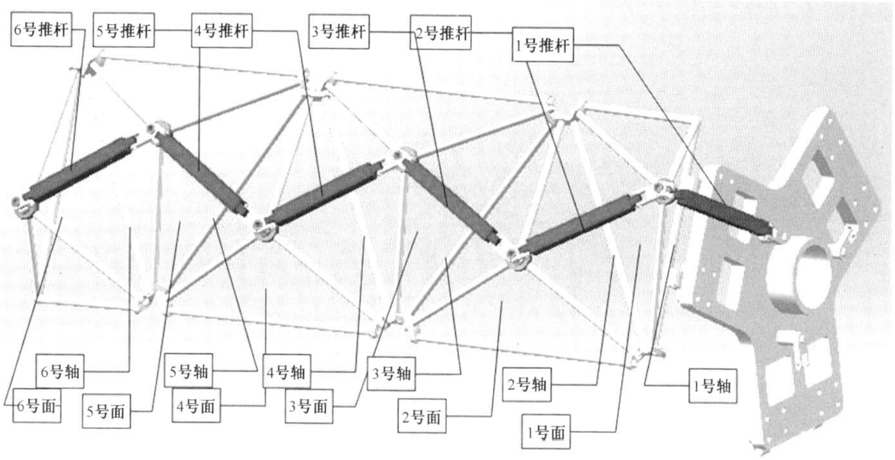

图2.33　四面体可展开抓取机构示意图

抓取过程中，每个自由度配置一个直线推杆，各抓取面可按照抓取要求有序进行目标物体的接近、包络、抓紧。综上所述，具体的抓握运动过程为：使用驱动器控制直线推杆的长度变化，抓取面绕公共轴沿着平行于 1 号推杆的平面运动，抓取面与物体进行接触，通过匹配直线推杆长度即可以匹配最终位姿情况，根据后续抓取策略对抓取目标进行抓取。

该桁架式可展开抓取机构采用包络方式抓取目标物体，桁架杆的抓取面均可与目标物体接触；也可后期考虑实际状况，在抓取面附着带有弹性的材料，使整个抓取装置对目标物体的适应性更优。由于驱动器数目与自由度数目一致，故可以根据需求配置目标物体与抓取面的接触情况，抓取关节与目标物体的接触情况如图 2.34 所示，分为无关节、单关节、双关节、三关节分别接触抓取物。对于物体的抓取策略和包络过程，将在后续部分进行详述。

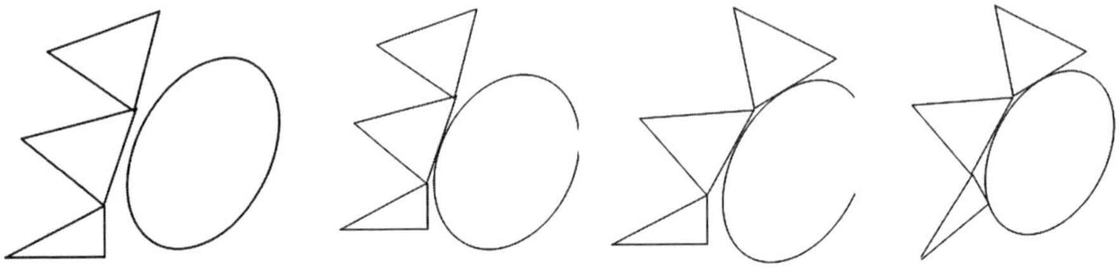

(a) 关节无接触　(b) 单关节接触　(c) 双关节接触　(d) 三关节接触

图2.34　抓取关节与目标物体的接触情况

单个可展开抓取机构主要用来研究分析抓取过程中关节、力、角度等的变化特点以及抓取装置性能。为了保证不同抓取方式下抓取装置都能够牢靠地捕获抓取目标，本书采用 3 个桁架式可展开抓取机构，采用 120° 对称布置组成完整的抓取装置，桁架式抓取装置三维示意图如图 2.35 所示。

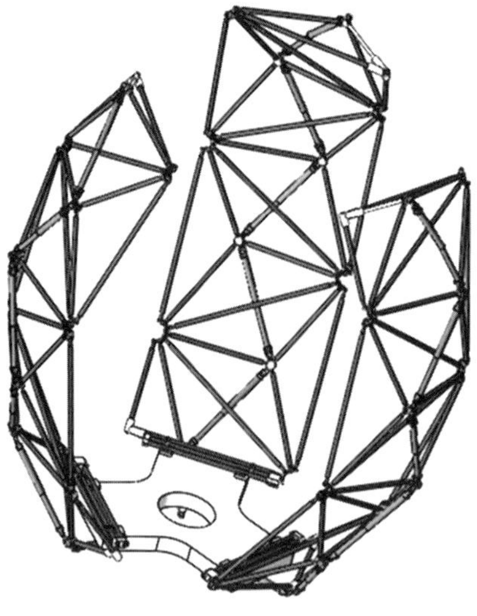

图2.35　桁架式抓取装置三维示意图

桁架式机械手抓取过程示意图如图 2.36 所示，3 个状态分别为抓取前、抓取过程中、抓取完成。物体包络过程：抓取装置运动到与被抓物体同一轨道平面，调整抓取状态到合适位姿，抓取装置保持抓取位姿（即最大张角），抓取装置接近被抓物体，桁架结构按照一定的抓取策略对目标物体完成包络与抓紧，最终完成抓取任务。

图2.36　桁架式机械手抓取过程示意图

基于四面体的桁架式可展开抓取机构结构示意图如图 2.37 所示，该结构主要由支撑底座、直线推杆、四面体机构模块以及抓取面组成。在设计中，将四面体机构模块的外表面作为抓取面，利用了力学平衡关系，并且让整体结构相对于中心轴线对称布置，保证了整体结构的刚度。单个可展开抓取机构由 6 个四面体组成，具有6 个自由度，由 6 个直线电机驱动，图 2.35 中所有四面体顶点连接杆件都为驱动器，驱动杆运动时，带动抓取面运动。此外，在抓取面内安装 2 个力传感器，可以将接触力大小实时反馈至控制系统。

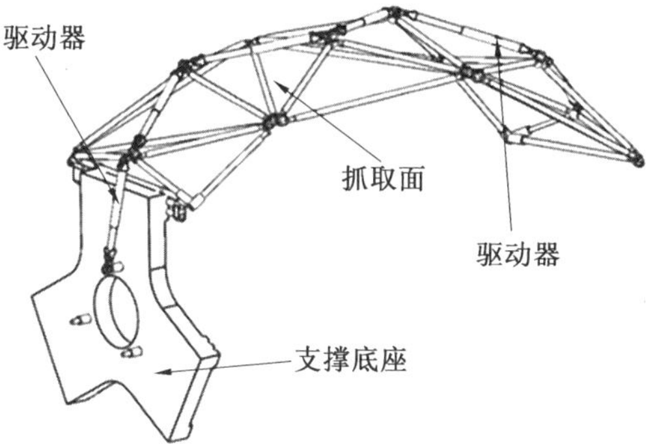

图2.37　基于四面体的桁架式可展开抓取机构结构示意图

抓取装置一共包含 6 个三角形抓取面，头尾部分有 2 个 1/2 三角形抓取面，并且中间部分处在整体桁架式机械手的中轴线上，相邻 2 个四面体桁架之间的驱动器为驱动单元，带动两个相邻四面体沿公共轴线旋转。所以当驱动杆运动时，通过一系列传动，可以控制三角形抓取面的运动。其中，底边为驱动杆，驱动杆运动时带动三角形单元运动，从而控制抓取面的位置。

基于空间抓取任务需求，选取直径为 1.2 m 以内的物体作为抓取目标，故以最大直径为 1.2 m 的圆形物体为目标抓取物。由于整个机构为全驱动，所以能做到各个抓取面均与抓取目标接触，保证抓取包络的稳定性。

当抓取装置抓紧目标物体时(图 2.38)，要求各转动轴基于水平面的转动夹角 $\gamma \geqslant 90^\circ$，否则物体受到的抓取面接触力方向将沿着远离包络的方向，目标物体会被推离抓取机构，所以 $\gamma < 90^\circ$ 为抓取的极限条件。

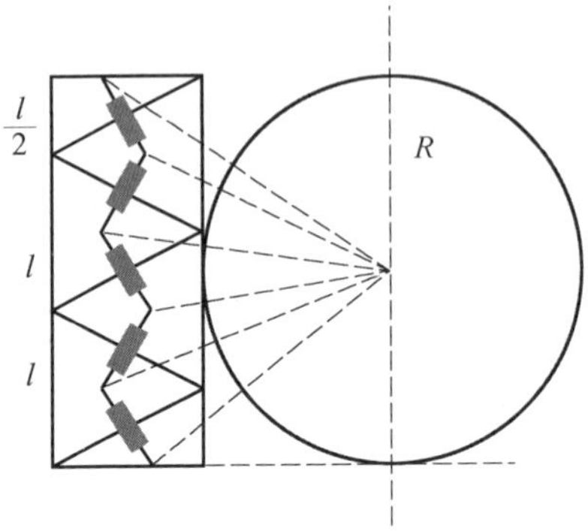

图2.38　抓取装置与物体的相对位置示意图

其中　R—— 目标物体的半径；

l—— 四面体底部长度；

γ—— 各个转动轴基于水平面的转动夹角。

γ_1 为转轴 1 与水平面的夹角；γ_2 表示转轴 2 与水平面的夹角；γ_3 表示转轴 3 与水平面的夹角；依此类推。

$$\begin{cases} \cos\gamma = \dfrac{2a^2 - s^2}{2a^2} \\ \gamma = \gamma_1 + \gamma_2 + \gamma_3 + \cdots + \gamma_6 \leqslant 90^\circ \\ l + l + \dfrac{l}{2} \geqslant R \\ \theta = 2\arctan\dfrac{a}{fr} - \gamma > 60^\circ \end{cases} \tag{2.92}$$

该抓取拓展单元具有拓展性，故抓取面三角形选择为等边三角形，另外考虑到抓取机构的稳定性、桁架单元质量轻的特性以及使抓取目标与抓取面尽可能集中在第 2 关节，基于以上条件，进行参数优化，并用 Matlab 程序计算，取整，从而选择杆件底部长度 $l = 254$ mm。结合单元优化尺寸可知，四面体机构模块中的杆件直径为 7 mm，杆件长度为 254 mm，四面体机构模块的顶点距离底面高度为 50 mm。

2.10　欠驱动索杆桁架式机械手设计

本书在前面章节中介绍了基于变胞机构模块和基于四面体机构模块的桁架式可展开抓取机构。本节将设计一种欠驱动索杆桁架式机械手，该机械手可以以较少的驱动实现较多的自由度，并且绳索传动系统的应用使得机构系统的质量大大减轻，结构更加简单，但不失较大的刚性和负载能力，因此这也是宇航桁架式空间机构设计的可行方案。本节提出两种欠驱动索杆桁架式机械手设计方案，分析其机构运动原理，对比其方案特点，同时选择一种平行四边形索杆桁架方案并进行机构设计，完成机构三维模型的建立。通过方案原理介绍及结构力学分析，说明了结构设计的可行性。

2.10.1　欠驱动索杆桁架式机械手方案设计

1.平行四边形索杆桁架机构方案设计

本节提出一种由空间平行四边形机构组成的欠驱动索杆桁架式机械手设计方案，图 2.39 所示为绳索驱动的平行四边形机构，2 条张力索分别绕过滑轮缠绕在卷筒上，驱动卷筒回转可实现张力索的收放运动。当张力索 1 收紧而张力索 2 放松时，构件 1 和 3 沿顺时针方向转动，ϕ_1 减小；反之当张力索 1 放松而张力索 2 收紧时，构件 1 和 3 沿逆时针方向转动。因此可通过张力索的协调收放运动驱动机构运动，该机构的自由度为 1。当 2 条张力索均处于张紧状态时，机构处于静止状态，称为瞬态结构。

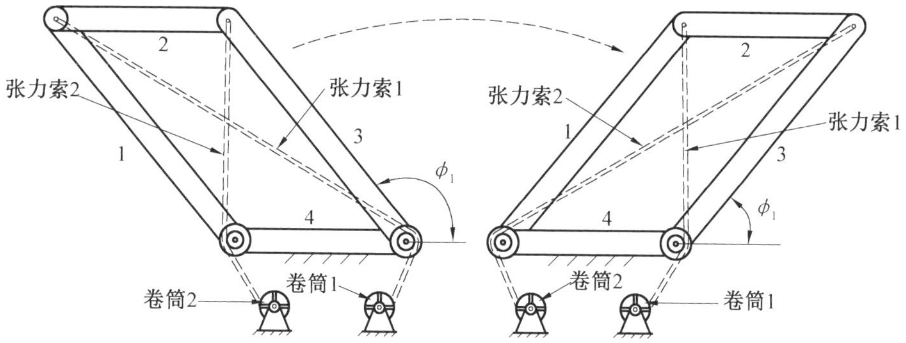

图2.39　绳索驱动的平行四边形机构

将 2 个或 2 个以上平行四边形索杆桁架机构单元串联在一起，可形成欠驱动索杆桁架式机械手。平行四边形索杆桁架式欠驱动机构如图 2.40 所示，为 5 个平行四边形索杆桁架机构单元组成的机械手机构。在每个节点上安装滑轮，用 1 根通长的张力索绕过各节点滑轮将各单元上一个方向的对角线连在一起，另一个方向的对角线同样用 1 根张力索连在一起。当驱动卷筒收紧一个方向的绳索而放松另一个方向的绳索时，驱动力通过绳索、滑轮及转动关节传递到每个单元上，当驱动力产生的力矩大于关节阻力矩时，机构发生运动。该机械手为欠驱动机构，机构的自由度数等于单元数，同时只有 1 个独立驱动输入。该机构的优点是通过配置各关节的摩擦阻尼，既可实现各单元的同时运动，又可实现各单元的依次运动。

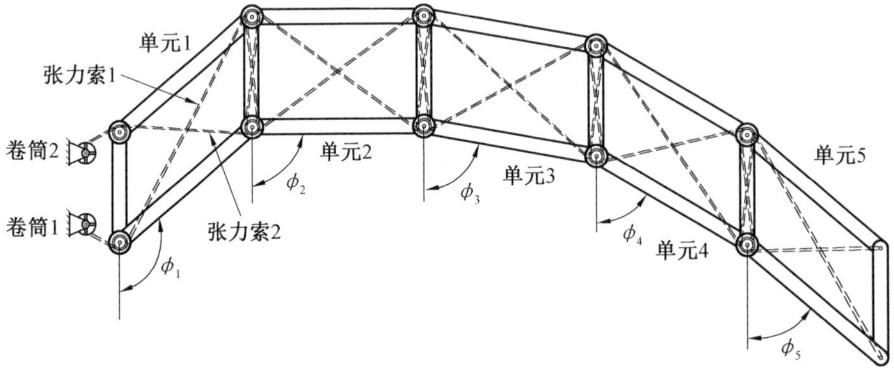

图2.40　平行四边形索杆桁架式欠驱动机构

2.反平行四边形索杆桁架机构方案设计

本节提出另外一种由空间反平行四边形机构组成的欠驱动索杆桁架式机械手设计方案，图 2.41 所示为绳索驱动的反平行四边形机构，其中杆 2 与杆 4 长度相等，杆 1 与杆 3 长度相等，2 条张力索分别绕过滑轮缠绕在卷筒上，驱动卷筒回转可实现张力索的收放运动。当张力索 1 收紧而张力索 2 放松时，构件 1 和 3 沿顺时针方向转动，ϕ_1 增大；反之，则构件 1 和 3 沿逆时针方向转动。因此可通过张力索的协调收放运动驱动机构运动，该机构的自由度为 1。当 2 条张力索均处于张紧状态时，机构处于静止状态，称为瞬态结构。

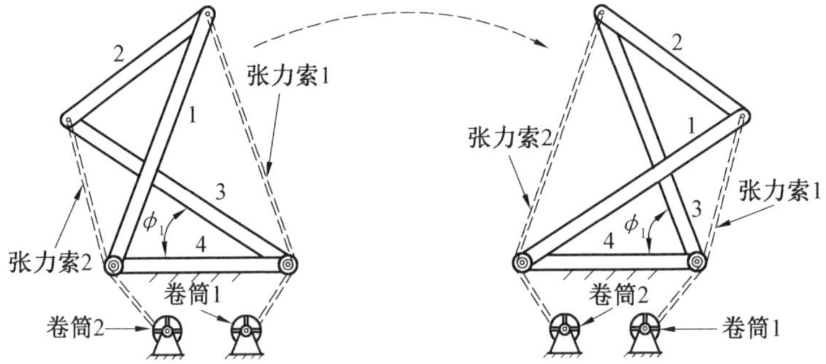

图2.41　绳索驱动的反平行四边形机构

随着 ϕ_1 的变化，杆 2 与水平方向的夹角发生变化。调节杆 2 与杆 3 的比例关系可以使 ϕ_1 变化较小时，杆 2 与水平方向的夹角发生较大变化，如 ϕ_1 变化 90° 时，杆 2 与水平方向变化 180°(图 2.42)。

将 2 个或 2 个以上反平行四边形索杆桁架机构单元串联在一起，可形成欠驱动索杆桁架式机械手。反平行四边形索杆桁架式欠驱动机构如图 2.43 所示，为 5 个绳索驱动反平行四边形机构单元组成的机械手机构，在每个节点上安装滑轮，

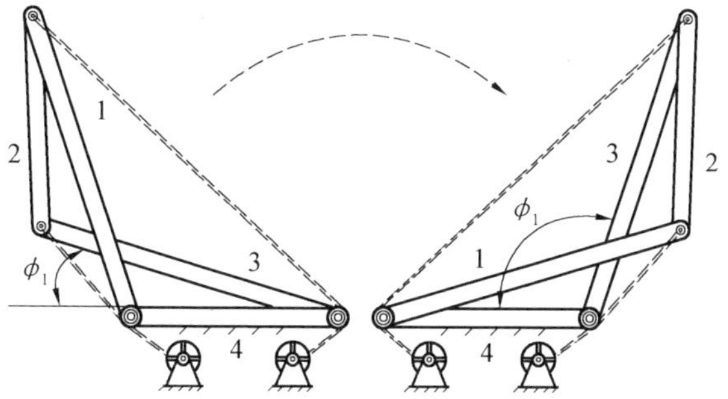

图2.42　绳索驱动的反平行四边形机构角度变化示意图

用 1 根通长的张力索绕过各节点滑轮将各单元串联在一起，将另一个边界上各节点滑轮用另 1 根张力索串联在一起。考虑绳索位于机构边界处，若绳索与捕获目标接触，将对绳索收放造成较大影响，且绳索的柔性也将导致机构后续分析困难重重，因此在对应杆顶端增加与物体接触部分（图 2.43），使机构与捕获目标实现刚性接触。当驱动卷筒收紧一个边界的绳索而放松另一个边界的绳索时，驱动力通过绳索、滑轮及转动关节传递到每个单元上，当驱动力产生的力矩大于关节阻力矩时，机构发生运动。该机构为欠驱动机构，机构的自由度数等于单元数，同时只有 1 个独立驱动输入。该机构的优点是各单元的上端杆与下端杆在运动过程中相对转动角度较大，机构能够实现的捕获状态较多，通过配置各关节摩擦扭矩可以实现多种不同的运动。

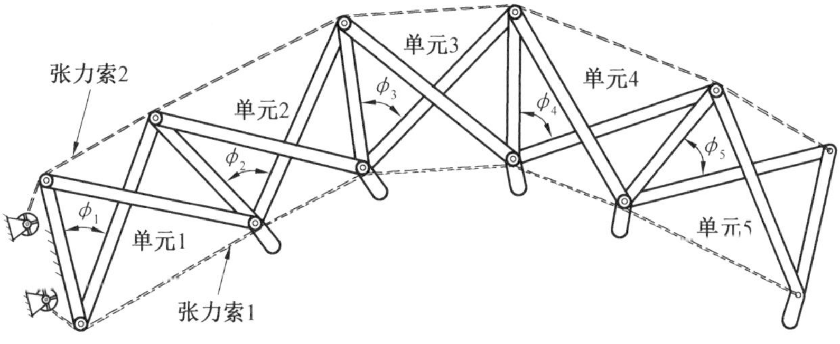

图2.43　反平行四边形索杆桁架式欠驱动机构

3.机械手机构方案比较

两种手指机构均具有 5 个自由度，且只需要 2 个电机驱动绳索即可完成机构捕获和释放的动作，均属于欠驱动机构，可以扩展为大型桁架式空间机械手机构，用于捕获空间大型目标物体，具有无须确定目标形状及准确位置即可完成捕获任务的优点。通过绳索将多个杆单元串联在一起，机构质量得到有效减轻。机构摩擦阻尼的设置不仅可以调节机构单元的运动顺序，并且可以增大捕获目标时的抓取力，提高抓取刚度。

平行四边形索杆桁架机构结构简单，边界均为刚性杆，杆件上任何位置都可以与捕获目标接触，不仅可以通过配置关节摩擦力控制索杆单元运动顺序，也可以通过改变绳索缠绕方式改变拉力传递方向，从而改变单元运动次序。单元上下两杆一直保持平行，杆件运动分析方便，但是机构包络角度范围较小。通过设计限位装置可以防止机构到达奇异位置，也将减小机构单元运动角度。一种机构初始位置示意图如图 2.44 所示，一种机构中间位置示意图如图 2.45 所示，一种机构捕获位置示意图如图 2.46 所示。

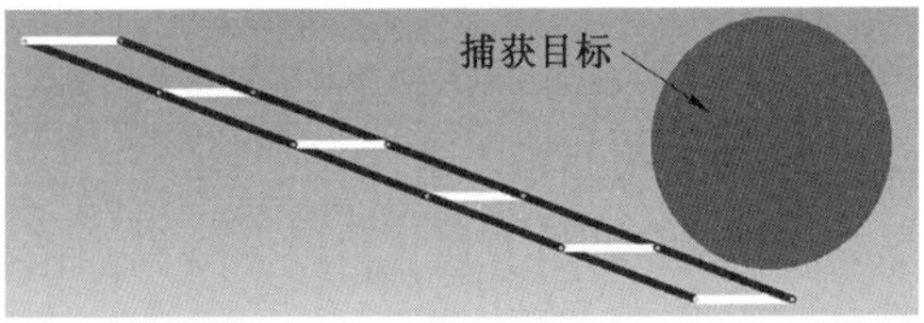

图2.44　一种机构初始位置示意图

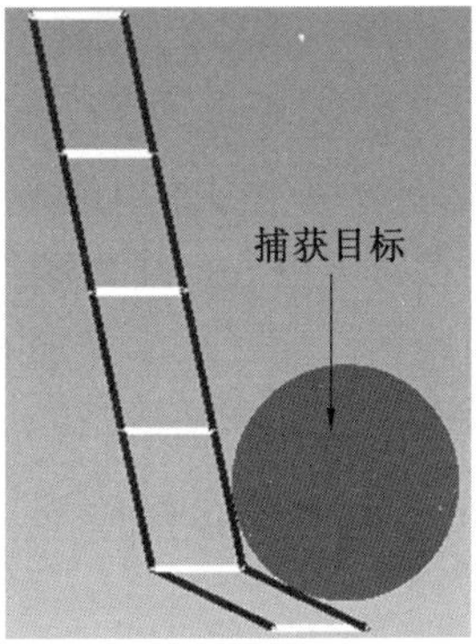

图2.45　一种机构中间位置示意图

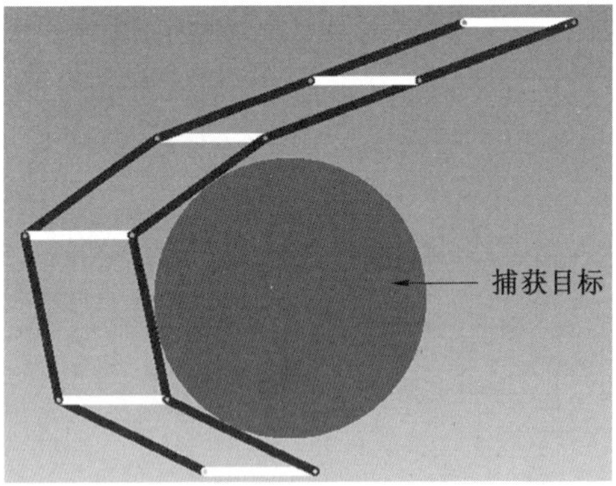

图2.46　一种机构捕获位置示意图

反平行四边形索杆桁架单元边界为柔性绳索，若与捕获目标接触可能会导致绳索无法继续收放，从而使得捕获失败，因此与捕获目标接触位置需在关节处，这降低了机构对目标的捕获性能。机构各单元上下两杆在单元运动过程中能够产生对应的角度，与平行四边形索杆机构相比较，分析过程更加复杂，但是机构包络角度范围较大。一种机构初始位置示意图如图 2.47 所示，一种机构中间位置示意图如图 2.48 所示，一种机构捕获位置示意图如图 2.49 所示。

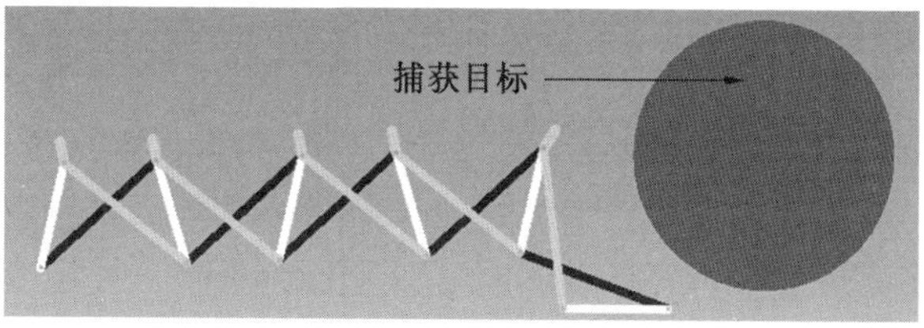

图2.47　一种机构初始位置示意图

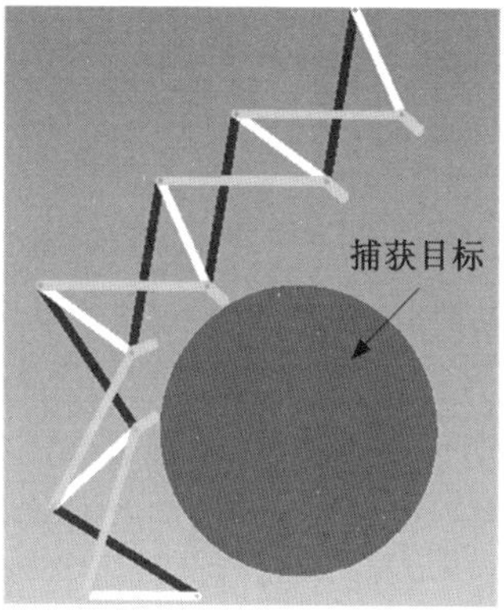

图2.48　一种机构中间位置示意图

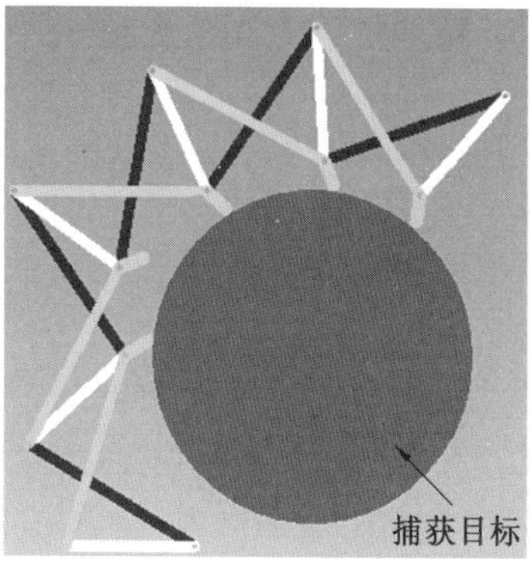

图2.49　一种机构捕获位置示意图

2.10.2　机械手机构方案确定

通过比较 2 种方案的优缺点，考虑实际设计及控制的难易程度，选取平行四边形索杆桁架机构组成欠驱动索杆桁架机械手。事实上可以在平行四边形索杆桁架机构中加入反平行四边形索杆桁架单元，充分利用反平行四边形索杆桁架单元的优点，不过这样会对机构的设计与分析带来较大困难，且要避免绳索与捕获目标接触。本书仅研究由平行四边形索杆桁架单元组成的欠驱动索杆桁架机械手机构，该机构结构简单、分析方便、设计及控制实现容易，可以完成空间捕获任务。

绳驱动索杆桁架式机械手(图 2.50)具有结构简单、质量轻、驱动源数量少、可扩展等优点，适合作为空间在轨操控装置。将 2 个或 2 个以上欠驱动索杆桁架机构组合成空间捕获机械手，可对空间目标进行抓取。

这里采用在关节上安装小型摩擦阻尼器的方法，摩擦阻尼器可对关节施加一定的阻力矩。最简单的摩擦阻尼器可以选用两片摩擦片叠放加压的方式，通过对摩擦片的设计达到对关节施加一定阻力矩的目的。如将关节摩擦阻尼按单元 1 到单元 5 的顺序逐次增加，当绳索张力对节点产生的力矩大于关节摩擦力矩时，机构发生运动，反之机构相对静止。因此根据这一原理可以控制索张力由小

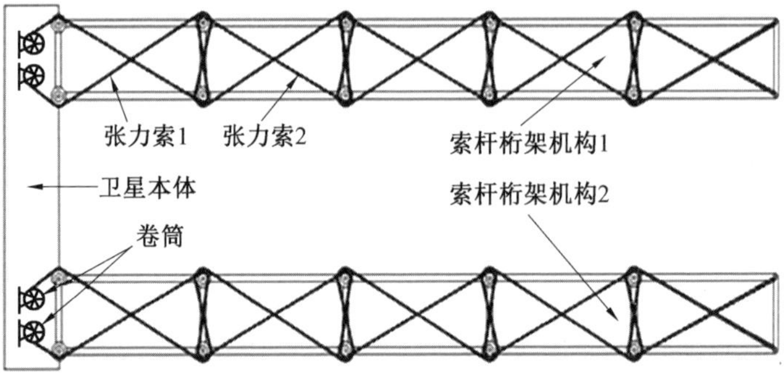

图2.50 绳驱动索杆桁架式机械手

逐步变大,控制机构各单元按单元1到单元5的顺序顺次运动,也可以指定其中1个或几个单元运动,还可以控制所有单元同时运动。

由于采用绳轮传动,该机构自由度数大于驱动源数,因此具有对目标物体的形状自适应特性,在遇到抓取阻力后能够根据目标物体形状进行自适应调整。无须感知目标物体的精确空间位置和几何形状即可完成捕获任务是该机械手的最大优点。同时,该机构可扩展为大型空间捕获用机械手机构,发射时将机构压紧在卫星本体上,入轨后将其释放。该机构适用于空间大型目标捕获任务,尤其在捕获敌方非合作目标方面具有显著优势和广阔的应用前景。

该空间捕获机械手的工作原理:开始时,多个桁架向目标所在方向弯曲收拢,在靠近目标期间,为了提高装置的动作敏捷性,可以施加较大的张紧力使各单元同时运动,以快速接近目标。机械手接触到目标如图2.51所示,接触到目标表面后,发生接触的桁架单元由于受阻力影响而停止变形,对应单元上的绳轮空转;而尚未发生接触的桁架单元在驱动力的作用下继续运动,向目标靠拢,直到全部桁架像机械手一样牢牢地将目标物体捕获(图2.52和图2.53)。

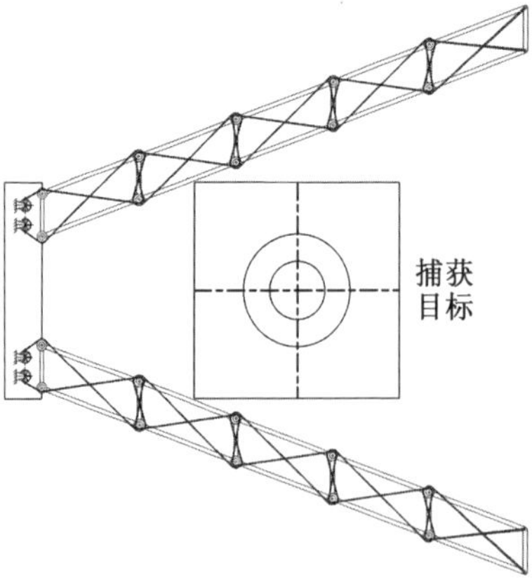

图2.51 机械手接触到目标

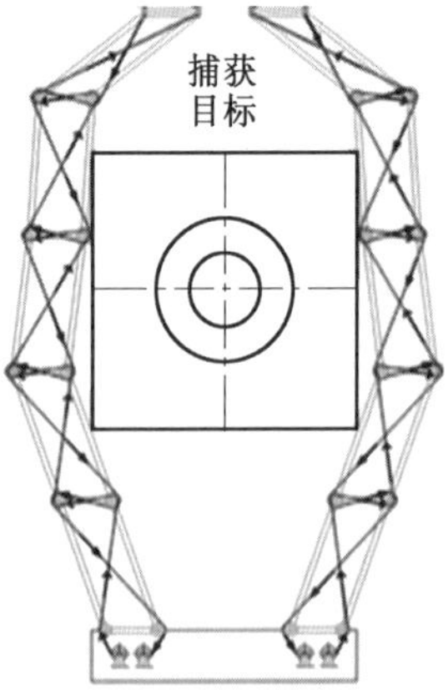

图2.52 机械手捕获方形目标

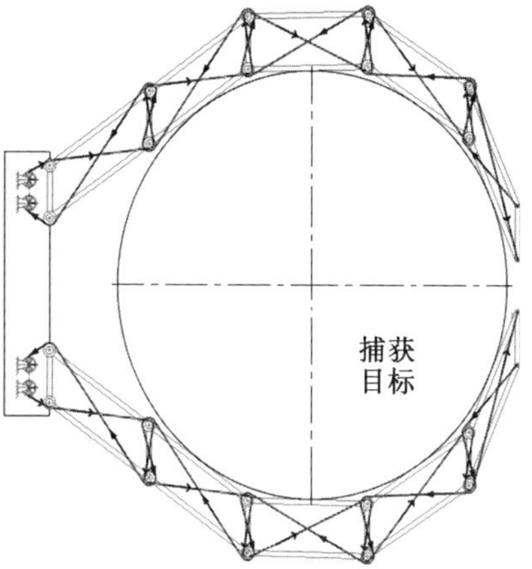

图2.53　机械手捕获圆形目标

若有需要，在捕获目标后可以对目标进行释放，释放过程与捕获过程相反。实际工作过程中需要对机构接近目标的运动进行规划设计，以降低机械手机构与目标物体间的碰撞作用，防止出现在机构包络目标前因碰撞产生过大作用力将目标推出机构包络范围而导致捕获任务失败的情况。

2.10.3　机械手结构设计

1.单元基本尺寸确定

机构包络圆柱物体简图如图 2.54 所示，以圆柱物体为目标，假设已知圆半径 R_0(可抓取最大目标半径）和圆心与机构基点相对位置(图 2.54 中参数 L、M)。

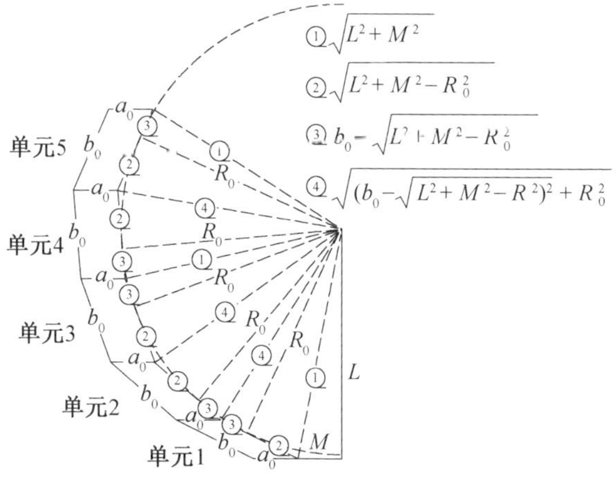

图2.54　机构包络圆柱物体简图

考虑抓取目标时，单元 5 与目标接触点应超过目标圆心，且单元转动关节具

有一定尺寸 r，单元与目标物体接触点和转动关节之间应具有一定间距 S。由于该机构捕获目标时需要由机构单元包络目标，且考虑到机构设计要求具有可扩展性，单元基本尺寸相同，与常用机械手各关节单元尺寸参照手指关节尺寸比例设计不同，选用由5个索杆桁架单元构成的欠驱动机械手进行设计。初定抓取的最大圆柱目标直径为1.5 m，机构单元及圆柱物体参数见表2.7，编程、计算得到满足参数要求的最小单元参数 b_0 并圆整(表2.7)。机构单元尺寸 b_0 和 a_0 的比例初定为黄金比例，即满足关系 $a_0/b_0=(\sqrt{5}-1)/2$，圆整结果见表2.7。

表2.7　机构单元及圆柱物体参数 mm

参数	R_0	L	M	r	S	b_0	a_0
数值	750	760	150	35	100	294	182

2.机构三维模型建立

欠驱动索杆桁架机构主要由基座、平行四边形索杆桁架单元、限位关节、摩擦关节、杆件相对角度测量装置构成，欠驱动索杆桁架机构三维模型如图2.55所示，其中最重要的2个关节分别为限位关节和摩擦关节。机构初始状态及工作状态如图2.56和图2.57所示。

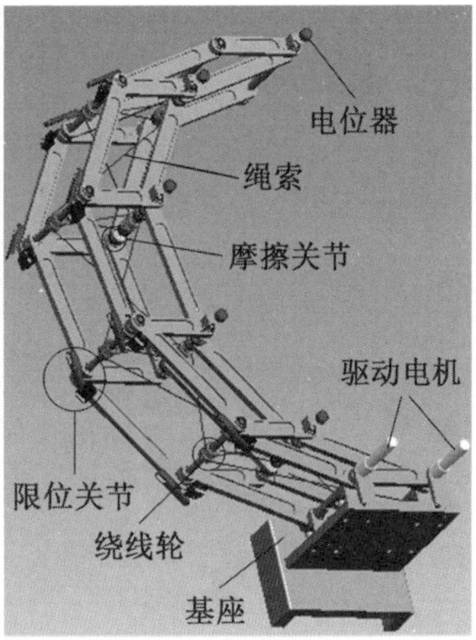

图2.55　欠驱动索杆桁架机构三维模型

限位关节中，限位块间相互配合，防止出现抓取物体时单元杆件反向导致抓取失败的情况；限位钉和限位槽配合，限制平行四边形单元杆件的运动角度，防止机构干涉现象及奇异位置的出现。摩擦关节中，摩擦块分别与其一侧杆件固接，并被两压紧螺母共同压紧，产生阻碍两杆件相对运动的摩擦扭矩。通过改变压紧螺母间的距离改变摩擦块间的压力，从而改变杆件间的摩擦扭矩。

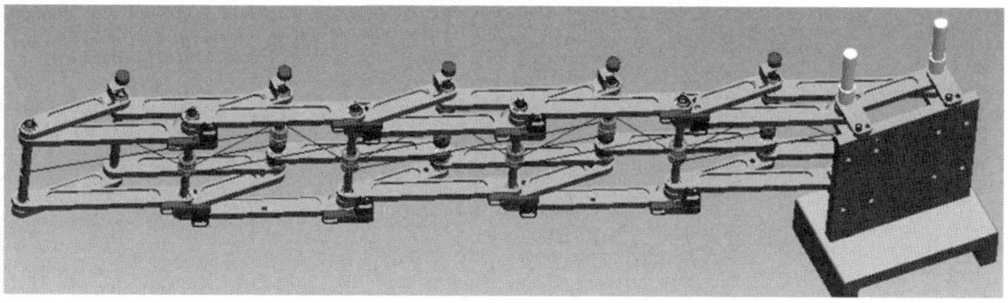

图2.56　欠驱动索杆桁架机构三维模型(初始状态)

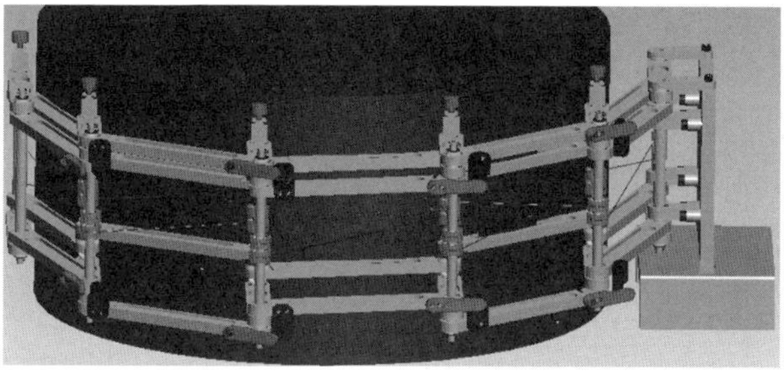

图2.57　欠驱动索杆桁架机构三维模型(工作状态)

3.结构设计可行性分析

欠驱动索杆桁架机械手机构能够提供的抓取力大小及机构杆件在允许受力范围内不产生过大变形或破坏是机构设计的重要指标，为验证机械手结构设计的可行性，对其进行力学分析。

假设各关节上摩擦力矩大小分别为M_1、M_2、M_3、M_4和M_5，各单元接触杆受外部集中力大小为F_1、F_2、F_3、F_4和F_5，摩擦力大小为f_1、f_2、f_3、f_4和f_5，集中力矩大小分别为τ_1、τ_2、τ_3、τ_4和τ_5，张力索1与张力索2上拉力大小分别为T_1和T_2(图2.58)。为方便描述机构各部分受力情况，对机构杆件及转轴进行编号(图2.59)，将机构按照节点和接触杆件进行拆分，单元5和单元1节点及接触杆受力分析图如图2.60和图2.61所示，下面分别建立各单元杆件及节点的平衡方程。

(1) 单元5杆件受力分析。

由受力分析可知杆52及杆54为二力杆，考虑二力杆受力特点，单元5节点及接触杆受力分析图如图2.60所示，由轴54受力平衡可得

$$\begin{cases}B_{52}\cos\beta_{54}+T_1\cos\alpha_{54}-A_5=0\\B_{52}\sin\beta_{54}-T_1\sin\alpha_{54}=0\end{cases}\tag{2.93}$$

式中　B_{52},A_5——杆52和杆54上作用力的大小；

β_{54},α_{54}——杆52及单元5内张力索1与水平方向的夹角。

由轴53受力平衡可得

$$\begin{cases}B_{511}+A_5-T_2\cos\alpha_{53}=0\\B_{512}-T_2\sin\alpha_{53}=0\end{cases}\tag{2.94}$$

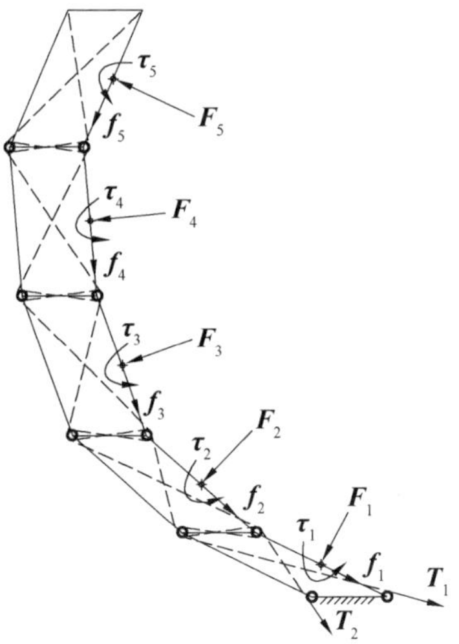

图2.58 机构受力示意图

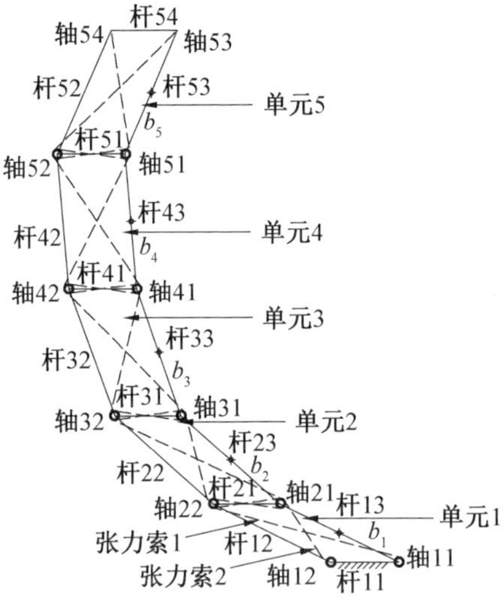

图2.59 机构杆件及转轴编号示意图

式中 B_{511}, B_{512}—— 杆 53 对轴 53 作用力的水平分量和竖直分量；

α_{53}—— 单元 5 内张力索 2 与水平方向的夹角。

由杆 53 受力平衡可得

$$\begin{cases} B_{513} - B_{511} - F_5 \sin \beta_{54} - f_5 \cos \beta_{54} = 0 \\ B_{514} - B_{512} + F_5 \cos \beta_{54} - f_5 \sin \beta_{54} = 0 \\ \tau_5 + F_5 \cdot b_5 + B_{511} \cdot b_0 \sin \beta_{54} - B_{512} \cdot b_0 \cos \beta_{54} - M_5 = 0 \end{cases} \tag{2.95}$$

式中 B_{513}, B_{514}—— 杆 53 对轴 51 作用力的水平分量和竖直分量；

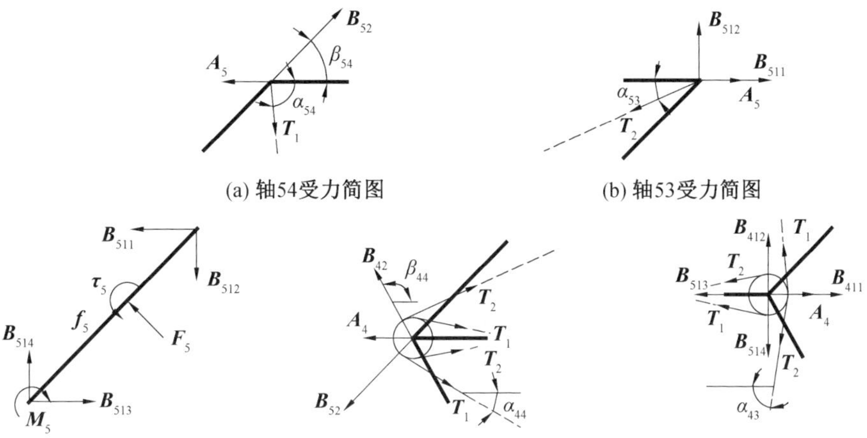

(a) 轴54受力简图　(b) 轴53受力简图

(c) 杆53受力简图　(d) 轴52受力简图　(e) 轴51受力简图

图2.60　单元 5 节点及接触杆受力分析图

b_0, b_5—— 单元纵杆长度和单元 5 外力作用点到轴 51 的距离。

由轴 52 受力平衡可得

$$\begin{cases} T_1\cos\alpha_{44}+T_2\cos\alpha_{53}+T_1\cos J_5+T_2\cos J_5+B_{42}\cos\beta_{44}-A_4-B_{52}\cos\beta_{54}=0 \\ T_2\sin\alpha_{53}+T_2\sin J_5+B_{42}\sin\beta_{44}-T_1\sin\alpha_{44}-T_1\sin J_5-B_{52}\sin\beta_{54}=0 \end{cases} \tag{2.96}$$

式中　B_{42}, A_4—— 杆 42 和杆 51 上作用力的大小；

β_{44}, α_{44}—— 杆 42 及单元 4 内张力索 1 与水平方向的夹角；

J_5—— 轴 51 与轴 52 间绳索与水平方向的夹角。

由轴 51 受力平衡可得

$$\begin{cases} B_{411}+A_4-B_{513}-T_1\cos\alpha_{54}-T_1\cos J_5-T_2\cos\alpha_{43}-T_2\cos J_5=0 \\ B_{412}+T_1\sin\alpha_{54}+T_1\sin J_5-B_{514}-T_2\sin\alpha_{43}-T_2\sin J_5=0 \end{cases} \tag{2.97}$$

式中　B_{411}, B_{412}—— 杆 43 对轴 51 作用力的水平分量和竖直分量；

α_{43}—— 单元 4 内张力索 2 与水平方向的夹角。

(2) 单元 4、单元 3 和单元 2 杆件受力分析。

单元 4、单元 3 和单元 2 受力分析情况与单元 5 杆 53、轴 52 和轴 51 相似，此处不再赘述。方程组求解程序中包含单元 4、单元 3 与单元 2 的节点和接触杆受力平衡方程。

(3) 单元 1 杆件受力分析。

单元 1 节点及接触杆受力分析图如图 2.61 所示，由杆 13 受力平衡可得

$$\begin{cases}B_{113}-B_{111}-f_1\cos\beta_{14}-F_1\sin\beta_{14}=0\\B_{114}-f_1\sin\beta_{14}+F_1\cos\beta_{14}-B_{112}=0\\\tau_1+F_1\cdot b_1+B_{111}\cdot b\sin\beta_{14}-B_{112}\cdot b_0\cos\beta_{14}-M_1+M_2=0\end{cases}\tag{2.98}$$

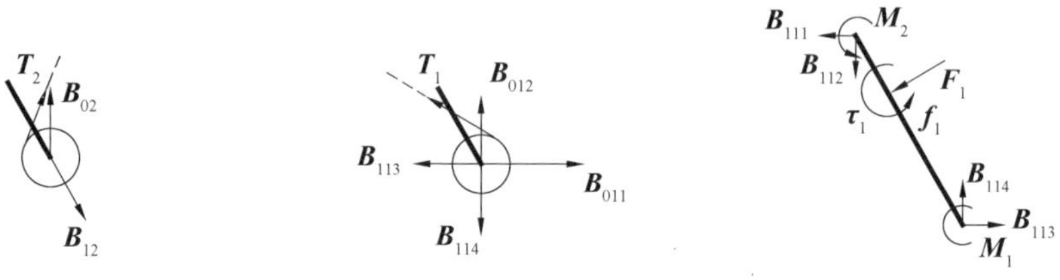

(a) 轴12受力简图　(b) 轴11受力简图　(c) 杆13受力简图

图2.61　单元 1 节点及接触杆受力分析图

式中　B_{111},B_{112}—— 杆 13 对轴 21 作用力的水平分量和竖直分量；

B_{113},B_{114}—— 杆 13 对轴 11 作用力的水平分量和竖直分量；

b_1—— 单元 1 外力作用点到轴 11 的距离。

由轴 12 受力平衡可得

$$\begin{cases}T_2\cos\alpha_{13}-B_{12}\cos\beta_{14}=0\\B_{02}+T_2\sin\alpha_{13}-B_{12}\sin\beta_{14}=0\end{cases}\tag{2.99}$$

式中　B_{02},B_{12}—— 基座和杆 12 对轴 12 作用力的大小；

β_{14},α_{13}—— 杆 12 及单元 1 内张力索 2 与水平方向的夹角。

由轴 11 受力平衡可得

$$\begin{cases}B_{011}-B_{113}-T_1\cos\alpha_{14}=0\\B_{012}+T_1\sin\alpha_{14}-B_{114}=0\end{cases}\tag{2.100}$$

式中　B_{011},B_{012}—— 基座对轴 11 作用力的水平分量和竖直分量；

α_{14}—— 单元 1 内张力索 1 与水平方向的夹角。

式(2.99) 和式(2.100) 依次迭代求解，由于表达式过于复杂，因此采用 Matlab 编程求解方程组。考虑所使用电机能够输出的最大扭矩为 6 N·m，假设外部作用力等效为集中力，作用力大小平均为 100 N，杆件选用材料为 YL12，转动轴选用材料为 45 钢，利用得到的内部作用力大小和有限元分析软件对索杆桁架机构杆件进行强度校核，确保机构不会因杆件变形过大或断裂而造成捕获试验的失败。

根据上述力学分析可知，当张力索 1 上拉力为 100 N，张力索 2 上无拉力时，调节摩擦关节处摩擦扭矩可使 5 个单元接触杆产生最大抓取力(450 N)，其是绳索拉力的 4.5 倍，满足抓取力的设计要求，从而完成了欠驱动索杆桁架式机械手的设计。

2.11 本章小结

本章利用空间几何约束条件，基于旋量理论，提出了一种可展开抓取的变胞机构模块单元的构型综合方法，通过构型综合获得一系列具有展开和抓取自由度的可展开变胞抓取机构模块单元。此外，本章还设计了基于四面体机构模块的桁架式可展开抓取机构，该机构根据形状的不同可运用到抓取机械手及机械臂，此种变形方式区别于传统变形机构，具有质量轻、结构简单、变形连续等优点。最后，本章提出了两种欠驱动索杆桁架式机械手设计方案并对方案的优缺点进行分析，创新性地采用配置摩擦关节方式控制机构的运动顺序，利用静摩擦作用增大机构抓取力。

参考文献

[1] 邓宗全. 空间展开机构设计[M]. 哈尔滨：哈尔滨工业大学出版社，2013.

[2] FREUDENSTEIN F. The basic concepts of polya's theory of enumeration, with application to the structural classification of mechanisms[J]. Journal of Mechanisms, 1967, 2(3): 275-290.

[3] DOBRJANSKYJ L, FREUDENSTEIN F. Some applications of graph theory to the structural analysis of mechanisms[J]. Journal of Engineering for Industry, 1967, 89(1): 153-158.

[4] CROSSLEY F R E. The permutations of kinematic chains of eight members or less from the graph-theoretic viewpoint[M]. New York: Pergamon Press, 1965.

[5] MRUTHYUNJAYA T S. Kinematic structure of mechanisms revisited[J]. Mechanism and Machine Theory, 2003, 38(4): 279-320.

[6] JIN Q, YANG T L. Theory for topology synthesis of parallel manipulators and its application to three-dimension-translation parallel manipulators[J]. Journal of Mechanical Design, 2004, 126(4): 625-639.

[7] 丁华锋. 运动链的环路理论与同构判别及图谱库的建立[D]. 秦皇岛：燕山大学，2007.

[8] LI Q C, HERVÉ J M. Type synthesis of 3-dof RPR-equivalent parallel mechanisms[J]. IEEE Transactions on Robotics, 2014, 30(6): 1333-1343.

[9] LI Q C, HERVÉ J M. 1T2R parallel mechanisms without parasitic motion[J]. IEEE Transactions on Robotics, 2010, 26(3): 401-410.

[10] 戴建生. 机构学与机器人学的几何基础与旋量代数[M]. 北京:高等教育出版社,2014.

[11] 张云娇,魏国武,戴建生. 基于旋量理论的 3－US 并联机构运动学分析[J]. 机械设计与研究,2014, 30(2):8-11.

[12] DINGX L, SELIG J M, DAI J S. Screw theory on the analysis of mechanical systems with spatial compliant links[J]. Journal of Mechanical Engineering, 2005, 41(8): 63-68.

[13] HERVÉ J M. Analyse structurelle des mécanismes par groupe des déplacements[J]. Mechanism and Machine Theory, 1978, 13(4): 437-450.

[14] LEE C C, HERVÉ J M. Translational parallel manipulators with doubly planar limbs[J]. Mechanism and Machine Theory, 2006, 41(4): 433-455.

[15] ANGELES J. The qualitative synthesis of parallel manipulators[J]. ASME Journal of Mechanical Design, 2004, 126(4): 617-624.

[16] RICO J M, CERVANTES-S NCHEZ J J, TADEO-CHAVEZ A. A comprehensive theory of type synthesis of fully parallel platforms[C]// Proceedings of 2006 ASME DETC Conference. Philadelphia, USA: ASME, 2006: 1067-1078.

[17] HUANG Z, LI Q C. General methodology for type synthesis of symmetrical lower-mobility parallel manipulators and several novel manipulators[J]. International Journal of Robotics Research, 2002, 21(2): 131-146.

[18] HUANG Z, LI Q C. Type synthesis of symmetrical lower-mobility parallel mechanisms using the constraint-synthesis method[J]. International Journal of Robotics Research, 2003, 22(1): 59-79.

[19] 黄真,赵永生,赵铁石. 高等空间机构学[M]. 北京:高等教育出版社,2006.

[20] FANG Y F, TSAI L W. Structure synthesis of a class of 4-dof and 5-dof parallel manipulators with identical limb structures[J]. International Journal of Robotics Research, 2002, 21(9): 799-810.

[21] FANG Y F, TSAI L W. Structure synthesis of a class of 3-dof rotational parallel manipulators[J]. IEEE Transactions on Robotics and Automation, 2004, 20(1): 117-121.

[22] LI Q C, HERVÉ J M. Structural shakiness of nonoverconstrained

translational parallel mechanisms with identical limbs[J]. IEEE Transactions on Robotics, 2009, 25(1): 25-36.

[23] LI Q C, HUANG Z, HERVÉ J M. Type synthesis of 3R2T 5-dof parallel mechanisms using the lie group of displacements[J]. IEEE Transactions on Robotics and Automation, 2004, 20(2): 173-180.

[24] LI Q C, HUANG Z. Mobility analysis of a novel 3-5R parallel mechanism family [J]. ASME Journal of Mechanical Design, 2004, 126(1): 79-82.

[25] KONG X W, GOSSELIN C M. Type synthesis of 3T1R 4-dof parallel manipulators based on screw theory[J]. IEEE Transactions on Robotics and Automation, 2004, 20(2): 181-190.

[26] KONG X W, GOSSELIN C M. Type synthesis of three-degree-of-freedom spherical parallel manipulators[J]. International Journal of Robotics Research, 2004, 23(3): 237-245.

[27] KONG X W, GOSSELIN C M, RICHARD P L. Type synthesis of parallel mechanisms with multiple operation modes[J]. Springer Tracts in Advanced Robotics, 2015, 129(6): 595-601.

[28] GAO F, ZHANG Y, LI W M. Type synthesis of 3-dof reducible translational mechanisms[J]. Robotica, 2005, 23(2): 239-245.

[29] GOGU G. Structural synthesis of fully-isotropic translational parallel robots via theory of linear transformations[J]. European Journal of Mechanics/A Solids, 2004, 23(6): 1021-1039.

[30] GOGU G. Structural synthesis of fully-isotropic parallel robots with Schoenflies motions via theory of linear transformations and evolutionary morphology[J]. European Journal of Mechanics/A Solids, 2007, 26(2): 242-269.

[31] GOGU G. Mobility of mechanisms: a critical review[J]. Mechanism and Machine Theory, 2005, 40(9): 1068-1097.

[32] ZHAO J G, LI B, YANG X J, et al. Geometrical method to determine the reciprocal screws and applications to parallel manipulators[J]. Robotica, 2009, 27(6): 929-940.

[33] DAI J S, JONES J R. Mobility in metamorphic mechanisms of foldable/erectable kinds[J]. ASME Journal of Mechanical Design, 1999, 121(3): 375-382.

[34] DAI J S, JONES J R. Matrix representation of topological changes in metamorphic mechanisms[J]. Journal of Mechanical Design, 2005,

127(4): 837-840.

[35] DAI J S, WANG D L, CUI L. Orientation and workspace analysis of the multifingered metamorphic hand-metahand[J]. IEEE Transactions on Robotics, 2009, 25(4): 942-947.

[36] 康熙,戴建生. 机构学中机构重构的理论难点与研究进展:变胞机构演变内涵、分岔机理、设计综合及其应用[J]. 中国机械工程,2020,31(1):57-71.

第 3 章

空间桁架式可展开抓取机构的性能分析

3.1 概　述

本章以一种新型空间桁架式可展开抓取机构为例对其机构性能进行分析，性能评价指标包括展开性能、工作空间、可操作度等。可展开机构的展开性能可以用展开 / 折叠比来衡量。机构的工作空间是衡量机构可操作范围的一个重要指标。可操作度对于抓取操作的评估也很重要，因为它决定了机器人末端执行器的定位和定向能力。动力学模型是机器人机构设计、优化与控制的基础。传统机构学领域的动力学建模方法主要是多刚体动力学建模方法和多柔体动力学建模方法，但是大型桁架式可展开抓取机构的多柔体展开动力学模型十分复杂，且求解过程十分耗时，难以满足实时控制的要求，因此大型可展开抓取机构的展开控制大多基于准静态模型或多刚体展开动力学模型。大型空间桁架式可展开抓取机构为多级桁架式机构，其动力学研究方法主要包括连续体方法和模块化方法等，目前常用的方法是统一递推动力学方法。

本章巧妙利用可展开抓取机构的串并联结构特征，提出基于递归牛顿欧拉方法的高效动力学建模方法。在该方法中，首先将可展开抓取机构的运动学建模简化为普通串联机器人运动学问题；其次，将空间闭环机构问题转化为平面问题，建立基本展开单元中的剪叉状机构和双平行四边形机构的平移和转动速度的表达式，从而建立机构基本展开单元的动力学模型；再次，通过受力分析获取可展开抓取机构的展开和抓取运动引起的相互受力关系，并基于递归牛顿欧拉方法建立整个可展开抓取机构的动力学模型；最后，通过仿真分析可展开抓取机构的展开动力学特性以及基本展开单元的展开长度对其抓取动力学的影响。此外，本章还对空间桁架式可展开抓取机构进行了多场耦合分析并进行了构型优化。

3.2 运动学建模与分析

本节以一种运动学解耦的桁架式可展开抓取机构为例，阐明该类机构的运动学建模与分析方法。该基本展开单元(图 3.1) 由 3 个可展开分支机构构成，其中 1 个分支是由 2 个剪叉状机构构成，另外 2 个分支是由双平行四边形机构构成。本节称平台 P_1 为上平台，平台 P_2 为下平台。3 个分支机构和上、下平台的合理布置使得该基本展开单元具有展开运动的功能。

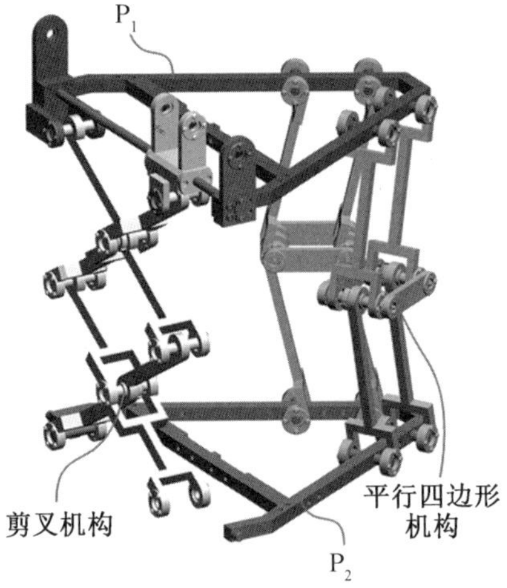

图3.1 基本展开单元

由于本书设计的可展开抓取机构主要面向宇航空间应用，机构的可靠性非常重要。为了提高机构的可靠性，需要尽量减少机构的驱动数量，因此，本节在可展开抓取机构的展开运动中设计一个驱动，利用该驱动来完成整个可展开抓取机构的展开运动。对于该机构的抓取操作，则设计多个自由度从而提高机构的主动形状适应能力，以方便完成大型复杂未知目标的包络抓取操作。为了使相邻基本展开单元具有 1 个转动自由度，将在相邻单元间引入含有转动副的连接机构，从而使整体机构具有多个自由度以提高其主动形状适应性。

基本展开单元的连接机构与驱动如图 3.2 所示，上述的连接机构含有一个公共的圆柱副和公共的十字铰，该结构可以保证可展开抓取机构能够同时完成展开运动和抓取运动，从而保证可展开抓取机构的展开运动和抓取运动相互独立，即运动学解耦。事实上，抓取运动靠一个闭链的 3R1P 机构来实现，其对应的转动副轴线为 $\boldsymbol{S}_1$、$\boldsymbol{S}_2$ 和 $\boldsymbol{S}_3$，对应的移动副为移动副 P。

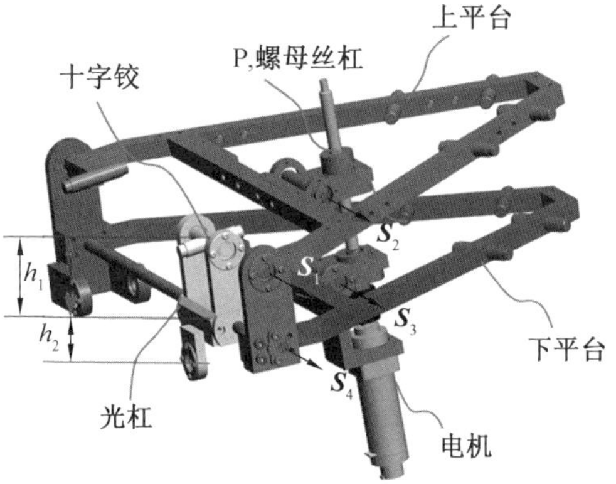

图3.2　基本展开单元的连接机构与驱动

结合基本展开单元和它的串联连接机构，便可构造出串并联式可展开抓取机构。图 3.3 所示为三基本单元的可展开抓取机构。该桁架式可展开机构的展开运动是通过电机 1 来驱动螺母丝杠机构，推动每个模块单元的剪叉状机构，从而实现每个模块的同步展开。这样可以通过 1 个电机即可驱动整个可展开抓取机构的展开运动。对于该机构的抓取运动，则可以使用电机 2 和电机 3 来驱动螺母丝杠机构的运动，从而推进连接机构来驱动整个抓取机构的弯曲抓取运动。

3.2.1　运动学建模

本章设计的空间桁架式可展开抓取机构的基本展开单元是利用剪叉状机构和双平行四边形支撑机构来完成其展开运动的。为了方便其运动学建模和分析，基本展开单元的参数设置如图 3.4 所示。在笛卡儿坐标系下，在上动平台中心处建立坐标系$\{O'-X'Y'Z'\}$，在下定平台中心处建立坐标系$\{O-XYZ\}$。在不考虑平台变形的情况下，坐标系$\{O'-X'Y'Z'\}$和坐标系$\{O-XYZ\}$相互平行。设点 O' 在坐标系$\{O-XYZ\}$下的位置向量为 $\boldsymbol{r}_0=[x,y,z]^{\mathrm{T}}$，设螺母丝杠机构的驱动运行长度为 l_1。另外，本节使用 L_{1i}、$L_{2i}(i=1,\cdots,6)$ 分别表示剪叉状机构和支撑机构中下半部分和上半部分的不同杆件长度。

为了获得动平台变形与支撑机构之间的关系，需要首先建立其运动关系，即

$$\boldsymbol{r}_0+\boldsymbol{a}_{0i}=L_{1i}\boldsymbol{w}_{1i}+L_{2i}\boldsymbol{w}_{2i}+\boldsymbol{b}_{0i} \tag{3.1}$$

式中　$\boldsymbol{a}_{0i}$—— 机构上第 i 个杆件在动平台上的位置矢量；

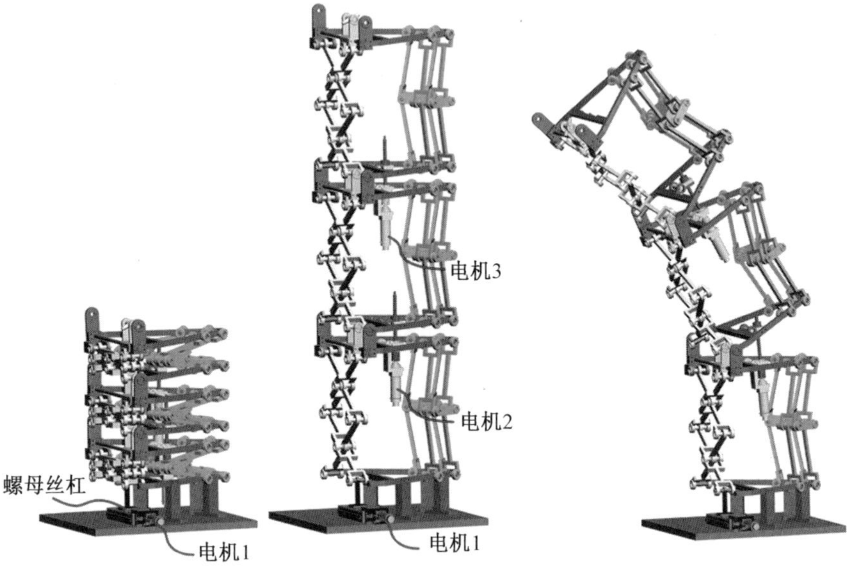

(a) 折叠姿态　　(b) 展开姿态　　(c) 抓取姿态

图3.3　三基本单元的可展开抓取机构

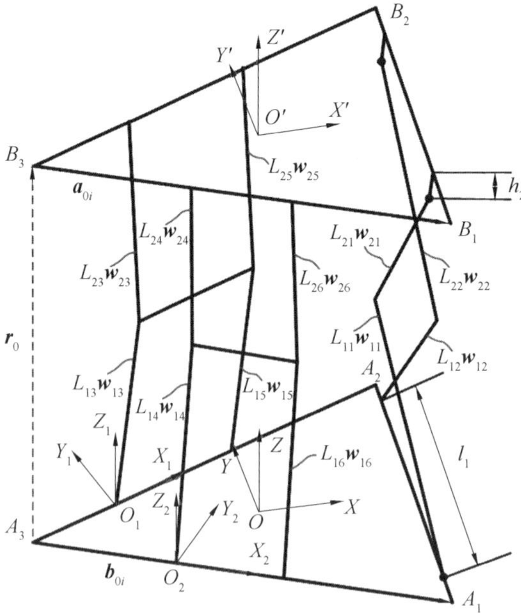

图3.4　基本展开单元的参数设置

$\boldsymbol{b}_{0i}$—— 机构上第 i 个杆件在静平台上的位置矢量；

$\boldsymbol{r}_0$—— 平台上不同点之间的相对位置矢量；

$\boldsymbol{w}_{1i}, \boldsymbol{w}_{2i}$—— 第 i 个杆件的单位向量；

L_{1i}, L_{2i}—— 第 i 个杆件的长度。

根据动平台变形与剪叉状机构之间的位置关系，由螺母丝杠的行程计算得到位置向量为

$$\boldsymbol{r}_0 = \boldsymbol{e}_3\left(2\sqrt{L_{11}^2 - l_1{}^2} + h_2\right), \quad i = 1, 2 \tag{3.2}$$

式中　$\boldsymbol{e}_3$—— 单位方向向量，$\boldsymbol{e}_3 = [0, 0, 1]^{\mathrm{T}}$；

l_1—— 螺母丝杠相应的运行距离；

h_2—— 基本展开单元的相应尺寸，具体如图 3.4 所示。

则运动学逆解为

$$l_1 = \sqrt{L_{11}^2 - \frac{(|\boldsymbol{r}_0| - h_2)^2}{4}} \tag{3.3}$$

为了方便分析，将动、定平台上的杆件布置情况绘制成图 3.5。坐标系 $\{O - XYZ\}$、$\{O_1 - X_1Y_1Z_1\}$ 和 $\{O_2 - X_2Y_2Z_2\}$ 的关系如图 3.5 所示，坐标系 $\{O - XYZ\}$ 的 X 轴与 A_1A_2 边垂直，A_1A_2 边与 Y 轴相互平行。角度变量 α_1 表示 A_2A_3 边与 $\{O - XYZ\}$ 的 X 轴之间的夹角，角度变量 α_2 表示 A_1A_3 边与 $\{O - XYZ\}$ 的 X 轴之间的夹角，并令 $\alpha_1 = \alpha_2 = \alpha/2$。

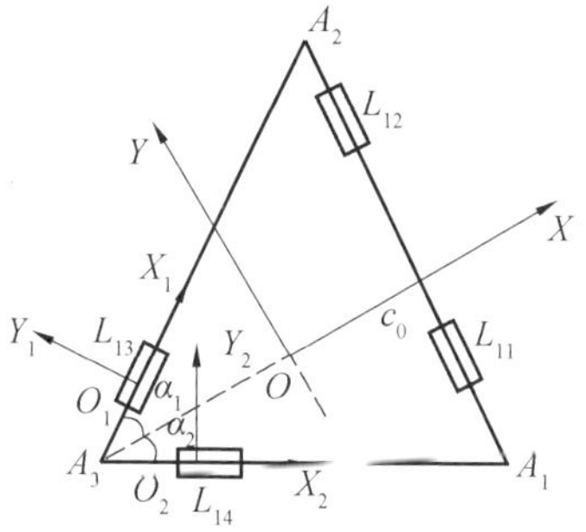

图3.5　杆件在动、定平台中的位置

首先，对剪叉状机构上的 4 个连杆的单位向量 $\boldsymbol{w}_{11}$、$\boldsymbol{w}_{12}$、$\boldsymbol{w}_{21}$、$\boldsymbol{w}_{22}$ 进行分析求解，这 4 个向量都处于 A_1A_2 边上，与 X 轴垂直，所以它们较容易求解。由于 $L_{11} = L_{21} = L_{12} = L_{22}$，可以求得剪叉状机构的两个杆件与定平台之间形成的夹角 $\theta = \arccos[(|\boldsymbol{r}_0| - h_2)/2L_{11}]$。所以剪叉状机构上的 4 个连杆的单位向量分别为

$$\boldsymbol{w}_{11} = \boldsymbol{w}_{22} = [0, \sin\theta, \cos\theta]^{\mathrm{T}} \tag{3.4}$$

$$\boldsymbol{w}_{12} = \boldsymbol{w}_{21} = [c_0, -\sin\theta, \cos\theta]^{\mathrm{T}} \tag{3.5}$$

为了获取支撑机构上的 4 个连杆的单位向量 $\boldsymbol{w}_{13}$、$\boldsymbol{w}_{14}$、$\boldsymbol{w}_{23}$，$\boldsymbol{w}_{24}$，需要先获取它们在其子坐标系下的向量。由于 $L_{13}=L_{23}=L_{14}=L_{24}$，在坐标系 $O_1-X_1Y_1Z_1$ 下，可以计算得到 $\boldsymbol{w}'_{13}$、$\boldsymbol{w}'_{23}$ 分别为

$$\begin{cases}\boldsymbol{w}'_{13}=\left[\sqrt{1-|\boldsymbol{r}_0|^2/4L_{13}^2},0,|\boldsymbol{r}_0|/2L_{13}\right]^{\mathrm{T}}\\ \boldsymbol{w}'_{23}=\left[-\sqrt{1-|\boldsymbol{r}_0|^2/4L_{13}^2},0,|\boldsymbol{r}_0|/2L_{13}\right]^{\mathrm{T}}\end{cases} \tag{3.6}$$

由于 $L_{15}=L_{25}=L_{16}=L_{26}$，在坐标系$\{O_2-X_2Y_2Z_2\}$下，可以计算得到 $\boldsymbol{w}'_{14}$、$\boldsymbol{w}'_{24}$ 分别为

$$\begin{cases}\boldsymbol{w}'_{14}=\left[\sqrt{1-|\boldsymbol{r}_0|^2/4L_{14}^2},0,|\boldsymbol{r}_0|^2/4L_{14}^2\right]^{\mathrm{T}}\\ \boldsymbol{w}'_{24}=\left[-\sqrt{1-|\boldsymbol{r}_0|^2/4L_{14}^2},0,|\boldsymbol{r}_0|^2/4L_{14}^2\right]^{\mathrm{T}}\end{cases} \tag{3.7}$$

根据图 3.5 可以获得坐标系$\{O_1-X_1Y_1Z_1\}$相对于定平台中心坐标系 $O-XYZ$ 的旋转矩阵为

$$\boldsymbol{A}_1=\begin{bmatrix}\cos(\alpha/2) & -\sin(\alpha/2) & 0\\ \sin(\alpha/2) & \cos(\alpha/2) & 0\\ 0 & 0 & 1\end{bmatrix} \tag{3.8}$$

坐标系$\{O_2-X_2Y_2Z_2\}$相对于定平台中心坐标系$\{O-XYZ\}$的旋转矩阵为

$$\boldsymbol{A}_2=\begin{bmatrix}\cos(-\alpha/2) & -\sin(-\alpha/2) & 0\\ \sin(-\alpha/2) & \cos(-\alpha/2) & 0\\ 0 & 0 & 1\end{bmatrix}=\begin{bmatrix}\cos(\alpha/2) & \sin(\alpha/2) & 0\\ -\sin(\alpha/2) & \cos(\alpha/2) & 0\\ 0 & 0 & 1\end{bmatrix} \tag{3.9}$$

因此，8 个连杆的单位向量 $\boldsymbol{w}_{13}$、$\boldsymbol{w}_{14}$、$\boldsymbol{w}_{15}$、$\boldsymbol{w}_{16}$、$\boldsymbol{w}_{23}$、$\boldsymbol{w}_{24}$、$\boldsymbol{w}_{25}$、$\boldsymbol{w}_{26}$ 分别为

$$\begin{aligned}&\boldsymbol{w}_{13}=\boldsymbol{w}_{15}=\boldsymbol{A}_1\boldsymbol{w}'_{13},\quad \boldsymbol{w}_{23}=\boldsymbol{w}_{25}=\boldsymbol{A}_1\boldsymbol{w}'_{23}\\ &\boldsymbol{w}_{14}=\boldsymbol{w}_{16}=\boldsymbol{A}_2\boldsymbol{w}'_{14},\quad \boldsymbol{w}_{24}=\boldsymbol{w}_{26}=\boldsymbol{A}_2\boldsymbol{w}'_{24}\end{aligned} \tag{3.10}$$

3.2.2 展开性能分析

展开 / 折叠比是可展开抓取机构的一个重要设计参数，本小节对其进行分析，并提出提高展开 / 折叠比的方法。基本可展开机构单元模块的折叠姿态如图 3.6 所示，该姿态中的高度可表示为

$$h=2h'+h_1+h_2 \tag{3.11}$$

式中 h'—— 单层剪叉状机构的最小高度；

h_1，h_2—— 机构上的相应尺寸，具体如图 3.6 所示。

因此，由 3 个基本可展开机构单元模块组成的可展开抓取机构在折叠姿态下的总高度为 $3h$。同样，由 n 个基本可展开单元模块构成的可展开抓取机构的最小高度为 nh。另外，具有 3 个基本可展开机构单元模块的可展开抓取机构的最大高度是由两层剪叉状机构和双平行四边形机构来确定的。剪叉状机构如图3.7

所示,双层剪叉状机构的最大高度为

$$h'' = 2\sqrt{L_{11}^2 - L_m^2} \tag{3.12}$$

式中　L_{11}—— 剪叉杆长;

L_m—— 机构的结构决定的最小长度。

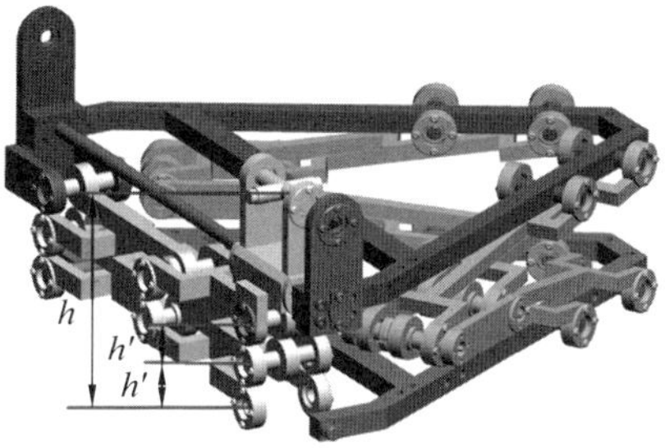

图3.6　基本可展开机构单元模块的折叠姿态

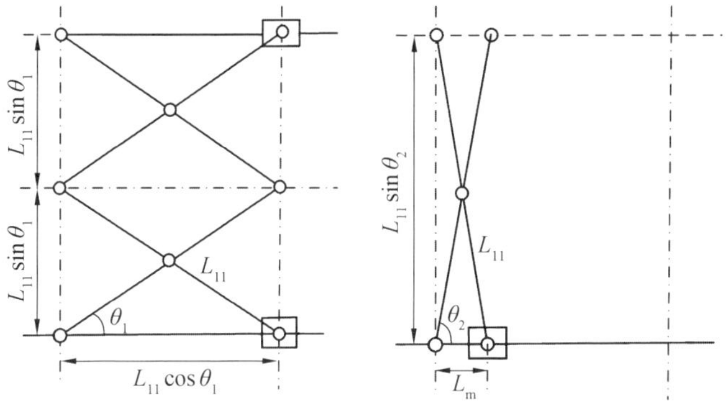

(a) 双层剪叉状机构　　(b) 单层剪叉状机构

图3.7　剪叉状机构

因此,n 个基本可展开单元模块构成的可展开抓取机构的最大高度可以表示为 $n(h'' + h_1 + h_2)$。根据以上分析,可以很容易地计算得到 n 个基本可展开单元模块构成的可展开抓取机构的展开 / 折叠比为

$$\begin{aligned}\rho = {} & \min\{(h'' + h_1 + h_2), 2L_{13}\}/h = \\ & \min\left\{\left(2\sqrt{L_{11}^2 - L_m^2} + h_1 + h_2\right), 2L_{13}\right\}/(2h' + h_1 + h_2)\end{aligned} \tag{3.13}$$

式中　$\min\{\cdot, \cdot\}$—— 元素中的最小值;

L_{13}—— 机构展开时的最大展开高度。

从式(3.13)可以看出,展开 / 折叠比主要由剪叉状机构和双平行四边形机构的值 L_{11} 和 L_{13} 决定。根据该机构的展开 / 折叠比可以计算得到 $\rho = 2.9$。式(3.13)可以通过修改结构来获得更大的展开 / 折叠比。然而,由于剪叉状机构和双平行四边形机构的尺寸还受系统刚度、可靠性和稳定性等其他性能的影响。因此，机构的展开/折叠比不能设计得太大，应该在其各个性能中找到一个平衡，进行折中处理。

3.2.3 工作空间分析

空间桁架式可展开抓取机构的示意图如图3.8所示，假设本节中的可展开抓取机构由3个基本展开单元构成，假定2个相邻基本展开单元间的转动角度范围是$-10°<\beta_i\leqslant 45°$，并令基本展开单元的展开工作空间为$0.435\ \text{m}\geqslant L_f=|\boldsymbol{r}_0|+h_1\geqslant 0.15\ \text{m}$。可得如图3.9(a)所示的空间桁架式可展开抓取机构的末端工作空间。另外，为了与文献同类型的变胞抓取机械手进行对比，令其展开单元的长度为本书中提出的空间桁架式可展开抓取机构的展开单元长度的最大值，即$L_f=0.435\ \text{m}$，且各个转动角度范围同上，可得如图3.9(b)所示的变胞抓取机构的末端工作空间。

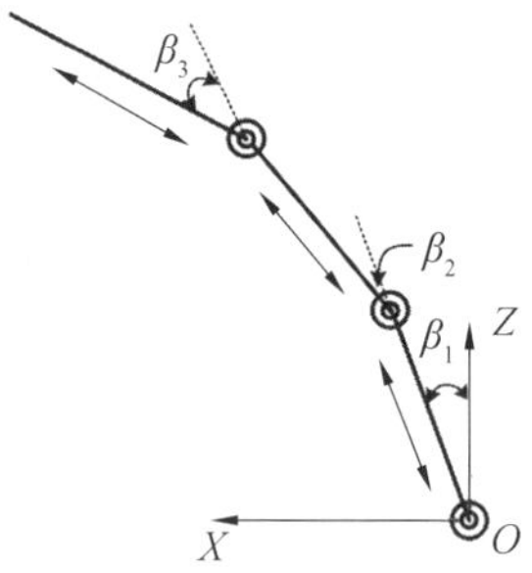

图3.8 空间桁架式可展开抓取机构的示意图

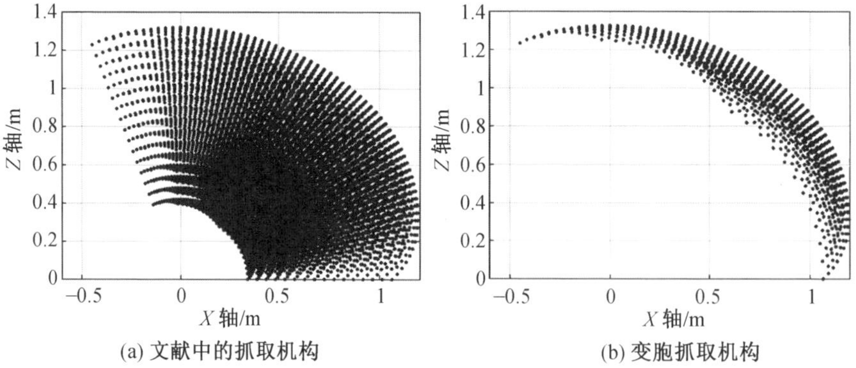

图3.9 空间桁架式可展开抓取机构的末端工作空间

经过对比，可以很明显地发现，本书中提出的空间桁架式可展开抓取机构具有一定的优越性，本章所设计的空间桁架式可展开抓取机构具有更大的末端工作空间。

3.2.4　可操作度分析

除了工作空间,机器人的可操作度对于抓取操作也很重要,因为它决定了机器人末端执行器的定位和定向能力。如图 3.8 所示,末端执行器的位置为

$$\begin{cases} x_e = L_f \sin\beta_1 + L_f \sin(\beta_1+\beta_2) + L_f \sin(\beta_1+\beta_2+\beta_3) \\ y_e = L_f \cos\beta_1 + L_f \cos(\beta_1+\beta_2) + L_f \cos(\beta_1+\beta_2+\beta_3) \end{cases} \tag{3.14}$$

式中　(x_e, y_e)—— 末端执行器的位置坐标。

对式(3.14) 进行求导即可得

$$\begin{bmatrix} \dot{x}_e \\ \dot{y}_e \end{bmatrix} = \boldsymbol{J}(L_f, \beta_1, \beta_2, \beta_3) \begin{bmatrix} \dot{L}_f \\ \dot{\beta}_1 \\ \dot{\beta}_2 \\ \dot{\beta}_3 \end{bmatrix} \tag{3.15}$$

式中　$\dot{L}_f$—— 基本展开单元的展开速度;

$\boldsymbol{J}(L_f, \beta_1, \beta_2, \beta_3)$—— 机构的雅可比矩阵。

因此,可操作度 w 为

$$w = |\boldsymbol{J}(L_f, \beta_1, \beta_2, \beta_3)| = \sqrt{\det(\boldsymbol{J}\boldsymbol{J}^{\mathrm{T}})} \tag{3.16}$$

为了提高机器人的操作能力,本书采用文献中提出的提高可操作度的方法,令每个铰链处的旋转角度相同。基于该方法,在本书中令图 3.8 中的 β_i $(i=1,2,3)$ 相等,即 $\beta_1=\beta_2=\beta_3$,且假设旋转角度的范围是 $-15° < \beta_i \leqslant 45°$ $(i=1,2,3)$,每个可展开抓取机构的展开长度范围为 $0.45\ \mathrm{m} \geqslant L_f \geqslant 0.15\ \mathrm{m}$。基于上述假设,图 3.10 给出了本书所设计的空间桁架式可展开抓取机构的可操作度值。从图3.10 中可以看出,随着每个可展开抓取机构的展开长度 L_f 的增加,空间桁架式可展开抓取机构的可操作度增加。

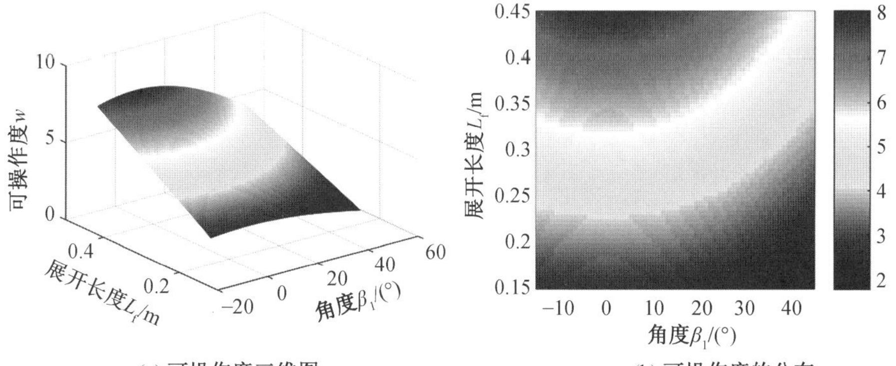

(a) 可操作度三维图　　(b) 可操作度的分布

图3.10　空间桁架式可展开抓取机构的可操作度

接下来研究 β_i 不相等的情况下该机器人的操作能力。假设旋转角度的范围为 $-15° < \beta_i \leqslant 45°(i=1,2,3)$，并且每个可展开抓取机构的展开长度范围为 $0.45\ \mathrm{m} \geqslant L_f \geqslant 0.15\ \mathrm{m}$，则可以计算获得空间桁架式可展开抓取机构的可操作度。令展开长度 L_f 和相应的 β_i 取上述范围，而令其他的 β_i 为零，可得图 3.11(a) ～ (c) 所示的空间桁架式可展开抓取机构的可操作度值的分布情况；令展开长度 $L_f = 0.4\ \mathrm{m}$，而相应的 β_i 取上述范围，可得图 3.11(d) ～ (f) 所示的空间桁架式可展开抓取机构的可操作度值的分布情况。

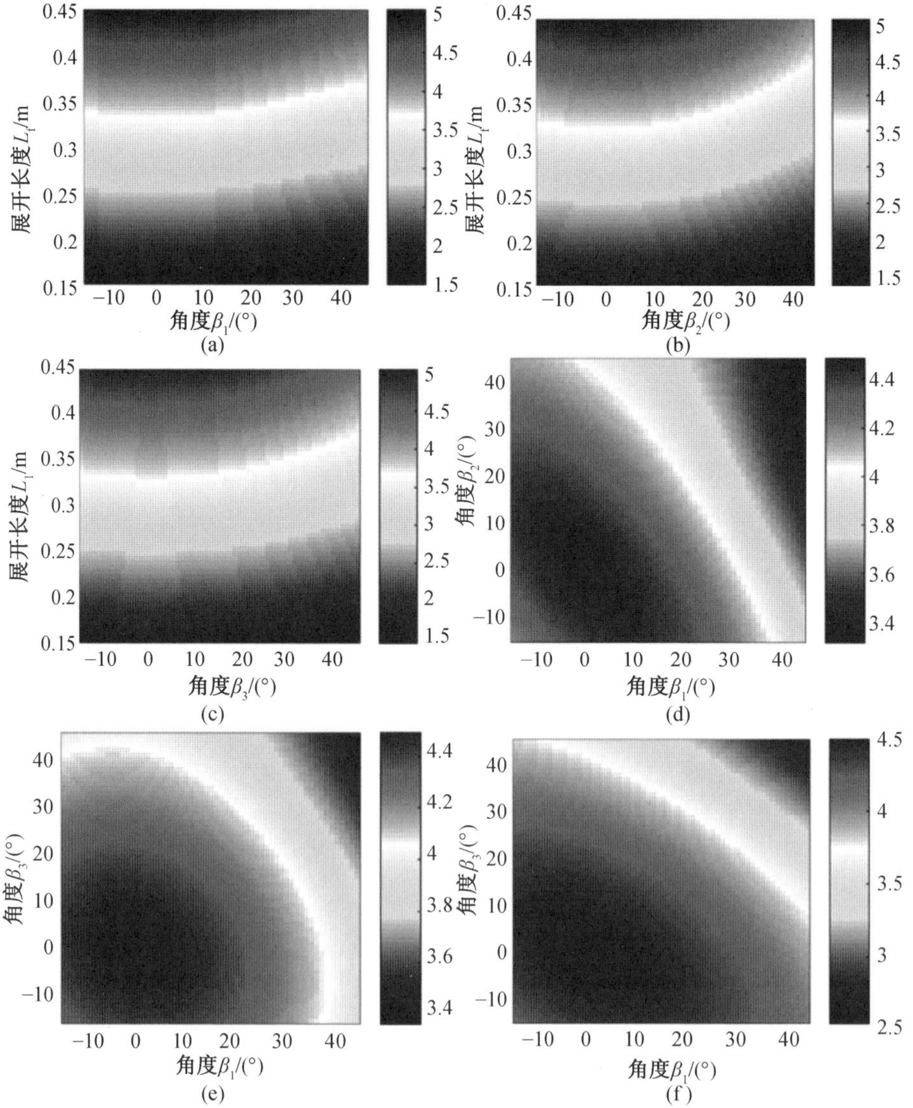

图3.11　可操作度值的分布情况

从图 3.11(a) ～ (c) 中可以看出，随着每个可展开抓取机构展开长度 L_f 的增加，空间桁架式可展开抓取机构的可操作度值总体上呈增加趋势，说明展开长度对空间桁架式可展开抓取机构的可操作度可以产生较大影响。另外，图 3.11(d) ～(f) 显示旋转角度 β_i 对空间桁架式可展开抓取机构的可操作度也有较大影响，但是影响规律相对复杂。

3.3　动力学建模与分析

本节利用空间桁架式可展开抓取机构的串并联和空间机构特征，提出基于递归牛顿欧拉方法的可展开抓取机构的高效动力学建模方法。

3.3.1　多模块机构分支运动学建模

为了提高空间桁架式可展开抓取机构的动力学计算效率，使用递归的方法完成其展开抓取动力学建模。图 3.12 所示为空间桁架式可展开抓取机构的示意图，这里将第 i 个基本展开单元视为第 i 个可变长度杆，并将连接机构视为一个转动关节。根据图 3.12，该机构末端执行器在基坐标系 $\{U_0\}$ 下的位姿 $\{X_n, Y_n, Z_n\}$ 可以表示为

$$ {}^{0}\boldsymbol{A}_n = {}^{0}\boldsymbol{A}_1 {}^{1}\boldsymbol{A}_2 \cdots {}^{n-1}\boldsymbol{A}_n = \boldsymbol{f}(l_1, \beta_1, \beta_2, \cdots, \beta_{n-1}) = \boldsymbol{f}(\boldsymbol{\Theta}) \tag{3.17} $$

式中　$\boldsymbol{\Theta}$—— 列向量，$\boldsymbol{\Theta} = [l_1, \beta_1, \beta_2, \cdots, \beta_{n-1}]^{\mathrm{T}}$；

${}^{i}\boldsymbol{A}_{i+1}$—— 两相邻坐标系间的转换矩阵，${}^{i}\boldsymbol{A}_{i+1}\ (i = 0, 1, \cdots, n-1)$ 可以写为

$$ \begin{cases} {}^{0}\boldsymbol{A}_1 = \boldsymbol{I} \\ {}^{i}\boldsymbol{A}_{i+1} = \mathrm{Rot}(Y, \beta_i)\ \mathrm{Trans}(0, 0, |\boldsymbol{r}_0| + h_1), \quad i = 1, 2, \cdots, n-1 \end{cases} \tag{3.18} $$

末端执行器的速度可以表达为

$$ \dot{\boldsymbol{x}}_{\mathrm{e}} = [\boldsymbol{v}_{\mathrm{e}}^{\mathrm{T}}, \boldsymbol{w}_{\mathrm{e}}^{\mathrm{T}}]^{\mathrm{T}} = \boldsymbol{J}(\boldsymbol{\Theta})\dot{\boldsymbol{\Theta}} \tag{3.19} $$

式中　$\boldsymbol{v}_{\mathrm{e}}^{\mathrm{T}}$—— 线速度矢量，$\boldsymbol{v}_{\mathrm{e}}^{\mathrm{T}} \in \mathbb{R}^3$；

$\boldsymbol{\omega}_{\mathrm{e}}^{\mathrm{T}}$—— 角速度矢量，$\boldsymbol{\omega}_{\mathrm{e}}^{\mathrm{T}} \in \mathbb{R}^3$；

$\boldsymbol{J}(\boldsymbol{\Theta})$—— 雅可比矩阵。

需要特别指出的是，由于第一个基本可展开单元是固定在基座上的，也就是说连接机构 1 不存在，此处编号从 2 开始。为了统一定义，本节定义第 i 个转动关节位于第 i 个连接机构上。

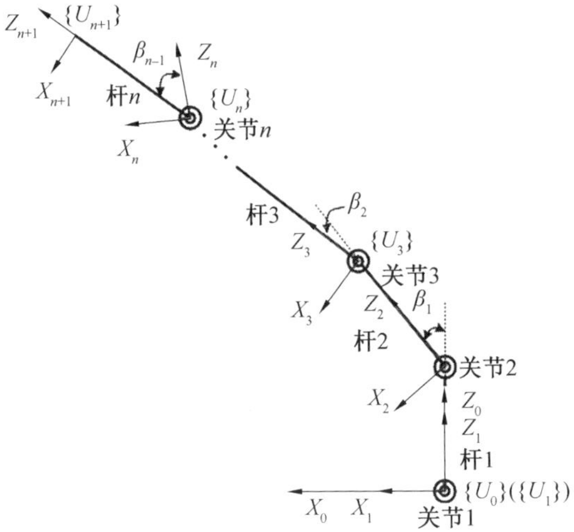

图3.12　空间桁架式可展开抓取机构的示意图

3.3.2　基本单元的动力学建模

1.受力分析

为了完成空间桁架式可展开抓取机构的动力学建模，需给出基本展开单元之间的受力关系，空间桁架式可展开抓取机构的受力分析如图 3.13 所示。定义 $\boldsymbol{F}_{i,1}=[0,F_{i1y},0]^{\mathrm{T}}$ 为基本展开单元进行展开运动时所需要的主动驱动力，定义 $\boldsymbol{F}_{i,2}=[0,F_{i2y},0]^{\mathrm{T}}$ 为来自下一个基本展开单元的被动力。

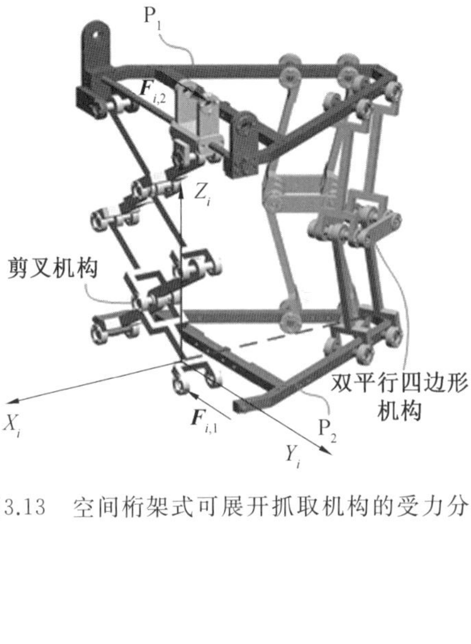

图3.13　空间桁架式可展开抓取机构的受力分析

2.基本展开单元的运动学分析

由于基本展开单元实际上是由 3 个平面机构构成的，因此该基本展开单元的运动学问题可以转化为一个平面机构运动学的问题。基本展开单元的两层剪叉状机构如图 3.14 所示，本节使用 $2L_1$ 表示相应连杆的长度，使用 θ_1 表示连杆与水平面之间的初始角度，使用 z 表示上平台的相对运动的距离，使用 φ_1 表示连杆的转动角度，并使用 y 表示移动副水平运动的距离。这样，可以得到剪叉状机构中两杆与定平台连接点之间的距离为 $2L_1\cos\theta_1-y$。图 3.15 所示为第一层机构的几何关系，转动角度 φ_1、初始角度 θ_1 和相对位置的变化 z 之间的几何关系为

$$\tan(\theta_1+\varphi_1)=\frac{2L_1\sin\theta_1+z/2}{2L_1\cos\theta_1-y} \tag{3.20}$$

$$(2L_1)^2=(2L_1\sin\theta_1+z/2)^2+(2L_1\cos\theta_1-y)^2 \tag{3.21}$$

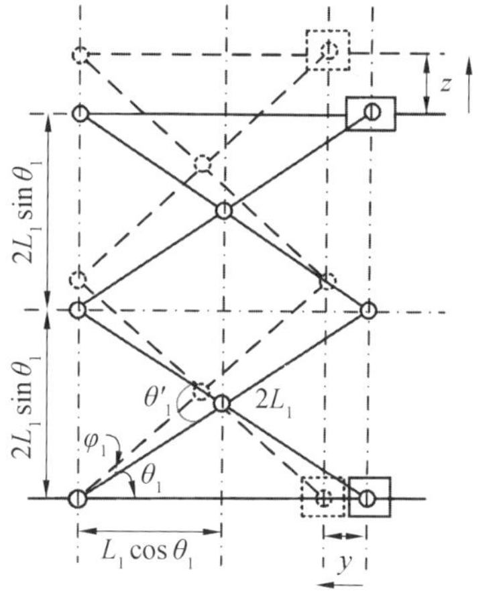

图3.14　基本展开单元的两层剪叉状机构

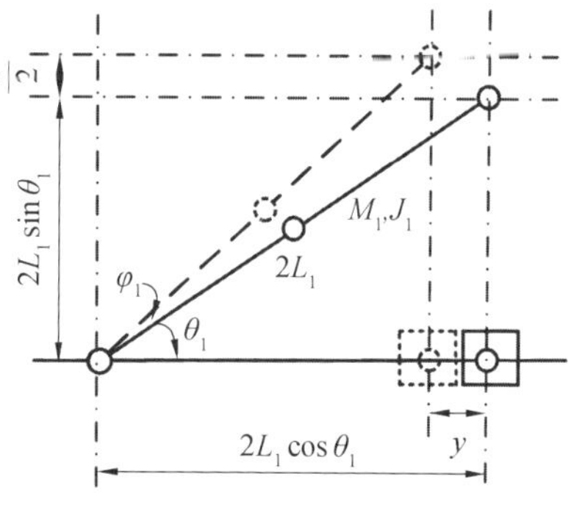

图3.15　第一层机构的几何关系

由式(3.20)、式(3.21)可以进一步得到连杆的转动角度 φ_1 和上平台的相对

运动距离 z 之间的关系为

$$\varphi_1 = \arctan \frac{2L_1 \sin\theta_1 + z/2}{2L_1 \cos\theta_1 - y} - \theta_1 \tag{3.22}$$

$$z = 2\sqrt{(2L_1)^2 - (2L_1 \cos\theta_1 - y)^2} - 4L_1 \sin\theta_1 \tag{3.23}$$

双平行四边形的几何关系如图 3.16 所示，本节使用 L_2 表示连杆的长度，使用 θ_2 表示连杆和水平面之间的初始角度，使用 φ_2 表示连杆的转动角度。由于机构存在 2 个复合铰链，根据几何关系，下列关系式成立：

$$\varphi_3 + \theta_3 = 2\varphi_2 + 2\theta_2, \quad \varphi_3 = 2\varphi_2 \tag{3.24}$$

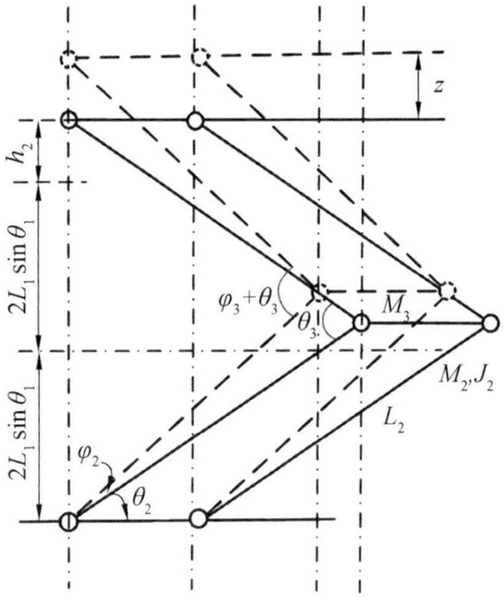

图3.16　双平行四边形的几何关系

根据图 3.16，双平行四边形机构存在如下关系：

$$L_2 \sin(\theta_2 + \varphi_2) = 2L_1 \sin\theta_1 + \frac{h_2}{2} + \frac{z}{2} \tag{3.25}$$

式中　θ_2—— 由剪叉状机构确定的角度，可以表达为

$$\theta_2 = \arcsin \frac{2L_1 \sin\theta_1 + h_2/2}{L_2} \tag{3.26}$$

可得连杆的相对转动角度 φ_2 为

$$\begin{aligned}\varphi_2 &= \arcsin \frac{2L_1 \sin\theta_1 + h_2/2 + z/2}{L_2} - \theta_2 = \\ &\arcsin \frac{2L_1 \sin\theta_1 + h_2/2 + z/2}{L_2} - \arcsin \frac{2L_1 \sin\theta_1 + h_2/2}{L_2}\end{aligned} \tag{3.27}$$

3.基本展开单元的动力学建模

根据前面建立的运动学关系，首先使用拉格朗日力学方法建立第 i 个基本展

开单元的动力学模型，即单个基本展开单元的模型。令 y 为广义坐标，则第 i 个基本展开单元的动力学模型可以写为

$$\frac{\mathrm{d}}{\mathrm{d}t}\left(\frac{\partial L}{\partial \dot{y}}\right)-\frac{\partial L}{\partial y}=Q \tag{3.28}$$

式中　L—— 拉格朗日函数，$L=E-U$，其中 E 和 U 分别表示总动量和总势能；

　　　Q—— 广义力。

(1) 系统动能。

第 i 个基本展开单元的系统动能主要由剪叉状机构和双平行四边形引起的动能组成。在本节中，假设机构中的所有连杆是质量均匀的，且它们的质心位于其几何中心。

首先，建立双层剪叉状机构的动力学模型。令 $\dot{\varphi}_1$ 为连接杆绕质心的转动速度，由于第 i 个基本展开单元具有两层剪叉状机构且每层具有两个连接杆，所以第 i 个基本展开单元的连接杆的平动速度可以表示为

$$v_{ij}=\sqrt{\left(\frac{\dot{y}}{2}\right)^2+\left[\frac{(2j-1)\dot{z}}{4}+(i-1)\dot{z}\right]^2} \tag{3.29}$$

式中　j—— 第 j 层剪叉状机构，$j=1,2$。

另外，第 i 个基本展开单元中的上平台和下平台的平动速度分别为 $i\cdot\dot{z}$ 和 $(i-1)\dot{z}$。由于每个基本展开单元的每层剪叉状机构中的连杆数量为 2，可得第 i 个基本展开单元的两个剪叉状机构产生的总动能 E_{i1} 为

$$E_{i1}=\frac{1}{2}M_0\{(i\dot{z})^2+[(i-1)\dot{z}]^2\}+2\cdot\frac{1}{2}\sum_{j=1}^{2}M_1 v_{ij}{}^2+4\cdot\frac{1}{2}J_1\dot{\varphi}_1{}^2 \tag{3.30}$$

式中　M_0—— 上平台或下平台的质量；

　　　M_1—— 剪叉状机构连杆的质量；

　　　J_1—— 连杆的转动惯量。

其中，转动速度 $\dot{\varphi}_1$ 可以写为

$$\dot{\varphi}_1=\frac{\mathrm{d}\varphi_1}{\mathrm{d}y}\dot{y}+\frac{\mathrm{d}\varphi_1}{\mathrm{d}z}\frac{\mathrm{d}z}{\mathrm{d}y}\dot{y} \tag{3.31}$$

然后，求取双平行四边形机构的动能。令 $\dot{\varphi}_2$ 为双平行四边形机构中连杆绕质心的转动速度，由于每个基本展开单元中含有 2 个平行四边形机构，所以除了机构中的平动杆之外的其他连杆的平动速度可以写为

$$[(2k-1)\dot{z}]/4+(i-1)\dot{z},\quad k=1,2 \tag{3.32}$$

其中，平动连杆的平动速度则可以写为

$$\dot{z}/2+(i-1)\dot{z} \tag{3.33}$$

这样，可得双平行四边形机构产生的动能 E_{i2} 为

$$E_{i2}=2\cdot\frac{1}{2}\sum_{k=1}^{2}M_2\left[\frac{(2k-1)\dot{z}}{4}+(i-1)\dot{z}\right]^2+\frac{1}{2}M_3\left[\frac{\dot{z}}{2}+(i-1)\dot{z}\right]^2+4\cdot\frac{1}{2}J_2\dot{\varphi}_2^{\ 2}\tag{3.34}$$

式中 M_2—— 双平行四边形机构除平动杆之外的其他连杆的质量；

M_3—— 双平行四边形机构的平动连杆的质量；

J_2—— 平动杆之外的其他连杆的转动惯量。

双平行四边形机构中连杆绕质心的转动速度 $\dot{\varphi}_2$ 可以写为

$$\dot{\varphi}_2=\frac{\mathrm{d}\varphi_2}{\mathrm{d}z}\frac{\mathrm{d}z}{\mathrm{d}y}\dot{y}\tag{3.35}$$

由于每个基本展开单元具有2个双平行四边形机构和一个双层剪叉状机构，第 i 个基本展开单元的总动能可以表示为

$$E_i=E_{i1}+2E_{i2}\tag{3.36}$$

(2) 系统广义力。

本节将考虑摩擦力和其他扰动等非保守力。如图3.14所示，这里存在关系 $\theta_1'=2\theta_1$，因此，可得剪叉状机构所有转动关节的相对转动速度为 $12\dot{\varphi}_1$。因此，由黏性摩擦引起的广义力 D_1 为

$$D_1=12\cdot c_1\dot{\varphi}_1\tag{3.37}$$

式中 c_1—— 每个转动关节的黏性摩擦系数。

如图3.16所示，机构中存在一个复合铰链且存在关系 $\theta_3=2\theta_2$，则双平行四边形机构中所有转动关节的相对转动速度为 $10\dot{\varphi}_2$。因此，双平行四边形机构中转动关节的摩擦引起的广义力 D_2 为

$$D_2=2\times10\cdot c_1\dot{\varphi}_2\tag{3.38}$$

定义移动副移动引起的黏性摩擦系数为 c_2，则该摩擦项引起的广义力 D_3 为

$$D_3=2\cdot c_2\dot{y}\tag{3.39}$$

根据前面的分析，可知 $\boldsymbol{F}_{i,1}=[0,F_{i,1y},0]^{\mathrm{T}}$ 是基本展开单元展开的主动驱动力，而 $\boldsymbol{F}_{i,2}=[0,F_{i,2y},0]^{\mathrm{T}}$ 是第 i 个基本展开单元来自第 $(i+1)$ 个基本展开单元的被动力。因此，第 i 个基本展开单元的总的广义力可以表示为

$$Q=-D_1-D_2-D_3+F_{i,1y}-F_{i,2y}\tag{3.40}$$

(3) 动力学建模。

由于本书讨论的空间桁架式可展开抓取机构是面向宇航空间应用的，因此，在这里假定它的势能 U 为零。根据式(3.30)，由 $\dot{z}=(\mathrm{d}z/\mathrm{d}y)\dot{y}$ 可得

$$\frac{\mathrm{d}}{\mathrm{d}t}(\partial E_{i1}/\partial\dot{y})=M_1(i,y)\ddot{y}+f_1(i,y)\dot{y}\tag{3.41}$$

$$\frac{\partial E_{i1}}{\partial y}=C_1(i,y,\dot{y})\dot{y} \tag{3.42}$$

在式(3.41)和式(3.42)中，$M_1(i,y)$ 和 $f_1(i,y)$ 是以 i 和 y 为参数的函数，$C_1(i,y,\dot{y})$ 是以 i、y、$\dot{y}$ 为参数的函数，它们的具体形式分别为

$$\begin{aligned}M_1(i,y)=&2\cdot\sum_{j=1}^{2}\left(M_1\left\{\frac{1}{4}+\left[\frac{2j-1}{4}+(i-1)\right]^2\left(\frac{\mathrm{d}z}{\mathrm{d}y}\right)^2\right\}\right)+\\&M_0\left[i^2+(i-1)^2\right]\left(\frac{\mathrm{d}z}{\mathrm{d}y}\right)^2+4\cdot J_1\left(\frac{\mathrm{d}\varphi_1}{\mathrm{d}y}+\frac{\mathrm{d}\varphi_1}{\mathrm{d}z}\frac{\mathrm{d}z}{\mathrm{d}y}\right)^2\end{aligned} \tag{3.43}$$

$$\begin{aligned}f_1(i,y)=&M_0\left\{2\left[i^2+(i-1)^2\right]\frac{\mathrm{d}z}{\mathrm{d}y}\frac{\mathrm{d}^2z}{\mathrm{d}y^2}\right\}+\\&2\cdot\sum_{j=1}^{2}\left\{2M_1\left[\frac{2j-1}{4}+(i-1)\right]^2\frac{\mathrm{d}z}{\mathrm{d}y}\frac{\mathrm{d}^2z}{\mathrm{d}y^2}\right\}+\\&4\cdot 2J_1\left(\frac{\mathrm{d}\varphi_1}{\mathrm{d}y}+\frac{\mathrm{d}\varphi_1}{\mathrm{d}z}\frac{\mathrm{d}z}{\mathrm{d}y}\right)\left[\frac{\mathrm{d}}{\mathrm{d}t}\left(\frac{\mathrm{d}\varphi_1}{\mathrm{d}y}+\frac{\mathrm{d}\varphi_1}{\mathrm{d}z}\frac{\mathrm{d}z}{\mathrm{d}y}\right)\right]\end{aligned} \tag{3.44}$$

$$\begin{aligned}C_1(i,y,\dot{y})=&\left[i^2+(i-1)^2\right]M_0\frac{\mathrm{d}z}{\mathrm{d}y}\frac{\mathrm{d}^2z}{\mathrm{d}y^2}\dot{y}+\\&2\cdot\sum_{j=1}^{2}\left\{M_1\left[\frac{2j-1}{4}+(i-1)\right]^2\frac{\mathrm{d}z}{\mathrm{d}y}\frac{\mathrm{d}^2z}{\mathrm{d}y^2}\dot{y}\right\}+\\&4\cdot J_1\left(\frac{\mathrm{d}\varphi_1}{\mathrm{d}y}+\frac{\mathrm{d}\varphi_1}{\mathrm{d}z}\frac{\mathrm{d}z}{\mathrm{d}y}\right)\left[\frac{\mathrm{d}}{\mathrm{d}y}\left(\frac{\mathrm{d}\varphi_1}{\mathrm{d}y}+\frac{\mathrm{d}\varphi_1}{\mathrm{d}z}\frac{\mathrm{d}z}{\mathrm{d}y}\right)\right]\dot{y}\end{aligned} \tag{3.45}$$

根据式(3.34)，可得

$$\frac{\mathrm{d}}{\mathrm{d}t}\left(\frac{\partial E_{i2}}{\partial\dot{y}}\right)=M_2(i,y)\ddot{y}+f_2(i,y)\dot{y} \tag{3.46}$$

$$\frac{\partial E_{i2}}{\partial y}=C_2(i,y,\dot{y})\dot{y} \tag{3.47}$$

在式(3.46)和式(3.47)中，$M_2(i,y)$ 和 $f_2(i,y)$ 是以 i 和 y 为参数的函数，而 $C_2(i,y,\dot{y})$ 是以 i、y、$\dot{y}$ 为参数的函数，它们的具体形式分别为

$$\begin{aligned}M_2(i,y)=&2\cdot\sum_{k=1}^{2}\left\{M_2\left[\frac{2k-1}{4}+(i-1)\right]^2\left(\frac{\mathrm{d}z}{\mathrm{d}y}\right)^2\right\}+\\&M_3\left[\frac{1}{2}+(i-1)\right]^2\left(\frac{\mathrm{d}z}{\mathrm{d}y}\right)^2+4\cdot J_2\left(\frac{\mathrm{d}\varphi_2}{\mathrm{d}z}\frac{\mathrm{d}z}{\mathrm{d}y}\right)^2\end{aligned} \tag{3.48}$$

$$\begin{aligned}f_2(i,y)=&2\cdot\sum_{k=1}^{2}\left\{M_2\left[\frac{2k-1}{4}+(i-1)\right]^2\frac{\mathrm{d}z}{\mathrm{d}y}\frac{\mathrm{d}^2z}{\mathrm{d}y^2}\right\}+\\&M_3\left[\frac{1}{2}+(i-1)\right]^2\frac{\mathrm{d}z}{\mathrm{d}y}\frac{\mathrm{d}^2z}{\mathrm{d}y^2}+\end{aligned}$$

$$4\cdot 2J_2\left(\frac{\mathrm{d}\varphi_2}{\mathrm{d}z}\frac{\mathrm{d}z}{\mathrm{d}y}\right)\left[\frac{\mathrm{d}}{\mathrm{d}t}\left(\frac{\mathrm{d}\varphi_2}{\mathrm{d}z}\frac{\mathrm{d}z}{\mathrm{d}y}\right)\right] \tag{3.49}$$

$$C_2(i,y,\dot{y})=2\cdot\sum_{k=1}^{2}M_2\left[\frac{2k-1}{4}+(i-1)\right]^2\frac{\mathrm{d}z}{\mathrm{d}y}\frac{\mathrm{d}^2z}{\mathrm{d}y^2}\dot{y}+ M_3\left[\frac{1}{2}+(i-1)\right]^2\frac{\mathrm{d}z}{\mathrm{d}y}\frac{\mathrm{d}^2z}{\mathrm{d}y^2}\dot{y}+ 4\cdot J_2\left(\frac{\mathrm{d}\varphi_2}{\mathrm{d}z}\frac{\mathrm{d}z}{\mathrm{d}y}\right)\left[\frac{\mathrm{d}}{\mathrm{d}y}\left(\frac{\mathrm{d}\varphi_2}{\mathrm{d}z}\frac{\mathrm{d}z}{\mathrm{d}y}\right)\right]\dot{y} \tag{3.50}$$

根据式(3.28),可得第 i 个基本展开单元的动力学模型为

$$M(i,y)\ddot{y}+C(i,y,\dot{y})\dot{y}+D_1+D_2+D_3+F_{i,2y}=F_{i,1y} \tag{3.51}$$

式中 $M(i,y)$ —— 转动惯量,具体为

$$M(i,y)=M_1(i,y)+2M_2(i,y) \tag{3.52}$$

$C(i,y,\dot{y})$ —— 科氏项,具体为

$$C(i,y,\dot{y})=f_1(i,y)+2f_2(i,y)-C_1(i,y,\dot{y})-2C_2(i,y,\dot{y}) \tag{3.53}$$

3.3.3 多模块机构的递归动力学建模

由于递归牛顿欧拉方法具有较高的计算效率,下面将基于该方法完成空间桁架式可展开抓取机构的动力学建模。

图3.17所示为空间桁架式可展开抓取机构的参数设置,其中第 i 个基本展开单元简化为变长度连杆 i,第 i 个连接机构简化为转动关节 i。如图3.17所示,坐标系建立在连杆和末端执行器上面。矢量 $\boldsymbol{P}_i$ 表示关节 i 相对基坐标系 $\{X_0,Y_0,Z_0\}$ 的位置矢量,矢量 $\boldsymbol{P}_{i,i+1}$ 表示关节$(i+1)$相对关节 i 的位置矢量(当 $i=n$ 时,$\boldsymbol{P}_{n,n+1}$ 表示末端执行器相对关节 n 的位置矢量),矢量 $\boldsymbol{P}_{ci}$ 表示连杆 i 的质心相对关节$(i+1)$的位置矢量。齐次变换矩阵 ${}^i\boldsymbol{A}_{i+1}$ 的表达式为

$$ {}^i\boldsymbol{A}_{i+1}=\begin{bmatrix}{}^i\boldsymbol{R}_{i+1} & {}^i\boldsymbol{P}_{i+1}\\ \boldsymbol{0} & 1\end{bmatrix},\quad i=1,2,\cdots,n \tag{3.54}$$

式中 ${}^i\boldsymbol{R}_{i+1}$ —— 旋转矩阵;

${}^i\boldsymbol{P}_{i+1}$ —— 位置矢量。

1.受力分析

首先,求取在坐标系 $\{U_i\}$ 下的第 i 个基本展开单元的惯性力 ${}^i\boldsymbol{F}_i$ 和惯性力矩 ${}^i\boldsymbol{T}_i$,它们分别为

$$ {}^i\boldsymbol{F}_i=m_i\,{}^i\dot{\boldsymbol{v}}_{ci} \tag{3.55}$$

$$ {}^i\boldsymbol{T}_i={}^{ci}\boldsymbol{I}_i\,{}^i\dot{\boldsymbol{\omega}}_i+{}^i\boldsymbol{\omega}_i\times{}^{ci}\boldsymbol{I}_i\,{}^i\boldsymbol{\omega}_i \tag{3.56}$$

式中 m_i —— 第 i 个基本展开单元的总质量;

${}^{i}\dot{\boldsymbol{v}}_{ci}$—— 在坐标系$\{U_i\}$下的连杆 i 质心的线加速度；

${}^{ci}\boldsymbol{I}_i$—— 第 i 个基本展开单元的张量；

${}^{i}\boldsymbol{\omega}_i$—— 在坐标系$\{U_i\}$下的连杆 i 的角速度；

${}^{i}\dot{\boldsymbol{\omega}}_i$—— 在坐标系$\{U_i\}$下的连杆 i 的角加速度。

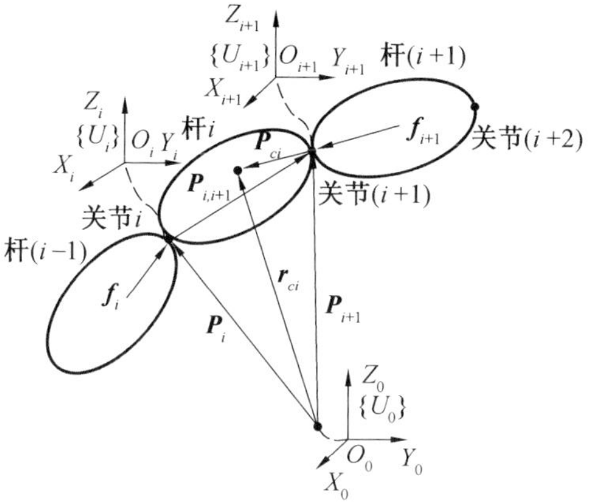

图3.17　空间桁架式可展开抓取机构的参数设置

第 i 个基本展开单元总质量 m_i 可以写为 $m_i=2M_0+4M_1+8M_2+2M_3$，其中参数 M_0，M_1，M_2，M_3 均已知。为了计算张量${}^{ci}\boldsymbol{I}_i$，将每个基本展开单元视为一个平面物体，简化的基本展开单元如图 3.18 所示，其质心位于其几何中心，长度为$|\boldsymbol{r}_0|+h_1$，参数 a_x 由其具体结构决定。假设基本展开单元是质量均匀分布的且张量矩阵的非对角线元素为零，即${}^{ci}I_{xx}={}^{ci}I_{zz}={}^{ci}I_{xy}={}^{ci}I_{xz}={}^{ci}I_{yz}=0$，可得基本展开单元张量矩阵${}^{ci}\boldsymbol{I}_i$ 为

$$
{}^{ci}\boldsymbol{I}_i=\begin{bmatrix} 0 & 0 & 0 \\ 0 & \dfrac{1}{12}m_i\,|\boldsymbol{r}_0|^2 & 0 \\ 0 & 0 & 0 \end{bmatrix} \tag{3.57}
$$

然后，分析机构中存在的相互作用力。本节研究的空间桁架式可展开抓取机构具有展开运动和抓取运动两种运动模式，前面已经对单个基本展开单元进行了动力学建模，第 i 个基本展开单元的展开运动受到主动力 $\boldsymbol{F}_{i,1}$ 和被动力 $\boldsymbol{F}_{i,2}$ 的作用。如图 3.13 所示，第 i 个基本展开单元受到的主动力 $\boldsymbol{F}_{i,1}$ 和第$(i-1)$个基本展开单元的反作用力 $\boldsymbol{F}_{i-1,2}$ 之间的关系为

$$
\boldsymbol{F}_{i-1,2}=\boldsymbol{F}_{i,1} \tag{3.58}
$$

接下来，将对空间桁架式可展开抓取机构的展开、抓取协调运动引起的力和力矩进行受力分析。空间桁架式可展开抓取机构的受力分析如图 3.19 所示，力 $\boldsymbol{f}_i$ 和力矩 $\boldsymbol{n}_i$ 分别表示第$(i-1)$个基本展开单元作用在第 i 个基本展开单元的力

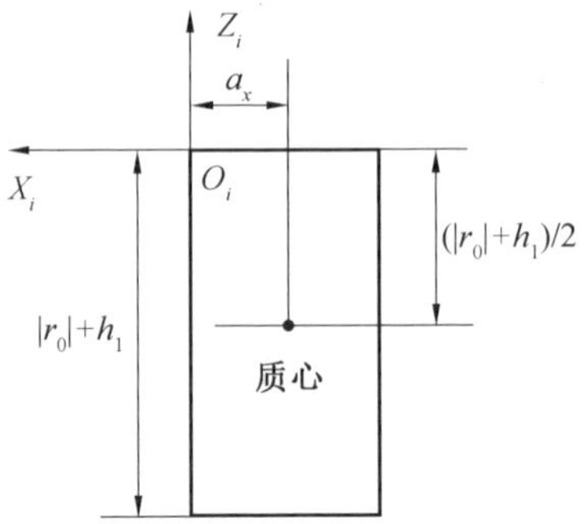

图3.18　简化的基本展开单元

和力矩;力 $\boldsymbol{f}_{i+1}$ 和力矩 $\boldsymbol{n}_{i+1}$ 分别表示第 i 个基本展开单元作用在第$(i+1)$个基本展开单元的力和力矩。因此,反作用力 $-\boldsymbol{f}_{i+1}$ 和反作用力矩 $-\boldsymbol{n}_{i+1}$ 则是第$(i+1)$个基本展开单元作用在第 i 个基本展开单元上的力和力矩。力 $\boldsymbol{f}_i$、$\boldsymbol{f}_{i+1}$ 和力矩 $\boldsymbol{n}_i$、$\boldsymbol{n}_{i+1}$ 与机构的展开运动和抓取运动都有关。考虑到驱动力 $\boldsymbol{F}_{i,1}$、力 $\boldsymbol{f}_i$ 和力矩 $\boldsymbol{n}_i$ 在空间上是垂直的,下面将使用递归的方式分别计算驱动力 $\boldsymbol{F}_{i,1}$、力 $\boldsymbol{f}_i$ 和力矩 $\boldsymbol{n}_i$。

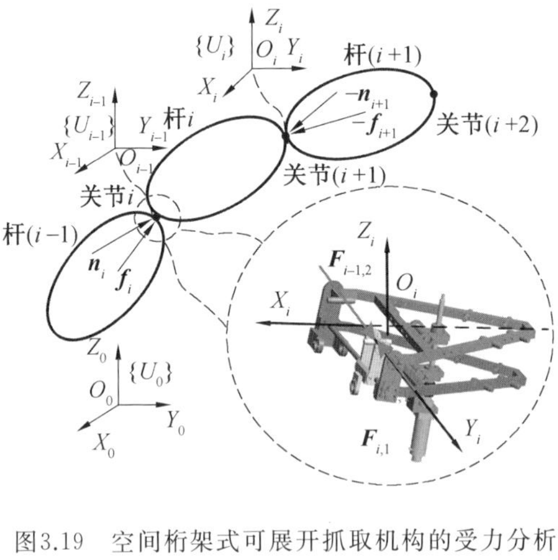

图3.19　空间桁架式可展开抓取机构的受力分析

2.基于递归牛顿欧拉建模方法的建模过程

首先,进行向外的递归计算。由于不考虑重力对机构动力学的影响,以递归的方式,在坐标系$\{U_i\}$下连杆 i 的角速度 ${}^i\boldsymbol{\omega}_i$、角加速度 ${}^i\dot{\boldsymbol{\omega}}_i$、转动关节 i 质心的线加速度 ${}^i\dot{\boldsymbol{v}}_i$ 和连杆 i 质心的线加速度 ${}^i\dot{\boldsymbol{v}}_{ci}$ 分别为

$$
{}^{i}\boldsymbol{\omega}_{i}=\begin{cases}\boldsymbol{0}, & i=1\\ {}^{2}\boldsymbol{Y}_{2}\dot{\beta}_{1}, & i=2\\ {}^{i}\boldsymbol{R}_{i-1}{}^{i-1}\boldsymbol{\omega}_{i-1}+{}^{i}\boldsymbol{Y}_{i}\dot{\beta}_{i-1}, & i>2\end{cases} \tag{3.59}
$$

$$
{}^{i}\dot{\boldsymbol{\omega}}_{i}=\begin{cases}\boldsymbol{0}, & i=1\\ {}^{2}\boldsymbol{Y}_{2}\ddot{\beta}_{1}, & i=2\\ {}^{i}\boldsymbol{R}_{i-1}{}^{i-1}\dot{\boldsymbol{\omega}}_{i-1}+{}^{i}\boldsymbol{R}_{i-1}{}^{i-1}\boldsymbol{\omega}_{i-1}\times({}^{i}\boldsymbol{Y}_{i}\dot{\beta}_{i-1})+{}^{i}\boldsymbol{Y}_{i}\ddot{\beta}_{i-1}, & i>2\end{cases} \tag{3.60}
$$

$$
{}^{i}\dot{\boldsymbol{v}}_{i}={}^{i}\boldsymbol{P}_{i}=\begin{cases}\boldsymbol{0}, & i=1\\ {}^{i}\boldsymbol{R}_{i-1}{}^{i-1}\ddot{\boldsymbol{P}}_{i-1,i}, & i=2\\ {}^{i}\boldsymbol{R}_{i-1}{}^{i-1}\dot{\boldsymbol{v}}_{i-1}+{}^{i}\boldsymbol{R}_{i-1}{}^{i-1}\boldsymbol{\omega}_{i-1}\times({}^{i-1}\boldsymbol{\omega}_{i-1}\times{}^{i-1}\boldsymbol{P}_{i-1,i})+ & \\ {}^{i}\boldsymbol{R}_{i-1}({}^{i-1}\dot{\boldsymbol{\omega}}_{i-1}\times{}^{i-1}\boldsymbol{P}_{i-1,i}+{}^{i-1}\ddot{\boldsymbol{P}}_{i-1,i}), & i>2\end{cases} \tag{3.61}
$$

$$
{}^{i}\dot{\boldsymbol{v}}_{ci}={}^{i}\ddot{\boldsymbol{r}}_{ci}=\begin{cases}{}^{i}\ddot{\boldsymbol{P}}_{i,i+1}+{}^{i}\ddot{\boldsymbol{P}}_{c,i}={}^{1}\ddot{\boldsymbol{P}}_{1,2}+{}^{1}\ddot{\boldsymbol{P}}_{c,1}, & i=1\\ {}^{i}\dot{\boldsymbol{\omega}}_{i}\times({}^{i}\boldsymbol{P}_{i,i+1}+{}^{i}\boldsymbol{P}_{c,i})+{}^{i}\boldsymbol{\omega}_{i}\times[{}^{i}\boldsymbol{\omega}_{i}\times({}^{i}\boldsymbol{P}_{i,i+1}+{}^{i}\boldsymbol{P}_{c,i})] & \\ +{}^{i}\dot{\boldsymbol{v}}_{i}+({}^{i}\ddot{\boldsymbol{P}}_{i,i+1}+{}^{i}\ddot{\boldsymbol{P}}_{c,i}), & i>1\end{cases} \tag{3.62}
$$

式中　${}^{i}\boldsymbol{Y}_{i}$—— 矢量，${}^{i}\boldsymbol{Y}_{i}=[0,1,0]^{\mathrm{T}}$；

${}^{i-1}\boldsymbol{P}_{i-1,i}$—— 位置矢量，具体为

$$
{}^{i-1}\boldsymbol{P}_{i-1,i}=|\boldsymbol{r}_{0}|+h_{1}=\left[0,0,2\sqrt{L_{11}^{2}-l_{1}^{2}}+h_{1}\right]^{\mathrm{T}} \tag{3.63}
$$

${}^{i-1}\ddot{\boldsymbol{P}}_{i-1,i}$—— 加速度矢量，具体为

$$
{}^{i-1}\ddot{\boldsymbol{P}}_{i-1,i}=\mathrm{d}^{2}(|\boldsymbol{r}_{0}|+h_{1})/\mathrm{d}t^{2} \tag{3.64}
$$

${}^{i}\boldsymbol{P}_{c,i}$—— 质心位置矢量，具体为

$$
{}^{i}\boldsymbol{P}_{c,i}=\left[0,0,-\sqrt{L_{11}^{2}-l_{1}^{2}}-\frac{1}{2}h_{1}\right]^{\mathrm{T}} \tag{3.65}
$$

${}^{i}\ddot{\boldsymbol{P}}_{c,i}$—— 质心加速度矢量，具体为

$$
{}^{i}\ddot{\boldsymbol{P}}_{c,i}=-0.5\cdot\mathrm{d}^{2}(|\boldsymbol{r}_{0}|+h_{1})/\mathrm{d}t^{2} \tag{3.66}
$$

其次，进行向里的递归计算，计算步骤如下：

第一步，计算第 n 个基本展开单元的部分。假设机构的末端执行器不受外力，对于第 n 个基本展开单元，根据受力平衡原则，可得杆 n 的惯性力${}^{n}\boldsymbol{F}_{n}$ 和惯性力矩${}^{n}\boldsymbol{T}_{n}$ 分别为

$$
{}^{n}\boldsymbol{F}_{n}={}^{n}\boldsymbol{f}_{n} \tag{3.67}
$$

$$
{}^{n}\boldsymbol{T}_{n}={}^{n}\boldsymbol{n}_{n}-({}^{n}\boldsymbol{P}_{n,n+1}+{}^{n}\boldsymbol{P}_{c,n})\times{}^{n}\boldsymbol{F}_{n} \tag{3.68}
$$

式中　${}^{n}\boldsymbol{f}_{n}$—— 连杆$(n-1)$作用到连杆 n 上引起的力；

${}^{n}\boldsymbol{n}_{n}$—— 连杆$(n-1)$作用到连杆 n 上引起的力矩。

由于最后一个基本展开单元不存在 $\boldsymbol{F}_{n,2}$，即 $\boldsymbol{F}_{n,2}=\boldsymbol{0}$，因此用于驱动第 n 个基本展开单元展开运动的驱动力 $\boldsymbol{F}_{n,1}$ 为

$$\boldsymbol{F}_{n,1}=[0,F_{n,1y},0]^{\mathrm{T}} \tag{3.69}$$

式中　$F_{n,1y}$—— 连杆$(n-1)$作用在连杆 n 上的主动驱动力，根据式(3.51)可得

$$F_{n,1y}=M(n,y)\ddot{y}+C(n,y,\dot{y})\dot{y}+D_1+D_2+D_3 \tag{3.70}$$

根据式(3.67)、式(3.68)，可得惯性力 $\boldsymbol{F}_{n,1}$ 和惯性力矩${}^{n}\boldsymbol{T}_{n}$ 的表达式，进一步可得作用在杆 n 上的力${}^{n}\boldsymbol{f}_{n}$ 和力矩${}^{n}\boldsymbol{n}_{n}$。另外，根据式(3.68)、式(3.69)，可得驱动基本单元展开运动的驱动力 $\boldsymbol{F}_{n,1}$。

第二步，计算第 $i(i=1,2,\cdots,n-1)$个基本展开单元的部分。对于第 i 个基本展开单元(杆 i)，根据力和力矩平衡的原则，可得

$${}^{i}\boldsymbol{F}_{i}={}^{i}\boldsymbol{f}_{i}-{}^{i}\boldsymbol{R}_{i+1}{}^{i+1}\boldsymbol{f}_{i+1} \tag{3.71}$$

$$\begin{aligned}{}^{i}\boldsymbol{T}_{i}&={}^{i}\boldsymbol{n}_{i}-{}^{i}\boldsymbol{R}_{i+1}{}^{i+1}\boldsymbol{n}_{i+1}+({}^{i}\boldsymbol{P}_{i,i+1}+{}^{i}\boldsymbol{P}_{c,i})\times(-{}^{i}\boldsymbol{F}_{i})+{}^{i}\boldsymbol{P}_{i,i+1}\times(-{}^{i}\boldsymbol{R}_{i+1}{}^{i+1}\boldsymbol{f}_{i+1})=\\&{}^{i}\boldsymbol{n}_{i}-{}^{i}\boldsymbol{R}_{i+1}{}^{i+1}\boldsymbol{n}_{i+1}-({}^{i}\boldsymbol{P}_{i,i+1}+{}^{i}\boldsymbol{P}_{c,i})\times{}^{i}\boldsymbol{F}_{i}-{}^{i}\boldsymbol{P}_{i,i+1}\times({}^{i}\boldsymbol{R}_{i+1}{}^{i+1}\boldsymbol{f}_{i+1})\end{aligned} \tag{3.72}$$

由关系式 $\boldsymbol{F}_{i,2}=-\boldsymbol{F}_{i+1,1}$ 可得第 i 个基本展开单元展开运动受到的被动力 $\boldsymbol{F}_{i,2}=[0\quad F_{i,2y}\quad 0]^{\mathrm{T}}$。因此，可进一步得到驱动第 i 个基本展开单元展开运动的主动驱动力 $\boldsymbol{F}_{i,1}$ 为

$$\boldsymbol{F}_{i,1}=[0,F_{i,1y},0]^{\mathrm{T}} \tag{3.73}$$

式中　$F_{i,1y}$—— 连杆$(i-1)$作用在连杆 i 上的主动驱动力，具体为

$$F_{i,1y}=M_1(i,y)\ddot{y}+C(i,y,\dot{y})\dot{y}+D_1+D_2+D_3+F_{i,2y} \tag{3.74}$$

根据递归牛顿欧拉方法，根据式(3.71)、式(3.72)可得作用在第 i 个基本展开单元的${}^{i}\boldsymbol{f}_{i}$ 和${}^{i}\boldsymbol{n}_{i}$，根据(3.73)、式(3.74)可得驱动第 i 个基本展开单元展开运动的主动驱动力 $\boldsymbol{F}_{i,1}$。通过递归的方式，可以进一步获得驱动整个空间桁架式可展开抓取机构的驱动力 $\boldsymbol{F}_{1,1}$。需要指出的是，由于本节中机构的第一个基本展开单元是直接固定在基座上的，即无连接机构，${}^{1}\boldsymbol{n}_{1}$ 通过基座可以进行抵消，因此只需要计算力矩${}^{i}\boldsymbol{n}_{i}(i=2,\cdots,n)$。

这样，可得空间桁架式可展开抓取机构展开、抓取协调运动的递归动力学模型为

$$M(\boldsymbol{\Theta})\ddot{\boldsymbol{\theta}}+\boldsymbol{C}(\boldsymbol{\theta},\dot{\boldsymbol{\theta}})\dot{\boldsymbol{\theta}}+\boldsymbol{B}(\boldsymbol{\theta},\dot{\boldsymbol{\theta}})=\boldsymbol{\tau} \tag{3.75}$$

式中　$\boldsymbol{\theta}$—— 机构的移动 / 角度矢量，$\boldsymbol{\theta}=[y,\beta_1,\beta_2,\cdots,\beta_{n-1}]^{\mathrm{T}}$；

$\boldsymbol{\tau}$—— 驱动力 / 力矩矢量，$\boldsymbol{\tau}=[F_{1,1y},{}^{2}n_2,\cdots,{}^{n}n_n]^{\mathrm{T}}$；

$\boldsymbol{M}$—— 对角质量矩阵，$\boldsymbol{M}=\mathrm{diag}\,[M_{01},\cdots,M_{0n}]^{\mathrm{T}}$；

$\boldsymbol{C},\boldsymbol{B}$—— 其他动力学部分。

3.电机力矩计算

力矩${}^i\boldsymbol{n}_i(i=2,\cdots,n)$实际上是由连接机构产生的，因此根据该力矩可计算得到相应的螺母丝杠的驱动力。${}^i\boldsymbol{n}_i=[0,{}^in_i,0]^{\mathrm{T}}(i=2,\cdots,n)$对应于第$i(i=2,\cdots,n)$个连接机构。连接机构的相对运动如图3.20所示，令Δl_{i2}为螺母丝杠的相对长度变化，令$\Delta\beta_i$为连杆AB的相对转动角度。根据虚功原理，可得

$$
{}^in_i\Delta\beta_i={}^iF_i\Delta l_{i2} \tag{3.76}
$$

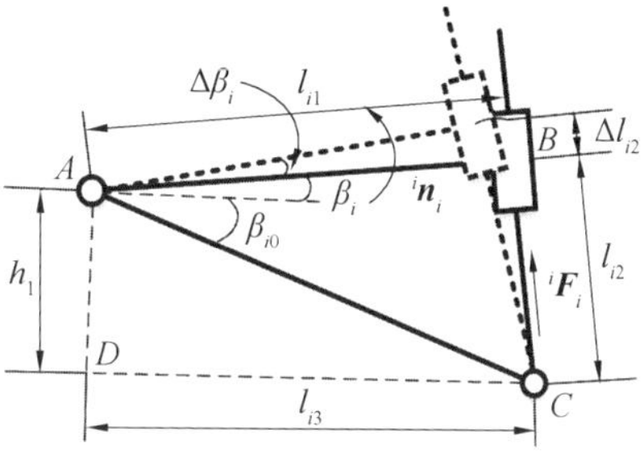

图3.20　连接机构的相对运动

根据几何关系，可得

$$
l_{i2}\Delta l_{i2}=l_{i1}\sqrt{l_{i3}^2+h_{1i}^2}\sin(\beta_i+\beta_{i0})\Delta\beta_i \tag{3.77}
$$

式中　β_{i0}——相应的角度值，$\beta_{i0}=\arctan h_1/l_{i3}$。

因此，可得力矩${}^in_i(i=2,\cdots,n)$的表达式为

$$
{}^in_i=\frac{{}^iF_i\Delta l_{i2}}{\Delta\beta_i}=\frac{2l_{i1}\sqrt{l_{i3}^2+h_{1i}^2}\sin(\beta_i+\beta_{i0})}{2l_{i2}}{}^i\boldsymbol{F}_i \tag{3.78}
$$

式中　${}^iF_i$——第i个转动关节处螺母丝杠产生的力。

根据式(3.77)，可知${}^in_i(i=2,\cdots,n)$是通过螺母丝杠长度$l_{i2}(i=2,\cdots,n)$来控制的。根据式(3.73)可知展开运动驱动力$\boldsymbol{F}_{1,1}=[0\quad F_{1,1y}\quad 0]^{\mathrm{T}}$可通过变量$y$予以调节。为了符号统一，定义$\chi_1=y$和$\chi_i=l_{(i-1)2}(i=2,\cdots,n)$，因此可得统一的位置矢量$\boldsymbol{\chi}=[\chi_1,\chi_2,\cdots,\chi_n]^{\mathrm{T}}$；定义$F_1=F_{1,1y}$和$F_i={}^iF_i(i=2,3,\cdots,n)$，因此可得统一的力矢量$\boldsymbol{F}=[F_1,F_2,\cdots,F_n]^{\mathrm{T}}$。

由于变量$\chi_i(i=1,\cdots,n)$是通过螺母丝杠来调节的，因此，下面的关系式成立：

$$
\Delta\chi_i=\frac{\Delta\theta_{\mathrm{m}_i}}{2\pi}P_i \tag{3.79}
$$

式中　P_i——螺母丝杠的节距；

$\Delta\theta_{\mathrm{m}_i}$——电机转动角度的微变；

$\Delta\chi_i$—— 螺母丝杠相应长度的微变。

根据虚功原理，定义 η 为螺母丝杠的转动效率，可得电机力矩与螺母丝杠之间的关系为

$$F_i\Delta\chi_i=\eta\tau_{\mathrm{m}_i}\Delta\theta_{\mathrm{m}_i} \tag{3.80}$$

因此，可得电机的力矩 τ_{m_i} 为

$$\tau_{\mathrm{m}_i}=\frac{F_i\Delta\chi_i}{\eta\Delta\theta_{\mathrm{m}_i}}=\frac{F_iP_i}{\eta 2\pi} \tag{3.81}$$

这样，可以得到电机端的空间桁架式可展开抓取机构展开、抓取协调运动动力学模型为

$$\boldsymbol{M}(\boldsymbol{\theta}_{\mathrm{m}})\ddot{\boldsymbol{\theta}}_{\mathrm{m}}+\boldsymbol{C}(\boldsymbol{\theta}_{\mathrm{m}},\dot{\boldsymbol{\theta}}_{\mathrm{m}})\dot{\boldsymbol{\theta}}_{\mathrm{m}}+\boldsymbol{B}(\boldsymbol{\theta}_{\mathrm{m}},\dot{\boldsymbol{\theta}}_{\mathrm{m}})=\boldsymbol{\tau}_{\mathrm{m}} \tag{3.82}$$

式中 $\boldsymbol{\theta}_{\mathrm{m}}$—— 电机角度矢量，$\boldsymbol{\theta}_{\mathrm{m}}=[\theta_{\mathrm{m}_1},\theta_{\mathrm{m}_2},\cdots,\theta_{\mathrm{m}_n}]^{\mathrm{T}}$；

$\boldsymbol{\tau}_{\mathrm{m}}$—— 电机力矩矢量，$\boldsymbol{\tau}_{\mathrm{m}}=[\tau_{\mathrm{m}_1},\tau_{\mathrm{m}_2},\cdots,\tau_{\mathrm{m}_n}]^{\mathrm{T}}$。

式(3.82) 中的 $\boldsymbol{M}(\boldsymbol{\theta}_{\mathrm{m}})$、$\boldsymbol{C}(\boldsymbol{\theta}_{\mathrm{m}},\dot{\boldsymbol{\theta}}_{\mathrm{m}})$ 和 $\boldsymbol{B}(\boldsymbol{\theta}_{\mathrm{m}},\dot{\boldsymbol{\theta}}_{\mathrm{m}})$ 可以通过使用基于递归牛顿欧拉方法的动力学建模过程来获得，它们的直接表达式则可以通过符号运算求出。

3.3.4 动力学仿真结果与分析

本节以具有 3 个基本展开单元的空间桁架式可展开抓取机构为例，进行该机构的动力学仿真与分析。

1.展开动力学仿真与分析

由于本节设计的空间桁架式可展开抓取机构采用多级剪叉状机构来完成机构展开运动的驱动，因此有必要对剪叉状机构相关的动力学特性进行分析。以具有 3 个基本展开单元的空间桁架式可展开抓取机构为研究对象，关键参数设置同上。另外，设置螺母丝杠的总长度 $l_0=0.200$ m，设置剪叉状机构两杆与定平台连接点之间的距离 l_1 的运行范围为 $0.155\ \mathrm{m}\leqslant l_1\leqslant 0.195$ m。设置距离 l_1 按照下面的 3 个轨迹进行运动：$l_1=0.155+0.04\times\cos\pi/t$ m、$l_1=0.155+0.04\times\cos 2\pi t$ m 和 $l_1=0.155+0.04\times\cos 4\pi t$ m。根据这 3 个轨迹对应不同展开速度，分别称这 3 种设置为速度 1、速度 2 和速度 3 的情况。通过求导可以看出它们所对应的速度呈倍数增加的关系。

通过 Matlab 工具，计算得到该具有 3 个基本展开单元的空间桁架式可展开抓取机构在以上 3 种展开速度下的展开动力学特性，如图 3.21 所示，可以看出该机构展开运动所需要的驱动力 $\boldsymbol{F}_1$ $(F_{1,1y})$ 的绝对值随着距离 l_1 的增加而增加，这一现象可以从剪叉状机构启动展开运动时的力传递效率得到解释。另外，从展开速度的角度来看，图 3.21 显示该机构的展开速度越大，需要的驱动力 $\boldsymbol{F}_1$ 也越

大。该分析可以为合理设计该展开机构的展开运动轨迹提供依据。

仍然选择具有 3 个基本展开单元的空间桁架式可展开抓取机构为研究对象，对其展开运动时质量参数所产生的影响进行研究。由于质量矩阵对机器人的动力学和运动控制非常重要，因此对式(3.74) 中的参数进行重点研究，其中质量 M_{01} 与空间桁架式可展开抓取机构的展开运动密切相关。设置剪叉状机构的两杆与定平台连接点之间的距离 l_1 的运行范围为 $0.155\ \text{m} \leqslant l_1 \leqslant 0.195\ \text{m}$，图 3.22 所示为质量变量 M_{01} 随距离 l_1 的变化曲线。从图 3.22 中可以看出，在展开运动启动时，即距离 l_1 较大时，质量 M_{01} 的值也较大，展开运动需要较大的力。这种展开运动动力学特性应该在设计控制算法时予以考虑。另外，质量 M_{01} 的额定值的计算也对相应控制算法的增益或参数选择起到很重要的指导作用。

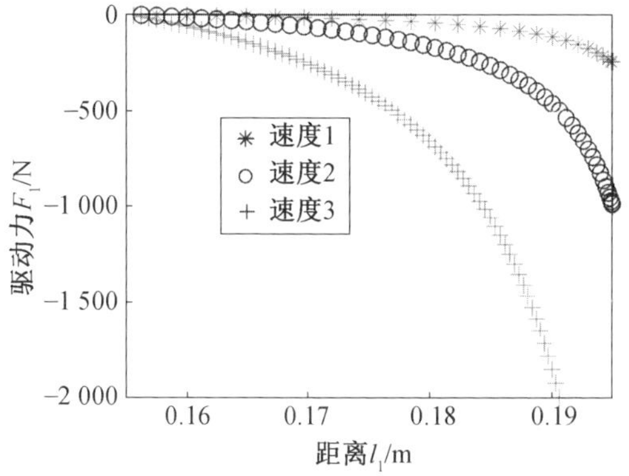

图3.21　展开动力学特性

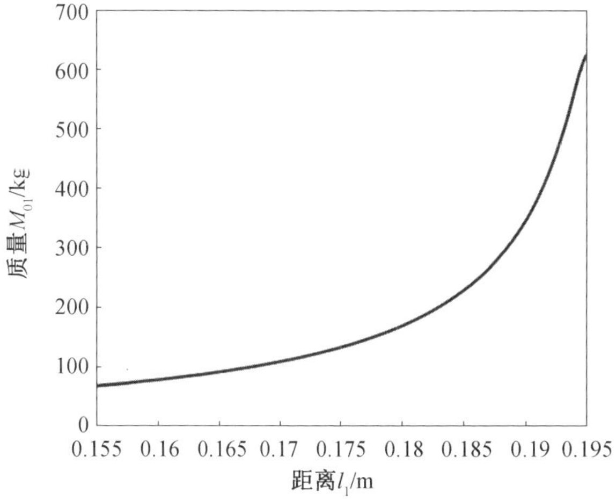

图3.22　质量变量 M_{01} 随距离 l_1 的变化曲线

2.动力学耦合分析

当空间桁架式可展开抓取机构的所有连接机构都锁死时，所有转动关节引起的速度都为零，这时空间桁架式可展开抓取机构的速度表示式为

$$\dot{\boldsymbol{x}}_e = \boldsymbol{J}_{l1} \dot{l}_1 \tag{3.83}$$

本小节使用空间桁架式可展开抓取机构的末端速度的范数与展开速度的比值作为衡量两者耦合程度的指标，则有

$$\frac{\| \dot{\boldsymbol{x}}_e \|}{\| \dot{l}_1 \|} = \sqrt{\frac{\dot{l}_1^{\mathrm{T}} (\boldsymbol{J}_{l1}^{\mathrm{T}} \boldsymbol{J}_{l1}) \dot{l}_1}{\dot{l}_1^{\mathrm{T}} \dot{l}_1}} \tag{3.84}$$

假设展开速度 $\| \dot{l}_1 \| = 1$，速度 $\| \dot{\boldsymbol{x}}_e \|$ 在一个椭圆内，因此选取奇异值的最大值 $\sigma_{\max} (\boldsymbol{J}_{Lf}^{\mathrm{T}} \boldsymbol{J}_{Lf})$ 表示整体机构展开运动时的动力学耦合因子。

本小节同样以具有 3 个基本展开单元的空间桁架式可展开抓取机构为研究对象，并假设其旋转角度的范围为 $-15° < \beta_i \leqslant 45° (i = 1, 2)$，距离 l_1 的运行范围为 $0.15\ \mathrm{m} \leqslant l_1 \leqslant 0.2\ \mathrm{m}$，并且该机构中剪叉状机构的杆件长度 $L_{11} = 0.201\ \mathrm{m}$，平台的高度分别设置为 $h_1 = 0.11\ \mathrm{m}$ 和 $h_2 = 0.040\ \mathrm{m}$，可得到基本展开单元的展开长度 $L_f = |\boldsymbol{r}_0| + h_1$，并可得到动力学耦合因子 $\sigma_{\max} (\boldsymbol{J}_{Lf}^{\mathrm{T}} \boldsymbol{J}_{Lf})$ 的分布情况。令 $\beta_2 = 0°$，图 3.23(a) 所示为动力学耦合因子随着展开驱动距离 l_1 和角度 β_1 的变化情况；令 $\beta_1 = 0°$，图 3.23(b) 所示为动力学耦合因子随着展开驱动距离 l_1 和角度 β_2 的变化情况。令距离 $l_1 = 0.2\ \mathrm{m}$，可得空间桁架式可展开抓取机构的构型对耦合因子的影响，如图 3.24 所示。以上分析说明空间桁架式可展开抓取机构中存在复杂的动力学耦合现象，在进行运动控制研究时应予以考虑，以便为设计控制器提供理论依据。

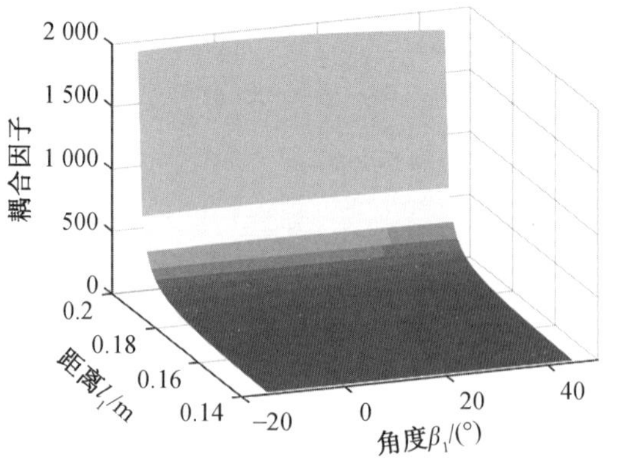

(a) 耦合因子1

图3.23　空间桁架式可展开抓取机构的耦合因子

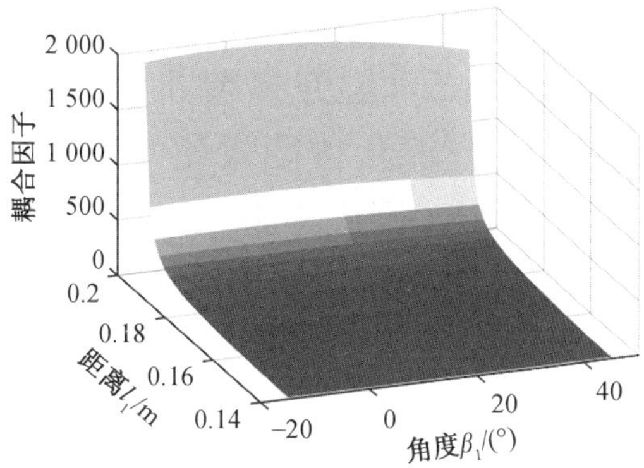

(b) 耦合因子2

续图 3.23

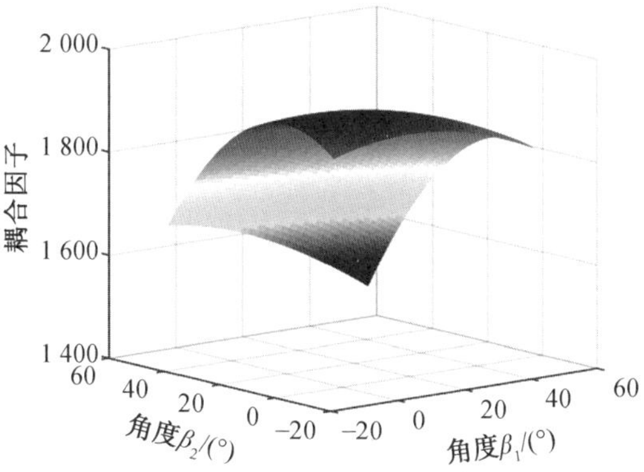

(a) 耦合因子三维图

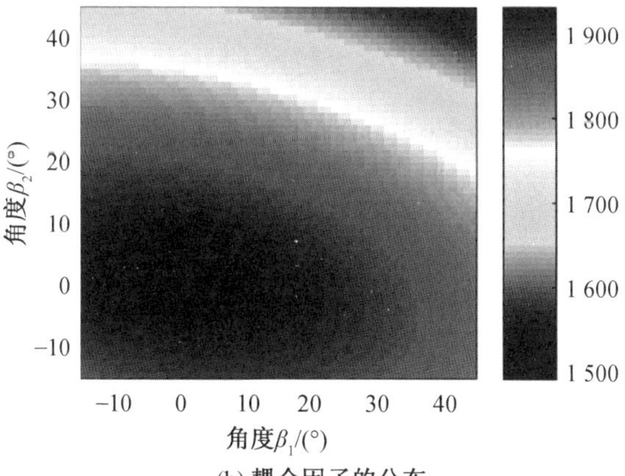

(b) 耦合因子的分布

图3.24　空间桁架式可展开抓取机构的构型对耦合因子的影响

3.4 空间桁架式可展开抓取机构的多场耦合分析及构型优化

本节将对空间桁架式可展开抓取机构进行多场耦合分析。首先，根据第2章构型综合的结果，选择一种变胞机构模块的构型，然后选择地球同步轨道作为机构所工作的轨道，计算得到在该轨道下的温度场分布情况；之后，基于得到的温度场，对机构进行多场耦合分析；最后，根据多场耦合分析的结果，对构型进行优化，并对比优化前后构型的性能，通过仿真验证优化后的构型在太空环境下的性能。

3.4.1 空间桁架式可展开抓取机构的多场耦合分析方法

1.构型的选择及目标优化参数

第 2 章用枚举法列举了所有可能的空间桁架式可展开抓取机构的构型。为了研究变胞子机构的构型对整体机构性能的影响，本章选用支撑子机构构型较为单一的构型，支撑子机构均为转动副的空间桁架式可展开抓取机构如图 3.25 所示。其中，变胞子机构如图 3.25(a) 所示，连接子机构选择${}^{y}R_{C}^{2}\ {}^{y}R_{C}^{2}$。支撑子机构如图 3.25(b) 所示，该支撑子机构由 5 个转动副组成：3 个转动副 Ra1、Ra2 和 Ra3 的转动轴线相互平行，另 2 个转动副 Ra4 和 Ra5 构成 2R 球面子链，其轴线相交于点 N。通过连接子机构和类合页子机构，将变胞子机构与 2 个支撑子机构连接即可得到整体构型，如图 3.25(c) 所示。选用该构型进行后续研究。

由图 3.25(a) 中可以看出，转动副 R2 和 R3 的转动轴线位置决定了空间桁架式可展开抓取机构的运动和姿态：当转动副 R2 和 R3 的轴线不共线时，该机构处于折叠姿态并可以进行展开运动；当转动副 R2 和 R3 的轴线共线时，该机构可以进行抓取运动。因此，转动副 R2 和 R3 的轴线位置关系直接影响机构的运动学性能。接下来将分析变胞子机构中转动副 R2 和 R3 的轴线位置关系对空间桁架式可展开抓取机构的性能影响。

空间桁架式可展开抓取机械手指构型图如图 3.26 所示。

图 3.26 中的抓取机械手指由图 3.25 所示的 3 个相同构型的变胞机构模块串联而成。因为每个变胞机构模块的构型基本相同，因此选择变胞机构模块作为

后续分析的对象，如图 3.27 所示。

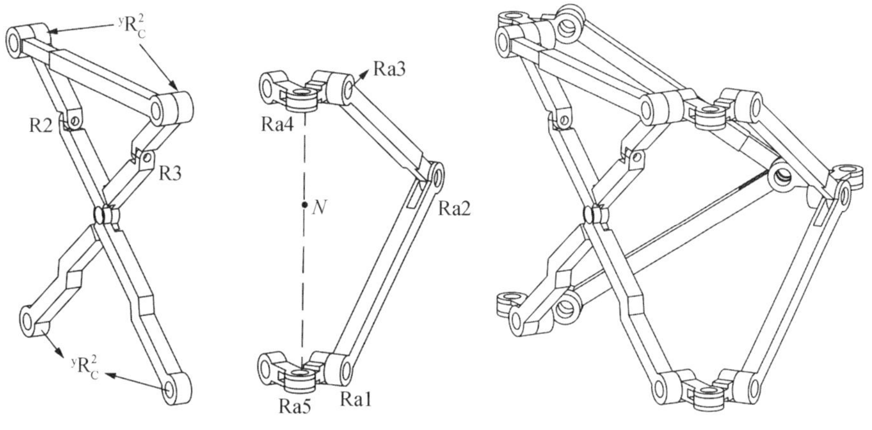

(a) 变胞子机构　(b) 支撑子机构　(c) 整体构型

图3.25　支撑子机构均为转动副的空间桁架式可展开抓取机构

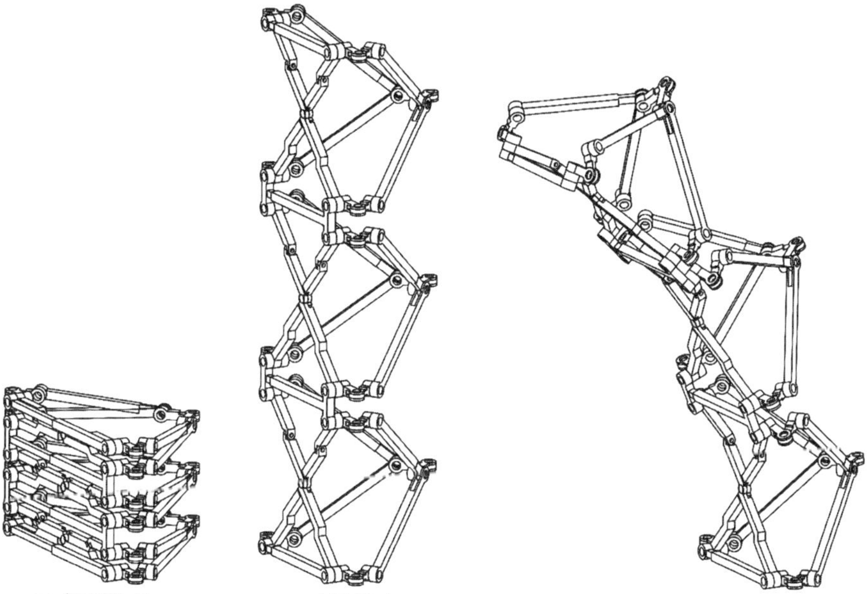

(a) 折叠姿态　(b) 变胞姿态　(c) 抓取姿态

图3.26　空间桁架式可展开抓取机械手指构型图

由图 3.27 可知，变胞机构模块具有 3 种不同的姿态：折叠姿态、变胞姿态和抓取姿态。该机构模块具有两种不同的运动方式，其取决于两个关键转动副 R2 和 R3 的转动轴线位置关系，变胞机构模块的两个关键转动副轴线示意图如图 3.28 所示。

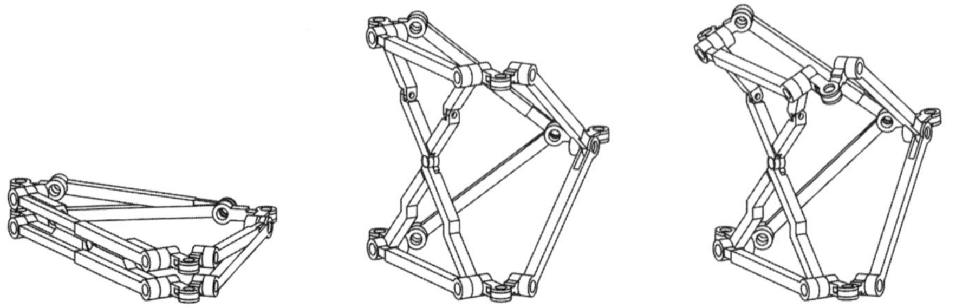

(a) 折叠姿态　　(b) 变胞姿态　　(c) 抓取姿态

图3.27　变胞机构模块的构型图

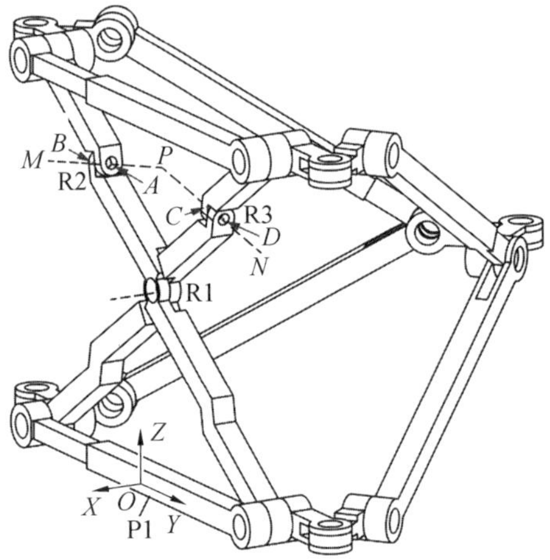

图3.28　变胞机构模块的两个关键转动副轴线示意图

由图 3.28 可知，两个关键转动副 R2 和 R3 的转动轴线分别为 PM 和 PN，其中 P 点为两个转动轴线的交点。由第 2 章的内容可知：当 PM 和 PN 不共线时，变胞机构模块做展开运动；当 PM 和 PN 共线时，变胞机构则开始进行抓取运动。结合这两种情况可以发现，在变胞机构模块运动过程中，轴线 PM 和 PN 需要一直共面，因此转动副轴线 PM 和 PN 的空间位置关系对变胞机构的运动很重要。

但是，当变胞机构模块在太空环境下作业时，因为受到热应力的影响，所有杆件都会发生一定的热变形，从而也受到相邻杆件对其产生的压应力。为了更好地在多场耦合过程中找到可以反映变胞机构模块的运动是否平滑的参考指标，选择图 3.28 所示的点 A、B、C 和 D 的空间位置参数作为参考，其中点 A、B 为转动副 R2 的两个端面与其轴线的交点，点 C、D 为转动副 R3 的两个端面与其轴线的交点。当这 4 个参考点产生较大的位移时，说明该构型在运动过程中会受到较大的阻力，运动相对不平滑，因此将这 4 个参考点在多场耦合过程中产生的位移作为目标优化参数，该参数越小，说明构型越容易平滑地进行展开运动和抓取运动，即该构型性能更好。

2.地球同步轨道上不同温度下的变胞机构模块热变形

空间热环境与地面有明显区别。由于地球轨道航天器所处的太空环境近似真空，所以不存在对流传热，主要传热方式为热传导和热辐射。当航天器绕地球转动时，除受到太阳直接辐射外，还受到太阳光经地球的返照辐射和地球自身红外辐射。

航天器绕地运动时不同表面受到的辐射强度差异明显，且会随位置改变发生周期性的剧烈变化，在结构中产生很大的温度梯度。温度梯度致使结构中产生热应力、热变形和热振动，对结构工作性能和航天器姿态造成影响，严重时会导致空间任务的失败。因此，考虑空间热环境的温度场分析与热响应分析是空间机构设计过程中不可缺少的环节，其分析结果对实际机构的优化设计有重要的指导作用。

由于传热问题的复杂性，一般采用有限元法进行分析。空间机构热分析的基本流程是先进行空间热流分析以确定温度微分方程边界条件，再结合有限元法进行温度场分析与热响应分析。在进行热流分析时，将结构表面划分为众多单元，分析各单元接收空间外热流的情况，最后积分得到整体的温度场分布。

因为太阳距离地球非常远，故认为辐射到航天器表面的太阳光为平行光。航天器上微元表面所接收的太阳直接辐射热流为

$$\mathrm{d}q_{\mathrm{s}} = S\cos\beta_{\mathrm{s}}\mathrm{d}F \tag{3.85}$$

式中 S—— 太阳常数，$S=1\ 353\ \mathrm{W/m^2}$；

β_{s}—— 平面法向与太阳光入射方向的夹角。

令

$$\phi_{\mathrm{s}} = \cos\beta_{\mathrm{s}} \tag{3.86}$$

则称 ϕ_{s} 为太阳辐射角系数。

合理假定地球为漫反射体，对太阳辐射的反射遵循兰贝特定律并且各处均匀，反射率 ρ 取地球表面平均值 0.35。图 3.29 所示为地球返照辐射外热流，则航天器上微元表面 $\mathrm{d}F$ 接收的地球返照辐射热流为

$$q_{\mathrm{a}} = \rho S\mathrm{d}F\iint_{A'_{\mathrm{E}}} \frac{\cos\eta\cos\alpha_1\cos\alpha_2}{\pi l^2}\mathrm{d}A_{\mathrm{E}} \tag{3.87}$$

式中 A'_{E}—— 受太阳直接照射的地球表面积；

$\mathrm{d}A_{\mathrm{E}}$—— 地球表面微元面积；

l——$\mathrm{d}F$ 与 $\mathrm{d}A_{\mathrm{E}}$ 间的距离；

η——$\mathrm{d}A_{\mathrm{E}}$ 的法线矢量 $\boldsymbol{n}_{\mathrm{E}}$ 与太阳光入射矢量 $\boldsymbol{s}$ 的夹角；

α_1，α_2——$\mathrm{d}F$ 与 $\mathrm{d}A_{\mathrm{E}}$ 连线分别和 $\boldsymbol{n}_{\mathrm{E}}$ 与 $\boldsymbol{n}$ 的夹角。

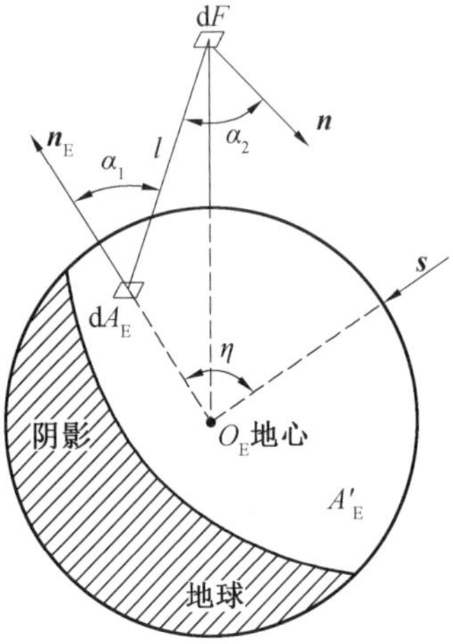

图3.29　地球返照辐射外热流

令

$$\phi_A = \iint_{A'_E} \frac{\cos\eta\cos\alpha_1\cos\alpha_2}{\pi l^2} dA_E \tag{3.88}$$

则称 ϕ_A 为地球返照辐射角系数。

假定地球是一个均匀辐射的热平衡体，并且地球表面上任一点的红外辐射强度都相同。地球红外辐射外热流如图 3.30 所示，则航天器表面微元 dF 接收的整个地球表面的红外辐射外热流为

$$q_e = \frac{1-\rho}{4} S dF \iint_{A_E} \frac{\cos\alpha_1\cos\alpha_2}{\pi l^2} dA_E \tag{3.89}$$

式中　A_E—— 地球表面积。

令

$$\phi_e = \iint_{A_E} \frac{\cos\alpha_1\cos\alpha_2}{\pi l^2} dA_E \tag{3.90}$$

则称 ϕ_e 为地球红外角系数。

通过上述理论可将空间热流分析问题转化为辐射角系数的求解与积分问题。将热流分析结果导入空间机构温度场微分控制方程的辐射边界条件，即建立了完整的空间温度场分析模型：

$$\frac{\partial}{\partial x}\left(k_x \frac{\partial T}{\partial x}\right) + \frac{\partial}{\partial y}\left(k_y \frac{\partial T}{\partial y}\right) + \frac{\partial}{\partial z}\left(k_z \frac{\partial T}{\partial z}\right) = \rho c \frac{\partial T}{\partial t} \tag{3.91}$$

辐射边界条件为

$$-\left(k_x \frac{\partial T}{\partial x} n_x + k_y \frac{\partial T}{\partial y} n_y + k_z \frac{\partial T}{\partial z} n_z\right) = \sigma\varepsilon(T^4 - T_\infty^4) - \varepsilon q \tag{3.92}$$

初始条件为

$$T(x, y, z, t = 0) = T_0 \tag{3.93}$$

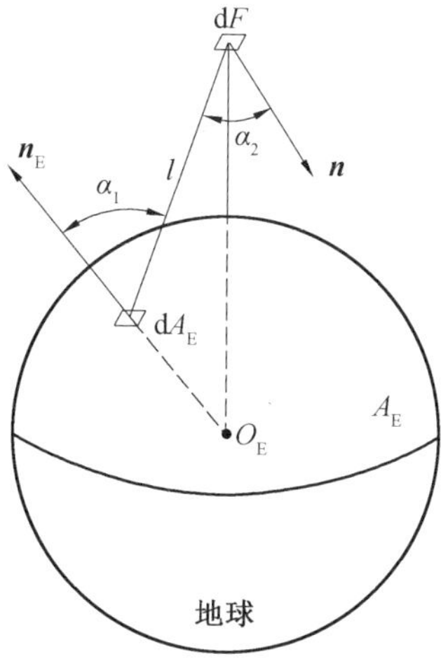

图3.30　地球红外辐射外热流

式中　ρ—— 材料密度；

c—— 比热容；

k_x, k_y, k_z—— 材料在 X, Y, Z 三个方向的传热系数；

ε—— 黑度；

T_∞—— 太空环境温度；

σ—— 斯忒藩－玻耳兹曼常数；

q—— 结构接收到的外热流；

n_x, n_y, n_z—— 表面外法线的方向余弦。

利用有限元法进行空间温度场分析，选择地球同步轨道作为变胞机构模块的工作环境，地球同步轨道的示意图如图3.31所示。从图中可以看出，选择16个轨道点作为具体的工作环境。由于在地球同步轨道中存在阴影区，因此当变胞机构模块从阳光照射区进入到阴影区时，为了更准确地分析这个过程的变化，选择两个相对邻近的轨道点进行研究，即轨道点7和轨道点8。同理，为了更准确地分析变胞机构模块从阴影区到阳光照射区的过程，选择相对距离较近的轨道点9和轨道点10作为研究对象。

由于地球和机构自身遮挡，不同计算点温度场存在差异。因此，需要分别计算得到这16个轨道点的温度分布场，从而对变胞机构模块进行多场耦合分析。之后，根据变胞机构模块的热变形，可以得到图3.30所示的4个参考点的位移量。此外，根据TMG软件仿真结果可以得到图3.31所示的16个轨道点中对应的温度场，该温度场可以导入到Abaqus软件中进行多场耦合分析和基于多场耦合的模态分析，对构型的性能进行进一步分析。

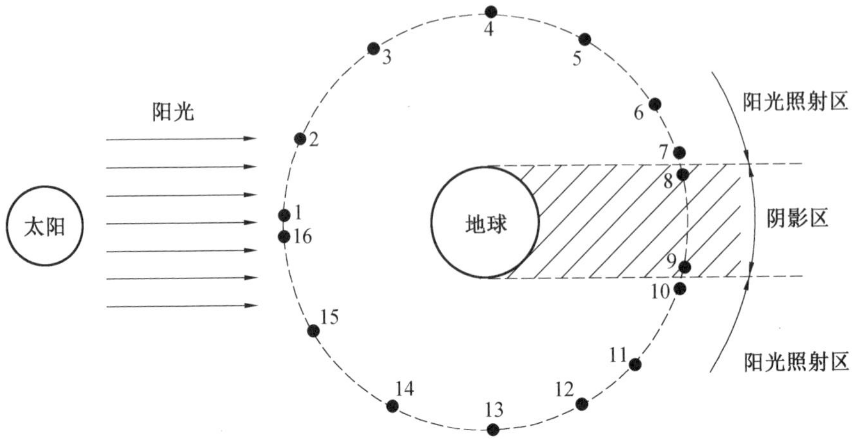

图3.31　地球同步轨道的示意图

3.基于多场耦合的模态分析

空间机构在轨绕地球转动时受到周期性的热载荷、温度场与应力场相互耦合作用，其变形、内载荷、应力均是不断变化的，内部结构受力的基本方程为

$$\begin{cases}\text{应力方程}\ \sigma_{ij,i}+F_i=\rho q_{i,l}+\mu q_{i.l} \\ \text{几何方程}\ \varepsilon_{ij}=\dfrac{1}{2}(q_{i,j}+q_{j,i}) \\ \text{物理方程}\ \sigma_{ij}=D_{ijkl}\varepsilon_{kl} \\ \text{边界条件}\begin{cases}q_i=\bar{q}_i, & S_q\ \text{上} \\ \sigma_{ij}n_j=\bar{T}_i, & S_\sigma\ \text{上}\end{cases} \\ \text{初始条件}\ q_i(x,y,z,0)=q_i(x,y,z)\end{cases} \tag{3.94}$$

式中　σ_{ij}—— 应力张量；

ε_{ij}—— 应变张量；

q—— 位移；

F—— 载荷；

ρ—— 材料密度；

D_{ijkl}—— 梅拉系数。

空间热流影响结构的方式为在结构上产生温度梯度，致使结构内部发生非均匀的胀缩，从而形成热应力。热应力与结构的机械应力相互作用而产生多场耦合应力 σ_{ij}，即

$$\sigma_{ij}=E_{ijkl}\varepsilon_{kl}-\beta_{kl}(T-T_0)\varepsilon_{kl} \tag{3.95}$$

式中　σ_{ij}—— 应力张量；

ε_{kl}—— 应变张量；

E_{ijkl}—— 弹性模量张量；

β_{kl}—— 材料的热弹性系数；

T—— 构件节点温度；

T_0—— 环境温度。

为保证空间桁架式可展开抓取机构的可靠性，以各向同性材料制造各构件，其温升引起的正应变在所有方向上都相同，因而无剪应变，结构由温升而引起的耦合应变为

$$\begin{cases}\varepsilon_{xx}=\varepsilon_{yy}=\varepsilon_{zz}=\beta(T-T_0)\\ \varepsilon_{xy}=\varepsilon_{yz}=\varepsilon_{zx}=0\end{cases} \tag{3.96}$$

由广义胡克定律，材料内部总的多场耦合应变在各方向上的分量为

$$\begin{cases}\varepsilon_x=\dfrac{1}{E}[\sigma_x-\mu(\sigma_y+\sigma_z)]+\beta(T-T_0)\\ \varepsilon_y=\dfrac{1}{E}[\sigma_y-\mu(\sigma_z+\sigma_x)]+\beta(T-T_0)\\ \varepsilon_z=\dfrac{1}{E}[\sigma_z-\mu(\sigma_x+\sigma_y)]+\beta(T-T_0)\end{cases} \tag{3.97}$$

变胞机构模块在空间温度场作用下的多场耦合不仅会产生稳态的热变形，还容易发生热振动，尤其在其进出地球阴影过程时，剧烈的热流变化很容易导致热振动。若机构的固有频率过低，甚至会产生共振，导致空间任务的完全失败。

模态分析作为一种研究机构动力学特性的基本方法，可以分析得到机构的固有振动特性。对变胞机构模块进行基于多场耦合的模态分析，可以探究多场耦合对于机构振动特性的影响，得到机构的固有频率、阻尼比和模态振型等参数，这些参数可作为机构动力学特性优化的评价指标。

进行基于多场耦合的模态分析时，机构刚度与温度的耦合主要有两方面。一方面，升温使得材料的弹性模量 E 发生变化，导致机构的初始刚度矩阵发生相应的变化。升温后机构的初始刚度矩阵为

$$[K_T]=\int_{\Omega}[B]^{\mathrm{T}}[D_T][B]\,\mathrm{d}\Omega \tag{3.98}$$

式中 $[B]$—— 几何矩阵；

$[D_T]$—— 与材料弹性模量 E 和泊松比 μ 相关的弹性矩阵。

另一方面，结构升温后内部存在的温度梯度引起了热应力，需要在结构的刚度矩阵中附加初始应力刚度矩阵。记结构的初始应力刚度矩阵为

$$[K_\sigma]=\int_{\Omega}[G]^{\mathrm{T}}[\Gamma][G]\,\mathrm{d}\Omega \tag{3.99}$$

式中 $[G]$—— 形函数；

$[\Gamma]$—— 应力矩阵。

综上所述，结构的热刚度矩阵为

$$[K]=[K_T]+[K_\sigma] \tag{3.100}$$

因此，基于多场耦合的结构模态分析即为求解下式的广义特征值问题：

$$[K]-\omega^2[M]\{\varphi\}=0 \tag{3.101}$$

式中 $[M]$—— 结构总体质量矩阵。

利用 Abaqus 进行基于多场耦合的模态分析时，首先根据 TMG 的空间热分析结果得到多场耦合的温度载荷，再定义多个分析步依次施加变化的载荷以模拟机构在轨运动时的温度场变化，对模型施加微重力场载荷，进行多场耦合分析，最后对其进行模态分析，探究多场耦合对机构振动特性的影响。

3.4.2 基于变胞机构模块的多场耦合

1.地球同步轨道上的温度场

选择图 3.31 所示的 16 个轨道点，在 TMG 中建模进行空间热流分析，计算变胞机构模块的在轨温度场。构件材料为钛合金，其密度为 4 454 kg/m^3，弹性模量为 117 270 MPa，泊松比为 0.33，热膨胀系数为 9.359 9 e−6 ℃$^{-1}$，导热系数为 7.625 mW/(mm·℃)，比热容为 525 J/(kg·℃)。构件表面热辐射率为 0.6，发射率为 0.6。分析轨道为地球同步卫星轨道，太阳位置为春分，初始计算点取地球升交点时间 12：00，对机构整体施加 0.23 m/s^2 的微重力场。设置机构姿态为展开面背离地心，运动过程中与地球轨道相切。结合抓取构型的实际工况，限制下方杆件的运动自由度，分析其自由端的多场耦合变形。选取 4 个空间温度场，4 个轨道点上变胞机构模块的温度场分布图如图 3.32 所示。

从图 3.32 中可以看出，变胞机构模块在不同的轨道点上的温度场有较大的不同。因此，该结构在不同的轨道点上产生不同的热变形。具体的多场耦合分析见下一小节。

2.基于地球同步轨道的变胞机构模块多场耦合

根据已经得到的变胞机构模块在 16 个轨道点上的温度场，可以进行进一步的多场耦合分析。选择轨道点 1、轨道点 5、轨道点 9 和轨道点 13 为例，变胞机构模块的热变形云图如图 3.33 所示。

由图 3.33 中可得到目标优化参数的数值，即图 3.28 所示的变胞机构模块上 4 个参考点在机构热变形中的位移。首先，得到 4 个参考点沿 3 个坐标轴方向的位移，然后变胞机构模块上 4 个参考点的绝对位移量可以由下式计算得到，即

$$\Delta s=\sqrt{(\Delta x)^2+(\Delta y)^2+(\Delta z)^2} \tag{3.102}$$

式中 Δx—— 变胞机构上的点在多场耦合后沿 X 轴方向的位移量；

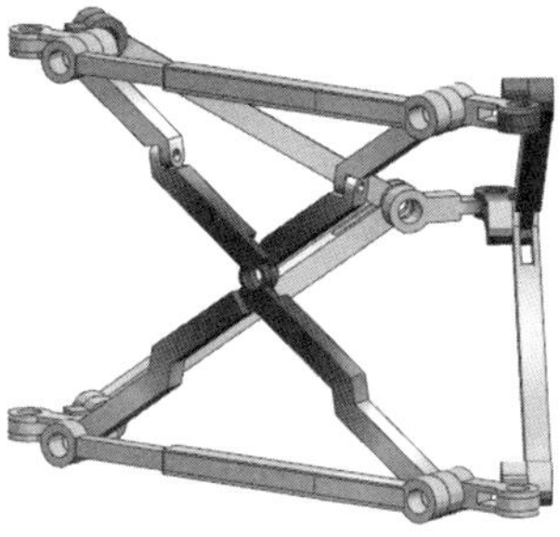

(a) 轨道点1

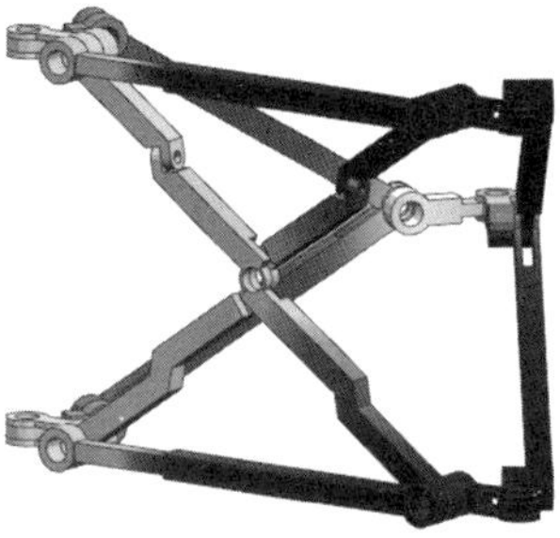

(b) 轨道点5

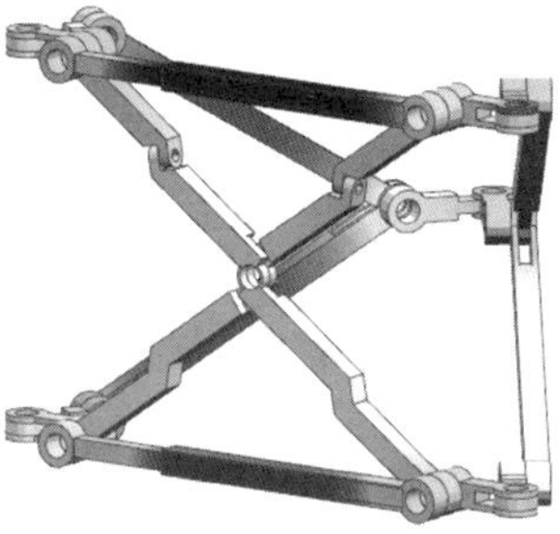

(c) 轨道点9

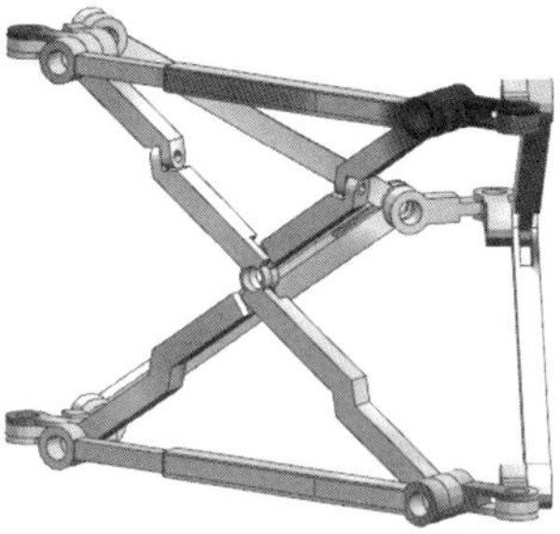

(d) 轨道点13

图3.32　4 个轨道点上变胞机构模块的温度场分布图

(a) 轨道点1

(b) 轨道点5

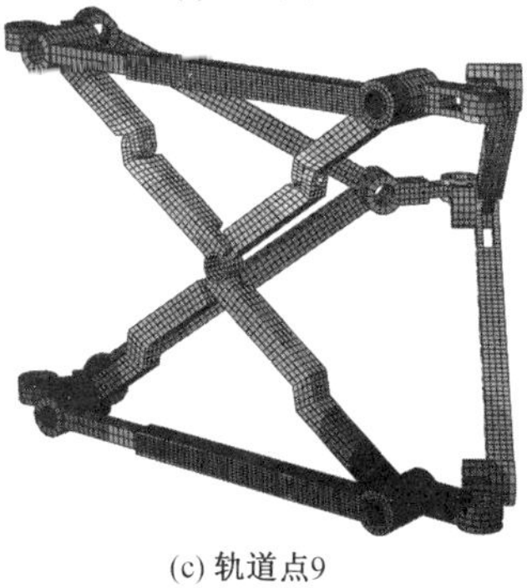

(c) 轨道点9

(d) 轨道点13

图3.33　变胞机构模块的热变形云图

Δy—— 变胞机构上的点在多场耦合后沿 Y 轴方向的位移量；

Δz—— 变胞机构上的点在多场耦合后沿 Z 轴方向的位移量。

利用式(3.102) 即可得到变胞机构模块上 4 个参考点在多场耦合后的位移量，如图 3.34 所示。

由图 3.34 可以看出，变胞机构模块上的 4 个参考点的绝对位移量均小于 0.13 mm，可以得知尽管出现了一定的位移量，但数值较小，因此变胞机构模块不会在运动过程中突然中止运动，但因为机构上的点存在因多场耦合产生的位移，运动过程相对不平滑。因此需要进行构型优化，令变胞机构模块上的 4 个参考点的绝对位移量较小，即令目标优化参数数值减小，从而使机构运动更加平滑。

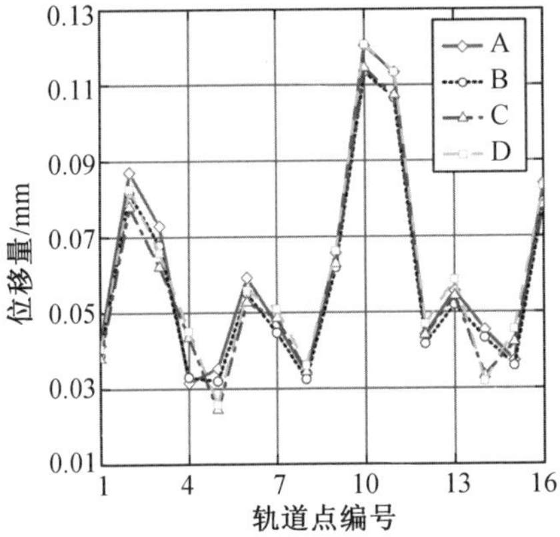

图3.34　变胞机构模块上 4 个参考点在多场耦合后的位移量

3.基于多场耦合的模态分析

本章除了基于地球同步轨道上的温度场进行了变胞机构模块的多场耦合分析，得到了相应的热变形和目标优化参数的数值外，还将进行基于多场耦合模态分析，对多场耦合情况下的构型性能进行进一步分析。

选择变胞机构模块中点 A(图 3.28) 的温度，即可得到该点在 16 个轨道点上的温度，如图 3.35 所示。

由图 3.35 可以看出，变胞机构模块上的点 A 在轨道点 2 时达到最高温度 30.42 ℃。然后变胞机构模块上的点 A 在达到轨道点 8 时开始进入阴影区，之后温度迅速下降，一直降到 －74.92 ℃。最后变胞机构模块上的点 A 在轨道点 11 时温度开始升高，从图 3.31 中也可以看出，变胞机构模块开始重新进入阳光照射区。因此可以得知，图 3.35 所示的温度变化折线与图 3.31 吻合很好，仿真结果符合预期。接下来选择由 TMG 所得到的 16 个轨道计算点的温度场，分别进行变胞机构模块从轨道计算点 1 到下一个轨道计算点的模态分析。经过仿真可以得到一阶到十二阶的阵型图，对应从低阶固有频率到高阶固有频率。因为一阶固

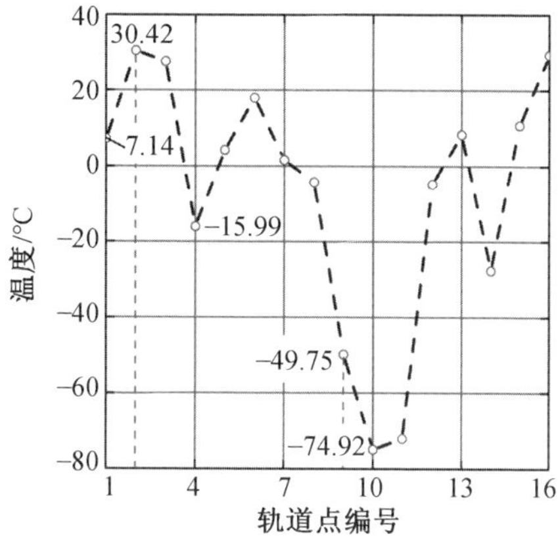

图3.35　变胞机构模块上点 A 在 16 个轨道点上的温度

有频率直接影响构型的性能，因此只考虑一阶固有频率的结果，16 个分析步对应的变胞机构模块的一阶固有频率见表 3.1。

表 3.1　16 个分析步对应的变胞机构模块的一阶固有频率

分析步编号	一阶固有频率 /Hz
分析步 1:轨道计算点 1 到轨道计算点 2	84.260
分析步 2:轨道计算点 2 到轨道计算点 3	83.589
分析步 3:轨道计算点 3 到轨道计算点 4	82.838
分析步 4:轨道计算点 4 到轨道计算点 5	83.119
分析步 5:轨道计算点 5 到轨道计算点 6	84.831
分析步 6:轨道计算点 6 到轨道计算点 7	83.812
分析步 7:轨道计算点 7 到轨道计算点 8	83.231
分析步 8:轨道计算点 8 到轨道计算点 9	83.294
分析步 9:轨道计算点 9 到轨道计算点 10	83.566
分析步 10:轨道计算点 10 到轨道计算点 11	85.694
分析步 11:轨道计算点 11 到轨道计算点 12	86.827
分析步 12:轨道计算点 12 到轨道计算点 13	86.686
分析步 13:轨道计算点 13 到轨道计算点 14	83.460
分析步 14:轨道计算点 14 到轨道计算点 15	83.258
分析步 15:轨道计算点 15 到轨道计算点 16	84.829
分析步 16:轨道计算点 16 到轨道计算点 1	83.705

表 3.1 中所示的变胞机构模块的一阶固有频率范围为 82.838 ～ 86.827 Hz。为了提高一阶固有频率，需要对构型进行优化，从而使构型的结构性能更稳定。

3.4.3 基于多场耦合的构型优化及对比分析

1.基于多场耦合的变胞机构模块构型优化

为了减小变胞模块上 4 个参考点的位移量，并且提高构型的一阶固有频率，需要对构型进行优化，优化后的变胞机构模块如图 3.36 所示。

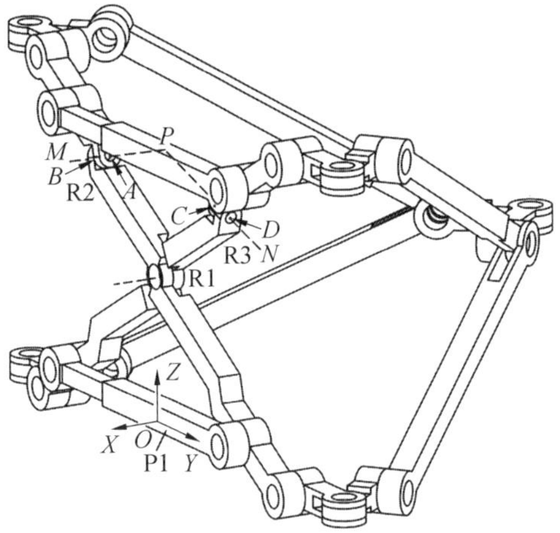

图3.36 优化后的变胞机构模块

图 3.36 仍然采用转动副 R2 和 R3 上的 4 个参考点在多场耦合条件下的位移量作为研究对象。图 3.37 验证了该构型仍然具有折叠姿态、变胞姿态和抓取姿态，因此说明了构型优化后的结构仍然可以进行展开和抓取运动。

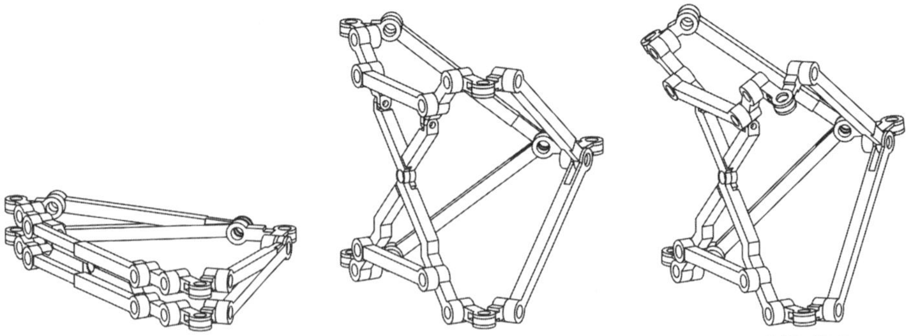

(a) 折叠姿态　(b) 变胞姿态　(c) 抓取姿态

图3.37 构型优化后的变胞机构模块的三种姿态

然后，采用上一章节的方法对优化后的构型进行多场耦合分析及相应的模态分析，从数据上验证其优良的性能。

2.构型优化后的多场耦合

选择图 3.31 所示的 16 个轨道点,使用 NX 软件可以计算得到构型优化后的变胞机构模块在每个轨道点上的温度场,选择其中 4 个轨道点的温度场绘制云图,构型优化后的变胞机构模块上的温度场如图 3.38 所示。

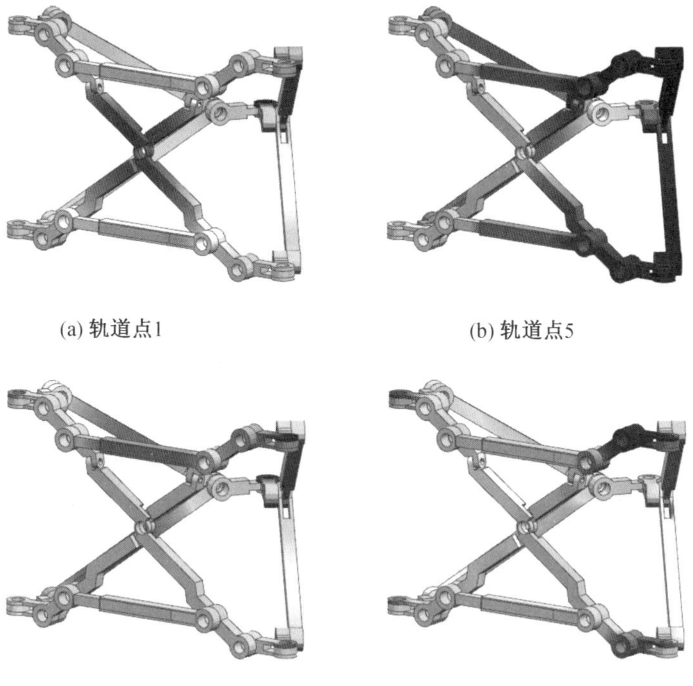

(a) 轨道点1　(b) 轨道点5

(c) 轨道点9　(d) 轨道点13

图3.38　构型优化后的变胞机构模块上的温度场

根据图 3.38 所示的构型优化后的变胞机构模块上的温度场,利用软件仿真,即可得到优化后的构型在 16 个轨道点上的热变形云图,采用其中 4 个热变形云图进行展示,如图 3.39 所示。

由图 3.39 即可得到目标优化参数的数值,即图 3.36 所示的构型优化后的变胞机构模块上 4 个参考点在机构热变形中的位移。首先,得到 4 个参考点沿 3 个坐标轴方向的位移;其次,结合式(3.102)得到变胞机构模块上 4 个参考点的实际位移量,变胞机构模块上点 A、B、C 和 D 在多场耦合后的位移量如图 3.40 所示。

由图 3.40 可以看出,构型优化后的变胞机构模块上 4 个参考点的绝对位移量总体上小于构型优化前的位移量。因此,可以证明构型优化后的变胞机构模块中对应的 2 个关键转动副变形更小,机构的整体运动也更平滑。

(a) 轨道点1

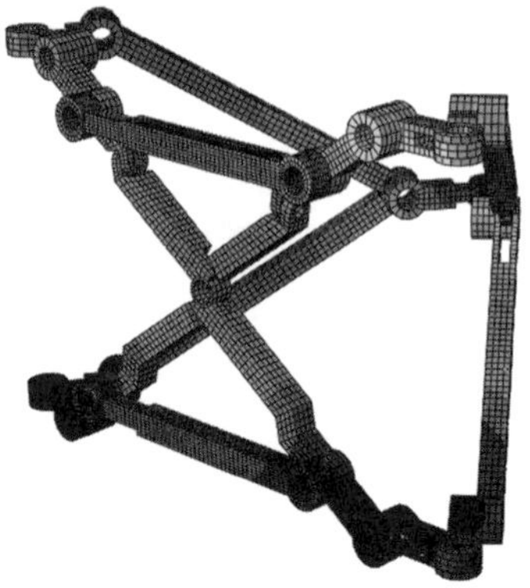

(b) 轨道点5

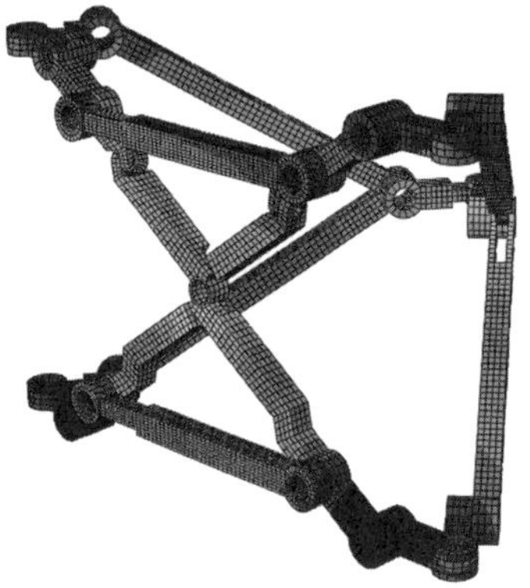

(c) 轨道点9

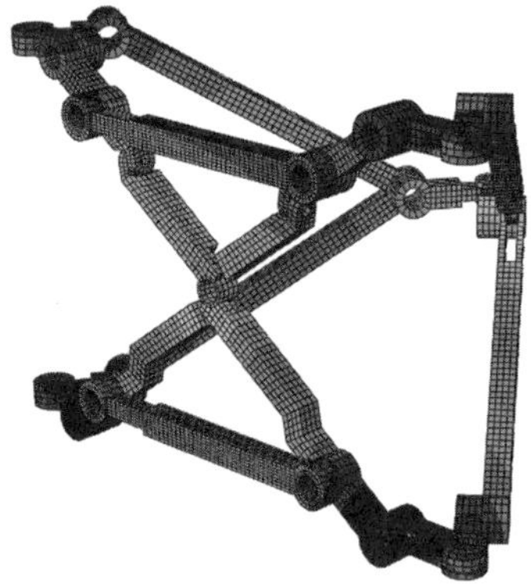

(d) 轨道点13

图3.39　构型优化后的变胞机构模块的热变形云图

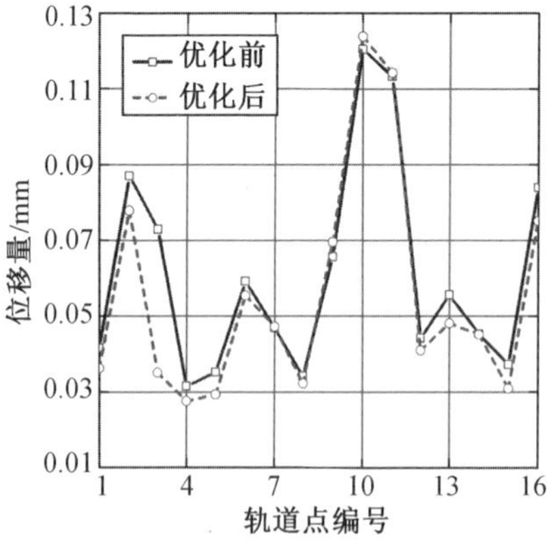

(a) 机构上点A的位移量

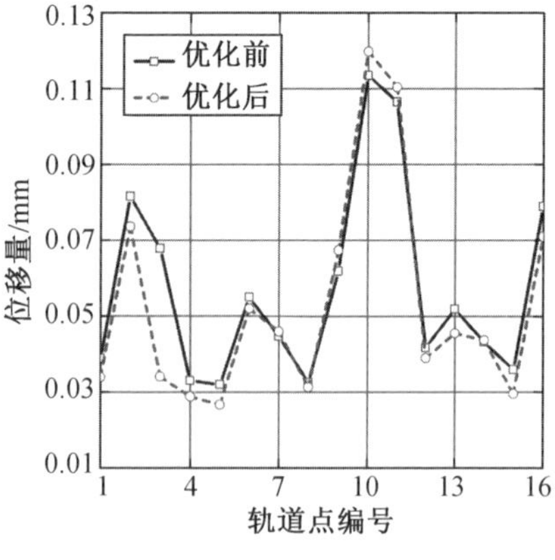

(b) 机构上点B的位移量

图3.40　变胞机构模块上点 A、B、C 和 D 在多场耦合后的位移量

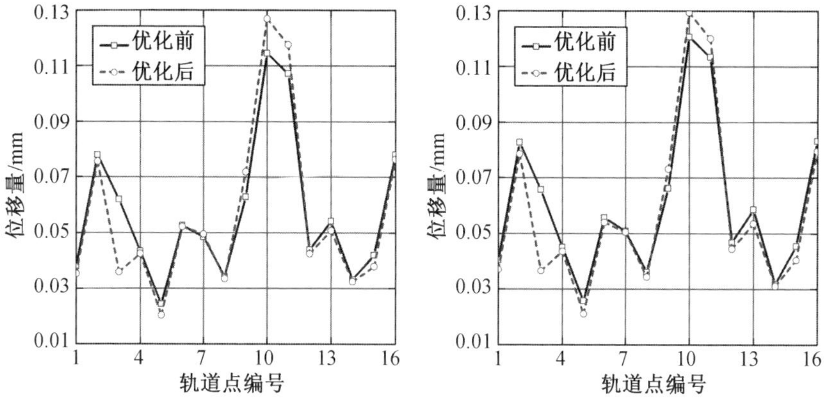

(c) 机构上点C的位移量　　(d) 机构上点D的位移量

续图 3.40

3.构型优化后的模态分析

本小节将对构型优化后的变胞机构模块进行基于多场耦合的模态分析。首先选择由TMG所得到的16个温度场,并将轨道计算点1和轨道计算点16上变胞机构模块的温度场作为Abaqus分析步的起始温度场和终点温度场。根据仿真结果,可以得到一阶至十二阶的固有频率,这里只分析直接影响机构性能的一阶固有频率,4个分析步对应的构型优化后变胞机构模块的一阶固有频率见表3.2。

表 3.2　4 个分析步对应的构型优化后变胞机构模块的一阶固有频率

分析步编号	一阶固有频率 /Hz
分析步 1:轨道计算点 1 到轨道计算点 2	90.720
分析步 2:轨道计算点 2 到轨道计算点 3	90.008
分析步 3:轨道计算点 3 到轨道计算点 4	89.202
分析步 4:轨道计算点 4 到轨道计算点 5	91.530
分析步 5:轨道计算点 5 到轨道计算点 6	91.301
分析步 6:轨道计算点 6 到轨道计算点 7	90.241
分析步 7:轨道计算点 7 到轨道计算点 8	89.636
分析步 8:轨道计算点 8 到轨道计算点 9	89.754
分析步 9:轨道计算点 9 到轨道计算点 10	90.041
分析步 10:轨道计算点 10 到轨道计算点 11	92.288
分析步 11:轨道计算点 11 到轨道计算点 12	93.485
分析步 12:轨道计算点 12 到轨道计算点 13	93.337
分析步 13:轨道计算点 13 到轨道计算点 14	89.907
分析步 14:轨道计算点 14 到轨道计算点 15	89.661
分析步 15:轨道计算点 15 到轨道计算点 16	91.323
分析步 16:轨道计算点 16 到轨道计算点 1	90.064

由表 3.2 中的结果可以看出，构型优化后的变胞机构模块的一阶固有频率范围为 89.202 ～ 93.485 Hz。而由表 3.1 可知，构型优化前的变胞机构模块的一阶固有频率范围为 82.838 ～ 86.827 Hz。对比可知，构型优化后，基于多场耦合的变胞机构模块的一阶固有频率在每个分析步中均得到了提高，也就意味着优化后的构型更不容易发生共振而导致结构破坏，即构型优化后的变胞机构模块具有更好的结构性能。由于本小节中的空间桁架式可展开抓取机构由相同结构的变胞机构模块串联得到(图 3.26)，因此选用构型优化后的变胞机构模块所组成的空间桁架式可展开抓取机构在空间多场环境下具有更好的结构性能。

3.5　本章小结

本章首先简单介绍了一种新型空间桁架式可展开抓取机构，该机构可以折叠成紧凑的姿态以方便运输，也可以展开成大尺度的姿态以完成抓取操作。以该机构为研究对象，建立并分析该机构的运动学模型，并对其运动学方面的性能进行分析，主要包括展开性能、工作空间、可操作度等几个方面。

本章提出了两种非对称式可展开抓取机构的动力学建模方法。第一种方法直接使用拉格朗日力学方法，通过分别建立该机构展开和抓取协调运动时的系统动能、势能和广义力，建立了可展开抓取机构的动力学模型，该方法动力学项复杂，计算速度较慢。为了建立更高效的动力学模型，本章还提出了一种基于递归牛顿欧拉方法的动力学建模方法。为了实现该方法，本章首先将可展开抓取机构的运动学建模简化为普通串联机器人运动学问题。然后，将空间闭环机构问题转化为平面问题，利用平面几何方法建立剪叉状机构和双平行四边形机构的杆件平动速度和转动速度之间的关系，简化了该机构基本展开单元的展开动力学模型。

此外，本章还通过对空间桁架式可展开抓取机构的展开运动和抓取运动进行受力分析，得到了不同基本展开单元的相互受力关系，并基于递归牛顿欧拉方法建立了整个可展开抓取机构的动力学模型。平面化处理方法和递归方法简化了空间桁架式可展开抓取机构的动力学计算模型，提高了其计算效率。最后通过仿真，分析空间桁架式可展开抓取机构的展开动力学特性以及基本展开单元的展开长度对其抓取动力学特性的影响，为后面设计控制器提供了理论依据。

最后，本章还对基于变胞机构模块的空间桁架式可展开抓取机构进行了多场耦合分析。选择变胞机构模块上的参考点位移量和一阶固有频率作为优化参数，对变胞机构模块进行了构型优化，并通过仿真结果验证了优化后的构型具有更为良好的结构性能。

参考文献

[1] 吴英辉,刘路,郭宏伟,等. 大口径薄膜相机伸展机构设计与精度测量[J]. 光学精密工程,2017,25(12z):103-110.

[2] 刘辛军,汪劲松,李剑锋,等. 一种新型空间3自由度并联机构的正反解及工作空间分析[J]. 机械工程学报,2001(10):36-39.

[3] TSAI M J, CHIOU Y H. Manipulability of manipulators [J]. Mechanism and Machine Theory, 1990, 25(5): 575-585.

[4] LI T J. Deployment analysis and control of deployable space antenna [J]. Aerospace Science and Technology, 2012, 18(1): 42-47.

[5] NETO M A, AMBR SIO J A C, LEAL R P. Composite materials in flexible multibody systems [J]. Computer Methods in Applied Mechanics and Engineering, 2006, 195(50-51): 6860-6873.

[6] AMBR SIO J A C, NETO M A, LEAL R P. Optimization of a complex flexible multibody systems with composite materials [J]. Multibody System Dynamics, 2007, 18(2): 117-144.

[7] MITSUGI J, ANDO K, SENBOKUYA Y, et al. Deployment analysis of large space antenna using flexible multibody dynamics simulation [J]. Acta Astronautica, 2000, 47(1): 19-26.

[8] GREGORY C S. Hyper-redundant manipulator dynamics: a continuum approximation [J]. Advanced Robotics, 1994, 9(3): 217-243.

[9] KONG X, YANG T. Formulation of dynamic equations for hybrid robots using a component approach [C] //4th Chinese National Youth Conference on Robotics. 1992.

[10] LU Y, DAI Z. Dynamics model of redundant hybrid manipulators connected in series by three or more different parallel manipulators with linear active legs [J]. Mechanism and Machine Theory, 2016 (103): 222-235.

[11] JIA G L, HUANG H L, LI B, et al. Synthesis of a novel type of metamorphic mechanism module for large scale deployable robotic hands [J]. Mechanism and Machine Theory, 2018(128): 544-559.

[12] YAHYA S, MOGHAVVEMI M, MOHAMED H A F. Geometrical approach of planar hyper-redundant manipulators: inverse kinematics,

path planning and workspace [J]. Simulation Modelling Practice and Theroy, 2011, 19(1): 406-422.

[13] LI J L, YAN S Z, CAI R Y. Thermal analysis of composite solar array subjected to space heat flux [J]. Aerospace Science and Technology, 2013(27): 84-94.

[14] 王勖成. 有限单元法[M]. 北京:清华大学出版社,2006.

[15] 宋少云. 多场耦合问题的协同求解方法研究与应用[D]. 武汉:华中科技大学,2007.

[16] THORNTON E A, KIM Y A. Thermally induced bending vibrations of a flexible rolled-up solar array [J]. Journal of Spacecraft and Rockets, 1993, 30(4): 438-448.

第4章

空间桁架式可展开抓取机构的驱动设计

4.1 概　述

传统伺服电机驱动、气动驱动及液压驱动等驱动方式由于重力大、结构复杂而无法大范围适用于桁架式可展开抓取机构，轻量化的人工肌肉、形状记忆合金、变刚度驱动器则成为该类机构驱动方式的较好选择。超螺旋尼龙纤维人工肌肉通过加热引起螺旋结构的解旋而产生一种解旋扭矩，这种扭矩则会使螺旋间靠近，进而引起收缩，可以设计成轻量化的驱动器。形状记忆合金可以通过加热产生具有记忆功能的变形，也可以制造成结构简单的轻量化驱动器。形状记忆聚合物是非金属形状记忆材料，与形状记忆合金相比，这种材料具有低密度、高可回复应变、低成本和化学性质稳定的特点，非常适合用于制造变型机翼的蒙皮等。与定刚度驱动器相比，变刚度驱动器可调整自身刚度，使其能够应用于更多不同的环境，在桁架式可展开抓取机构的抓取过程中可以根据不同的抓取目标实时调节刚度。这些新型的驱动器实现了驱动器的轻量化、柔性化，在桁架式可展开抓取机构的设计中具有较大的应用潜力。

本章主要介绍3种新型驱动器：尼龙纤维驱动器、形状记忆合金驱动器及变刚度驱动器。本章将从设计原理、分析方法、控制方法和试验测试方法等方面进行详细的阐述。

4.2 尼龙纤维驱动器的设计

尼龙纤维驱动器相比于传统的伺服电机驱动，省去了电机的减速箱、编码器、联轴器及丝杠等笨重的传动机构，并且能直接进行直线运动，具有质量轻、能量密度高的优势。相比于其他智能材料驱动器，如形状记忆合金，它能产生近5倍于形状记忆合金的驱动行程，所以将其应用到桁架式可展开抓取机构中具有重要意义。

4.2.1 尼龙纤维螺旋聚合物的驱动原理

尼龙纤维本身的驱动能力是有限的，收缩行程大概只有4%，与形状记忆合金的驱动行程差不多。但是，Carter S. Haines发现将尼龙66、尼龙6等聚合物纤维进行扭转后会盘绕得到一种螺旋形的稳定结构，这种稳定结构具有极大的收缩行程和功率密度，负载能力是同等条件下人类肌肉的100倍，所以他将这种稳定结构称为人工肌肉。其中，由尼龙66纤维材料形成的人工肌肉产生的驱动应力和收缩行程最大，这种稳定结构受热能产生10% ~ 30%的收缩行程，其驱动应力可达到20 ~ 50 MPa。为了与尼龙纤维材料的名称区分开，本节将尼龙纤维盘绕后的稳定结构称为尼龙纤维螺旋聚合物。如果尼龙纤维螺旋聚合物是由尼龙66纤维材料盘绕而成，则将其称为尼龙66纤维螺旋聚合物。

尼龙纤维螺旋聚合物螺旋结构的形成过程如图4.1所示。图4.1(a)是尼龙纤维的初始状态，它是一个竖直的纤维。当固定该纤维的一端，扭转另一端时，纤维会产生一个扭转角α_f，如图4.1(b)所示。继续扭转时，纤维的扭转角α_f会越来越大，如图4.1(c)所示。扭转到一定圈数后，纤维开始盘绕成线圈，线圈的螺旋角记作α_c，如图4.1(d)所示。当所有纤维都盘绕成线圈后，螺旋的形成过程结束。

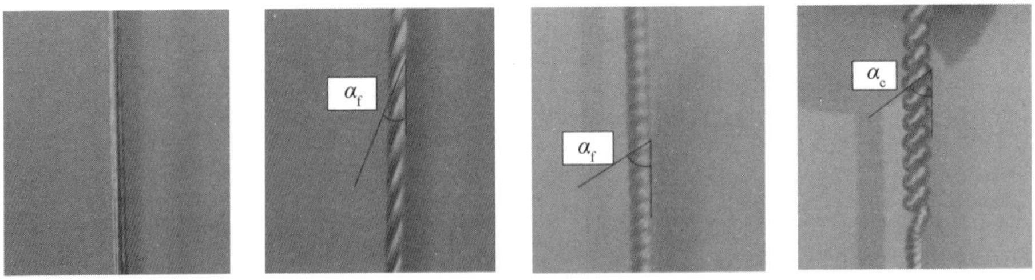

(a)尼龙纤维初始状态　(b)尼龙纤维开始扭转　(c)尼龙纤维即将形成螺旋　(d)尼龙纤维开始形成螺旋

图4.1　尼龙纤维螺旋聚合物螺旋结构的形成过程

由于尼龙纤维是一种负膨胀系数的材料，所以当螺旋结构受热时，尼龙纤维会产生收缩运动，进而产生一个解螺旋的力矩 M_t。这个过程可以想象成一个弹性杆被扭转后，想要回复自身原型的过程。如图 4.2 所示，图中是尼龙纤维逆时针扭转后得到的螺旋结构，当螺旋结构受热后，会产生一个顺时针的解螺旋力矩，这个解螺旋的力矩则会使线圈的螺旋角和节距减小，从而引起收缩。

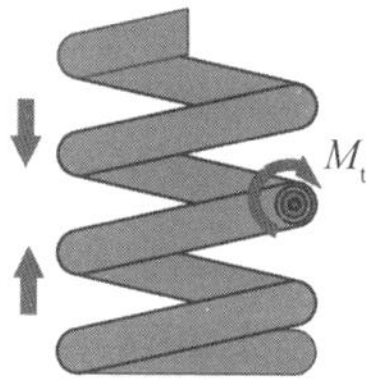

图4.2　螺旋结构驱动原理图

4.2.2　尼龙纤维螺旋聚合物的制备方法

为了方便快速地制造出尼龙纤维螺旋聚合物，本节搭建了一个尼龙纤维螺旋聚合物的螺旋卷绕平台，如图 4.3 所示。卷绕平台整体由铝型材搭建，上部安装有刷直流电机，用于卷绕尼龙纤维；下部安装尼龙滑块，用于限制尼龙纤维的

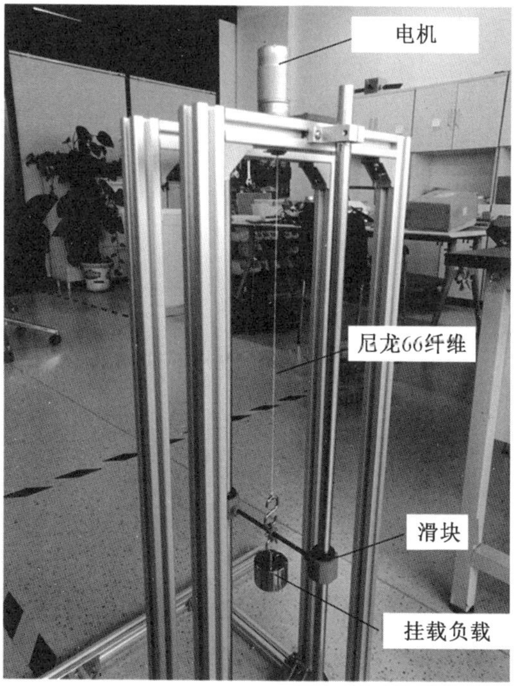

图4.3　空间桁架式可展开抓取机构展开阶段的自由度分析

运动，使其不会跟随电机运动，而且保留向上运动的自由度。滑块采用碳纤维和尼龙材质，从而减少滑块质量对尼龙纤维卷绕效果的影响。所使用的尼龙 66 纤维为多股纤维，是由持续尼龙 66 长丝捻合，再加以黏合处理后，将所有股数的纤维黏合在一起得到的一个纤维(尼龙 66 单纤)。如果尼龙 66 单纤的线径过大，纤维的韧性会变差，这样得到的螺旋结构就很差；如果尼龙 66 单纤的线径过小，只能提供很小的驱动力，负载能力也很小，而且容易在加热的过程中烧断。采用尼龙 66 多纤则可以很好地解决上述问题，可以使用更大的线径并且不会使纤维韧性太差。由于这种尼龙纤维螺旋聚合物需要借助外部热源才能进行收缩，为了使这种尼龙纤维螺旋聚合物在实际使用中更加方便和易控，本节使用镍铬合金丝与尼龙纤维一起进行螺旋卷绕，卷绕过程如下：

(1) 将一段长约 700 mm 的尼龙 66 纤维的一端与电机固定，另一端与滑块固定，将 300 g 的砝码挂载在滑块上，以提供一定的预紧力。然后将相同长度的镍铬合金丝的一端与电机固定，另一端绕在滑块上的挂环上，如图 4.4(a) 所示。

(a) 尼龙纤维与镍铬合金丝的初始状态

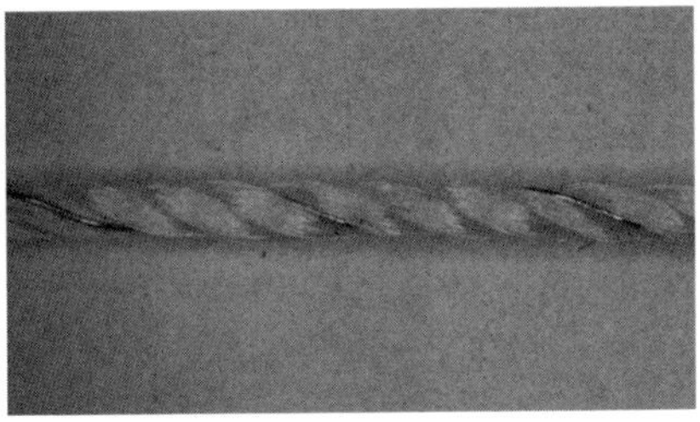

(b) 镍铬合金丝伴随尼龙纤维扭转

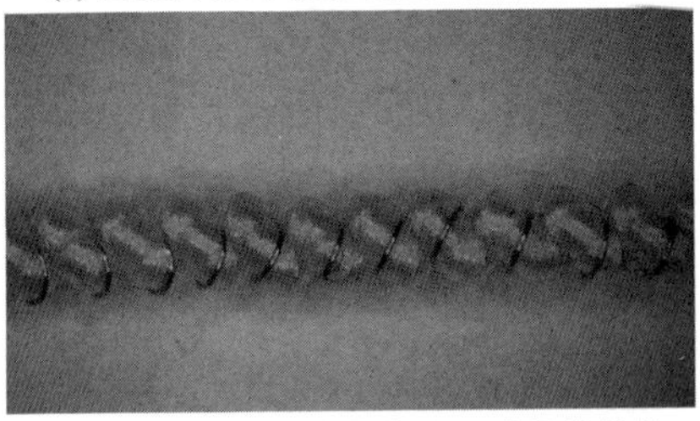

(c) 尼龙纤维与镍铬合金丝形成螺旋结构

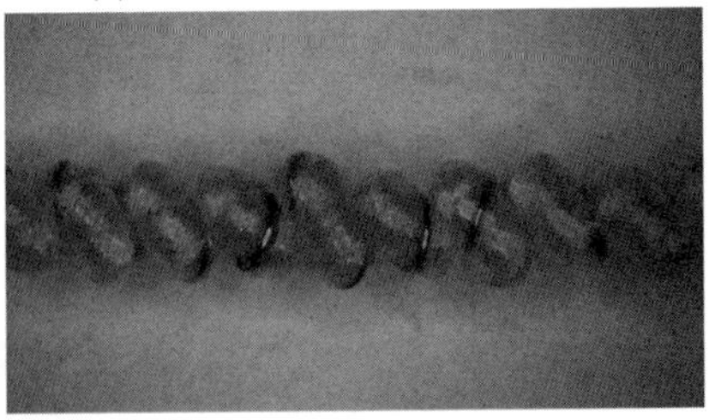

(d) 尼龙纤维螺旋聚合物退火后状态

图4.4　尼龙纤维螺旋聚合物的制造过程

(2) 如图 4.4(b) 所示，电机开始转动后，镍铬合金丝会自动卷绕在尼龙 66 纤维上，随着扭转的继续进行，尼龙 66 纤维的扭转角 α_f 渐渐增大，而且尼龙 66 纤维渐渐缩短，带动滑块向上运动。

(3) 如图 4.4(c) 所示，扭转至一定圈数后，尼龙 66 纤维开始卷绕出线圈，当所有纤维都形成线圈时，卷绕结束。

(4) 对尼龙 66 纤维螺旋聚合物进行退火定型。将盘绕好的尼龙 66 纤维螺旋聚合物放进 180 ℃ 的恒温箱 0.5 h，然后自然冷却至室温，这样盘绕后的结构不会解旋，可形成稳定状态，如图 4.4(d) 所示。

通过对四种不同线径的尼龙 66 纤维制成的尼龙 66 纤维螺旋聚合物进行负载试验后，发现尼龙 66 纤维螺旋聚合物的驱动能力与其线径成正比，线径越大，驱动能力越强。但是，线径过大会难以形成稳定的螺旋结构，带来导热慢等问题。尼龙 66 纤维螺旋聚合物测试结果如图 4.5 所示，从图中可以看出直径为 0.8 mm 的尼龙 66 纤维具有较大的负载能力，而且产生的变形量最大，所以本节中的尼龙 66 纤维螺旋聚合物使用的原始尼龙纤维均是直径为 0.8 mm 的纤维。最终得到的尼龙 66 纤维螺旋聚合物的参数见表 4.1。

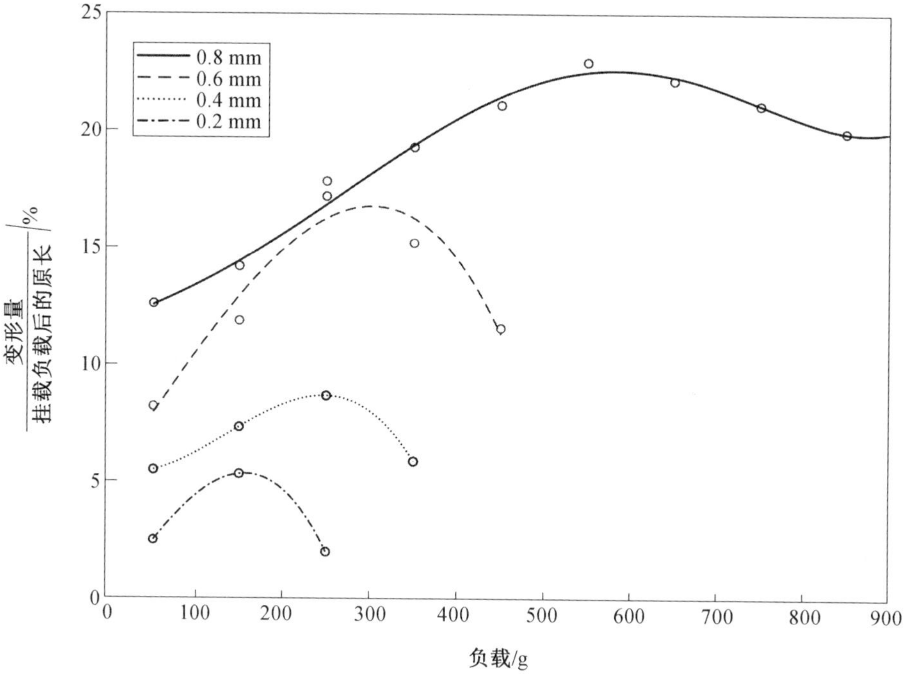

图4.5　尼龙 66 纤维螺旋聚合物测试结果

表 4.1　尼龙 66 纤维螺旋聚合物的参数

参数	数值
长度 /mm	160
线圈直径 /mm	2
质量(包含两端的金属环)/g	2
电阻 /Ω	30
最高温度极限 /℃	150
在 350 g 负载下的驱动行程(变形量 / 自身长度)/%	21

4.2.3 尼龙纤维驱动器的结构设计

虽然使用较大直径的尼龙66纤维来卷绕可以得到较大驱动能力的螺旋聚合物,但是单根尼龙66纤维螺旋聚合物的驱动能力还是非常有限的。为了得到驱动能力更强的尼龙纤维驱动器,本节设计了一个由多根尼龙66纤维螺旋聚合物并联驱动的尼龙纤维驱动器。该尼龙纤维驱动器结构如图4.6所示。尼龙66纤维螺旋聚合物的一端与驱动器固定端通过螺钉连接,另一端与驱动滑块1通过螺钉连接。驱动器固定端和驱动滑块1均为金属件,所以多根尼龙66纤维螺旋聚合物两端的电路是连通的,只需从驱动器固定端和驱动滑块1引出导线即可同时控制多根尼龙66纤维螺旋聚合物。尼龙纤维驱动器中的弹簧用于初始状态尼龙66纤维螺旋聚合物的预紧及在折叠运动时提供回复力,红外温度传感器用于检测尼龙66纤维螺旋聚合物的温度。

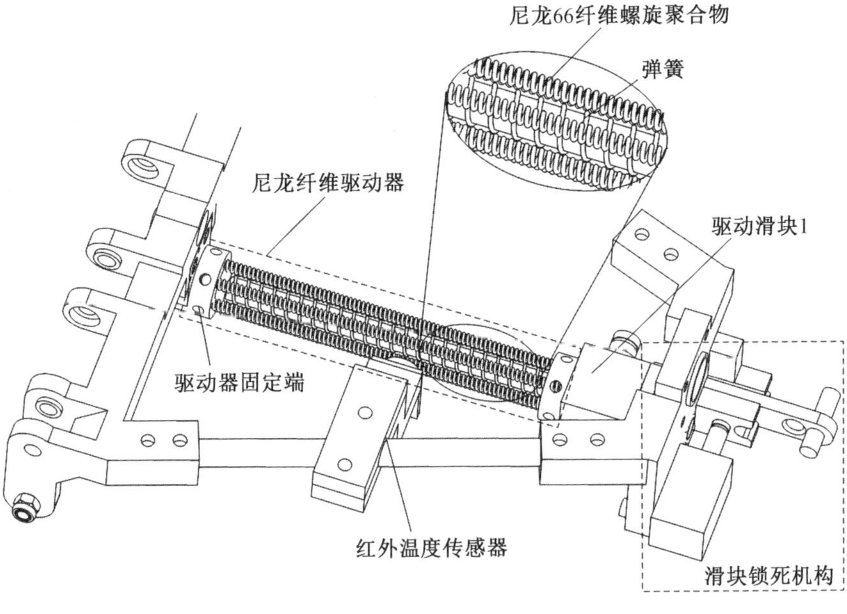

图4.6 尼龙纤维驱动器

如果要维持尼龙纤维驱动器的位置,需要持续地供电,所以为了节省展开后能源消耗及保证机构的刚性,本节设计了一个滑块锁死机构用于锁死驱动滑块1,进而锁死机构的展开运动。滑块锁死机构的原理图如图4.7所示。工作过程:当机构需要展开时,首先电磁铁通电吸合,电磁铁和锁定杆分离,然后给尼龙纤维驱动器通电加热,多根尼龙66纤维螺旋聚合物同时产生收缩,拉动驱动滑块1运动至极限位置。然后电磁铁掉电,借助电磁铁上的弹簧,电磁铁回复到初始位置,卡进锁定杆上的卡槽,将锁定杆和三角平台连接固定。而锁定杆与驱动滑块

1 连接固定，所以将驱动滑块 1 与三角平台固定，从而锁住驱动滑块 1 的运动，机构的展开运动也被锁死。

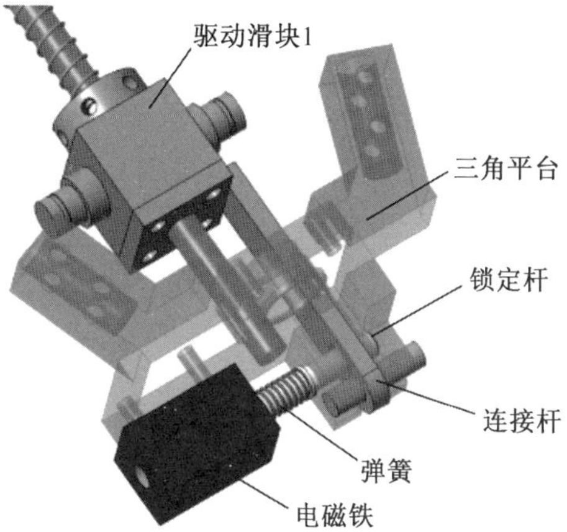

图4.7 滑块锁死机构原理图

4.2.4 尼龙纤维驱动器的控制方法

要实现尼龙纤维驱动器的控制，关键在于如何实现尼龙 66 纤维螺旋聚合物的温度控制。为了实现稳定准确的温度控制，本节搭建了一个温度闭环控制系统，其硬件结构框图如图 4.8 所示。

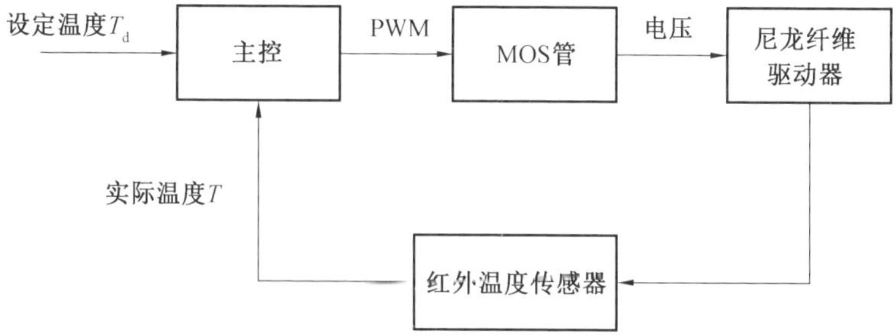

图4.8 温度闭环控制系统的硬件结构框图

工作过程如下：

(1) 计算设定温度 T_d 和实际温度 T 的差值 ΔT，并利用 PID 算法计算 PWM 波的占空比。

(2) 通过主控产生相应占空比的 PWM 波，通过 MOS 管控制尼龙纤维驱动器的两端电压。因为尼龙 66 纤维螺旋聚合物是通过镍铬合金的焦耳热控制温度的，所以控制尼龙纤维驱动器的两端电压就控制了焦耳热产生的功率，从而实现对尼龙 66 纤维螺旋聚合物温度的控制。

(3) 通过非接触式的红外温度传感器实现温度的闭环控制。为了实现稳定的温度控制，使用非接触式的红外温度传感器对尼龙 66 纤维螺旋聚合物的温度进行实时监控。相比于传统的热电偶测温方式，使用非接触式的红外温度传感器不会干扰尼龙 66 纤维螺旋聚合物自身的运动，而且由于热电偶是导电体，可能会引起尼龙 66 纤维螺旋聚合物上镍铬合金的短路。

为了实现尼龙纤维驱动器的位置控制，需要建立尼龙纤维驱动器的动力学模型，尼龙 66 纤维螺旋聚合物的等效力学模型如图 4.9 所示。该模型相当于一个弹簧阻尼系统，但其拉力与温度存在线性关系，其中 k 表示尼龙 66 纤维螺旋聚合物的弹性系数，b 表示阻尼系数，c 表示拉力随温度变化的温度系数。这些系数可以通过对尼龙 66 纤维螺旋聚合物进行测试测得。

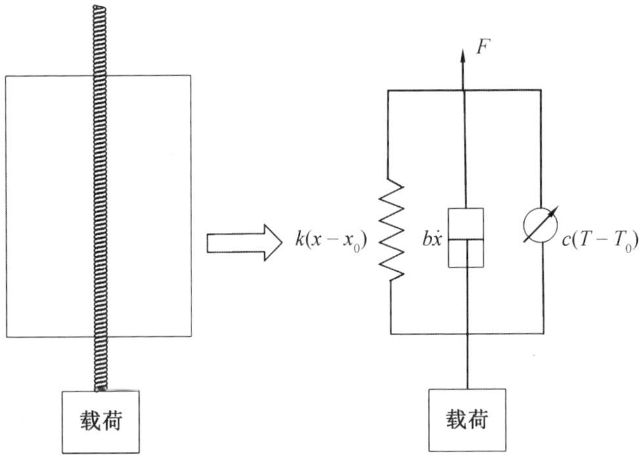

图4.9　尼龙 66 纤维螺旋聚合物的等效力学模型

尼龙纤维驱动器的力学模型如图 4.10 所示，所以可表示为

$$m\ddot{x} + b\dot{x} + (k_2 - k_1)(x - x_0) = -c(T - T_0) \tag{4.1}$$

式中　m—— 滑块质量；

x—— 滑块实际位置；

b—— 尼龙 66 纤维的阻尼系数；

k_1—— 尼龙 66 纤维的弹性系数；

k_2—— 弹簧的弹性系数；

x_0—— 滑块的初始位置；

c—— 尼龙 66 纤维的温度系数；

T—— 实际温度；

T_0—— 初始温度。

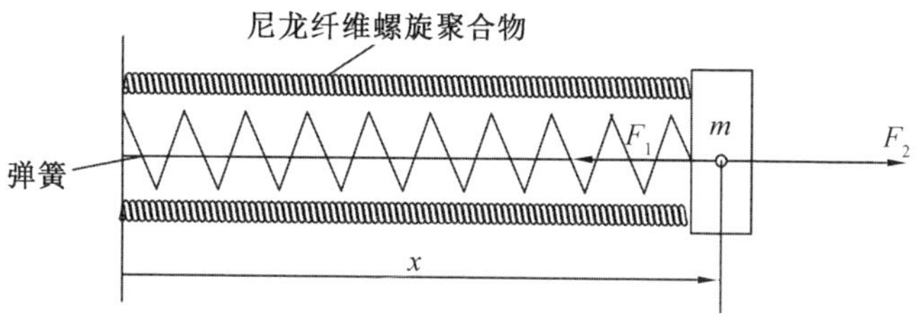

图4.10　尼龙纤维驱动器的力学模型

4.3　形状记忆合金驱动器的设计

4.3.1　基于 SMA 的新型驱动器的结构设计方案

在提出基于形状记忆合金(Shape Memory Alloys,SMA)的新型驱动器的结构方案之前,首先介绍该驱动器在实际工程应用中的一个原型:热双金属片。热双金属片是温控电路中常用的电路元件,它由两种热膨胀系数差别较大的金属片组成,我国在 20 世纪 80 年代就已经有相当成熟的制作工艺。热双金属片被广泛地应用于各种温控开关中。

1. 热双金属片的变形原理

热双金属片的制作过程比较简单:常温下将等长的、热膨胀系数差异较大的两片金属片叠合在一起,采用胶合、铆接或螺栓连接的方式在两端进行固定。其中,热膨胀系数较高的一片称为主动片,热膨胀系数较低的一片称为被动片。当温度升高时,由于热胀冷缩效应,两片金属片的长度都将有一定程度的增大,而热膨胀系数的差异将导致两片金属片受热后产生长度差异,并最终导致热双金属片在高温的影响下发生弯曲变形,其变形过程示意图如图 4.11 所示。本节提出的基于 SMA 的新型驱动器的原型是螺栓连接式双金属片。

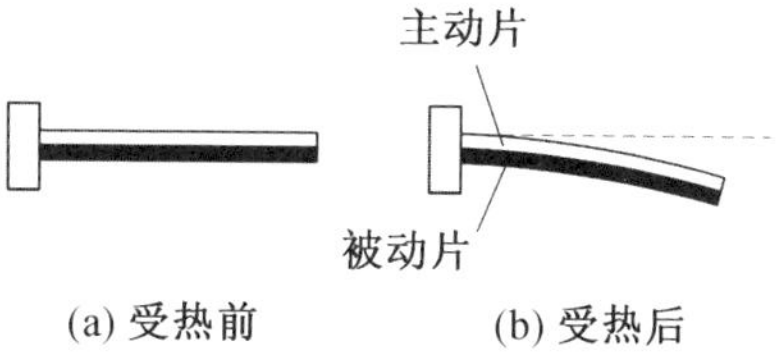

图4.11　热双金属片变形过程示意图

为了明确变形原理,可以从两个方面解释螺栓连接式双金属片的变形行为。在变形协调方面,双金属片结构整体必须产生弯曲才能解决两端的层间紧固约束与两层长度存在差异之间的矛盾。在受力方面，由于金属片两端的紧固约束作用，温度升高使得热膨胀系数较大的主动片受到偏置的压力，而被动片则受到偏置的拉力。偏置力产生的力矩使得主动片与被动片同时向一侧弯曲，整体上体现为双金属片向被动片一侧弯曲。从本质上来讲，材料发生弯曲是因为材料内部同一横截面上的应力分布不均匀。双金属片的这种受热后产生弯曲变形的特性，使其具有“感应”环境温度的能力，并且能够利用其变形来控制电路的通断。

2. 基于SMA的驱动器结构的设计方案

在双金属片工作原理的启发下，本节提出了一种以形状记忆合金片为主动片的基于SMA的新型驱动器。这种驱动器把SMA片作为动力源输入接口，经过预拉伸处理的SMA片在受热达到一定温度后，将进行奥氏体相变，并能够提供很大的回复力，同时长度明显缩短，以此驱动与之相连的结构发生运动或变形。本节提出的基于SMA的新型驱动器继承了双金属片设计中“长度变形导致弯曲变形”的设计思想，并在此基础上进行了构型改进，使得双金属片结构的长度变形更加充分地转化为弯曲变形。基于SMA的新型驱动器的结构方案模型如图4.12所示，有A、B两种构型。

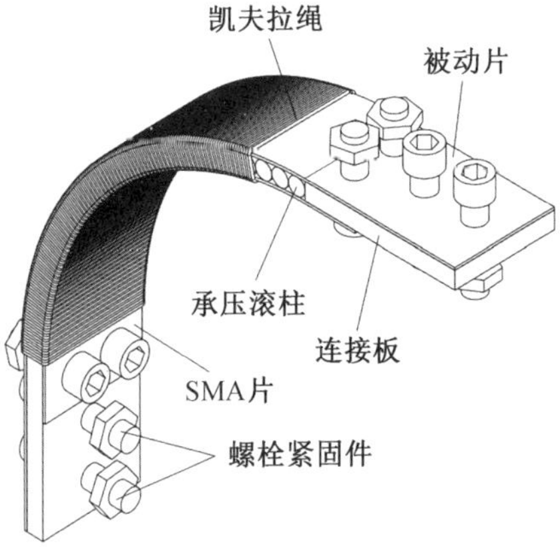

(a) 构型A

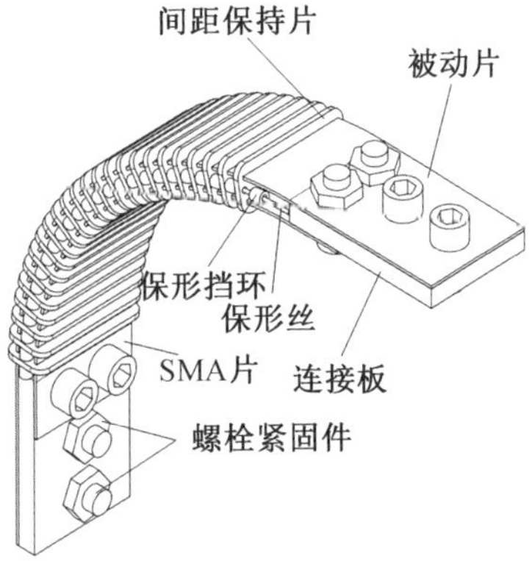

(b) 构型B

图4.12　基于SMA的新型驱动器的结构方案模型

(1) 构型A。

构型A由凯夫拉绳、承压滚柱、被动片、SMA片、连接板及螺栓紧固件组成。被动片需要具备的特点是易弯曲、不易压缩，本节采用的是不锈钢薄片。凯夫拉绳与承压滚柱共同组成了间距保持结构。当被动片处于外圈时，经过预拉伸处理的SMA片的受热相变缩短将导致驱动器整体向内侧弯曲；反之，当被动片处于内圈时,SMA 片的缩短将导致驱动器整体向外侧弯曲。

(2) 构型 B。

构型 B 由间距保持片、保形挡环、保形丝、被动片、SMA 片、连接板及螺栓紧固件组成。间距保持片、保形挡环和保形丝共同组成了间距保持结构,间距保持片能够在被动片和 SMA 片上分别滑动。其作动机制与构型 A 相同,差别在于间距保持结构不同。

与普通热双金属片相比,基于 SMA 的新型驱动器的结构中增加了层间间距保持结构,该结构对于保证输出位移、驱动力矩及承载能力都具有至关重要的作用。图 4.13 为不含间距保持结构的双金属片与增加间距保持结构的双金属片的变形效果对比示意图。从图中可以看出,不含间距保持结构的双金属片,其主动片与被动片的变形相对自由,被动片的外凸弯曲使得主动片不需要太大的弯曲就能够实现变形协调,因此无法产生较大的输出位移和驱动力矩;增设间距保持结构以后,双金属片整体的变形运动成为单自由度运动,即在给定主动片长度并忽略被动片长度变化的情况下,双金属片的形态能够唯一确定。单自由度的强约束作用能够将主动片的长度缩短更充分地转化为结构整体的弯曲运动。间距保持结构对于驱动器承载能力的影响将在后续章节中讨论。

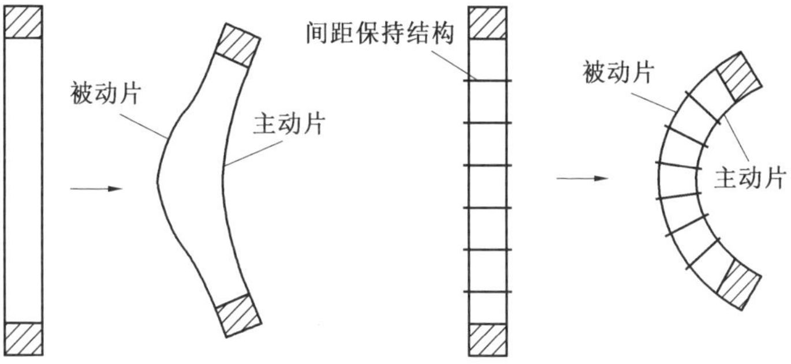

(a) 间距不受限制　　(b) 间距保持不变

图4.13　双金属片变形效果对比示意图

基于 SMA 的新型驱动器将结构与机构融为一体,兼备承载能力和位移输出能力,既能够输出角位移,也能够输出直线位移。与单纯的 SMA 板材相比,基于 SMA 的新型驱动器能够充分利用 SMA 材料进行能量的存储,并能够对输出位移、输出力及结构刚度进行准确可靠的设计。与 SMA 弹簧或扭簧相比,基于 SMA 的新型驱动器能够产生更大的驱动力矩,且作为角位移驱动器时不需要回转副,可直接与结构相连接,避免了轴孔连接间隙导致的精度误差。基于 SMA 的新型驱动器作动时,本质上是一个运动和力的转化机构,它能够将 SMA 片的长度变化转化为机构整体的曲率变化,将 SMA 片的拉力转化为力矩输出。当基于 SMA 的新型驱动器作为支撑结构时，可将其视为复合材料板，其结构刚度由各组件尺寸决定，因而可以根据需求进行刚度设计。

4.3.2 基于 SMA 的新型驱动器的理论研究

1. 基于 SMA 的新型驱动器的力学模型

对于本节设计的基于 SMA 的新型驱动器，其动力是经过预拉伸处理的 SMA 片受热后进行奥氏体相变产生的，驱动器最终输出的驱动力矩由 SMA 片的回复应力、驱动器的结构参数及驱动器的阻力矩共同决定。驱动器能够正常工作的条件是驱动力矩不小于负载力矩，而为了确定驱动力矩的大小，首先需要求解阻力矩。

(1) 阻力矩方程。

为了建立基于 SMA 的新型驱动器的力学模型，需要先求解驱动器的阻力矩。在 SMA 新型驱动器作动过程中，被动片和 SMA 片都将产生定向弯曲。金属片在弯曲变形过程中会产生抵抗变形的弯矩，且变形程度越大弯矩越大。因此，被动片是驱动器作动过程中的内部阻力源；SMA 片既是动力源，也是内部阻力源。

对于给定尺寸的被动片或 SMA 片，在分析其变形过程中所产生的阻力时，为了简化分析过程需做如下假设：

① 金属片的变形为纯弯曲，满足材料力学的平面假设。

② 金属片的变形在弹性变形范围内，始终服从胡克定律。

事实上，上述假设的条件在驱动器负载为纯力矩，以及金属片抗弯刚度不大时很容易满足，因此在此基础上推导的结果具有实用性。

为了分析金属片尺寸参数与驱动器阻力矩之间的关系，先对单个金属片进行分析。在金属片的某一纵向截面中取一微元，图 4.14(a) 所示为微元变形前的状态，其中间层曲率半径为 ρ_0；图 4.14(b) 所示为微元变形后的状态，由于是纯弯曲，此时纵向截面依旧为圆弧状，中间层曲率半径变为 ρ。

图中圆弧状点画线表示中性层所在的位置，根据材料力学中中性层的定义，其长度在弯曲变形过程中保持不变，因此有

$$\rho_0 \cdot \mathrm{d}\theta_0 = \rho \cdot \mathrm{d}\theta \tag{4.2}$$

对于距离中性层径向距离为 y 的线段，变形后其应变的计算表达式为

$$\varepsilon = \frac{(\rho + y) \cdot \mathrm{d}\theta - (\rho_0 + y) \cdot \mathrm{d}\theta_0}{(\rho_0 + y) \cdot \mathrm{d}\theta_0} \tag{4.3}$$

将式(4.3) 与式(4.2) 联立得

$$\varepsilon = \frac{y\left(\dfrac{\rho_0}{\rho} - 1\right) \cdot \mathrm{d}\theta_0}{(\rho_0 + y) \cdot \mathrm{d}\theta_0} = \frac{y(\rho_0 - \rho)}{\rho(\rho_0 + y)} \tag{4.4}$$

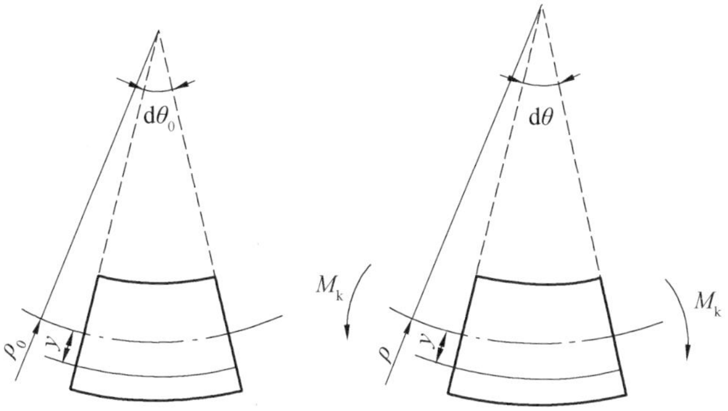

(a) 微元变形前　　(b) 微元变形后

图4.14　金属片阻力矩分析示意图

由于驱动器中的金属片均是薄片，即 $y \ll \rho_0$，因此可以认为 $\rho_0 + y \approx \rho_0$，于是式(4.4)可以简化为

$$\varepsilon = \frac{y(\rho_0 - \rho)}{\rho \cdot \rho_0} = y\left(\frac{1}{\rho} - \frac{1}{\rho_0}\right) \tag{4.5}$$

根据纯弯曲变形的静力关系推导过程，可以得出横截面上的弯矩如下式所示：

$$M = \int_A y\sigma \mathrm{d}A = \int_A yE\varepsilon \mathrm{d}A = E\left(\frac{1}{\rho} - \frac{1}{\rho_0}\right)\int_A y^2 \mathrm{d}A \tag{4.6}$$

式(4.6)中的积分 $\int_A y^2 \mathrm{d}A = I_z$ 是横截面对其中性轴的惯性矩，于是式(4.6)可以改写成

$$\frac{1}{\rho} - \frac{1}{\rho_0} = \frac{M}{EI_z} \tag{4.7}$$

当 $\rho_0 \to \infty$ 时，表示金属片初始状态为平直板状，此时 $\frac{1}{\rho_0} = 0$，代入式(4.7)中可得

$$\frac{1}{\rho} = \frac{M}{EI_z} \tag{4.8}$$

设某基于SMA的新型驱动器中，被动片的横截面惯性矩为 I_{bz}，弹性模量为 E_b，初始曲率半径为 ρ_0，作动后曲率半径增大为 ρ；SMA片的横截面惯性矩为 I_{az}，其奥氏体相的弹性模量为 E_A，初始曲率半径为 $\rho_0 + \delta$，作动后曲率半径增大为 $\rho + \delta$。作动完成后，SMA片弯曲变形产生的阻力矩为

$$M_{ka} = E_A I_{az}\left(\frac{1}{\rho_0 + \delta} - \frac{1}{\rho + \delta}\right) \tag{4.9}$$

被动片弯曲变形产生的阻力矩为

$$M_{kb}=E_bI_{bz}\left(\frac{1}{\rho_0}-\frac{1}{\rho}\right) \tag{4.10}$$

式(4.9) 与式(4.10) 表明驱动器任意横截面上的弯矩沿驱动器所在的纵向圆弧截面上的分布是均匀的，其大小与横截面所在的位置无关，这个特点使得驱动器力学模型的建立过程大大简化。

在驱动器作动过程中，被动片与 SMA 片抵抗变形所产生的弯矩方向始终是相同的，因此任意横截面上两者弯矩之和即是驱动器在该截面上的阻力矩，其表达式为

$$M_K=M_{ka}+M_{kb}=E_AI_{az}\left(\frac{1}{\rho+\delta}-\frac{1}{\rho_0+\delta}\right)+E_bI_{bz}\left(\frac{1}{\rho}-\frac{1}{\rho_0}\right) \tag{4.11}$$

(2) 驱动力矩方程。

要建立基于 SMA 的新型驱动器的驱动力矩方程，就要对驱动器作动过程中的任意状态进行受力分析。驱动器的作动过程是一个平面变形问题，为了简化问题可以取任意纵向截面进行分析。在驱动器作动过程中，由于 SMA 片的回复力属于内力，因此本节采用隔离法对被动片进行受力分析，从而建立驱动力矩方程。本节只讨论 SMA 片为薄片时的驱动器力矩输出方程，当 SMA 片厚度较小时，弯曲产生的应变远小于拉伸产生的应变。当预拉伸应变较小时，SMA 材料所产生的回复力也较小，故在本节的力学分析过程中，忽略 SMA 片弯曲变形所产生的回复力。

① 外张式作动状态。为了便于分析和理解，首先考虑 SMA 片长度(预拉伸处理后的长度) 大于被动片长度的驱动器模型，此时驱动器作动状态表现为外张形式。本节提出了图 4.15 所示的等效模型来对被动片进行隔离分析。在该等效模型中，将 SMA 片的内力作用等效拆分为两种力：直接作用于被动片上的大小为 P_{Ar} 的偏置载荷(偏距为被动片与 SMA 片的中间层间距) 和等效绳在大小为 P_{Ar} 的拉力作用下传递给被动片的压力。在实际的驱动器模型中，偏置载荷通过螺栓传递到被动片上；SMA 片对被动片的径向力通过间距保持结构传递到被动片上，但图 4.15 所示等效模型中的绳子却直接作用在被动片上，通过简单的力学推导很容易推导出这两种作用是等效的，本节不再赘述。

根据等效模型对被动片受力进行整体分析可知，被动片处于平衡力系中，因此其整体上不会发生平移或旋转运动。但是，从柔性体变形的角度考虑，在对称分布的力偶矩的作用下，被动片必须产生一定的弯曲变形才能实现内部应力平衡。随着被动片弯曲变形的增加，其任意横截面上的弯矩也随之增加，直到弯曲变形产生的弯矩与外力偶矩平衡时，被动片才能停止继续弯曲变形。这就是基于 SMA 的新型驱动器作动功能得以实现的力学基础。

在考虑驱动器所带负载的情况下，为了建立更直观的力学模型，对图 4.15 所

示的被动片受力的等效模型进行抽象化处理：

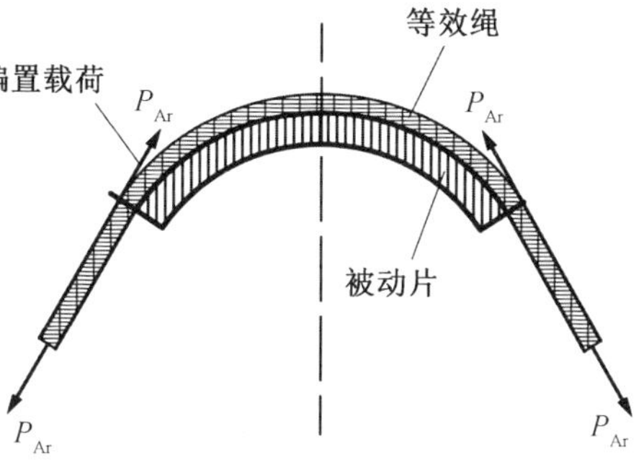

图4.15　被动片受力的等效模型

a.将等效绳对于被动片的作用抽象为沿圆周均匀分布的径向分布力（简称均布力）q。

b.不考虑被动片实际截面尺寸，只对被动片中性层的受力情况进行分析。

c.SMA 收缩力当量为平直薄板，不考虑自身阻力。

抽象化处理结果如图 4.16 所示，其中 M_F 为驱动器所连接的负载力矩，P_{Ar} 为 SMA 片受热相变产生的回复力，$2\theta_0$ 为初始状态被动片中性线圆弧所对应的圆心角，δ 为被动片与 SMA 片中性层之间的间距，ρ_0 为初始状态被动片中性线圆弧的曲率半径。

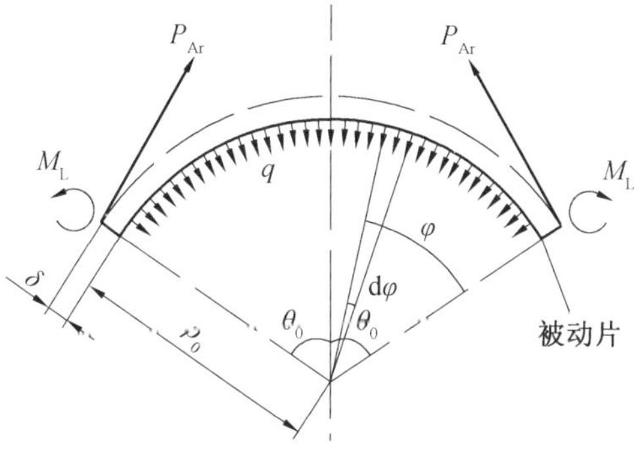

图4.16　抽象化处理结果

沿圆周均布的径向分布力 q 可以由牛顿第三定律求得，即绳子所受拉力与被动片对绳子的均布反力在竖直方向上达到平衡，故均布力 q 必须满足如下等式：

$$2P_{Ar}\sin\theta_0 = 2\int_0^{\theta_0} q\rho_0\cos\varphi\,d\varphi = 2q\rho_0\sin\theta_0 \tag{4.12}$$

计算得到

$$q = \frac{P_{Ar}}{\rho_0} \tag{4.13}$$

为了便于分析，在不影响被动片变形的情况下可以根据对称性将被动片分为两部分，每部分都看作是一端固定约束的悬臂弧状梁，并取其中一部分进行分析，这在材料力学中是很常用的简化方法。其受力等效简化图如图 4.17 所示。

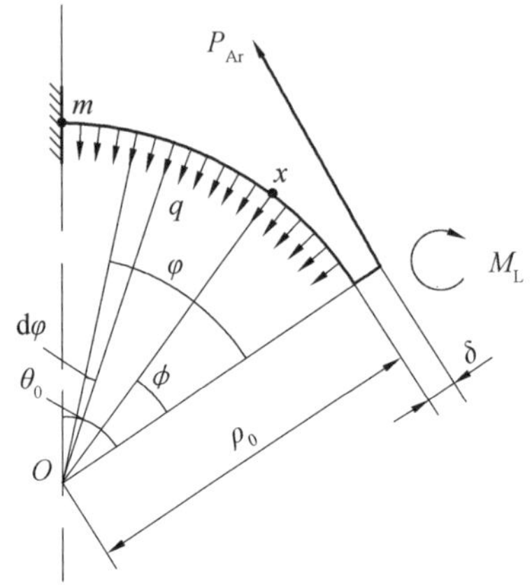

图4.17　外张式作动状态被动片受力等效简化图

对于尚未作动至最终状态的基于 SMA 的新型驱动器来说，要保证驱动器能够正常工作(继续作动以达到最终状态)，则被动片上任意截面上的动力矩必须能够克服阻力矩继续作动，则在图 4.17 中对于被动片某一纵向截面的中性轴上任意一点 x 必须保证

$$M_{Ar} \geqslant M_L \tag{4.14}$$

$$M_{Ar} = M_P + M_Q + M_F \tag{4.15}$$

式中　M_{Ar}——SMA 片受热相变导致的作用于 x 点的力矩；

M_L——负载导致的作用于 x 点的力矩；

M_P——SMA 片受热相变导致的集中力 P_{Ar} 作用于 x 点的力矩；

M_Q——SMA 片受热相变导致的均布力 q 作用于 x 点的力矩；

M_F——驱动器作动过程导致的作用于 x 点的阻力矩。

图 4.17 中 x 点的位置可以用圆心角 φ 来唯一确定。为了叙述方便，定义使被动片向逆时针方向弯曲的力矩为正值，使被动片向顺时针方向弯曲的力矩为负值，则经过受力分析可得

$$M_P = P_{Ar}[\rho_0(1-\cos\varphi)+\delta] \tag{4.16}$$

对于悬臂弧状梁而言，在分析均布力作用于 x 点处的力矩时，由于 x 点与 m 点之间的均布力对 x 点处的弯曲变形没有贡献，只是改变了 x 点在固定坐标系下的位置，故只计算 x 点与自由端之间圆弧上的均布力所产生的力矩，即

$$M_Q = -\int_0^{\varphi} \rho \cdot q \cdot \rho \sin\varphi \mathrm{d}\varphi = -P_{Ar}\rho_0(1-\cos\varphi) \tag{4.17}$$

根据上一小节推导结果可知

$$M_F = -M_K = -\left[E_A I_{az}\left(\frac{1}{\rho_0+\delta}-\frac{1}{\rho+\delta}\right)+E_b I_{bz}\left(\frac{1}{\rho_0}-\frac{1}{\rho}\right)\right] \tag{4.18}$$

由于 SMA 片和被动片均为长薄片，即 $\delta\rho < \rho_0$，因此可以近似得到 $\frac{1}{\rho_0+\delta}-\frac{1}{\rho+\delta}\approx\frac{1}{\rho_0}-\frac{1}{\rho}$，且 $\frac{1}{\rho_0+\delta}-\frac{1}{\rho+\delta}\leqslant\frac{1}{\rho_0}-\frac{1}{\rho}$。

从提高驱动器可靠性的角度考虑，为了保证安全性，计算阻力矩最大的情况，可以将式(4.18) 简化为

$$M_F = -(E_A I_{az}+E_b I_{bz})\left(\frac{1}{\rho_0}-\frac{1}{\rho}\right) \tag{4.19}$$

综合式(4.14) ~ (4.17) 及式(4.19) 可得

$$P_{Ar}[\rho_0(1-\cos\varphi)+\delta]-P_{Ar}\rho_0(1-\cos\varphi)-(E_A I_{az}+E_b I_{bz})\left(\frac{1}{\rho_0}-\frac{1}{\rho}\right)\geqslant M_L \tag{4.20}$$

化简后得到

$$P_{Ar}\delta-(E_A I_{az}+E_b I_{bz})\left(\frac{1}{\rho_0}-\frac{1}{\rho}\right)\geqslant M_L \tag{4.21}$$

从化简结果中可以发现，不等式中不含表征 x 点位置的圆心角 φ，这表明不论在计算时如何取点进行分析，最终得到的力学不等式是相同的。

当 SMA 回复力确定时，驱动器驱动力矩达到最大值即当不等式取等号时得

$$M_A = P_{Ar}\delta-(E_A I_{az}+E_b I_{bz})\left(\frac{1}{\rho_0}-\frac{1}{\rho}\right) \tag{4.22}$$

式中　M_A—— 双金属片驱动器的驱动力矩。

由于式(4.22) 是在 SMA 片初始长度大于被动片初始长度的情况下推导的，驱动器表现为外张式作动，因此具有局限性。为了得到能够完整描述驱动器力学行为的力学模型，需要进一步地讨论和推广。

② 平直状态与内曲式作动状态。当 SMA 片的初始长度与被动片的初始长度相等时，初始时驱动器整体上表现为平直状态，此时被动片受力等效简化图如图 4.18 所示，显然能够在 SMA 片缩短的作用下向 SMA 片的一侧作动弯曲。

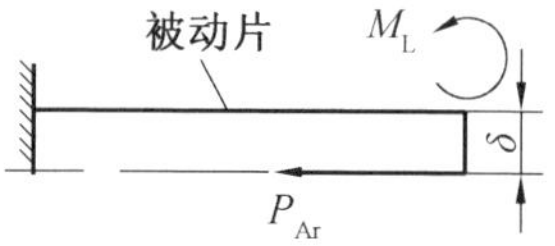

图4.18　平直状态被动片受力等效简化图

当被动片(或 SMA 片) 处于平直状态时，其上面任意一点的曲率半径均为无

穷大，相应的各点曲率均为零，即

$$\frac{1}{\rho_0}=0 \tag{4.23}$$

采用同样的方法推导驱动器的力学模型，最终能够得到

$$M_L=P_{Ar}\delta-(E_A I_{az}+E_b I_{bz})\frac{1}{\rho} \tag{4.24}$$

当 SMA 片初始长度小于被动片初始长度时，驱动器整体表现为偏向 SMA 片一侧弯曲的圆弧，在 SMA 片缩短作用下能够实现内曲式作动。此时被动片受力等效简化图如图 4.19 所示。

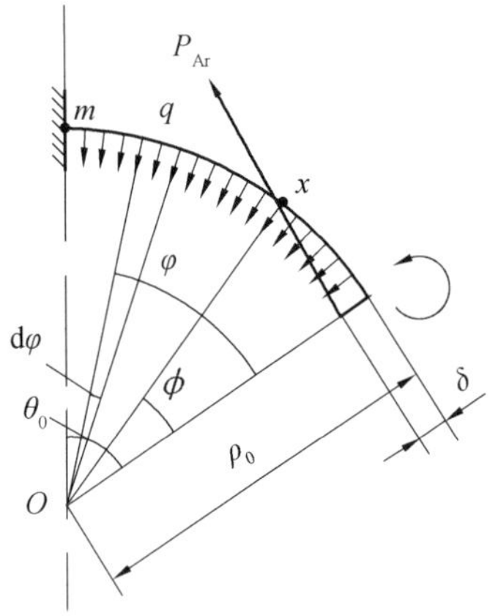

图4.19 内曲式作动状态被动片受力等效简化图

当 SMA 片处于内曲式作动状态时，其作用力向圆弧内侧偏移，偏距仍为 δ，采用同样的方法推导出驱动器的力学模型，最终能够得到

$$M_L=P_{Ar}\delta-(E_A I_{az}+E_b I_{bz})\left(\frac{1}{\rho}-\frac{1}{\rho_0}\right) \tag{4.25}$$

对比分析结果可以看出，基于 SMA 的新型驱动器在以上讨论的三种情况中，其力学模型具有一致的形式。因此，在理论上提出一个完整的适用于所有状态驱动器的力学模型是可行的。

③ 基于 SMA 的新型驱动器的完整力学模型。为了建立完整的力学模型，需要分析基于 SMA 的新型驱动器的完整作动过程，如图 4.20 所示。初始状态下，驱动器的 SMA 片长度大于被动片长度，此时 SMA 片处于外圈，被动片处于内圈。随着 SMA 片受热逐渐进行奥氏体相变，SMA 片逐渐缩短，驱动器整体向上侧弯曲。当 SMA 片长度缩短至与被动片长度相等时，驱动器整体表现为平直状态。在平直状态如果 SMA 片进一步缩短，则驱动器整体将继续向上侧弯曲，最终 SMA 片处于内圈，被动片处于外圈。

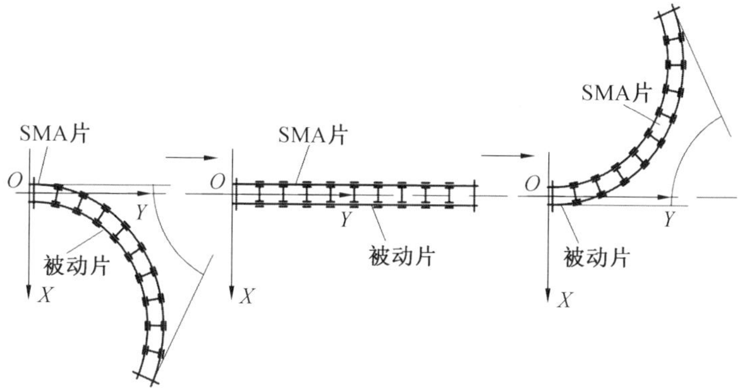

图4.20　完整的驱动器作动过程示意图

上述作动过程在尺寸设计满足一定条件时能够连续实现，因此为了采用统一的形式表达不同状态下的力学模型，本节对基于 SMA 的新型驱动器的力学计算过程假设如下：

当主动片（SMA 片）长度大于被动片长度时，模型中用于力学计算的曲率的符号为正；当主动片（SMA 片）长度小于被动片长度时，模型中用于力学计算的曲率的符号为负。根据以上假设，容易归纳得出，对于任意初始状态的基于 SMA 的新型驱动器都将满足的关系式为

$$M_{\mathrm{L}} = P_{\mathrm{Ar}}\delta - (E_{\mathrm{A}} I_{\mathrm{az}} + E_{\mathrm{b}} I_{\mathrm{bz}}) \left| \frac{1}{\rho} - \frac{1}{\rho_0} \right| \tag{4.26}$$

④ 求解最大负载力矩的隐含约束条件。

a.被动片与 SMA 片不发生干涉的条件是

$$\frac{t_{\mathrm{a}} + t_{\mathrm{b}}}{2} \leqslant \delta \tag{4.27}$$

式中　t_{a}—— 主动片厚度；

t_{b}—— 被动片厚度。

b.在 SMA 片的回复应力和厚度不变的情况下，被动片厚度越小，其内部应力越大。若要保证被动片不被压溃，其厚度应满足

$$\sigma = \frac{\sigma_{\mathrm{re}} b t_{\mathrm{a}}}{b t_{\mathrm{b}}} \leqslant [\sigma] \tag{4.28}$$

即

$$t_{\mathrm{b}} \geqslant \frac{\sigma_{\mathrm{re}} t_{\mathrm{a}}}{[\sigma]} \tag{4.29}$$

式中　σ_{re}—— 回复应力。

另外，被动片厚度越大，相同弯矩下，其弯曲应力也越大。过大的弯曲应力

将导致被动片变形不可回复，从而导致力学计算不符合本节所建立的力学模型。因此，若要保证被动片变形在弹性范围内，还应该保证被动片弯曲正应力不超过其抗弯强度，如下式所示：

$$\sigma_{\max}=\frac{M_{kb}y_{\max}}{I_{bz}}=\frac{M_{kb}\cdot\frac{t_b}{2}}{I_{bz}}=\frac{E_bI_{bz}\left(\frac{1}{\rho_0}-\frac{1}{\rho}\right)\cdot\frac{t_b}{2}}{I_{bz}}=E_b\left(\frac{1}{\rho_0}-\frac{1}{\rho}\right)\cdot\frac{t_b}{2}\leqslant[\sigma] \tag{4.30}$$

即

$$t_{b\max}=\frac{2[\sigma]}{E_b\left(\frac{1}{\rho_0}-\frac{1}{\rho}\right)} \tag{4.31}$$

式中　M_{kb}——SMA 片和被动片弯曲变形时产生的反力矩之和。

若被动片材料为 65Mn，则 $[\sigma]=432$ MPa，$E_b=200$ GPa。

由式(4.2) 和式(4.3) 易知，

$$\frac{1}{\rho_0}-\frac{1}{\rho}=\frac{2(\theta_0-\theta)}{l_b}=\frac{2\Delta\theta}{l_b} \tag{4.32}$$

式中　l_b—— 被动片压缩量。

在给定角位移要求的情况下，当被动片材料为 65Mn 时，其最大厚度表达式为

$$t_{b\max}=\frac{[\sigma]l_b}{E_b\Delta\theta}=\frac{432\times 80}{200\ 000\times\frac{\pi}{4}}=0.22(\text{mm}) \tag{4.33}$$

2. 基于 SMA 的新型驱动器的结构参数模型

(1) 被动片定长假设。

在几何模型的推导过程中，为了简化计算并获得直观的结果，假设被动片长度保持不变。实际上长度不变却又能弯曲的特异刚体是不存在的，为了说明被动片定长假设的合理性，这里以实际工况为例进行举例说明。假设某一 SMA 驱动器的被动片与 SMA 片具有相同尺寸的截面，面积为 A。通常 SMA 片最大回复应力可达到 $\sigma_{re}=200$ MPa；当被动片材料为结构钢时，其弹性模量为 $E_b=200$ GPa。故当 SMA 驱动器达到最大输出力时，被动片应变量可以估算为

$$\varepsilon_b=\frac{\sigma_{re}A}{E_bA}=\frac{200\times10^6\ \text{Pa}}{200\times10^9\ \text{Pa}}=0.001 \tag{4.34}$$

目前比较成熟的 SMA 材料可达到的最大预拉伸应变为 $\varepsilon_{ar}=0.08$，由此可以认为 ε_{ar} 远远大于 ε_b。因此在 SMA 驱动器作动过程中，当被动片材料为结构钢时，被动片的变形对驱动器状态的影响可以忽略不计，认为被动片在驱动器作动前后长度保持不变，不会导致计算结果有太大的误差。

(2) 几何变形约束条件。

对于本节提出的基于 SMA 的新型驱动器，常见的需求分为两类：一类是对于一个给定的输出角度需求，要求解满足需求的基于 SMA 的新型驱动器的结构尺寸，以作为加工制造产品的参数依据；另一类是在已知基于 SMA 的新型驱动器各结构尺寸参数的情况下，要确定驱动器能够实现的作动范围。这两类需求都需要先建立输出角度与各结构尺寸之间的关系，即对驱动器进行几何建模。

为了便于理论分析和计算，首先对基于 SMA 的新型驱动器的结构进行抽象化处理。由于金属片均较薄，因此可以忽略金属片厚度对几何分析计算结果的影响，用两段同心圆弧来分别表示 SMA 片与被动片。用约束条件来模拟结构之间的连接关系：两圆弧所对应的圆心角始终相等，且两圆弧之间的间距保持不变。除此以外，还需假设被动片长度在驱动器作动前后保持不变，该假设的合理性将在本节的后续内容中进行详细说明。

图 4.21 所示为某状态下的基于 SMA 的新型驱动器的几何简化示意图。作动前其 SMA 片长度为 l_a，被动片长度为 l_b，被动片曲率半径为 ρ_0，SMA 片与被动片中间层之间的间距为 δ，共同对应的圆心角为 $2\theta_0$（为了与力学建模的变量相对应，取 2 倍角），输出端初始距离为 x_0；驱动器作动后，被动片长度保持不变，被动片曲率半径变为 ρ，SMA 片长度缩短为 l'_a，SMA 片与被动片的中间层之间的间距保持为 δ，共同对应的圆心角变为 2θ，输出端距离为 x。

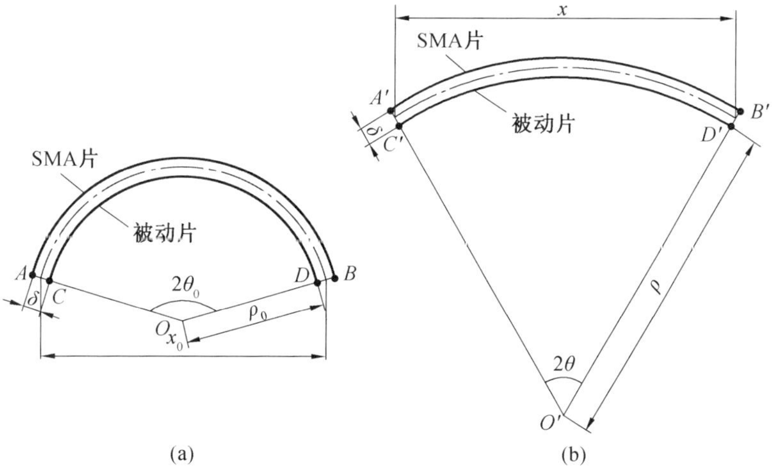

图4.21　基于 SMA 的新型驱动器的几何简化示意图

根据几何变形约束条件可知，任意状态的驱动器尺寸参数间需满足如下几何关系：

作动前有

$$\frac{1}{\rho_0} \cdot l_b = 2\theta_0 \tag{4.35}$$

$$\frac{1}{\rho_0 + \delta} \cdot l_a = 2\theta_0 \tag{4.36}$$

作动后有

$$\frac{1}{\rho} \cdot l_b = 2\theta \tag{4.37}$$

$$\frac{1}{\rho + \delta} \cdot l'_a = 2\theta \tag{4.38}$$

① 正解模型。联立式(4.35)～(4.38)，并消去结构设计过程中无法直接获得的尺寸 ρ_0 和 ρ，可获得基于 SMA 的新型驱动器的输出角度：

$$\theta_0 = \frac{l_a - l_b}{2\delta} \tag{4.39}$$

$$\theta = \frac{l'_a - l_b}{2\delta} \tag{4.40}$$

对于 SMA 片的奥氏体相变过程，已知其可回复预拉伸应变量为 ε_{ar}，则

$$l_a = l'_a(1 + \varepsilon_{ar}) \tag{4.41}$$

联立式(4.39)～(4.41)，并定义 $\Delta\theta = \theta_0 - \theta$，进一步可以解得

$$\Delta\theta = \frac{l'_a \cdot \varepsilon_{ar}}{2\delta} \tag{4.42}$$

定义式(4.43)为基于 SMA 的新型驱动器的正解模型：

$$\begin{cases} \theta_0 = \dfrac{l'_a(1 + \varepsilon_{ar}) - l_b}{2\delta} \\ \theta = \dfrac{l'_a - l_b}{2\delta} \\ \Delta\theta = \dfrac{l'_a \cdot \varepsilon_{ar}}{2\delta} \end{cases} \tag{4.43}$$

利用正解模型，可以在已知驱动器各组件尺寸参数的情况下求解出其作动状态。

② 逆解模型。由式(4.42)可得

$$l'_a = \frac{2\Delta\theta \cdot \delta}{\varepsilon_{ar}} \tag{4.44}$$

将式(4.44)代入式(4.40)可解得

$$l_b = \delta\left(\frac{2\Delta\theta}{\varepsilon_{ar}} - 2\theta\right) \tag{4.45}$$

将式(4.44)代入式(4.41)可解得

$$l_a=\frac{2\Delta\theta\cdot\delta(1+\varepsilon_{ar})}{\varepsilon_{ar}} \tag{4.46}$$

定义式(4.47) 为基于 SMA 的新型驱动器的逆解模型：

$$\begin{cases}\dfrac{l_a}{\delta}=\dfrac{2\Delta\theta(1+\varepsilon_{ar})}{\varepsilon_{ar}}\\ \dfrac{l'_a}{\delta}=\dfrac{2\Delta\theta}{\varepsilon_{ar}}\\ \dfrac{l_b}{\delta}=\dfrac{2\Delta\theta}{\varepsilon_{ar}}-2\theta\end{cases} \tag{4.47}$$

利用逆解模型，可以在给定角位移需求的情况下，结合包络空间限制，求解出驱动器各组件的几何尺寸。将 l_b 与 δ 的比值定义为基于 SMA 的新型驱动器的形状特征值，显然当 SMA 片的可回复应变确定时，具有相同形状特征值。

在建立基于 SMA 的新型驱动器的力学模型时，为了用一个式子表达完整的力学模型，对曲率符号做一些假设，这些假设在进行几何计算时同样适用。除此以外，为了用统一的方式表达基于 SMA 的新型驱动器的完整几何模型，需要增加如下假设：

当主动片(SMA 片) 长度大于被动片长度时，模型中用于几何计算的圆心角符号为正；当主动片(SMA 片) 长度小于被动片长度时，模型中用于几何计算的圆心角符号为负。

在上述假设中，由于曲率与圆心角总是取相同符号，因此两者的乘积总是为正值，这使得对于任意状态下的基于 SMA 的新型驱动器，其几何运算的形式都是一致的。

3. 刚度理论模型的建立

本节所设计的基于 SMA 的新型驱动器不仅具有力矩和位移输出功能，还具备承受载荷的能力。静刚度反映结构抵抗变形的能力，是描述结构承载能力的重要指标。本节采用等效简化的方法建立基于 SMA 的新型驱动器的受载与变形量之间的关系，进而导出静刚度的等效模型，为结构刚度的设计提供理论依据。为了便于分析和推导，将驱动器的结构进行简化，忽略螺栓连接和间距保持结构的影响，并认为金属片间距是固定不变的。简化后的基于 SMA 的新型驱动器一端固定，另一端自由，示意图如图 4.22 所示。

初始状态下，驱动器圆心角为 α_0，被动片的曲率半径为 ρ_0，SMA 片长度为 l_a，被动片长度为 l_b，被动片与 SMA 片中间层间距为 δ。在自由端施加力矩 M，必然使得 SMA 驱动器产生一定的变形。假设变形后驱动器圆心角为 α，被动片的曲率半径为 ρ，SMA 片长度为 l'_a，被动片长度变为 l'_b，而被动片与 SMA 片中间层间距保持不变。此时驱动器从实线所表示的位置运动到虚线所表示的位置，

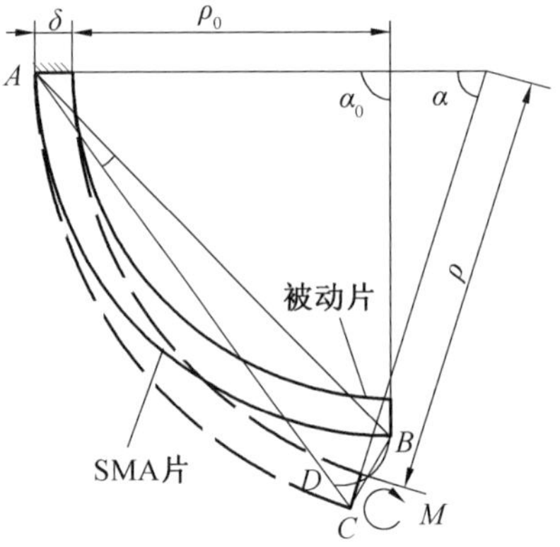

图4.22 等效刚度分析示意图

自由的末端点由 B 点运动到 C 点,则根据几何约束条件可以得到如下关系:

$$(\rho_0+\delta)\alpha_0=l_a \tag{4.48}$$

$$\rho_0\alpha_0=l_b \tag{4.49}$$

$$(\rho+\delta)\alpha=l'_a \tag{4.50}$$

$$\rho\alpha=l'_b \tag{4.51}$$

联立以上方程可得

$$\alpha_0=\frac{l_a-l_b}{\delta} \tag{4.52}$$

$$\alpha=\frac{l'_a-l'_b}{\delta} \tag{4.53}$$

假设在力矩 M 的作用下,SMA 片受压缩短,设其压缩量 $\Delta l_a=l_a-l'_a$;被动片受拉伸长,设其伸长量为 $\Delta l_b=l'_b-l_b$,并定义 $\Delta\alpha=\alpha_0-\alpha$,则

$$\Delta\alpha=\alpha_0-\alpha=\frac{l_a-l_b}{\delta}-\frac{l'_a-l'_b}{\delta}=\frac{(l_a-l'_a)+(l'_b-l_b)}{\delta}=\frac{\Delta l_a+\Delta l_b}{\delta} \tag{4.54}$$

故

$$\Delta l_a=\Delta\alpha\cdot\delta-\Delta l_b \tag{4.55}$$

$$\Delta l_b=\Delta\alpha\cdot\delta-\Delta l_a \tag{4.56}$$

SMA 片的受压应变为

$$\varepsilon_a=\frac{\Delta l_a}{l_a}=\frac{\Delta\alpha\cdot\delta-\Delta l_b}{l_a} \tag{4.57}$$

被动片的受拉应变为

$$\varepsilon_b=\frac{\Delta l_b}{l_b}=\frac{\Delta\alpha\cdot\delta-\Delta l_a}{l_b} \tag{4.58}$$

假设 SMA 片受到压力为 N，则

$$N=\sigma_a A_a=E_a\varepsilon_a A_a=\frac{E_a\cdot\Delta l_a\cdot b\cdot t_a}{l_a} \tag{4.59}$$

式中　E_a——SMA 片马氏体状态的弹性模量；

A_a——SMA 片的横截面积；

b——SMA 片的横截面宽度；

t_a——SMA 片的横截面高度。

设被动片所受拉力大小为 T，则

$$T=\sigma_b A_b=E_b\varepsilon_b A_b=\frac{E_b\cdot\Delta l_b\cdot b\cdot t_b}{l_b} \tag{4.60}$$

式中　E_b—— 被动片的弹性模量；

A_b—— 被动片的横截面积。

由牛顿第三定律可知，SMA 片所受压力应等于被动片所受拉力，即

$$\frac{E_a\cdot(\Delta\alpha\cdot\delta-\Delta l_b)\cdot b\cdot t_a}{l_a}=N=T=\frac{E_b\cdot(\Delta\alpha\cdot\delta-\Delta l_a)\cdot b\cdot t_b}{l_b} \tag{4.61}$$

定义

$$S_k=\frac{E_a l_b t_a}{E_b l_a t_b} \tag{4.62}$$

消去式(4.61) 中的 Δl_b 可得

$$\Delta l_a=\frac{1}{1+S_k}\Delta\alpha\cdot\delta \tag{4.63}$$

消去式(4.61) 中的 Δl_a 可得

$$\Delta l_b=\frac{S_k}{1+S_k}\Delta\alpha\cdot\delta \tag{4.64}$$

因此

$$\varepsilon_a=\frac{\Delta l_a}{l_a}=\frac{\Delta\alpha\cdot\delta}{(1+S_k)l_a} \tag{4.65}$$

$$T=\sigma_a A_a=E_a\varepsilon_a A_a=\frac{E_a\Delta\alpha\cdot\delta\cdot b\cdot t_a}{(1+S_k)l_a} \tag{4.66}$$

对于驱动器末端截面，在施加力矩 M 以后，根据受力平衡条件可得

$$M=M_K+T\delta \tag{4.67}$$

式中　M_K——SMA 片和被动片弯曲变形时产生的反力矩之和。

根据之前的推导结果可知，

$$M_K=M_{ka}+M_{kb}=E_a I_{az}\left(\frac{1}{\rho+\delta}-\frac{1}{\rho_0+\delta}\right)+E_b I_{bz}\left(\frac{1}{\rho}-\frac{1}{\rho_0}\right) \tag{4.68}$$

由于 $\delta\rho_0 < \rho$，因此可以认为

$$\frac{1}{\rho_0+\delta} \approx \frac{1}{\rho_0} \tag{4.69}$$

$$\frac{1}{\rho+\delta} \approx \frac{1}{\rho} \tag{4.70}$$

则式(4.68)可以化简为

$$M_K = (E_a I_{az} + E_b I_{bz})\left(\frac{1}{\rho+\delta} - \frac{1}{\rho_0+\delta}\right) \tag{4.71}$$

根据近似推导，联立式(4.48)、式(4.50)和式(4.71)可以得到

$$M_K = (E_a I_{az} + E_b I_{bz})\left(\frac{\alpha}{l_a} - \frac{\alpha_0}{l'_a}\right) \approx (E_a I_{az} + E_b I_{bz})\frac{\Delta\alpha}{l_b} \tag{4.72}$$

考虑到分析过程中所做的近似必然导致误差，可以将式(4.72)改写成如式(4.73)所示来减小误差：

$$M_K = (E_a I_{az} + E_b I_{bz})\frac{2\Delta\alpha}{l_a + l_b} \tag{4.73}$$

根据以上分析最终得到

$$M = (E_a I_{az} + E_b I_{bz})\frac{2\Delta\alpha}{l_a + l_b} + \frac{E_a \Delta\alpha \cdot \delta \cdot B \cdot t_a}{(1+S_k)\, l_a} \cdot \delta \tag{4.74}$$

定义 SMA 驱动器静刚度为

$$K = \frac{M}{\Delta\alpha} \tag{4.75}$$

则所设计的 SMA 驱动器刚度特性可以表达为

$$K = \frac{2(E_a I_{az} + E_b I_{bz})}{l_a + l_b} + \frac{E_a \delta^2 \cdot B \cdot t_a}{(1+S_k)\, l_a} \tag{4.76}$$

上述刚度等效模型适用于任何状态下的基于 SMA 的新型驱动器，但由于推导过程中采用了近似的计算方法，因此必然存在一定的误差。虽然如此，在 δ 远小于驱动器曲率半径的情况下，可以认为式(4.76)具有较高的准确性。

为了验证等效刚度模型的准确性，需要对实物样机进行刚度测量试验或者建立有限元模型进行仿真分析，但在上述过程中，角度的变化量不易测量，因此本节采用端点位移来表征基于 SMA 的新型驱动器的刚度大小。根据图 4.22 可知，在力矩 M 作用下，驱动器从实线位置偏移至虚线位置，驱动器端点位移即线段 $\overline{BC}$ 的长度。根据等腰三角形的性质，容易得出

$$\angle BAC = \frac{\alpha_0 - \alpha}{2} = \frac{\Delta\alpha}{2} \tag{4.77}$$

$\overset{\frown}{BD}$ 是以点 A 为圆心的圆弧，故

$$\overline{AB} = \overline{AD} = 2(\rho_0 + \delta)\sin\frac{\alpha_0}{2} \tag{4.78}$$

在 $\angle BAC$ 不大的情况下，近似有

$$\overline{BD} \approx \widehat{BD} = \overline{AB} \cdot \frac{\Delta\alpha}{2} = \left[2(\rho_0 + \delta)\sin\frac{\alpha_0}{2}\right] \cdot \frac{\Delta\alpha}{2} \tag{4.79}$$

且

$$\overline{BD}^2 + \overline{DC}^2 = \overline{BC}^2 \tag{4.80}$$

根据基于 SMA 的新型驱动器的直线位移输出计算公式可得

$$\overline{DC} = \overline{AC} - \overline{AB} = 2(\rho + \delta)\sin\frac{\alpha}{2} - 2(\rho_0 + \delta)\sin\frac{\alpha_0}{2} \tag{4.81}$$

所以，驱动器端点位移的计算表达式为

$$\overline{BC} = \sqrt{\overline{BD}^2 + \overline{DC}^2} \tag{4.82}$$

即

$$\overline{BC} = \sqrt{\left[2(\rho_0 + \delta)\sin\frac{\alpha_0}{2}\right]^2 \cdot \left(\frac{\Delta\alpha}{2}\right)^2 + \left[2(\rho + \delta)\sin\frac{\alpha}{2} - 2(\rho_0 + \delta)\sin\frac{\alpha_0}{2}\right]^2} \tag{4.83}$$

在给定负载力矩的情况下进行端点位移计算时，先利用式(4.76)求解等效刚度 K；然后利用式(4.77)求解 $\Delta\alpha$，最后根据式(4.83)解出端点位移。为了使上述计算方法适用于任意状态的基于 SMA 的新型驱动器，需要对计算过程做如下规定：当主动片(SMA 片)长度大于被动片长度时，用于计算的曲率(曲率半径的倒数)符号为正，圆心角符号为正；当主动片长度小于被动片长度时，用于计算的曲率符号为负，圆心角符号为负。

4.3.3　基于 SMA 的新型驱动器的性能分析

1. 驱动力矩特性分析

作为角位移驱动器，驱动力矩的大小是非常重要的性能指标。为了便于分析最大负载力矩与 SMA 驱动器主要尺寸参数之间的关系，首先对式(4.26)做相应的恒等变换。对于任意作动状态的驱动器都必须满足

$$\frac{1}{\rho} - \frac{1}{\rho_0} = \frac{2(\theta - \theta_0)}{l_b} \tag{4.84}$$

由材料力学知识易得

$$P_{Ar} = \sigma_{re} B_a t_a \tag{4.85}$$

$$I_{az} = \frac{B_a t_a^3}{12} \tag{4.86}$$

$$I_{bz} = \frac{B_b t_b^3}{12} \tag{4.87}$$

式中　B_a—— 金属片宽度。

将式(4.84) ~ (4.87) 代入式(4.26) 可得

$$M_L = \sigma_{re} B_a t_a \delta - \left(E_A \cdot \frac{B_a t_a^3}{12} + E_b \cdot \frac{B_b t_b^3}{12}\right) \left|\frac{2(\theta - \theta_0)}{l_b}\right| \tag{4.88}$$

对于本节提出的基于 SMA 的新型驱动器结构，总是令 $B_a = B_b = B$，由此可得

$$M_L = \sigma_{re} B t_a \delta - \frac{B}{6}(E_A t_a^3 + E_b t_b^3) \left|\frac{(\theta - \theta_0)}{l_b}\right| \tag{4.89}$$

查阅相关参考资料可知，SMA 奥氏体状态下的弹性模量 $E_A = 80$ GPa，钢的弹性模量为 $E_b = 200$ GPa，则对于确定的角位移需求(已知 θ_0 和 θ)，驱动力矩的大小由 6 个设计变量决定：SMA 片回复应力 σ_{re}、被动片宽度 B、SMA 片厚度 t_a、被动片厚度 t_b、中间层间距 δ 和被动片长度 l_b。由于变量数量较多，要对力矩输出性能进行分析，必须采用控制变量法。

(1)SMA 回复应力与被动片宽度对驱动力矩的影响。

为了分析 SMA 片回复应力 σ_{re} 与被动片宽度 B 对驱动力矩大小的影响，取 $t_a = 0.5$ mm，$t_b = 0.5$ mm，$\delta = 3$ mm，$\theta_0 = \pi/4$，$\theta = 0$，$l_b = 100$ mm，则式(4.89) 可化简为

$$M_L = \left(1.5B\sigma_{re} - \frac{175\pi}{12}B\right) \times 10^{-3} \tag{4.90}$$

对 σ_{re} 与 B 离散化取值，并代入式(4.90) 中进行计算，结果见表 4.2。

表 4.2　不同被动片宽度和 SMA 片回复应力下的驱动力矩　　N · m

被动片宽度 B /mm	SMA 片回复应力 σ_{re}/MPa					
	50	100	150	200	250	300
10	0.29	1.04	1.79	2.54	3.29	4.04
15	0.44	1.56	2.69	3.81	4.94	6.06
20	0.58	2.08	3.58	5.08	6.58	8.08
25	0.73	2.60	4.48	6.35	8.23	10.10
30	0.88	3.13	5.38	7.63	9.88	12.13
35	1.02	3.65	6.27	8.90	11.52	14.15

为了便于分析，将表 4.2 的结果绘制成曲线图，图 4.23 给出了驱动力矩 M_L 随 SMA 片回复应力 σ_{re} 和被动片宽度 B 的变化曲线。从变化趋势中可以看出，驱动力矩 M_L 随着 SMA 片回复应力 σ_{re} 的增大而线性增加，被动片宽度 B 越大，线性关系的斜率越大。SMA 片的回复应力 σ_{re} 受到了材料性能的限制，在设计过程中若 SMA 片回复应力不足以产生足够的驱动力矩，则可以通过增加被动片宽度来

满足设计要求。

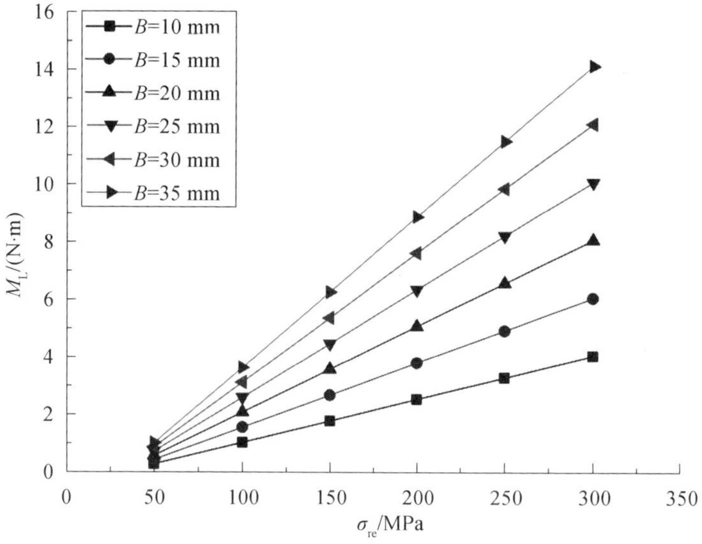

图4.23　驱动力矩与 SMA 片回复应力间的关系

(2)SMA 片厚度与被动片厚度对驱动力矩的影响。

为了分析 SMA 片厚度 t_a 与被动片厚度 t_b 对驱动力矩大小的影响，取 $B=20$ mm，$\sigma_{re}=200$ MPa，$\delta=3$ mm，$\theta_0=\pi/4$，$\theta=0$，$l_b=100$ mm，则式(4.89)化为

$$M_L=12t_a-\pi\left(\frac{2t_a^3}{3}+\frac{5t_b^3}{3}\right) \tag{4.91}$$

对 t_a 与 t_b 离散化取值，并代入式(4.91)中进行计算，结果见表 4.3。

表 4.3　不同被动片厚度和 SMA 片厚度下的驱动力矩　　N·m

被动片厚度 t_b /mm	SMA 片厚度 t_a/mm					
	0.3	0.4	0.5	0.6	0.7	0.8
0.3	3.40	4.52	5.60	6.61	7.54	8.39
0.4	3.21	4.33	5.40	6.41	7.35	8.19
0.5	2.89	4.01	5.08	6.09	7.03	7.87
0.6	2.41	3.53	4.61	5.62	6.55	7.40
0.7	1.75	2.87	3.94	4.95	5.89	6.73
0.8	0.86	1.99	3.06	4.07	5.00	5.85

将表 4.3 的结果绘制成曲线图，图 4.24 给出了驱动力矩 M_L 随 SMA 片厚度 t_a 和被动片厚度 t_b 的变化曲线。从变化趋势中可以看出，驱动力矩 M_L 随着被动片厚度 t_b 的增大而减小，SMA 片厚度 t_a 的改变对非线性关系的影响较小。在设计过程中为了获得更大的驱动力矩，增加 SMA 片厚度 t_a 或减小被动片厚度 t_b 都

会有显著的效果。

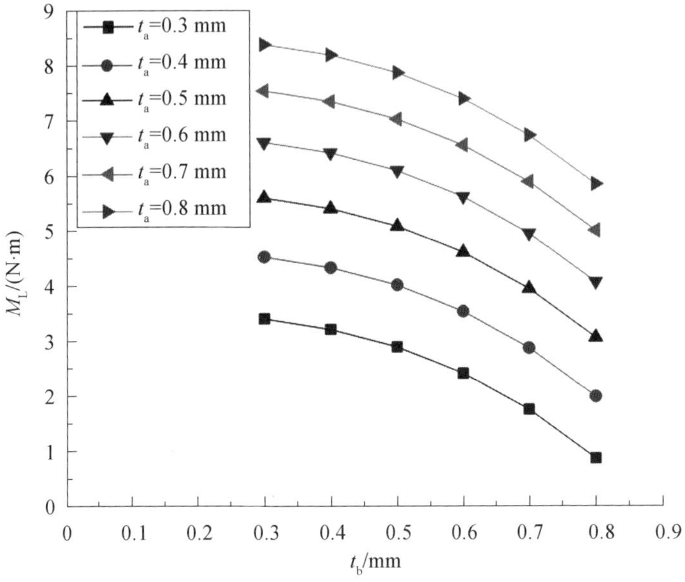

图4.24　驱动力矩与被动片厚度间的关系

(3) 中间层间距与被动片长度对驱动力矩的影响。

为了分析中间层间距 δ 与被动片长度 l_b 对驱动力矩大小的影响，取 $B=20$ mm，$\sigma_{re}=200$ MPa，$t_a=0.5$ mm，$t_b=0.5$ mm，$\theta_0=\pi/4$，$\theta=0$，则式(4.89)可化为

$$M_L=2\delta-\left(\frac{175}{6}\right)\frac{\pi}{l_b} \tag{4.92}$$

对 δ 与 l_b 离散化取值，并代入式(4.92)中进行计算，结果见表4.4。

将表4.4的结果绘制成曲线图，图4.25给出了驱动力矩 M_L 中间层间距 δ 和被动片长度 l_b 的变化曲线。从变化趋势中可以看出，驱动力矩 M_L 随着被动片长度 l_b 的增大而增加，增幅较小。在保持 δ 不变的情况下，l_b 的增加将导致 ε_{ar} 等比例增加，这表明增加 ε_{ar} 与增加 l_b 对驱动力矩的影响是一致的。中间层间距 δ 的改变对非线性关系没有影响，增加 δ 值能显著提高驱动力矩 M_L。

当 l_b/δ 为定值时，在SMA片的可回复预应变保持不变的情况下，基于SMA的新型驱动器的输出角也将保持不变。当 δ 与 l_b 等比例进行变化时，若取定 $l_b/\delta=100/3$，则可由图4.25中的虚线表示，从图中可以看出，这种定比改变能够在保持驱动器输出角不变的情况下显著增加驱动力矩 M_L。

表 4.4　不同被动片长度和中间层间距下的驱动力矩　N·m

被动片长度 l_b /mm	中间层间距 δ/mm					
	1.8	2.4	3.0	3.6	4.2	4.8
60	2.07	3.27	4.47	5.67	6.87	8.07
80	2.45	3.65	4.85	6.05	7.58	8.45
100	2.68	3.88	5.08	6.28	7.48	8.68
120	2.84	4.04	5.24	6.44	7.64	8.84
140	2.95	4.15	5.35	6.55	7.75	8.95
160	3.03	4.23	5.43	6.63	7.83	9.03

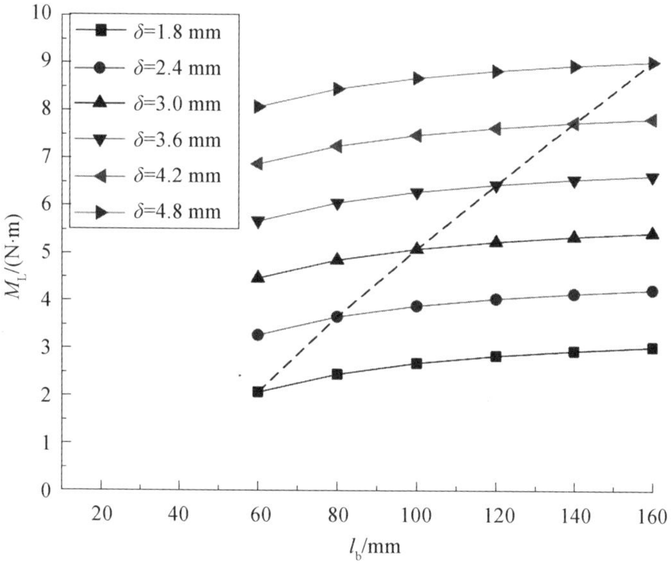

图4.25　驱动力矩与被动片长度间的关系

(4) 输出角位移与驱动力矩的关系。

为了分析输出角位移与驱动力矩之间的关系，取 $B=20$ mm，$\sigma_{re}=200$ MPa，$t_a=0.5$ mm，$t_b=0.5$ mm，$\delta=3$ mm，$l_b=100$ mm。

$$M_L=6-\frac{7}{6}\left|\theta-\theta_0\right|=6-\frac{7}{6}\Delta\theta \tag{4.93}$$

式(4.93)表明基于 SMA 的新型驱动器的输出角位移与驱动力矩之间是简单的线性关系。驱动力矩与驱动器状态角(初态角 θ_0 与终态角 θ)的大小无关，而只与输出角位移 $\Delta\theta$ 的大小有关。输出角位移 $\Delta\theta$ 越大，驱动力矩 M_L 越小。在某些特殊的应用场合，可以通过小角位移叠加来实现较大的角位移，同时保证较大的驱动力矩。

2. 位移输出特性分析

根据几何模型的推导结果可知，基于 SMA 的新型驱动器作为角位移驱动器时，能够实现某一特定的输出角位移的结构尺寸组合并不是唯一的。把初态角 θ_0 和终态角 θ 作为目标函数，则 SMA 片初始长度 l_a、被动片长度 l_b、SMA 片原长 l'_a 和中间层间距 δ 为独立的自变量，可回复预应变 ε_{ar} 为关联变量。通过取点绘图，可以分析这些变量与输出位移之间的关系。

当 $l_a > l_b > l'_a$ 时，取 $l_a - l_b = 4$ mm，$l'_a - l_b = -2$ mm，则 $l_a - l'_a = 6$ mm，ε_{ar} 为某一定值，此时初态角 θ_0、终态角 θ 与中间层间距 δ 的关系曲线如图 4.26 所示。这种情况下，随着 δ 的增大，θ_0 与 θ 的绝对值都逐渐减小，两者的差值也逐渐减小，驱动器的作动过程将同时包括外张、平直和内曲三种状态。

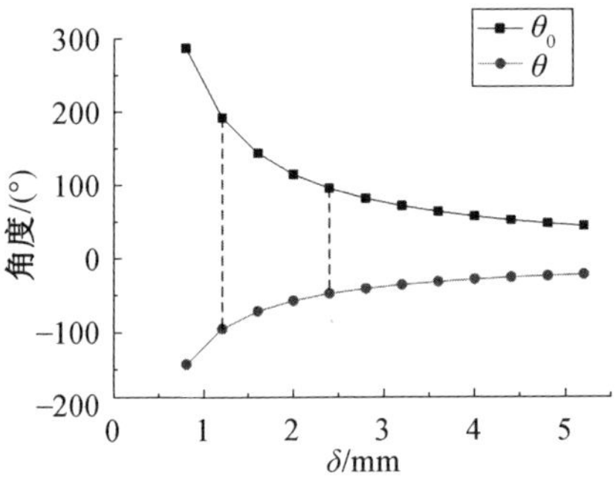

图4.26　$l_a > l_b > l'_a$ 时状态角与 δ 的关系曲线

当 $l_a > l_b = l'_a$ 时，取 $l_a - l_b = 4$ mm，$l'_a - l_b = 0$ mm，则 $l_a - l'_a = 4$ mm，ε_{ar} 为某一定值，此时初态角 θ_0、终态角 θ 与中间层间距 δ 的关系曲线如图 4.27 所示。这种情况下，终态角 θ 的值与中间层间距 δ 的值无关，始终为 0。根据这种特点，可以在保持各长度差值不变的情况下，通过调整 δ 值来设计出各种角度需求的展平动作。

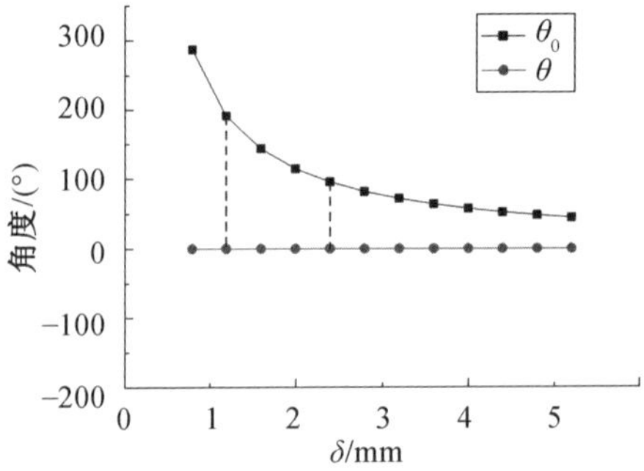

图4.27　$l_a > l_b = l'_a$ 时状态角与 δ 的关系曲线

当$l_a=l_b<l'_a$时，取$l_a-l_b=0$ mm，$l'_a-l_b=-4$ mm，则$l_a-l'_a=4$ mm，ε_{ar}为某一定值，此时初态角θ_0、终态角θ与中间层间距δ的关系曲线如图4.28所示。这种情况下，初态角θ_0与中间层间距δ的值无关，始终为0。根据这种特点，可以在保持各长度差值不变的情况下，通过调整δ值来设计出满足各种角度需求的卷收动作。

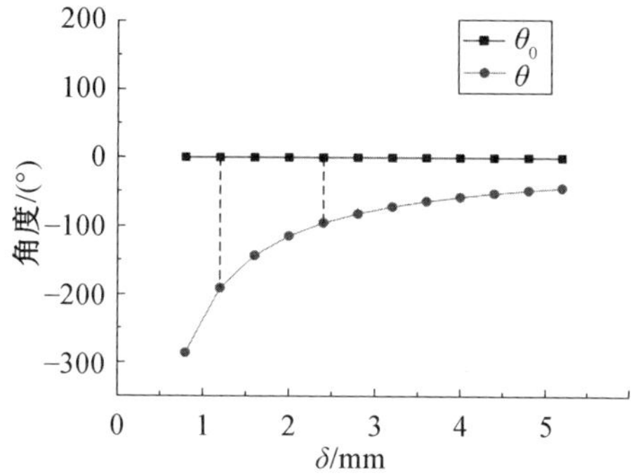

图4.28　$l_a=l_b<l'_a$时状态角与δ的关系曲线

当$l_a>l'_a>l_b$时，取$l_a-l_b=4$ mm，$l'_a-l_b=2$ mm，则$l_a-l'_a=2$ mm，ε_{ar}为某一定值，此时初态角θ_0、终态角θ与中间层间距δ的关系曲线如图4.29所示。这种情况下，随着δ的增大，θ_0与θ的绝对值均逐渐减小，两者的差值也逐渐减小，是纯外张的作动方式。

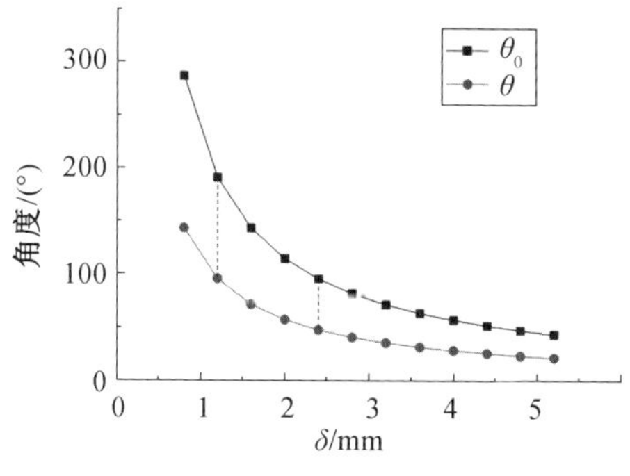

图4.29　$l_a>l'_a>l_b$时状态角与δ的关系曲线

当$l_b<l_a<l'_a$时，取$l_a-l_b=-2$ mm，$l'_a-l_b=-4$ mm，则$l_a-l'_a=2$ mm，ε_{ar}为某一定值，此时初态角θ_0、终态角θ与中间层间距δ的关系曲线如图4.30所示。这种情况下，随着δ的增大，θ_0与θ的绝对值均逐渐减小，两者的差值也逐渐减小，是纯内曲的作动方式。

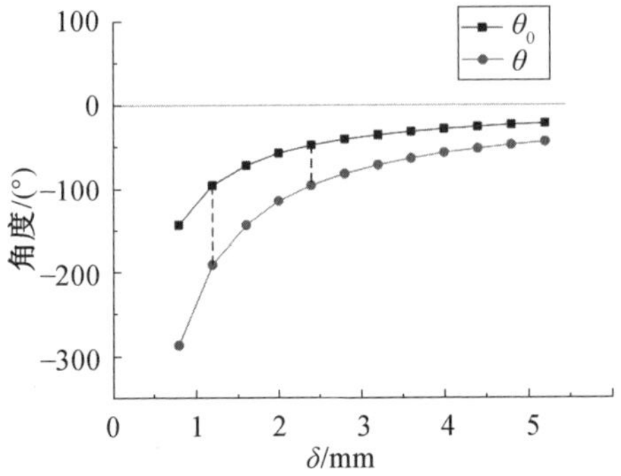

图4.30　$l_b < l_a < l'_a$ 时状态角与 δ 的关系曲线

综合以上曲线图的结果分析可以总结出以下结论：

(1) 随着 δ 的增大，θ_0 与 θ 的差值逐渐减小，即输出角位移逐渐减小。

(2) 在给定中间层间距的情况下，驱动器的输出角位移大小与金属片长度无关，而只与它们的长度差有关。

(3) θ_0 与 θ 的取值可以相互独立进行设计。

(4) 在不考虑负载的情况下，驱动器的角位移输出范围为 $[0, 4\pi]$，即最小输出转角为 0°，最大输出转角为 720°。

需要注意的是，上述长度差的选择受 SMA 材料性能的限制。由于 $\varepsilon_{ar} l_a = l_a - l'_a$，对于相同的长度差值，$l_a$ 取值越小，则所需的可回复应变 ε_{ar} 越大，而 ε_{ar} 的取值受限于当前 SMA 材料的性能。因此，在设计指定角位移的基于 SMA 的新型驱动器时，应优先取定 ε_{ar} 的值，然后根据需求确定其他结构尺寸。

3. 刚度特性分析

为了研究基于 SMA 的新型驱动器各组件结构尺寸对其刚度特性的影响，以便提出提高结构刚度的设计方法，首先要对等效刚度模型的表达式进行恒等变换，将式(4.86)和式(4.87)代入式(4.75)可得

$$K = B\left[\frac{E_a t_a^3 + E_b t_b^3}{6(l_a + l_b)} + \frac{E_a \delta^2 t_a}{(1 + S_k) l_a}\right] \tag{4.94}$$

查阅相关参考资料可知，SMA 马氏体状态下的弹性模量 $E_a = 30$ GPa，钢的弹性模量为 $E_b = 200$ GPa。根据式(4.94)可知，等效刚度的大小由 6 个设计变量决定：被动片长度 l_b、被动片宽度 B、SMA 片厚度 t_a、被动片厚度 t_b、中间层间距 δ 和可回复应变 ε_{ar}（ε_{ar} 的值决定 l_a 大小）。由于变量数量较多，要对刚度特性进行分析，同样必须采用控制变量法。

(1) 被动片长度与宽度对等效刚度的影响。

为了分析被动片长度 l_b 与宽度 B 对等效刚度 K 的影响，取 $t_a = 0.5$ mm，

$t_b = 0.5\ \text{mm}, \theta_0 = \pi/4, \theta = 0, \varepsilon_{ar} = 3\pi/200$，则可得

$$\delta = \frac{3l_b}{100} \tag{4.95}$$

根据式(4.30) 可得

$$l_a = \frac{\pi}{2}\delta + l_b \tag{4.96}$$

根据式(4.96) 和式(4.53) 可得

$$S_k = \frac{3l_b}{20\left(\frac{\pi}{2}\delta + l_b\right)} \tag{4.97}$$

将式(4.95) 和式(4.96) 代入式(4.94) 可得

$$K = B\left[\frac{28.75}{6\left(\frac{\pi}{2}\delta + 2l_b\right)} + \frac{300\delta^2}{20\left(\frac{\pi}{2}\delta + l_b\right) + 3l_b}\right] \tag{4.98}$$

对 l_b 与 B 离散化取值，并用每一个 l_b 的离散值分别求解对应的 δ 值，并代入式(4.98) 中进行计算，结果见表 4.5。

表 4.5　定比条件下不同被动片长度和宽度时的等效刚度　N·m·rad^{-1}

被动片长度 l_b /mm	中间层间距 δ /mm	被动片宽度 B/mm					
		10	15	20	25	30	35
60	1.8	7.16	10.73	14.31	17.89	21.47	25.05
80	2.4	9.31	13.97	18.63	23.29	27.94	32.60
100	3.0	11.51	17.27	23.02	28.78	34.53	40.29
120	3.6	13.73	20.59	27.45	34.32	41.18	48.05
140	4.2	15.96	23.93	31.91	39.89	47.87	55.84
160	4.8	18.19	27.28	36.38	45.47	54.57	63.66

将表 4.5 的结果绘制成曲线图，图 4.31 给出了等效刚度 K 随被动片长度 l_b 与宽度 B 的变化曲线。从变化趋势中可以看出，等效刚度 K 随着被动片长度 l_b 的增大而线性增加，被动片宽度 B 越大，线性关系的斜率越大。由此可知，在取定 ε_{ar} 的情况下，为了满足角位移输出需求，l_b 与 δ 必须以相同的倍数变化，这时 l_b 越大，等效刚度 K 也越大。换言之，对于一系列角位移输出相同的基于 SMA 的新型驱动器，尺寸越大则抵抗变形的能力越强。

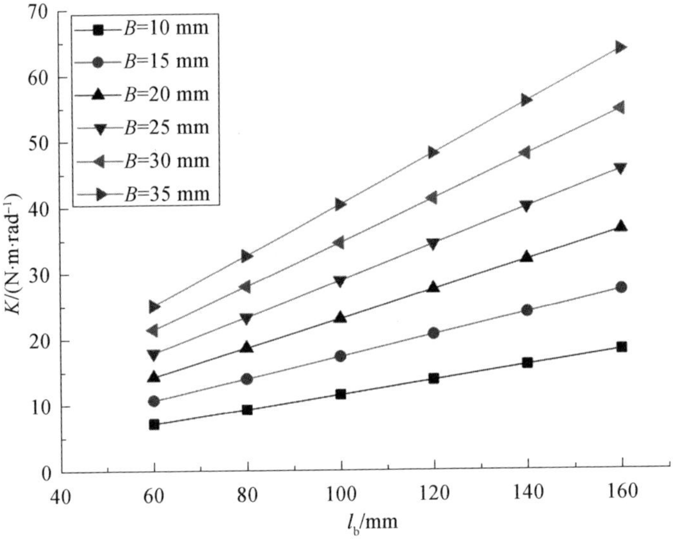

图4.31　等效刚度与被动片宽度之间的关系

(2)SMA 片厚度与被动片厚度对等效刚度的影响。

为了分析 SMA 片厚度 t_a 与被动片厚度 t_b 对等效刚度 K 的影响，取 $B=20$ mm，$\theta_0=\pi/4$，$\theta=0$，$l_b=80$ mm，$\delta=2.4$ mm，$\varepsilon_{ar}=3\pi/200$，则式(4.94)可表达为

$$K=20\left[\frac{30t_a^3+200t_b^3}{982.62}+\frac{172.8t_a}{\left(83.77+\dfrac{12t_a}{t_b}\right)}\right] \tag{4.99}$$

对 t_a 与 t_b 离散化取值，代入式(4.99)中进行计算，结果见表 4.6。

表 4.6　不同 SMA 片厚度和被动片厚度时的等效刚度　N·m·rad^{-1}

被动片厚度 t_b /mm	SMA 片厚度 t_a /mm					
	0.3	0.4	0.5	0.6	0.7	0.8
0.3	10.95	14.00	16.84	19.48	21.96	24.30
0.4	11.45	14.73	17.83	20.77	23.56	26.23
0.5	11.92	15.35	18.63	21.76	24.77	27.67
0.6	12.44	15.98	19.38	22.66	25.83	28.90
0.7	13.07	16.69	20.19	23.57	26.87	30.07
0.8	13.85	17.52	21.09	24.57	27.96	31.27

将表 4.6 的数据绘制成曲线图，图 4.32 给出了等效刚度 K 随 SMA 片厚度 t_a 与被动片厚度 t_b 的变化曲线。从变化趋势中可以看出，等效刚度 K 随着被动片厚度 t_b 的增大而近似地线性增加，SMA 片厚度 t_a 的增加几乎不影响变化趋势。

横纵对比可以发现,增加 SMA 片厚度 t_a 能够显著提升等效刚度 K,而增加被动片厚度 t_b 时 K 的增大趋势相对平缓,因此在设计时增加 t_a 获得的刚度性能收益更高。

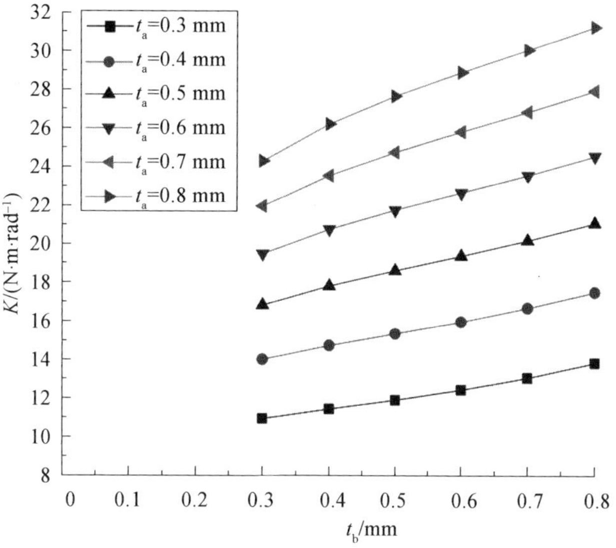

图4.32　等效刚度与被动片厚度之间的关系

(3) 可回复应变与中间层间距对等效刚度的影响。

为了分析可回复应变 ε_{ar} 与中间层间距 δ 对等效刚度 K 的影响,取 $B=20$ mm,$t_a=0.5$ mm,$t_b=0.5$ mm,$\theta_0=\dfrac{\pi}{4}$,$\theta=0$,则式(4.94) 可表达为

$$K=\frac{575}{\delta\left(3\pi+\dfrac{6\pi}{\varepsilon_{ar}}\right)}+\frac{6\,000\delta}{10\pi+\dfrac{23\pi}{2\varepsilon_{ar}}} \tag{4.100}$$

对 ε_{ar} 与 δ 离散化取值,代入式(4.100) 中进行计算,结果见表 4.7。

表 4.7　不同可回复应变和中间层间距时的等效刚度　N·m·rad^{-1}

可回复应变	中间层间距 δ/mm					
ε_{ar}/%	1.8	2.4	3.0	3.6	4.2	4.8
3	9.24	12.03	14.87	17.73	20.61	23.49
4	12.22	15.91	19.66	23.44	27.25	31.06
5	15.15	19.72	24.37	29.06	33.78	38.51
6	18.03	23.47	29.00	34.57	40.20	45.83
7	20.87	27.16	33.56	40.02	46.52	53.03
8	23.66	30.79	38.05	45.37	52.73	60.11

将表 4.7 的数据绘制成曲线图，图 4.33 给出了等效刚度 K 随可回复应变 ε_{ar} 与中间层间距 δ 的变化曲线。从变化趋势中可以看出，等效刚度 K 随着可回复应变 ε_{ar} 的增加而线性增加，线性关系的斜率随着中间层间距 δ 的增大而增大。相同 ε_{ar} 的情况下，δ 值越大，K 越大。由此可知，增加可回复应变 ε_{ar} 或增加中间层间距 δ 都是提高基于 SMA 的新型驱动器的有效手段。

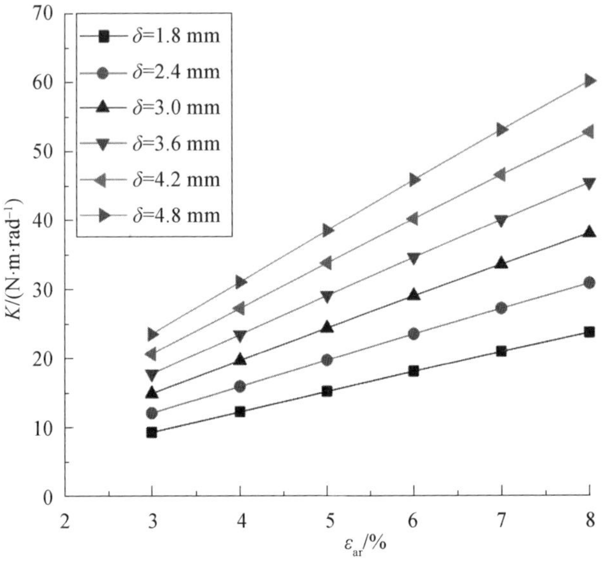

图4.33　等效刚度和中间层间距之间的关系

4. SMA 驱动器有限元分析

为了验证部分理论分析的结果，以及从有限元的角度解决理论力学方法难以处理的问题，对 SMA 驱动器进行有限元分析，本节采用的有限元分析软件为 ANSYS Workbench。由于在理论推导过程中，并没有针对某一构型进行分析，并考虑到 SMA 驱动器构型 A 中的承压滚柱和凯夫拉绳与金属片之间为线接触，在 ANSYS Workbench 软件中难以进行合理的网格划分，即使网格划分成功，仿真结果也存在明显的偏差；而 SMA 驱动器构型 B 中的间距保持片与金属片之间的接触可以为面接触，其仿真分析的准确性更易保证，因此选择构型 B 在 ANSYS Workbench 中进行有限元分析。在不影响分析结果整体趋势的情况下，为了减小计算量，对构型 B 的模型进行适当简化，忽略保形丝和保形挡环的影响，建立的 SMA 驱动器的有限元模型如图 4.34 所示。

当 $\delta=3.3$ mm，间距保持片材料为结构钢，保持片数量为 26 个时，在 ANSYS Workbench 中对同一模型采用不同的接触类型进行分析。当间距保持片与两层金属片之间的接触类型为静摩擦接触和绑定接触时，SMA 驱动器的固有频率仿真结果见表 4.8。仿真结果表明，绑定接触下的固有频率是静摩擦接触下的固有频率值的 2 倍左右，接触类型对固有频率的仿真结果的影响很大，因此必须准确选择接触类型。根据 SMA 驱动器的工作原理可知，静摩擦接触最符合实际的接触关系。

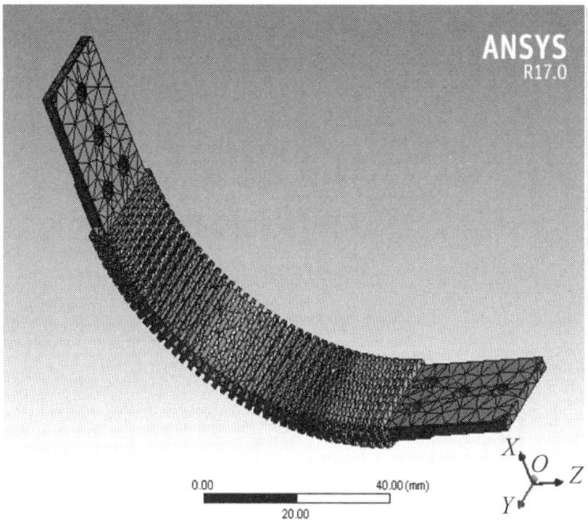

图4.34　SMA 驱动器有限元模型的网格划分(彩图见附录)

表 4.8　不同接触类型下的固有频率仿真结果　　Hz

接触类型	固有频率					
	1 阶	2 阶	3 阶	4 阶	5 阶	6 阶
静摩擦接触	85	95	232	637	705	1 159
绑定接触	155	261	636	1 431	2 143	3 215

在进行理论分析时，并没有考虑间距保持片数量和材料对性能的影响，而实际上这些影响是不可忽略的。当 $\delta=2$ mm，间距保持片数量为 40 个时，赋予间距保持片不同的材料进行固有频率仿真计算。当间距保持片材料分别为钢、碳纤维和理想材料时，SMA 驱动器的固有频率仿真结果见表 4.9。其中，碳纤维材料的弹性模量为 150 GPa，密度为 1 680 kg/m^3；理想材料的弹性模量为 400 GPa，密度为1 kg/m^3。材料的弹性模量越大而密度越小，有限元模型越接近理论分析中的理想模型。根据表 4.9 的仿真分析结果可知，间距保持片的材料对 SMA 驱动器的固有频率有明显的影响，采用高弹性模量、低密度的材料能显著提高结构的动刚度。

表 4.9　间距保持片材料在不同情况下的固有频率仿真结果　Hz

间距保持片材料	固有频率					
	1 阶	2 阶	3 阶	4 阶	5 阶	6 阶
钢	86	122	260	651	714	1 311
碳纤维	99	129	320	838	990	1 828
理想材料	109	155	400	1 070	1 341	2 475

间距保持片数量不同，SMA 驱动器的性能显然是有差异的。为了分析间距保持片数量对 SMA 驱动器基频的影响，当间距保持片材料分别为钢和碳纤维时，基频的仿真计算结果见表 4.10。仿真计算的结果表明，不论材料是钢还是碳纤维，随着间距保持片数量的减少，SMA 驱动器的固有频率整体趋势为逐渐降低，这与实际经验是相符的。但是，当材料是钢且间距保持片数量为 20 和 10 时，出现了基频升高的现象，而当材料为碳纤维时则没有类似的趋势。这是由于间距保持片数量的减少将直接导致基频降低，但也能够减轻结构质量，从而提高基频。同时，钢的密度较大，因而间距保持片数量的减少对结构质量影响较大，从而导致基频增加的趋势高于降低的趋势；碳纤维材料的密度较小，故间距保持片数量的减少对结构质量的影响较小，基频增加的趋势较小，因此没有出现基频升高现象。

表 4.10　不同间距保持片数量时的固有频率　Hz

间距保持片材料	等分数 N 的值					
	40	30	20	9	4	2
钢	86	83	84	84	71	38
碳纤维	99	92	90	84	65	38

对 SMA 驱动器进行静力学仿真分析，在端部施加 5 N·m 的扭矩，其整体的等效应力分布如图 4.35 所示，在力矩作用下整体的变形趋势如图 4.36 所示，组件的等效应力分布如图 4.37 所示。

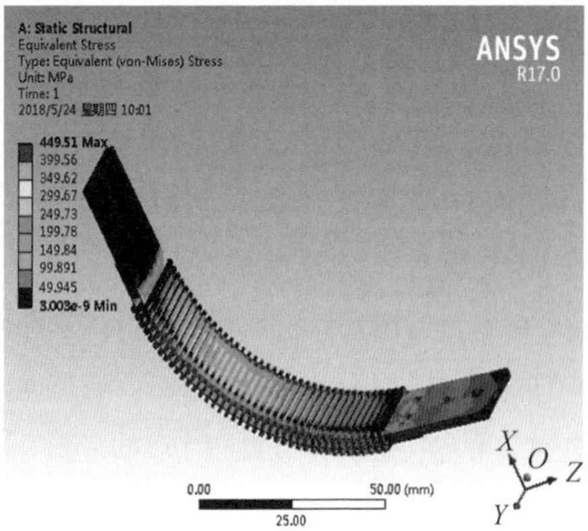

图4.35　SMA 驱动器整体的等效应力分布(彩图见附录)

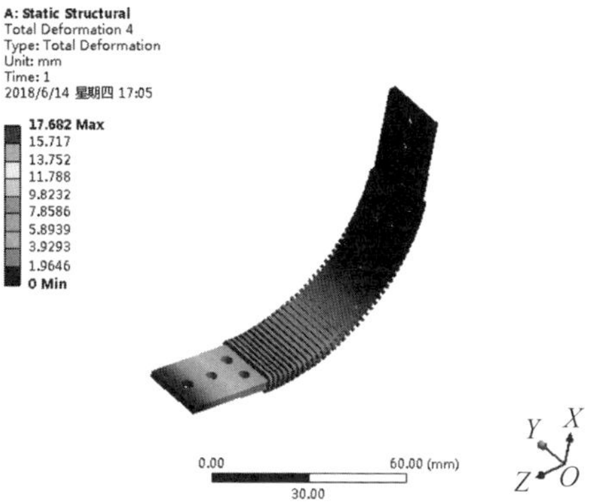

图4.36　SMA 驱动器在力矩作用下整体的变形趋势(彩图见附录)

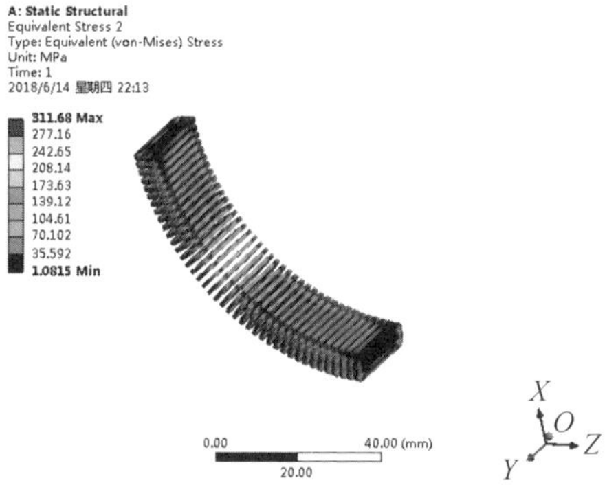

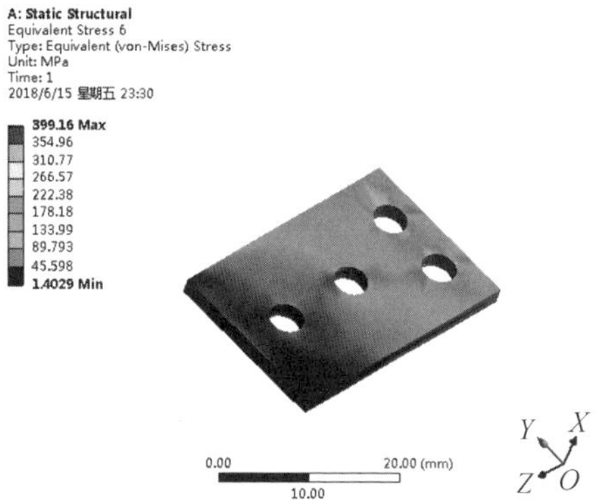

(a) 间距保持片等效应力图　　(b) 连接板等效应力图

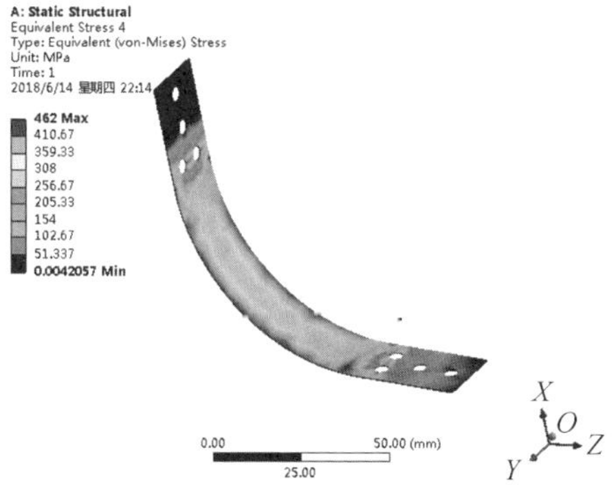

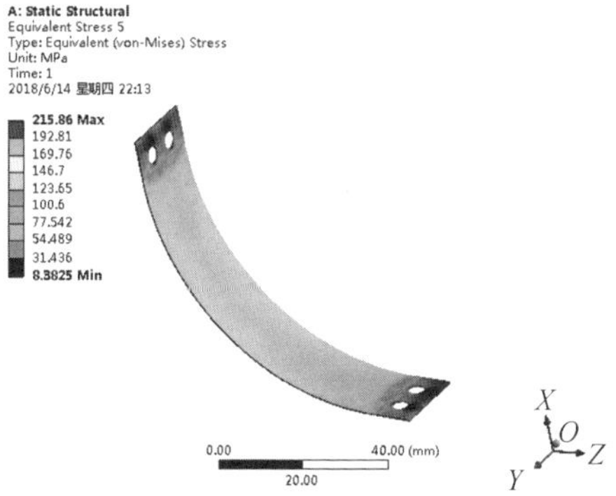

(c) 被动片等效应力图　　(d) SMA片等效应力图

图4.37　力矩作用下各组件的等效应力分布(彩图见附录)

为了验证刚度模型的正确性,利用有限元软件对间距保持片数量不同的情况进行静刚度分析,并通过测量端点位移来比较刚度大小。仿真计算结果见表4.11。SMA 驱动器在外力矩作用下将发生屈曲失效。为了分析间距保持片数量对屈曲特性的影响,对间距保持片数量不同的 SMA 驱动器进行屈曲分析,分析结果如图 4.38 所示。随着间距保持片数量的减少,使 SMA 驱动器发生屈曲所需的力矩随之减小，结构的稳定性逐渐降低。

表 4.11　不同数量间距保持片下的端点位移

等分数量 / 个	40	30	20	9	4	2
端点位移 /mm	9.647 5	10.898	11.47	13.015	18.392	90.204

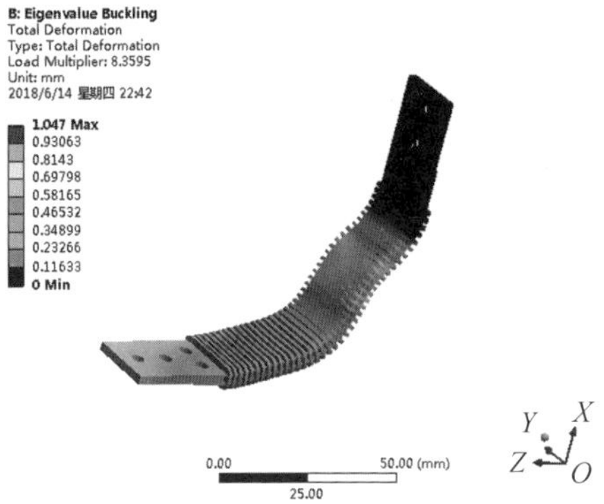

(a) N=40的屈曲特性

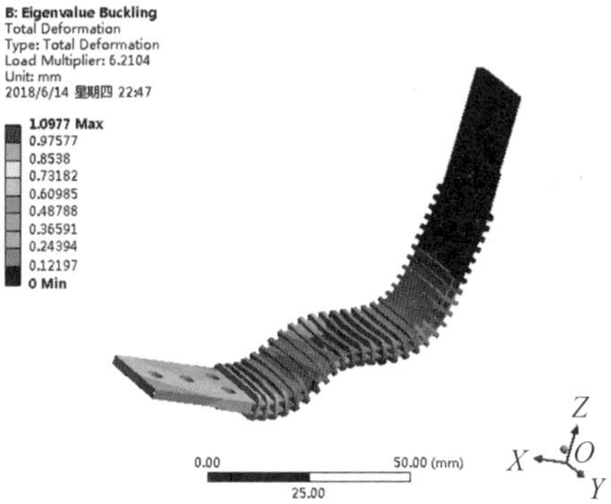

(b) N=30的屈曲特性

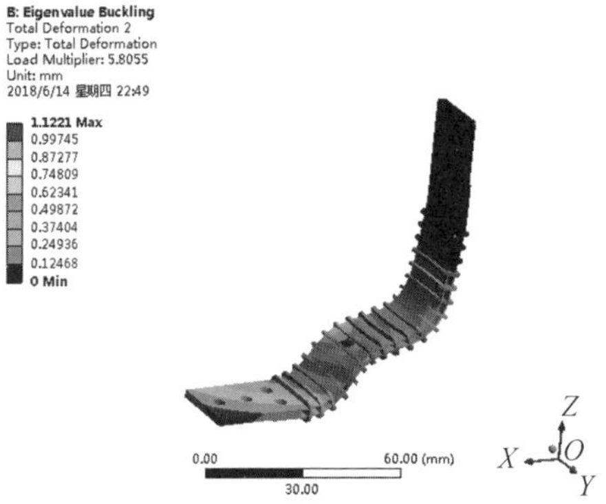

(c) N=20的屈曲特性

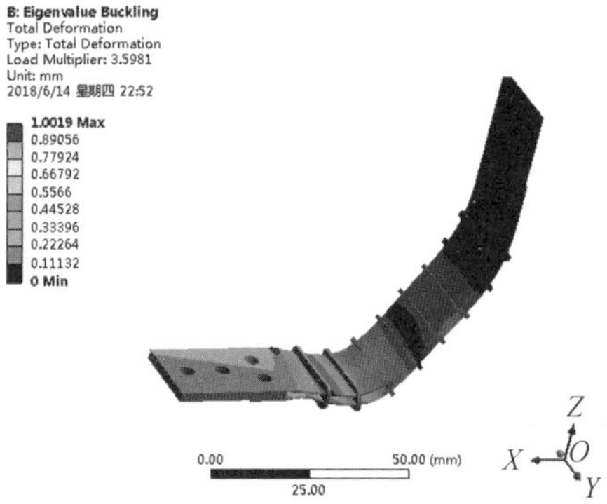

(d) N=9的屈曲特性

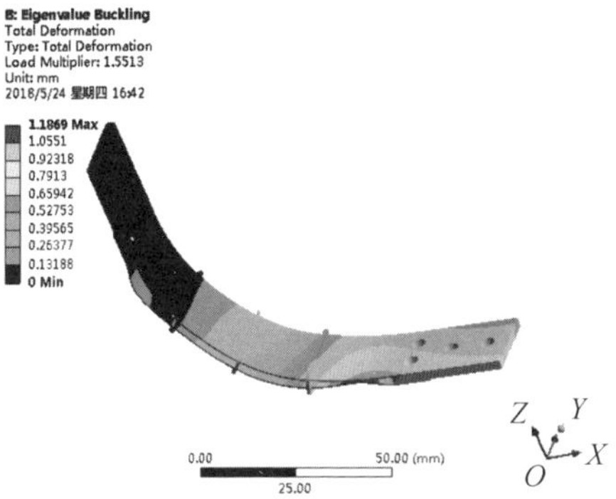

(e) N=4的屈曲特性

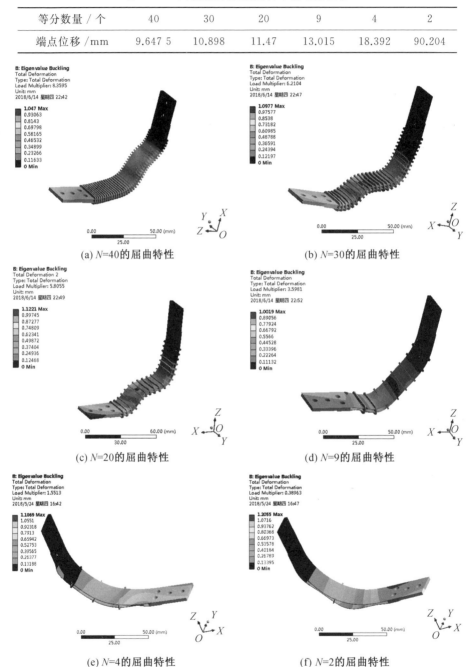

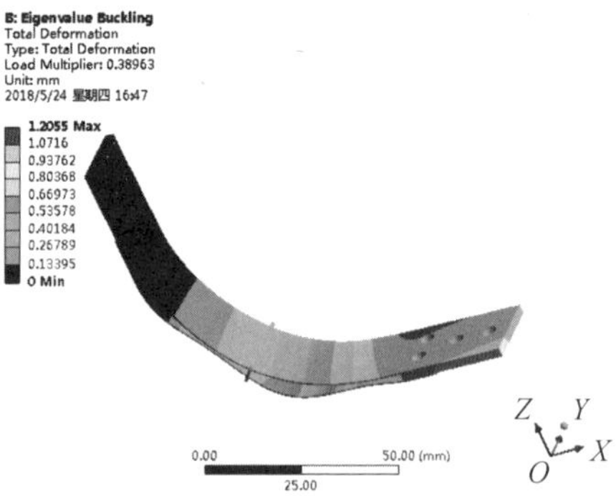

(f) N=2的屈曲特性

图4.38　不同数量间距保持片下的驱动器屈曲特性分析（彩图见附录）

4.3.4　基于 SMA 的新型驱动器的试验研究

1. 形状记忆合金性能测试

形状记忆合金的材料性质直接决定了基于 SMA 的新型驱动器的性能，为了对样机性能进行准确的评价分析，首先要对 SMA 片进行性能测试，SMA 片性能测试试验平台如图 4.39 所示，性能测试试验如图 4.40 所示。

图4.39　SMA 片性能测试试验平台

试验测试使用的 SMA 片长 100 mm，宽 20 mm，厚 0.5 mm，马氏体逆相变初始温度为 75 ℃。测试前，对 SMA 片进行加热，使其形状尺寸回复到初始状态。粗调万能拉伸机使夹具之间的距离接近 SMA 片长度，然后用万能拉伸机的下夹具夹紧 SMA 片的一端。调整万能拉伸机，使上夹具的夹头与 SMA 片另一端的夹紧段重合，确保 SMA 片处于竖直方位时，进行夹紧操作。对万能拉伸机进行微调，使得拉力刚好为零，此时将位移示数调零，可以开始试验测试。

测试时，SMA 片两端各有 10 mm 的夹紧段，因此实际有效的拉伸段长度为 80 mm。

试验过程：缓慢调节万能拉伸机，将 SMA 片拉长至一定长度（位移量分别为 0.5 mm、1 mm、1.5 mm、2 mm、2.5 mm、3 mm、3.5 mm、4 mm、4.5 mm、5 mm），记录相应的拉力值即为预拉力值；微调万能拉伸机，缓慢卸载使拉力为零，记录此时的位移值即为剩余拉伸量；使用调温热风枪对 SMA 片进行充分加热，使其发生马氏体逆相变，一段时间后记录拉力最大值即为最大回复力；保持加热，微调万能拉伸机直到拉力示数显示为零，记录此时位移示数即为不可回复的残余

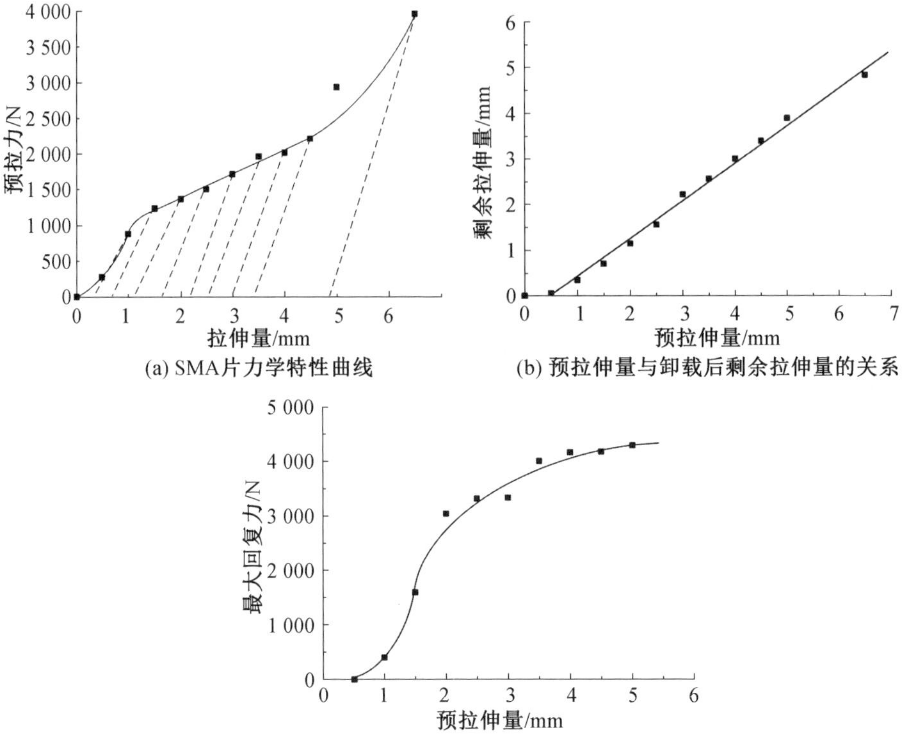

(a) SMA片力学特性曲线　(b) 预拉伸量与卸载后剩余拉伸量的关系

(c) 预拉伸量与最大回复力的关系

图4.40　SMA 性能测试试验

拉伸量。

根据表 4.12 中的数据，剔除误差较大的点，绘制 SMA 片力学特性曲线如图 4.40(a) 所示。从图中可以看出，随着预拉伸量（各点的横坐标）的增加，所需的预拉力先快速增加，再缓慢增加，最后快速增加，这符合形状记忆合金材料受拉变形的理论规律。虚线表示 SMA 片的卸载过程，虚线与横轴交点的横坐标值即为卸载后残余拉伸量，其卸载特性同样符合形状记忆合金的理论规律。

根据表 4.12 中的数据，通过直线拟合绘制 SMA 片的预拉伸量与卸载后剩余拉伸量关系曲线如图 4.40(b) 所示。直线与横轴交点的含义是，在低于交点横坐标值的预拉伸量下，SMA 片在弹性变形范围内，其预拉伸变形能够完全回复。在进行 SMA 驱动器设计时，图 4.40(b) 是选择预拉伸量的依据。

根据表 4.12 中的数据，绘制预拉伸量与最大回复力间的关系曲线如图 4.40(c) 所示。从图中可以看出，若预拉伸量较小（小于 0.5 mm），则 SMA 片发生的变形在弹性范围内，不存在剩余变形，故也不存在回复力。随着预拉伸量的增加，SMA 片的最大回复力迅速增加，最大回复力超过 4 000 N 以后开始趋于稳定，通过计算易知本节设计驱动器时所采用的 SMA 片的最大回复应力为 400 MPa。

表 4.12　SMA 片性能测试试验数据

预拉伸量 /mm	预拉力 /N	剩余拉伸量 /mm	最大回复力 /N	残余拉伸量 /mm
0.5	273	0.055	—	—
1.0	882	0.352	402	0.125
1.5	1 235	0.705	1 595	0.270
2.0	1 369	1.148	3 041	0.383
2.5	1 504	1.563	3 316	0.648
3.0	1 716	2.222	3 333	0.828
3.5	1 963	2.564	4 001	1.025
4.0	2 015	2.998	4 163	1.026
4.5	2 214	3.398	4 174	1.066
5.0	2 935	3.892	4 290	1.105
6.5	3 957	4.835 7	—	—

2. 基于 SMA 的新型驱动器的制作工艺

为了对双被动片式 SMA 驱动器进行试验验证，为构型 A 设计了相应的制作工艺流程。

所需材料：铝合金连接板 2 块，3 mm 直径的承压滚柱 26 个，凯夫拉绳一卷，紧固螺栓，不锈钢片 1 个，SMA 片 1 个。

该 SMA 驱动器的制作过程如下：

(1) 在铝合金连接板、不锈钢片和 SMA 片上分别打好连接孔。

(2) 用万能拉伸机将 SMA 片预拉伸至所需长度。

(3) 将钢片与 SMA 片弯曲成初始状态所对应的弧度，保形一段时间。

(4) 将钢片一端的连接孔、SMA 片一端的连接孔与一片铝合金连接板的连接孔对齐，并用螺栓穿过连接孔定位。

(5) 将凯夫拉绳缠绕在螺栓根部，然后拧上螺母，将凯夫拉绳的一端、不锈钢片、SMA 片及铝合金连接板固定在一起，拧紧螺母。

(6) 在不锈钢片与 SMA 片之间放入一个承压滚柱，并按压使之与凯夫拉绳缠绕，直至刚放入的承压滚柱无法横向窜动，注意在缠绕过程中必须保持凯夫拉绳绷紧且承压滚珠之间紧贴在一起。

(7) 重复第(6)步，如图 4.41 所示，承压滚柱全部放入并被凯夫拉绳包裹。

(8) 用紧固螺栓将不锈钢片与 SMA 片末端的连接孔与另一片铝合金连接板的连接孔对齐。

(9) 将凯夫拉绳缠绕在螺栓根部，然后拧上螺母，将凯夫拉绳的另一端、不锈钢片、SMA 片及铝合金连接板固定在一起，拧紧螺母。

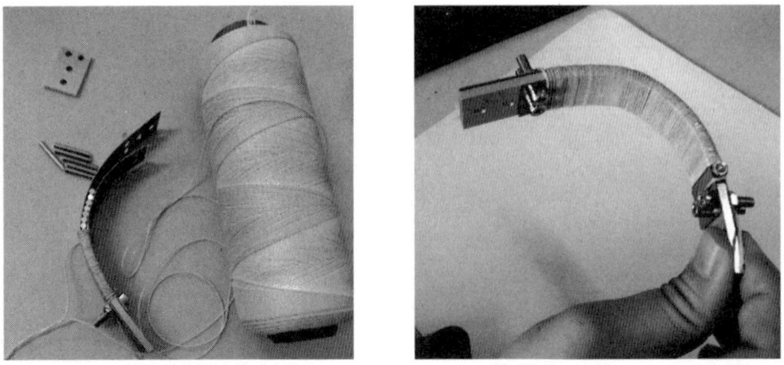

(a) SMA驱动器制作过程　　(b) 装配完成的SMA驱动器

图4.41　SMA 驱动器制作过程和装配完成的 SMA 驱动器

3. 基于 SMA 的新型驱动器性能的试验测试

(1) 静刚度测量试验。

为了验证理论模型的准确性，对基于 SMA 的新型驱动器进行静刚度测试试验。由于试验条件的限制，用挂砝码的方式加载，静刚度测量原理和测量试验系统如图 4.42 和图 4.43 所示。

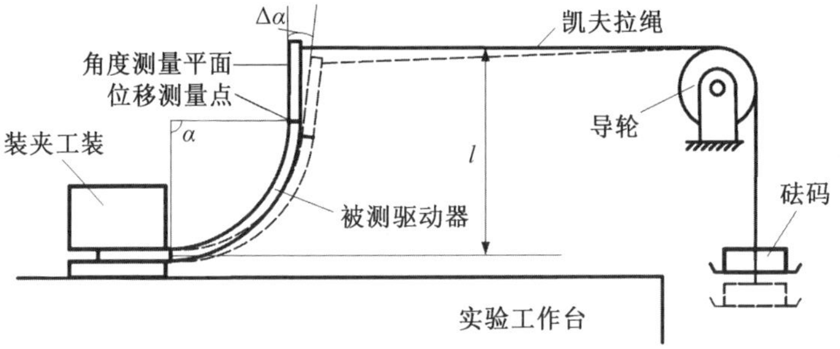

图4.42　静刚度测量原理图

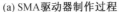

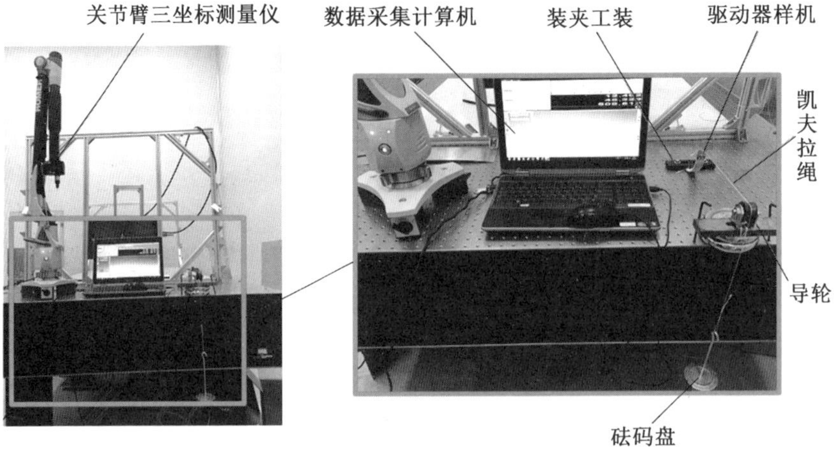

图4.43　静刚度测量试验系统

静刚度测量试验过程如下：

① 将被测驱动器用装夹工装固定在试验工作台上，用凯夫拉绳将驱动器一端与空砝码盘相连，将绳子绕过导轮使绳子在空砝码盘的重力作用下拉直，以此作为测量的初始状态。

② 用关节臂三坐标测量仪测量并记录初始平面的位置及初始状态下测量点的位置作为参照基准。

③ 增挂砝码，被测驱动器在拉力作用下变形至虚线位置，用关节臂三坐标测量仪测量并记录角度测量平面及位移测量点的新位置。

④ 重复第 ③ 步，直至完成一组测量试验。

⑤ 用数据采集计算机处理测量所得的数据，得到角度变化值和位移值。

按照试验过程分别对 $\delta=2.5$ mm、$\delta=3.5$ mm 和 $\delta=4.5$ mm 的三个驱动器进行试验，驱动器其他尺寸参数相同，记录试验数据见表 4.13。

表 4.13　静刚度试验数据

驱动器类型	被测量	0.5 kg	1 kg	1.5 kg	2 kg	2.5 kg	3 kg
$\delta=2.5$ mm	加载端位移 /mm	2.53	4.84	6.72	8.51	10.47	12.28
	角度变化 /(°)	2.51	4.91	7.62	10.73	13.96	16.73
$\delta=3.5$ mm	加载端位移 /mm	1.91	3.48	4.95	5.87	7.63	8.26
	角度变化 /(°)	1.73	2.54	4.17	4.99	6.54	7.13
$\delta=4.5$ mm	加载端位移 /mm	1.45	2.70	3.85	4.63	5.93	6.62
	角度变化 /(°)	1.56	2.44	3.57	4.26	5.51	6.38

从试验数据结果可以看出，拉力作用点的纵向位移相比于凯夫拉绳的长度(300 mm)很小，因此为了便于处理试验数据，忽略绳的拉力方向的微小角度变化，认为拉力力臂始终为 $l=0.079$ m，则将砝码作用力换算为力矩，将试验数据绘制成曲线，如图 4.44 所示。

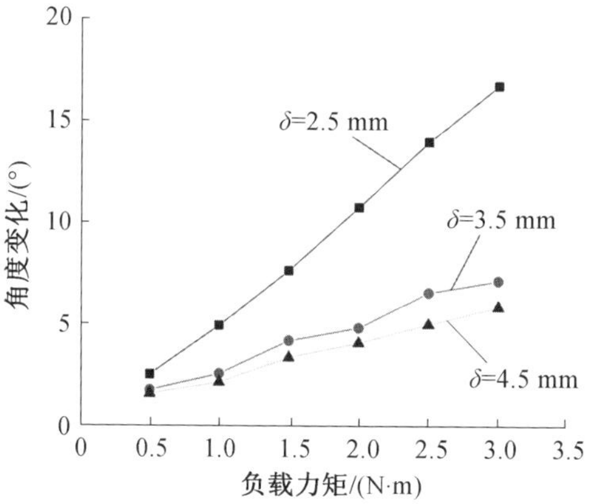

图4.44　静刚度试验结果

从图4.44所示的静刚度试验结果可以看出，δ值越大，驱动器静刚度越高，这与本节的理论推导结果相符。因此要获得刚度较高的驱动器，应尽可能地设计较大的δ值。在试验测试时，明显感觉出驱动器在小力矩作用下易于变形，而随着作用力矩的增加，其抵抗变形的能力突然增大；从曲线趋势上来看，当负载力矩为零时，角度变化值不为零，这都是螺栓连接、轴孔连接的间隙导致的。

(2) 输出角位移特性试验。

根据位移输出特性分析结果可知，在SMA可回复应变给定的情况下，驱动器的中间层间距δ值越小，其输出角位移能够设计得越大。为了便于试验操作和观察，选择$\delta = 2.5$ mm的外张式驱动器进行输出角位移特性试验。为了演示SMA驱动器的驱动过程，在驱动器一端安装一块铝合金板进行展开试验。将SMA驱动器的一端安装固定，对SMA片进行加热，展开过程如图4.45所示。图示展开时间仅供参考，驱动展开的速度与负载大小和加热效率有关。在空载且加热速率较高的情况下，驱动器能够在10 s内完成作动过程。

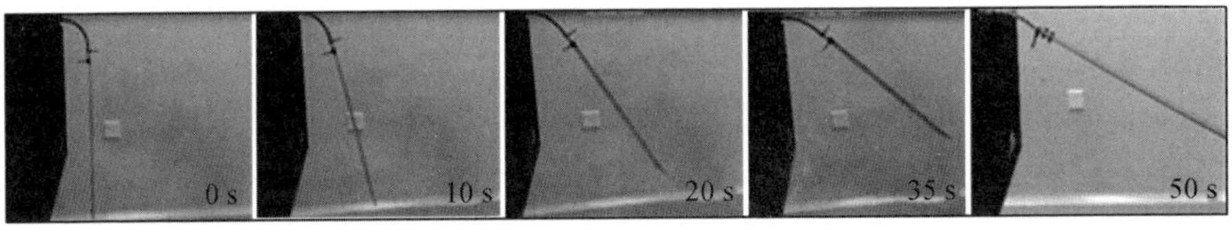

图4.45　SMA驱动器的展开过程

为了对SMA驱动器的输出角位移大小进行量化测量，将处于初始状态的SMA驱动器固定在试验工作台上。试验前，用关节臂三坐标测量仪测量试验工作台平面的位置，然后测量驱动器末端测量面的位置，记录其初始状态，如图4.46所示。加热SMA片使驱动器作动，当加热到驱动器角度不再变化时即达到最大输出角位移，再次进行测量，记录最终状态，如图4.47所示。

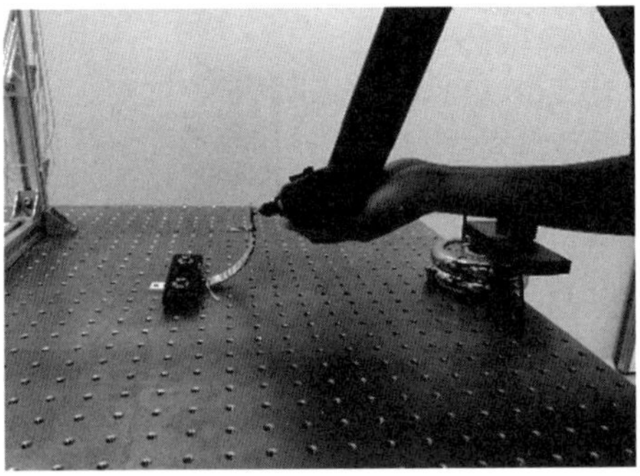

图4.46　初始状态测量

图4.47　驱动器最终状态

为了验证输出角位移与剩余变形量之间的关系，将一组初始长度相同的 SMA 片拉伸至不同的长度，并记录其剩余变形量，根据剩余变形量计算出驱动器理论初始角度。将具有不同预变形量的 SMA 片分别装入驱动器中，通过空载作动试验进行角度变化的测量，测量结果见表 4.14。

表 4.14　$\delta = 2.5$ mm 的驱动器角位移输出特性试验数据

预拉伸量 /mm	5	4.5	4	3.5
剩余变形量 /mm	3.9	3.4	3.0	2.6
理论初始角度 /(°)	90	78.7	69.4	57.6
实测初始角度 /(°)	89.6	76.3	67.7	57.2
最终角度 /(°)	30.1	28.2	27.6	25.4
输出角位移 /(°)	59.5	48.1	38.1	31.8

研究剩余变形量与输出角位移之间的关系，将试验数据绘制成曲线，如图 4.48 所示。

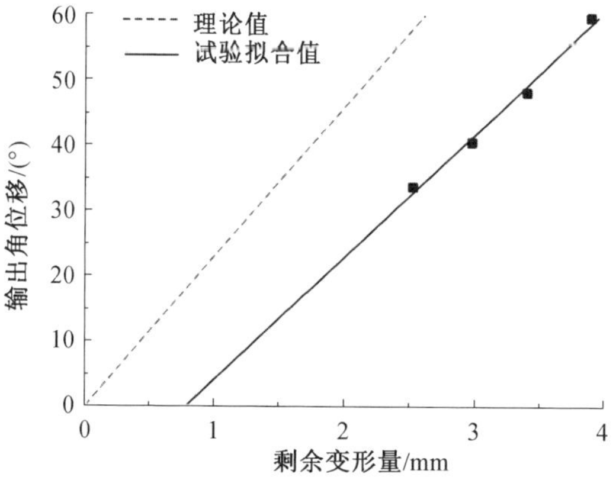

图4.48　角位移输出特性试验结果与理论对比

从图 4.48 的试验结果可以看出，驱动器的输出角位移与预拉伸变形量呈线性关系，这与理论分析的结果一致。但是，实际输出角位移与理论值误差很大，且剩余变形量越大误差越大，经过分析认为产生误差原因主要有以下 4 点：

① 结构参数建模时认为被动片定长，但实际上被动片长度会在 SMA 片的拉压下缩短，从而导致输出角位移减小。

② 在进行被动片长度计算时，假设 SMA 片的预应变是能够完全回复的，但经过试验测量，试验所用的 SMA 片不能完全回复且不可回复的残余变形所占的比例最大可达 25%，这导致了驱动器输出角度同幅度的减少。

③ 由于 SMA 片弹性模量小，在 SMA 片上打孔并直接用于连接，导致孔受力后发生了较大的变形，进而导致实际的 SMA 片缩短量被孔的变形量“吸收”而没有转化为角位移输出，导致驱动器输出角度减少。

④ 驱动力矩方程是在 SMA 片回复应力不变的情况下推导的，而实际上在 SMA 片预应变回复到较小值时，其回复力迅速下降，从而导致无法克服阻力矩继续作动。

针对产生误差的主要原因，提出以下改进方案：

① 在设计前，先进行 SMA 片残余应变的测量，并在设计过程中将原长与残余变形量的长度之和作为 SMA 片终态长度，这样可以消除 SMA 片不可回复的残余应变导致的角位移误差。

② 在设计之前，对 SMA 片各预应变下的最大回复力进行测量，并进行曲线拟合得出关系式，代入驱动力矩方程中进行修正，从而消除回复应力衰减对输出位移的影响。

③ 在装配过程中，提高铝合金连接板表面、SMA 片搭接段和被动片搭接段表面的粗糙度，增大连接螺栓的预紧力，从而提高连接件之间的摩擦力，减小孔的受力变形，这样就能够减小孔变形导致的输出角位移误差。

(3) 驱动力测量试验。

驱动力大小是评价驱动器性能的重要指标，为了测量 SMA 驱动器的最大驱动力的大小，利用图 4.49 所示的原理进行试验测试。

用装夹工装将驱动器一端固定在工作台上，另一端系上凯夫拉绳并与数显测力计感应端相连，手持数显测力计使凯夫拉绳处于刚好水平拉直的状态，然后将数显测力计固定。通过加热使 SMA 驱动器作动，期间保持数显测力计固定不动，则 SMA 驱动器产生的驱动力通过绳子传递给数显测力计的感应端。加热一段时间后，数显测力计中的示数保持在某一恒定值而不再增大时，示数值即为最大输出力。

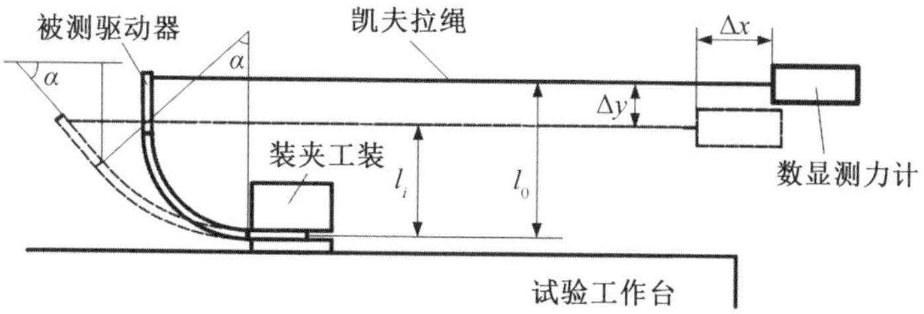

图4.49　驱动力测量试验原理图

实际搭建的试验平台如图 4.50 所示。为了测量驱动器在作动过程中驱动力的变化情况，需要在驱动器处于不同状态时进行输出力的测量。要测量不同角位移下的驱动器输出力大小，除了要测量拉力，还要测量变形角度。采用输出角位移特性测量试验的方法，利用关节臂三坐标测量仪进行角度测量。为了提高试验的可操作性，选择输出角位移较大的驱动器进行试验，当 $\delta = 2.5$ mm 时输出角位移可达 60° 左右，比较适合用于试验测试，驱动器驱动力测量数据见表 4.15。初始状态下，驱动器中不存在阻力矩，此时的输出力矩应是最大值。

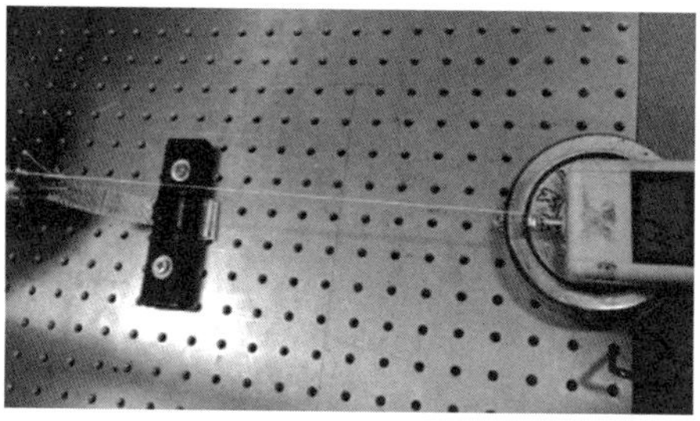

图4.50　驱动力测量试验平台

表 4.15　驱动器驱动力测量试验数据

驱动器状态角 /(°)	89	79	64	55	43
拉力 /N	42.3	39.7	37.9	51.4	33.3
驱动器 δ 值 /mm	2.5	3.5	4.5	—	—
初始状态拉力 /N	42.3	66.9	86	—	—
角位移 /(°)	0	0.19	0.45	0.61	0.82
输出扭矩 /(N · m)	3.3	2.9	2.5	1.8	0.9

4.4 变刚度驱动器的设计

4.4.1 变节距弹簧的刚度特性

为了改善桁架式可展开抓取机构在抓取过程中的柔性，本节提出了一种变刚度驱动器，其核心部件为变节距弹簧。变节距弹簧是一种非线性的弹簧，如图4.51所示。假设变节距弹簧的轴向初始长度为 H，有效的圈数为 N，变节距弹簧的线径为 w，剪切模量为 G，最左端的节距为 δ_1，最右端的节距为δ_2，中间的节距按等差数列依次排列。

中径为 D 的普通圆柱弹簧的刚度 K' 可以表示为

$$K'=\frac{Gw^4}{8ND^3} \tag{4.101}$$

显然，当 $N=1$ 时，由式(4.101)可得单圈弹簧的刚度为

$$k_i=k=\frac{Gw^4}{8D^3},\quad i=1,\ 2,\ 3,\ \cdots,n \tag{4.102}$$

式中 k—— 单圈弹簧的刚度；

k_i—— 第 i 圈弹簧的刚度，如果弹簧的每一圈中径、线径和剪切模量都相同，则有 $k=k_i$。

变节距弹簧可看作多个节距不同的单圈弹簧串联在一起，所以变节距弹簧的总刚度 K 可以表示为

$$\begin{cases}\dfrac{1}{K}=\dfrac{1}{k_1}+\dfrac{1}{k_2}+\cdots+\dfrac{1}{k_N}=\sum\limits_{i=1}^{N}\dfrac{1}{k_i}=\dfrac{N}{k_i}=\dfrac{N}{k}\\ K=\dfrac{k}{N}\end{cases} \tag{4.103}$$

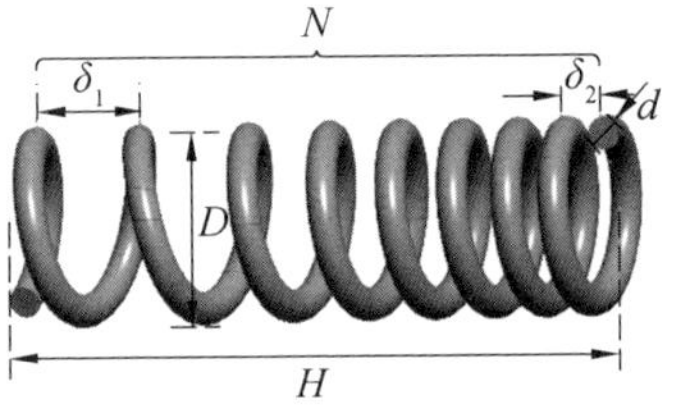

图4.51 变节距弹簧

显而易见，变节距弹簧的刚度将会随着有效圈数的增加而下降。随着轴向负载的增加，变节距弹簧的各圈会出现压并现象。假设在轴向载荷 P_1 的作用

下，变节距弹簧的一圈被压并，则变节距弹簧的剩余刚度可以表示为

$$K_{N-1}=\frac{k_i}{N-1}=\frac{k}{N-1} \tag{4.104}$$

其他线圈不可避免地会随着轴向载荷的增加而逐渐压并。假设第 i 圈压并时的轴向载荷为 P_i，则变节距弹簧的剩余刚度可以表示为

$$K_{N-i}=\frac{k_i}{N-i}=\frac{k_iK}{(N-i)K}=\frac{kK}{NK-iK}=\frac{kK}{k-iK} \tag{4.105}$$

当变节距弹簧的轴向负载从 P_{i-1} 变化到 P_i 时，第 i 圈弹簧的刚度从 k_i 增加到无穷大，第 i 圈弹簧的变形量 δ'_i 在这个过程中可以表示为

$$\delta'_i=\frac{1}{2}\left(\frac{P_i-P_{i-1}}{k}\right) \tag{4.106}$$

如果第 i 圈弹簧被完全压并，则第 i 圈弹簧的变形量可以表示为

$$\delta_i=\frac{P_{i-1}}{k}+\frac{1}{2}\left(\frac{P_i-P_{i-1}}{k}\right)=\frac{1}{2k}(P_i+P_{i-1}) \tag{4.107}$$

式中　δ_i——第 i 圈弹簧的节距。

此时变节距弹簧的有效工作圈数可以表示为

$$N'=\frac{k}{K}+i \tag{4.108}$$

将第 i 圈弹簧完全压并的载荷 P_i 和变节距弹簧的总变形量可以表示为

$$P_i=2k\delta_i-P_{i-1} \tag{4.109}$$

$$\delta=\sum_{k=1}^{i}\delta_k+\sum_{k=i+1}^{n}\delta_k \tag{4.110}$$

三种不同参数的变节距弹簧见表 4.16。基于以上理论分析，三种不同参数变节距弹簧的力－应变曲线和刚度－应变曲线如图 4.52 所示。从图中可以看出，随着变节距弹簧压缩应变的增加，变节距弹簧的刚度逐渐上升。

表 4.16　三种不同参数的变节距弹簧

参数	值
线径 /mm	0.35/0.4/0.45
外径 /mm	4
内径 /mm	3.3/3.2/3.1
初始长度 H/mm	12.5
有效圈数 N/ 个	10
左端节距 δ_1/mm	0.5
右端节距 δ_2/mm	2

续表4.16

参数	值
末端条件	封闭
节距	变节距
螺旋方向	右螺旋
剪切模量 $G/(\mathrm{kg}\cdot\mathrm{mm}^{-2})$	8 000

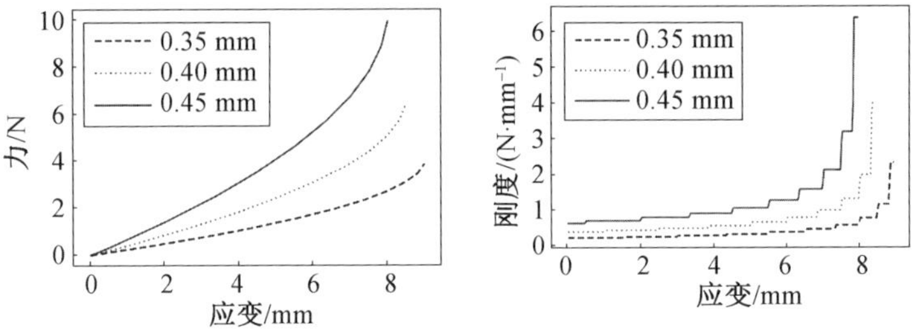

(a) 力-应变曲线　(b) 刚度-应变曲线

图4.52　变节距弹簧应力、刚度曲线

如果变节距弹簧工作在受拉状态下，假设其应变为 δ''，则变节距弹簧的张力可以表示为

$$P(\delta'') = \frac{k}{N}\delta'' \tag{4.111}$$

4.4.2　变刚度驱动器的结构设计

根据离散化的思想，得到了变节距弹簧的理论计算方法。从仿真结果来看，变节距弹簧展现了明显的刚度非线性特征，基于这一特征，本节设计了一种变刚度驱动器，如图 4.53 所示。

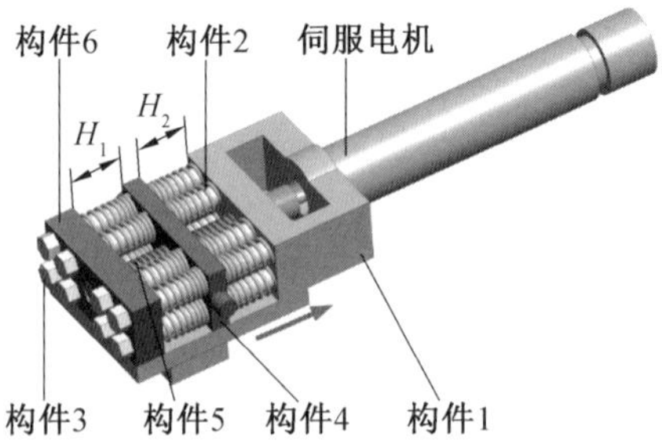

图4.53　变刚度驱动器

其中，构件 5 与构件 6 是一对螺母丝杠副，构件 3 与构件 1 刚性连接，构件 4 和构件 6 可以在构件 3 上滑动，8 个变节距弹簧安装在构件 4 的两侧，伺服电机用来

调节变刚度驱动器的刚度。根据受力平衡，当变刚度驱动器无轴向载荷时，$H_1 = H_2 = H'$，随着轴向载荷的增加，构件 4 将会移动。假设变节距弹簧应变方向如图 4.53 所示，且应变量为 x，H_1 在这种情况下将不再等于 H_2，则有 $H_2 = H' - x$ 和 $H_1 = H' + x$，则构件 4 两边变节距弹簧的总变形量为 $H - H' - x$ 和 $H - H' + x$。当 $H - H' - x < 0$，则构件 4 左边的变节距弹簧处于受拉状态，此时构件左、右两边变节距弹簧的弹力分别为 $K_L(H - H' - x)$ 和 $K_R(H - H' + x)$，由受力平衡条件可得

$$P - 8K_L(H - H' - x) = 8K_R(H - H' + x) \tag{4.112}$$

式中　8—— 构件 4 一侧的变节距弹簧数目；

K_L—— 构件 4 左侧变节距弹簧的瞬时刚度；

K_R—— 构件 4 右侧变节距弹簧的瞬时刚度；

P—— 变刚度驱动器的瞬时轴向负载。

值得注意的是，变节距弹簧的初始工作点可以通过伺服电机进行调整，这会使构件 4 两侧的变节距弹簧产生不同的初始刚度。采用表 4.16 中的三种变节距弹簧，假设弹簧的初始长度为 12 mm，则变刚度驱动器的力－应变曲线和刚度－应变曲线如图 4.54 所示。

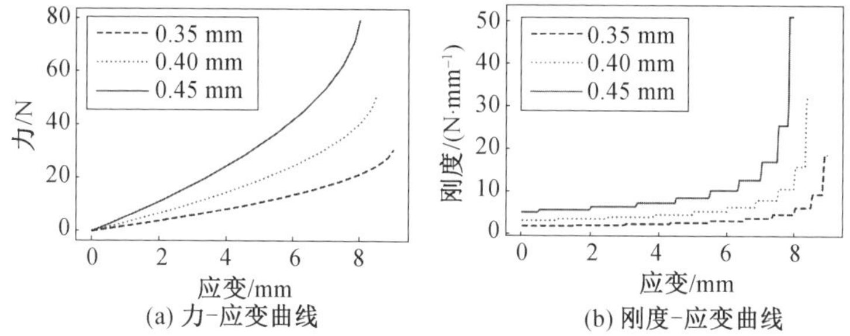

图4.54　变刚度驱动器力、刚度变化曲线

此变刚度驱动器可应用于桁架式可展开抓取机构，如果待抓取目标是脆性目标，则变刚度驱动器初始工作点应工作在低刚度位置，如图 4.55(a) 所示。这种情况下，桁架式可展开抓取机构响应速度最慢，同时，空间桁架式可展开抓取机构与待抓取目标之间的接触力会逐渐增加。相反，当待抓取目标是刚性目标时，变刚度驱动器初始工作点应该设在高刚度位置，如图 4.55(b) 所示，此时桁架式可展开抓取机构具有最快的响应速度，但是桁架式可展开抓取机构与待抓取目标之间会有一定的冲击产生。事实上，大多数的目标严格意义上既不是刚性目标，也不是脆性目标，因此在一般目标的抓取过程中，首先让机械手设在高刚度位置，确保桁架式可展开抓取机构具有高的响应速度，当桁架式可展开抓取机构开始与待抓取目标接触时，将变刚度驱动器调节至低刚度工作点，避免目标与

桁架式可展开抓取机构之间的刚性碰撞，确保抓取力的逐渐增加，直至将待抓取目标完全抓紧。

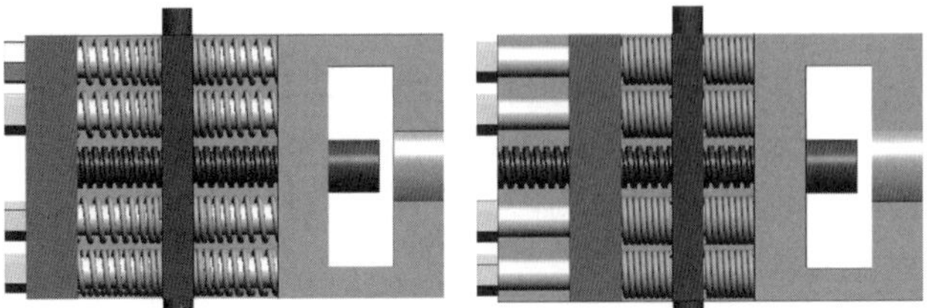

(a) 低刚度工作点　　(b) 高刚度工作点

图4.55　变刚度驱动器初始工作点

4.4.3　变刚度驱动器的性能测试

1. 变节距弹簧测试与分析

在测量变刚度关节的试验数据之前，应该先测量变节距弹簧的力－位移数据。本节用到的三种不同参数的变节距弹簧见表 4.16，主要是弹簧的线径不同，线径不同则导致弹簧的内径不同。试验中所使用的测量仪器为智取滚珠丝杠弹簧测试机，变节距弹簧的测量试验如图 4.56 所示。其中，左图包含整个测量仪器，右图为测量试验过程中的局部放大图，可清晰地看到变节距弹簧。

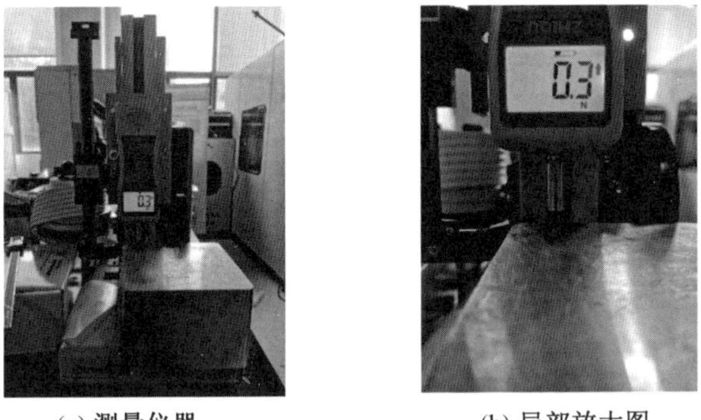

(a) 测量仪器　　(b) 局部放大图

图4.56　变节距弹簧的测量试验

从变节距弹簧中的力－应变曲线及刚度－应变曲线可以看出，随着应变的增加，变节距弹簧一圈又一圈地产生压并效应，这样就导致弹簧的刚度增加，且由于变节距弹簧的特性，每一次产生压并所需要的形变量也不同。变节距弹簧每产生一次压并，下一次压并所需要的形变量会比上一次的小。所以，在一开始这种非线性表现得并不如后面部分明显，由于变节距弹簧呈现出了这样特殊的性质，所以测量时为了尽可能多地测量到弹簧的力随形变量剧烈变化的部分，可以根据实际需要来分配需要测量的变节距弹簧位移处的力。结合变节距弹簧的这种性质，在变节距弹簧形变量小的部分测量较少的点，在其形变量大的部分测量较多的点。这样可以尽可能仔细地研究变节距弹簧的非线性部分。

本节采用三种线径不同的变节距弹簧，分别为 0.45 mm、0.40 mm 及 0.35 mm，这三种线径的弹簧受压的最大位移量不相同。对于这三种线径的弹簧，假设每个弹簧的最大位移量为 x_{max}，则对于$[0, x_{max}/2)$ 位移量的部分，等距间隔地测量 5 个点，对于$[x_{max}/2, 3x_{max}/4)$ 的部分，再等距间隔地测量 5 个点，而最后在$[3x_{max}/4, x_{max}]$ 的部分再等间距地测量 11 个点（由于最后的部分包含了端点，所以为 11 个点）。那么对于每一种线径的弹簧，都测量其对应的 21 个形变量的力，每一种线径的弹簧中随机挑选三个弹簧，对于每个弹簧，再重复上述测量多次。这样就得到这三种线径的变节距弹簧的力－应变散点图，如图 4.57 所示。为了更好地观察这些点的变化关系，可以直接把测得的数据标记到前面计算的力－应变曲线上。这样可以更直观地认识到实际和理论的差距。

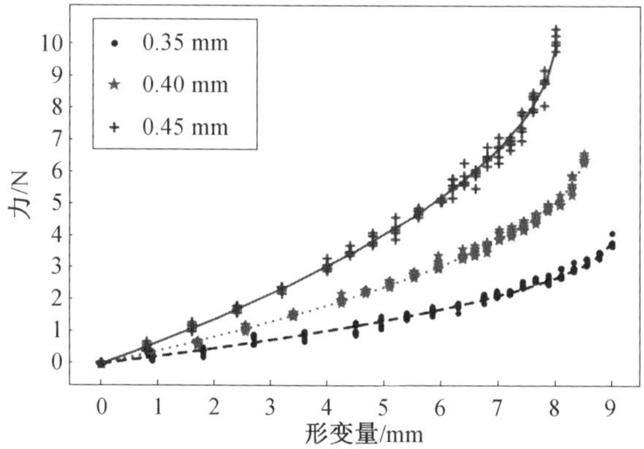

图4.57　三种变节距弹簧的力－应变散点图

为了定量地评估变节距弹簧的理论数学模型与实际的误差，本节用平均相对误差来进行评估。对于线径不同的变节距弹簧，分别计算相对误差，最终得到三种不同线径变节距弹簧的平均相对误差曲线，如图 4.58 所示。从图中可以看到，不同线径的弹簧在初始位置测量的相对误差都相对更大，而随着弹簧形变量的增加，实测的平均相对误差呈现波动性下降。考虑到实际的变节距弹簧受力也是随应变的增加而增大，初始应变处的误差极有可能是由于初始应变处的力小，因此仪器的测量误差在此处会很大，而应变大的区域则相反。

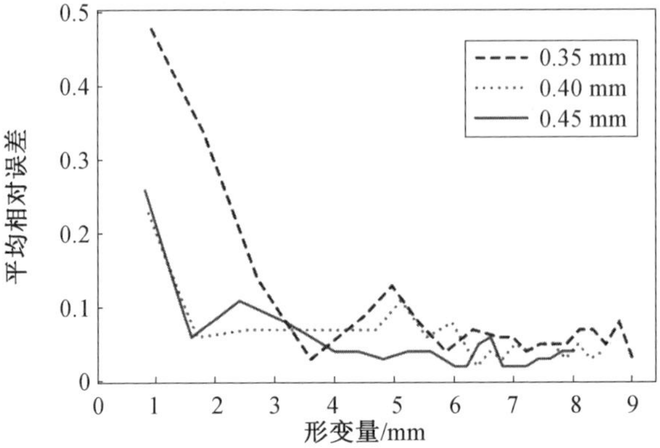

图4.58　三种变节距弹簧的平均相对误差曲线

2. 变刚度关节的测试与分析

变刚度关节的测量过程与变节距弹簧类似，如图 4.59 所示。其趋势类似于变节距弹簧，所以在测量时，采用类似于变节距弹簧的方式来分配各个测量点位。考虑到变刚度关节所受的重力，需要对其进行测量，结果见表 4.17。由此可以计算出不同线径的变刚度关节的重力部分，对于变节距弹簧线径分别为 0.45 mm、0.40 mm、0.35 mm 的变刚度关节，最终计算出的重力分别为 0.435 4 N、0.433 N、0.431 4 N。

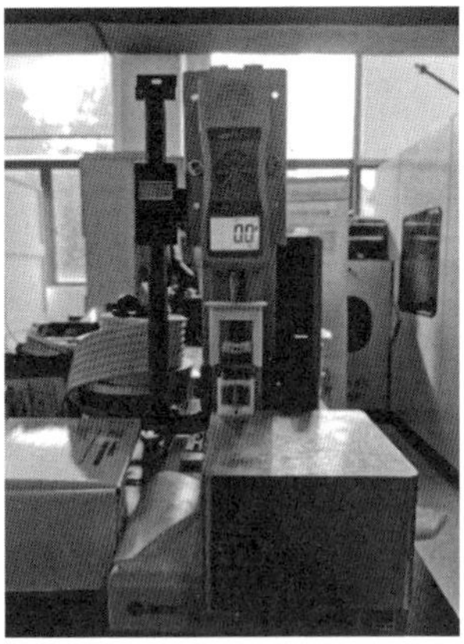

(a) 测量仪器

(b) 局部放大图

图4.59　变刚度关节的测试

表 4.17　变刚度驱动器各零件质量　g

零件	质量
变节距弹簧(0.45 mm/0.40 mm/0.35 mm)	0.13/0.1/0.08
轴用挡圈	0.1
3D 打印件	31.3
轴	0.7
中间挡块	4.8

图 4.60 所示为变刚度驱动器补偿重力后测试散点图,图 4.61 为其平均相对误差曲线。由图可以看出,实际测量值与理论值存在一定的误差,但在补偿重力之后,变刚度驱动器的试验数据很好地表现出了变刚度关节的力－位移曲线的理论趋势,且随着位移的增加,相对误差变得越来越小,误差可能存在的原因是变刚度驱动器结构加工精度有限,且由 4.4.2 节可以看出变节距弹簧的测量值与实际值也有一定的误差。

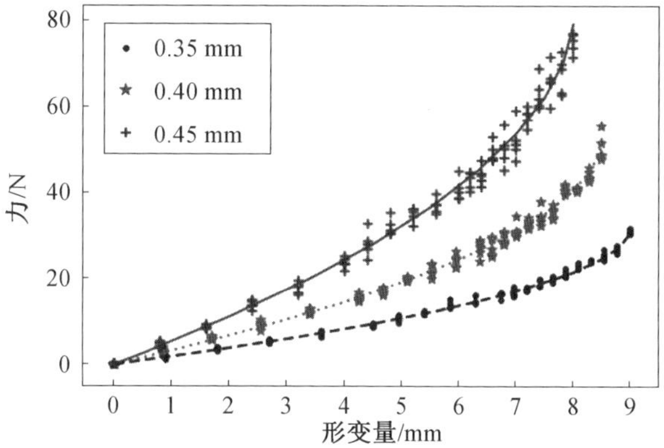

图4.60　变刚度驱动器测试散点图

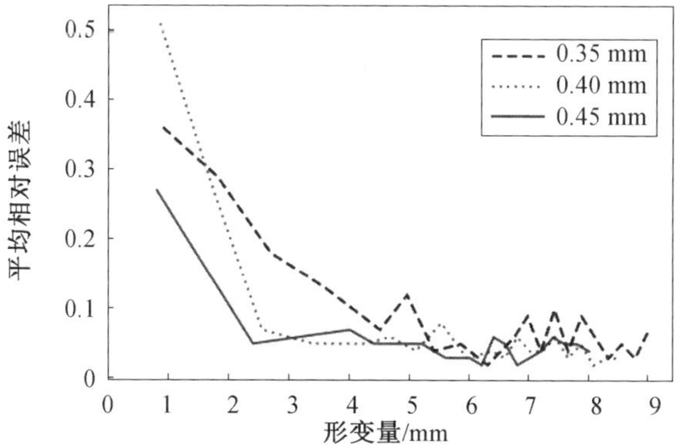

图4.61　变刚度驱动器平均相对误差曲线

4.5 本章小结

本章提出了三种新的驱动器，包括尼龙纤维驱动器、形状记忆合金驱动器和变刚度驱动器，给出了其结构设计，并通过理论分析论述了其工作性能。可以看出，所提出的尼龙纤维驱动器相比于传统的人工肌肉驱动器有更大的行程；形状记忆合金驱动器具有高的分辨率；变刚度驱动器可使桁架式可展开抓取机构实现柔性抓取，这些新的驱动方式对实现桁架式可展开抓取机构的轻量化和柔性化具有重要意义。

参考文献

[1] HAINES C S, LIMA M D, LI N, et al. Artificial muscles from fishing line and sewing thread[J]. Science, 2014, 343(6173): 868-872.

[2] HAINES C S, LI N, SPINKS G M, et al. New twist on artificial muscles[J]. Proceedings of the National Academy of Sciences, 2016, 113(42): 11709-11716.

[3] MIRVAKILI S M, RAFIE RAVANDI A, HUNTER I W, et al. Simple and strong: twisted silver painted nylon artificial muscle actuated by Joule heating[C]. California: Electroactive Polymer Actuators and Devices (EAPAD),2014.

[4] SHARAFI S, LI G. A multiscale approach for modeling actuation response of polymeric artificial muscles[J]. Soft Matter, 2015, 11(19): 3833-3843.

[5] YIP M C, NIEMEYER G. On the control and properties of supercoiled polymer artificial muscles[J]. IEEE Transactions on Robotics, 2017, 33(3): 689-699.

[6] TANG X, LI K, LIU Y, et al. Coiled conductive polymer fiber used in soft manipulator as sensor[J]. IEEE Sensors Journal, 2018, 18(15): 6123-6129.

[7] 张玉红，严彪. 形状记忆合金的发展[J]. 上海有色金属，2013，33(4)：192-195.

[8] REED D, HERKES W, SHIVASHANKARA B, et al. The boeing quiet technology demonstrator program[C]. Hamburg: Proceedings of the 25th

International Congress of the Aeronautical Sciences, 2006.

[9] BEHL M, LENDLEIN A. Shape-memory polymers[J]. Materials Today, 2007, 10(4): 20-28.

[10] YU K, YIN W L, SUN S H, et al. Design and analysis of morphing wing based on SMP composite[C]// Proceedings of the SPIE Smart Structures and Materials Nondestructive Evaluation and Health Monitoring. Bellingham: International Society for Optics and Photonics, 2009.

[11] BERGAMASCO M, SALSEDO F, DARIO P. Linear SMA motor as direct-drive robotic actuator[C]// Proceedings of 1989 International Conference on Robotics and Automation. Scottsdale, Arizona, 1989: 618-623.

[12] WILLIAMS E,ELAHINIA M H. An automotive SMA mirror actuator: modeling, design, and experimental evaluation[J]. Journal of Intelligent Material Systems and Structures, 2008, 19(12): 1425-1434.

[13] ELZEY D M, SOFLA A Y N, WADLEY H N G. A bio-inspired, high-authority actuator for shape morphing structures[J]. Proceedings of SPIE, 2003, 5053: 92-100.

[14] OTTEN J, LUNTZ J, BREI D, et al. Proof-of-concept of the shape memory alloy resetable dual chamber lift device for pedestrian protection with tailorable performance[J]. Journal of Mechanical Design, 2013, 135(6): 61008.

[15] 陈亚梅. 基于形状记忆合金的太阳帆板的变结构控制[J]. 机械制造与自动化,2009,38(3):6-7.

[16] 杨德财. 一种新型变刚度关节的设计及其控制研究[D]. 哈尔滨:哈尔滨工业大学,2016.

[17] TONIETTI G, SCHIAVI R, BICCHI A. Design and control of a variable stiffness actuator for safe and fast physical human/robot interaction[C]. Spain: Proceedings of IEEE International Conference on Robotics and Automation. Barcelona, 2005.

[18] TAO Y, WANG T M, WANG Y Q. Design and modeling of a new vari-able stiffness robot joint[C]. Beijing: Proceedings of IEEE International Conference on Multisensor Fusion and Information Integration for Intelligent Systems, 2014.

[19] GRIOLI G, BICCHI A. A real-time parametric stiffness observer for VSA devices[C]. Shanghai: Proceedings of IEEE International Conference

on Robotics and Automation, 2011.

[20] GARABINI M, PASSAGLIA A, BELO F A W, et al. Optimality principles in stiffness control: the VSA Kick[C].ST Paul: Proceedings of IEEE International Conference on Robotics and Automation, 2012.

[21] FLACCO F, LUCA A D. A pure signal-based stiffness estimation for VSA devices[C]. Miami: Proceedings of IEEE International Conference on Robotics and Automation, 2014.

[22] 张海涛. 足式机器人可变刚度柔性关节的研究[D]. 哈尔滨:哈尔滨工业大学, 2013.

[23] 孟西闻. 变刚度柔性关节的动态刚度辨识和控制方法研究[D].哈尔滨: 哈尔滨工业大学, 2014.

第5章

空间桁架式可展开抓取机构的抓取规划

5.1 概　　述

可展开抓取机械手一般具有指尖抓取和包络抓取两种抓取模式。由于复杂的抓取操作任务需要机械手具有高的灵巧性，因此指尖抓取模式得到广泛的应用，比如传统机械臂和传统机械手常常使用指尖抓取模式。但是，对于在宇航空间抓取目标，往往希望可以抓取得更稳当些。由于包络抓取模式在抓取物体时可形成很多个抓取接触点，每个抓取接触点的抓持力和随之产生的摩擦力共同为同一个抓取提供有效的力。因此，为了抓取得更稳定些，选择包络抓取模式更为合适。

多点接触抓取的封闭性问题可以分为形封闭和力封闭，其中形封闭的条件更为苛刻，考虑到实际抓取点存在摩擦力，因此力封闭具有更大的应用价值。在包络抓取规划方面，目前的规划方法主要集中在指尖接触模式。由于包络抓取涉及的约束条件比较复杂，目前包络抓取规划方法主要集中在基于知识规则的方法，一般涉及机器学习、专家系统等智能算法。这些算法往往计算量比较大，对硬件系统要求比较高且不易保证计算的实时性。因此，包络抓取规划的现有方法还比较有限。

本章对两分支可展开抓取机械手的抓取模式、力封闭性和最优包络抓取规划等方面进行研究。首先，讨论可展开抓取机械手的指尖抓取和包络抓取两种模式，并分析它们在抓取性能方面的优缺点。然后，给出多点接触抓取力求解方法，建立各个接触点的接触力和外部力旋量之间的关系，以圆形物体为例给出接触点矢量求解方法并根据射线法得到包络抓取力封闭定量判断方法，形成简洁的力封闭性判定步骤。通过仿真完成多点接触包络抓取力封闭性的判定，结合稳定性评价指标，总结出摩擦系数和展开长度等对包络抓取力封闭性的影响规律。最后，基于包络抓取力封闭性评价指标，考虑抓取几何约束关系，提出一种最优包络抓取规划方法，并通过仿真分析进一步说明该包络抓取规划方法的正确性。

5.2 可展开抓取机械手的抓取模式分析

为了降低宇航空间试验验证的难度，方便进行重力补偿，本章设计的可展开抓取机械手由两个可展开抓取机构构成，如图 5.1 所示。在这种情况下，该机械手的重力可以比较容易地由地面辅助支撑系统来补偿，简化了空间机器人地面试验验证的难度。该可展开抓取机械手是一个开链机构，它具有三种姿态，分别是折叠姿态、展开姿态和抓取姿态。其中，可展开抓取机械手处于折叠姿态时，可以收拢为较小的姿态，方便宇航空间应用时的火箭运载，降低了运载空间和成本；展开姿态和抓取姿态为两个运动学解耦的姿态，这样保证了可展开抓取机械手的灵巧抓取操作性能。

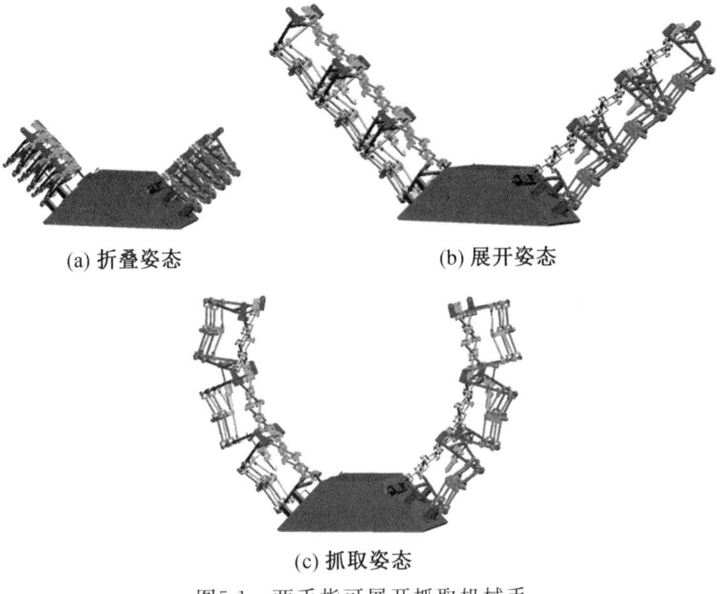

(a) 折叠姿态　　(b) 展开姿态

(c) 抓取姿态

图5.1　两手指可展开抓取机械手

无特殊说明，本章以下内容中均指该可展开抓取机械手。当前，已知可展开抓取机械手的抓取模式主要有两种，一种是指尖抓取模式，另一种是包络抓取模式。目前，指尖抓取模式已经得到广泛应用，在该模式下仅仅使用指尖或手指其他杆件的少数点来接触被抓取的物体，该模式的优点是可以比较容易地实现对物体的灵巧操作；而包络抓取模式则使用手指内杆的多个点接触被抓取物体，其优点是抓取力稳定性好，可以比较容易地实现大负载或大转动惯量物体的抓取。但是，包络抓取的缺点是由于被抓物体的复杂性，包络抓取模式很难实现灵巧操作。下面将对这两种抓取模式进行详细的分析。

5.2.1　指尖抓取模式

由于复杂抓取操作任务需要可展开抓取机械手具有灵巧的操作功能，因此指尖抓取模式得到了广泛的应用。如图 5.2 所示，可以使用两手指可展开抓取机械手通过指尖抓取模式来抓取形状不规则物体。在该图示中，两个可展开抓取手指、机械手基座和被抓取物体形成了三个接触点，其中机器人基座提供的接触点可以更进一步提高抓取的稳定性。但是，相对多点接触的包络抓取模式，该指尖抓取模式下的抓取接触点仍然较少。

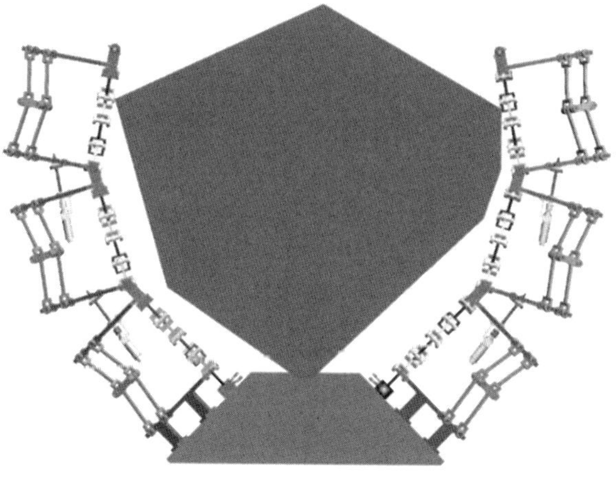

图5.2　规则物体的指尖抓取模式

5.2.2　包络抓取模式

对于大型大惯量重载的抓取目标，往往希望可以获得高抓取稳定性，因此在这种情况下包络抓取模式更为合适。图 5.3 所示为可展开抓取机械手以包络抓取模式抓取一个圆柱形物体的情况。这里以文献[2]中的数据作为例子来讨论，其中，标准化的被抓取物体大小定义为 $d_{robot}=L_0/L_r$，其中参数 L_0 表示物体的周长，参数 L_r 表示可展开抓取机械手及其基座构成的总长度。那么，可以实现直接包络抓取的尺度化条件为

$$2.8 \geqslant d_{robot}=\frac{L_0}{L_r}>1.0 \tag{5.1}$$

如图 5.3 所示，该可展开抓取机械手的参数 $L_r=6L_f+L_b$，其中参数 L_f 表示展开长度，参数 L_b 则表示机械手基座相应的长度。其具体表达式为 $L_f=|r_0|+h_1$，其中 r_0 和 h_1 表示基本展开单元的参数，具体见第 2 章。

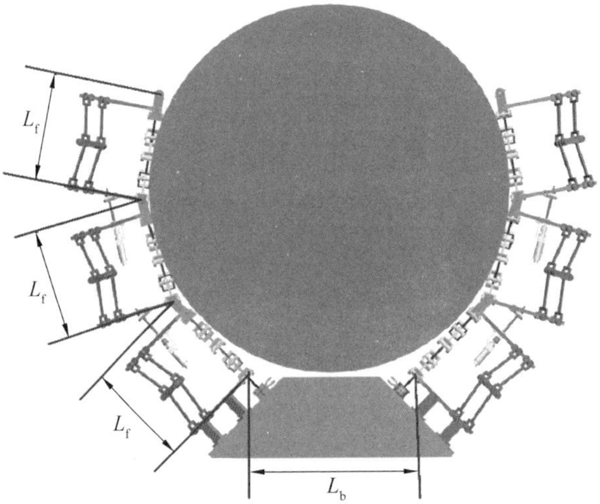

图5.3　圆形物体的包络抓取模式

假设展开长度 L_f 的范围为 $0.435\ \text{m} \geqslant L_f \geqslant 0.15\ \text{m}$，则基座的长度 $L_b=0.6\ \text{m}$。为了与文献中的可展开变胞抓取机械手进行比较，本节假设可展开变胞抓取机械手相应的长度为 $L_f'=0.435\ \text{m}$。由于可展开变胞机械手只有在全部展开的情况下才具有抓取运动功能，根据 $L_r=6L_f+L_b=3.21\ \text{m}$，可得直接包络抓取模式的抓取范围为 $8.988\ \text{m} \geqslant L_0=d_{robot}L_r \geqslant 3.21\ \text{m}$；而对于本书提出的可展开抓取机械手，则可得直接包络抓取模式的抓取范围为 $8.988\ \text{m} \geqslant L_0=d_{robot}L_r \geqslant 1.5\ \text{m}$。以上分析从包络抓取模式下的直接包络抓取范围的角度说明了本书提出的空间桁架式可展开抓取机械手的优点。

5.3　包络抓取力封闭性分析

5.3.1　包络抓取力封闭基础

本节主要研究使用双手指可展开抓取机械手进行二维平面物体抓取的情况。包络抓取模式可以提供多个抓取接触点,假设抓取接触点类型为摩擦点接触,各个点的摩擦模型为库仑摩擦。令 μ 表示第 i 个接触点的摩擦系数,并令 $\boldsymbol{f}_{\mathrm{t}}$ 表示各个接触点对被抓取物体的抓取力,定义 $\boldsymbol{t}_i$ 为接触点的局部坐标系的单位切向量,并定义 $\boldsymbol{n}_i$ 为局部坐标系的单位法向量,那么为了保证接触点无滑动,抓取力 $\boldsymbol{f}_i=[f_{in}\quad f_{it}]^{\mathrm{T}}$ 应该满足

$$-\mu_i f_{in}\leqslant f_{it}\leqslant \mu_i f_{in} \tag{5.2}$$

式中　f_{it}—— 在局部坐标系$\{\boldsymbol{n}_i,\boldsymbol{t}_i\}$下接触点的切向力;

f_{in}—— 在局部坐标系$\{\boldsymbol{n}_i,\boldsymbol{t}_i\}$下接触点的法向力。

令 $\boldsymbol{f}_{i1}$ 和 $\boldsymbol{f}_{i2}$ 为接触点 i 处摩擦扇的两个边界向量,如图 5.4 所示,可得边界向量 $\boldsymbol{f}_{i1}$ 和 $\boldsymbol{f}_{i2}$ 为

$$\begin{cases}\boldsymbol{f}_{i1}=\boldsymbol{n}_i+\mu_i\boldsymbol{t}_i\\ \boldsymbol{f}_{i2}=\boldsymbol{n}_i-\mu_i\boldsymbol{t}_i\end{cases} \tag{5.3}$$

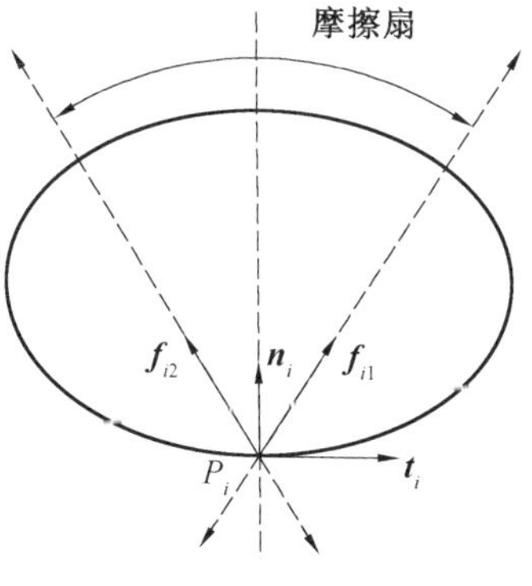

图5.4　触点处的摩擦扇

假设抓取力 $\boldsymbol{f}_i$ 位于摩擦扇内,那么它可以表示为摩擦扇边界向量的线性组合的形式:

$$\boldsymbol{f}_i=\lambda_{i1}\boldsymbol{f}_{i1}+\lambda_{i2}\boldsymbol{f}_{i2} \tag{5.4}$$

式中　$\lambda_{i1},\lambda_{i2}$—— 非负系数,即 $\lambda_{ij}>0$。

抓取力 $\boldsymbol{f}_i$ 生成的力旋量则可表示成

$$\boldsymbol{w}_i = \boldsymbol{G}_i \boldsymbol{f}_i \tag{5.5}$$

式中　$\boldsymbol{G}_i$—— 机器人的抓取矩阵，它可以将局部坐标系下的接触力转化为物体坐标系下的力旋量，在摩擦点接触类型下它可以表示为

$$\boldsymbol{G}_i = \begin{bmatrix} \boldsymbol{n}_i & \boldsymbol{t}_i \\ \boldsymbol{r}_i \times \boldsymbol{n}_i & \boldsymbol{r}_i \times \boldsymbol{t}_i \end{bmatrix} \tag{5.6}$$

式中　$\boldsymbol{r}_i$—— 物体坐标系下接触点 i 的位置向量。

将式(5.4) 代入式(5.5) 可得

$$\boldsymbol{w}_i = \sum_{j=1}^{2} \lambda_{ij} \boldsymbol{u}_{ij} \tag{5.7}$$

式中　$\boldsymbol{u}_{ij}$—— 边界力旋量，它可以表示为

$$\boldsymbol{u}_{ij} = \begin{bmatrix} \boldsymbol{f}_{ij} \\ \boldsymbol{r}_i \times \boldsymbol{f}_{ij} \end{bmatrix} \tag{5.8}$$

将边界力旋量 $\boldsymbol{u}_{ij}$ 标准化为

$$\boldsymbol{w}_{ij} = \frac{\boldsymbol{u}_{ij}}{\| \boldsymbol{u}_{ij} \|} \tag{5.9}$$

式中　$\| \boldsymbol{u}_{ij} \|$—— 向量 $\boldsymbol{u}_{ij}$ 的 L2 范数。

向量 $\boldsymbol{w}_{ij}$ 为原始力旋量，它的范数为 1。令 $\alpha_{ij} = \lambda_{ij} \| \boldsymbol{u}_{ij} \|$，则式(5.7) 可以转化为

$$\boldsymbol{w}_i = \sum_{j=1}^{2} \alpha_{ij} \boldsymbol{w}_{ij} \tag{5.10}$$

令 n 表示包络抓取中的接触点个数，则施加在物体上的总力旋量可以表示为

$$\boldsymbol{w} = \sum_{i=1}^{n} \boldsymbol{w}_i = \sum_{i=1}^{n} \sum_{j=1}^{2} \alpha_{ij} \boldsymbol{w}_{ij} = \boldsymbol{W\alpha} \tag{5.11}$$

式中　$\boldsymbol{W}$——$3 \times 2n$ 的力旋量矩阵，$\boldsymbol{W} = [\boldsymbol{w}_{11}\ \boldsymbol{w}_{12}\ \cdots\ \boldsymbol{w}_{n1}\ \boldsymbol{w}_{n2}]$；

$\boldsymbol{\alpha}$—— 系数向量，$\boldsymbol{\alpha} = [\alpha_{11}\ \alpha_{12}\ \cdots\ \alpha_{n1}\ \alpha_{n2}]$。

简单起见，在本章接下来的内容里，使用符号 $\boldsymbol{w}_i$ 代替 $\boldsymbol{w}_{ij}$ 表示力旋量矩阵 $\boldsymbol{W}$ 的第 i 列的列向量，并用符号 α_i 代替 α_{ij} 表示向量 $\boldsymbol{\alpha}$ 的第 i 项。另外，定义 $N = 2n$ 为原始接触力旋量的总数。

力封闭的概念：假设包络抓取中有 n 个点接触，且每个点接触类型为摩擦点接触。若任何外力旋量 $\boldsymbol{w}_{\text{ext}}$ 都可以通过抓取接触点提供的抓取力来平衡，则可以称该抓取是力封闭的。

根据力封闭的概念，可得到力封闭判定的核心思想：假设接触点的摩擦扇可以使用两个边界向量来表示，对于任何施加在被抓物体上的外力旋量 $\boldsymbol{w}_{\text{ext}}$，如果总是可以找到一个 $\boldsymbol{\alpha}$ 且 $\alpha_i > 0$ 使得

$$w_{ext} = w = W\alpha$$

则该抓取是力封闭的。

一般来说，力封闭抓取可以等价于原始力旋量空间的原点严格位于原始接触力旋量 w_i 的凸包 $H(W)$ 的内部。属于凸包 $H(W)$ 内部的任意点 P 可以由下式表示：

$$P = \sum_{i=1}^{N} \alpha_i w_i, \quad \sum_{i=1}^{N} \alpha_i = 1, \quad \alpha_i \geqslant 0, \quad i = 1, 2, \cdots, N \tag{5.12}$$

为了进一步得到简化的力封闭判定定理，首先给出传统的力封闭判定方法。该方法假设包络抓取中有 n 个接触点且接触为摩擦点接触，令 $H(W)$ 表示原始接触力旋量 w_i 的凸包，并假设点 P 为凸包 $H(W)$ 的一个内点，且从点 P 到原始力旋量空间 $\mathbf{R}^3$ 原点 O 的射线 PO 与凸包 $H(W)$ 仅仅在点 Q 处相交。那么，如果点 P 和 Q 之间的距离 d_1 大于点 P 和 O 之间的距离 d_2，则可以称该抓取是力封闭的。

形象地描述上述的力封闭判定方法，如图 5.5 所示。在图 5.5(a) 中，由于凸包的原点处于线段 PQ 中间，这种情况满足力封闭条件；在图 5.5(b) 中，凸包的原点不位于线段 PQ 内部，在这种情况下，它不满足力封闭条件。由此可知，需要获取一个内点 P（不能位于凸包的边界上）来判断该原点 O 是否位于凸包 $H(W)$ 的内部，即内点 P 是判定的必要条件。

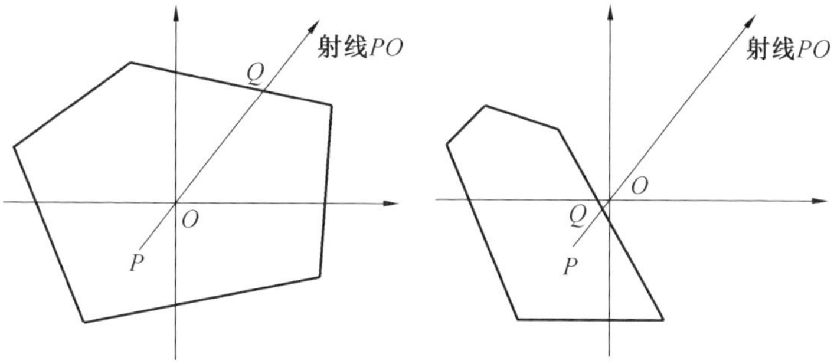

图5.5　两种力封闭情况

5.3.2　简化的抓取力封闭判定方法

1.凸包的内点

为了方便力封闭性的判定，必须首先找到凸包 $H(W)$ 的一个内点 P，然后才能利用凸包和凸多面体的对偶性判定力封闭的情况。下面阐述找到凸包 $H(W)$ 的内点 P 的方法。

根据文献可知，原始接触力旋量 $\boldsymbol{w}_i$ 的一个严格的正凸组合($\alpha_i>0$) 是凸包 $H(W)$ 的一个内点。也就是说，若点 P 满足下列的形式：

$$P=\sum_{i=1}^{N}\alpha_i\boldsymbol{w}_i,\quad \sum_{i=1}^{N}\alpha_i=1,\quad \alpha_i>0,\quad i=1,2,\cdots,N$$

则点 P 是凸包 $H(W)$ 的一个内点。

根据这一规律，可以很容易得到下面的一个内点 P：

$$P=\frac{1}{N}\sum_{i=1}^{N}\boldsymbol{w}_i \tag{5.13}$$

2.凸包和凸多面体的对偶性

有了凸包 $H(W)$ 的内点 P 之后，接下来需要找到从内点 P 到力旋量空间 $\mathbf{R}^3$ 原点 O 的射线与凸包 $H(W)$ 的交点。为了实现这一目的，首先需要找到与射线相交的凸包的分面(Facet)。根据凸包和凸多面体的对偶性，可知找到分面的问题可以转化为射线问题。

射线问题的描述：令 W 为力旋量空间 $\mathbf{R}^3$ 的一个给定的集合，假设凸包 $H(W)$ 包含原点，给定一个起源于原点的射线，并使用该射线找到凸包 $H(W)$ 的分面。

由于射线问题可以转化为线性规划问题，假设凸包 $H(W)$ 包含原点，根据计算几何学的结论，凸包 $H(W)$ 则可转化为一个凸多面体 $CT(W)$：

$$\boldsymbol{v}^{\mathrm{T}}\boldsymbol{x}\leqslant 1,\ \forall\,\boldsymbol{v}\in W$$

同样地，可使用下列对偶变换 T 将 $\mathbf{R}^d$ 内的一个点 $\boldsymbol{b}=(b_1,b_2,\cdots,b_d)$ 转化为一个超平面：

$$b_1x_1+b_2x_2+\cdots+b_dx_d=1$$

为了形象地说明以上变换，如图 5.6 所示，凸包 $H(W)$ 的一个点 $\boldsymbol{v}$ 可以转化为一个超平面 $T(\boldsymbol{v})$。变换 T 是可逆的，并有下列重要性质：

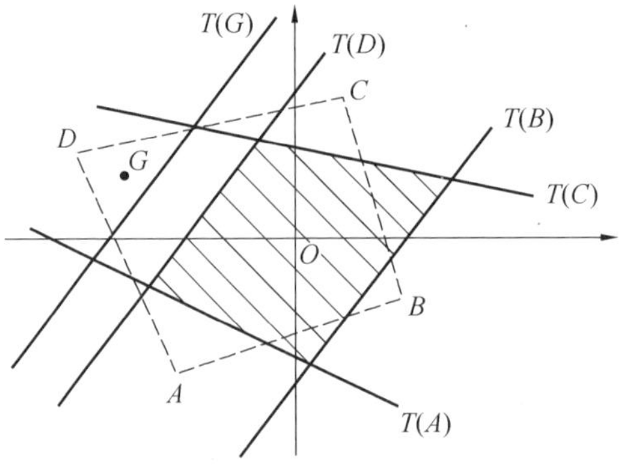

图5.6　凸包和凸多面体的对偶性

(1) 凸包 $H(W)$ 的一个顶点可以转化为凸多面体 $CT(W)$ 的分面，反之亦然。如图 5.6 所示，顶点 A 可以转化为分面 $T(A)$。

(2) 凸包 $H(W)$ 的一个分面可以转化为凸多面体 $CT(W)$ 的顶点，反之亦然。如图 5.6 所示，分面 AB 可以转化为分面 $T(A)$ 和 $T(B)$ 的交点。

(3) 严格位于凸包 $H(W)$ 内部的点可以转化为凸多面体 $CT(W)$ 的超平面，反之亦然。如图 5.6 所示，凸包 $H(W)$ 内部的点 G 可以转化为超平面 $T(G)$。

3.力封闭的定量判定方法

由于前面的射线问题中假设凸包包含了原点，但实际上并不清楚原始接触力旋量的凸包 $H(W)$ 中是否包含力旋量空间的原点，因此需要进一步处理。因为已知严格内点 P，因此可以使用坐标变换 $-P$，将力旋量空间的原点转化到内点 P 处。定义与凸包 $H(W)$ 对偶的凸多面体 $CT(W)$ 为

$$CT(W)=\{\boldsymbol{x}\in\mathbf{R}^3 \mid (\boldsymbol{w}_i-P)\boldsymbol{x}\leqslant 1\} \tag{5.14}$$

这样，与射线 PO 相交的分面 F 就可以确定下来。定义射线 PO 的方向向量为 $\boldsymbol{t}$，则该射线问题可以转化为如下的线性规划问题：

$$\begin{cases}\text{Maximize } \boldsymbol{z}=\boldsymbol{t}^{\mathrm{T}}\boldsymbol{x}\\ \text{subject to } \quad \boldsymbol{x}\in CT(W)\end{cases} \tag{5.15}$$

假设线性规划问题(5.15) 的最优化结果位于 $\boldsymbol{E}=[e_1\ e_2\ e_3]^{\mathrm{T}}$ 上，那么分面 F 则位于超平面 $\boldsymbol{E}^{\mathrm{T}}\boldsymbol{x}=1$ 之上。这样点 Q 则是射线 $\boldsymbol{t}$ 和超平面 $\boldsymbol{E}^{\mathrm{T}}\boldsymbol{x}=1$ 之间的交点。令 $\boldsymbol{z}_{\max}(\boldsymbol{t})$ 表示线性规划问题表达式(5.15) 的最优化结果，则有

$$\boldsymbol{z}_{\max}(\boldsymbol{t})=\boldsymbol{t}^{\mathrm{T}}\boldsymbol{E} \tag{5.16}$$

由于凸包 $H(W)$ 是一个紧凸几何并拥有原点作为其内点，根据文献可知，凸多面体 $CT(W)$ 的原点也是一个内点。因此，对于任何的射线方向 $\boldsymbol{t}$ 都有 $\boldsymbol{z}_{\max}(\boldsymbol{t})>0$。

由于传统的力封闭性的每次判定都需要计算凸包的分面 F 与射线之间的交点 Q，这大大增加了判定过程的复杂度，应该予以简化处理。实际上，根据式(5.16)，点 Q 可以写为

$$Q=\boldsymbol{z}_{\max}(\boldsymbol{t})^{-1}\boldsymbol{t} \tag{5.17}$$

由于 Q 首先是射线 PO 上的一个点，且将式(5.17) 代入式(5.16) 可知，Q 又位于超平面$\boldsymbol{E}^{\mathrm{T}}\boldsymbol{x}=1$之上。因此，可知式(5.17) 其实就是凸包 $H(W)$ 的边界和射线 PO 的一个交点。

由于 $\boldsymbol{E}$ 与 $\boldsymbol{t}$ 的大小是线性无关的，根据式(5.16) 和式(5.17) 可得，对于任意的 $\boldsymbol{t}$，等式 $Q=\boldsymbol{z}_{\max}(\lambda\boldsymbol{t})^{-1}\lambda\boldsymbol{t}=\boldsymbol{z}_{\max}(\boldsymbol{t})^{-1}\boldsymbol{t}$ 都成立。因此 Q 与 $\boldsymbol{t}$ 的大小无关。

令 $\boldsymbol{t}=-\boldsymbol{P}$，将 $\boldsymbol{t}=-\boldsymbol{P}$ 代入式(5.17) 可得

$$\boldsymbol{Q}=-\boldsymbol{z}_{\max}(-\boldsymbol{P})^{-1}\boldsymbol{P} \tag{5.18}$$

然后，可得点 P 和 Q 之间的距离 d_1 为

$$d_1 = \| -z_{\max}(-\boldsymbol{P})^{-1}\boldsymbol{P} \| = z_{\max}(-\boldsymbol{P})^{-1} \| \boldsymbol{P} \| \tag{5.19}$$

由于点 P 和 O 之间的距离 $d_2 = \| PO \| = \| \boldsymbol{P} \|$，因此可得

$$z_{\max}(-\boldsymbol{P}) = \frac{\| \boldsymbol{P} \|}{d_1} = \frac{d_2}{d_1} \tag{5.20}$$

因此，令 $z_{\max}(-\boldsymbol{P}) < 1$，则有 $d_2 < d_1$。根据传统的力封闭性判定方法可知，当且仅当 $z_{\max}(-\boldsymbol{P}) < 1$ 时，抓取是力封闭的。

根据以上的分析，则可以将传统的力封闭性判定方法归纳为如下的更简单的力封闭性判定引理。

引理 5.1 假设包络抓取中有 n 个接触点且为摩擦点接触，令点 P 为凸包 $H(W)$ 的一个内点。如果 $z_{\max}(-\boldsymbol{P}) < 1$，则抓取是力封闭的；反之，则抓取是非力封闭的。

值得指出的是，相对传统的力封闭性判定方法，引理 5.1 不再需要计算边界交点 Q、距离 d_1 和 d_2，并且最优值 $z_{\max}(-\boldsymbol{P})$ 可以定量地评价力封闭性的好坏，为后面的最优规划提供了理论依据。下面根据引理 5.1，归纳出力封闭定量判定的具体步骤为

(1) 利用线性化摩擦扇，计算所有的原始力旋量。

(2) 根据式(5.13)，计算得到凸包 $H(W)$ 一个内点 P。

(3) 通过线性规划问题表达式(5.15)，计算其最优结果，从而获得 $z_{\max}(-\boldsymbol{P})$ 的值。如果 $z_{\max}(-\boldsymbol{P}) < 1$，则可判定抓取是力封闭的；否则，抓取不是力封闭的。

(4) 算法结束。

5.3.3 包络抓取接触点矢量计算

1.四点抓取圆形物体时的接触点矢量计算

如图 5.1 所示，本节采用两手指且每个手指具有三个基本单元的桁架式可展开抓取机械手来抓取圆柱形物体，并判定该抓取的力封闭性。为了方便进行力封闭分析，图 5.7 给出了一种四接触点包络抓取圆形物体的情况。本节称左手指为手指 1，右手指为手指 2。为了说明被抓取物体和抓取手指的相对几何关系，在物体几何中心建立物体坐标系$\{x_0, y_0\}$，并令其 x_0 轴方向与基座平面上直线 O_1O_2 平行。为了描述手指 1 和手指 2 的相对位置关系，分别在点 O_1 和点 O_2 建立坐标系$\{x_1, y_1\}$ 和坐标系$\{x_2, y_2\}$，它们相应的 x_1 轴和 x_2 轴都与直线 O_1O_2 平行。最后，在线段 O_1O_2 的正中心点建立系统基坐标系$\{x_b, y_b\}$，并令 x_b 轴与直线 O_1O_2 共线。在该抓取构型中，被抓取物体和手指之间一共有四个接触点，也就是说，这是一个四点接触包络抓取模式。

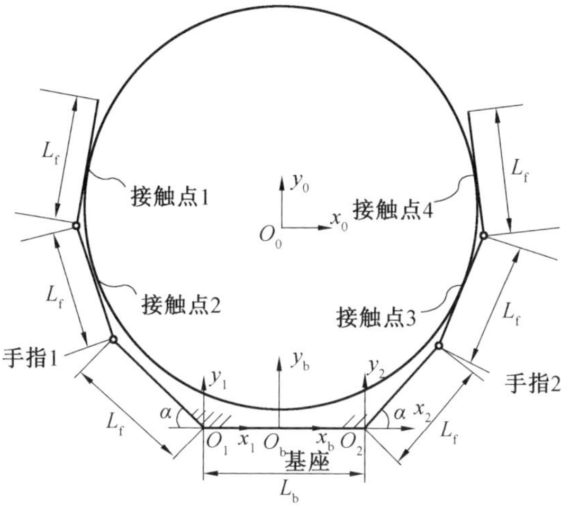

图5.7　四接触点包络抓取圆形物体

为了准确地计算该包络抓取中四个接触点的位置，图 5.8 给出了圆形被抓取物体中心与两手指之间的相对位置关系。当圆形物体与手指相切时，相切点即包络抓取的接触点。令 L_f 表示手指的展开长度，令 L_b 表示点 O_1 和点 O_2 之间的距离，令 α 表示相应的手指连杆与基座之间的角度。

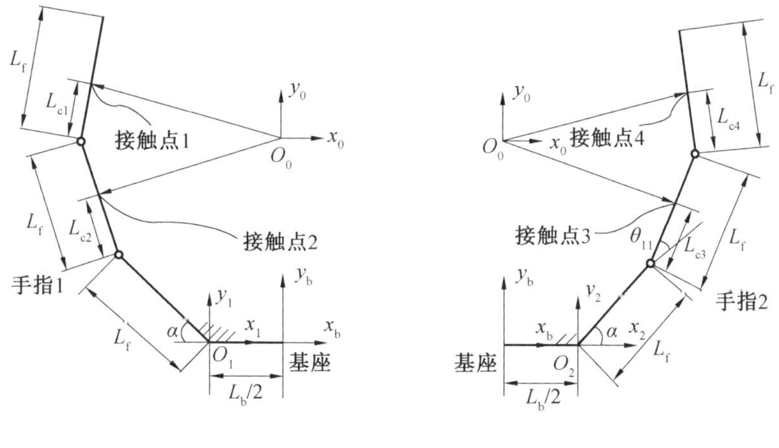

图5.8　抓取接触点的位置计算

根据上述描述，令 O_0 在基坐标系下的坐标为 $\{x_{O_0}, y_{O_0}\}$，令圆形物体的半径为 r，并令 L_{c2} 表示接触点 2 相应的长度，则可得接触点 2 的坐标为

$$P_2 = \left\{ -\frac{L_b}{2} - L_f\cos\alpha - L_{c2}\cos(\alpha + \theta_{11}) \quad L_f\sin\alpha + L_{c2}\sin(\alpha + \theta_{11}) \right\} \tag{5.21}$$

根据式(5.21)，令 P_{2x} 和 P_{2y} 分别表示点 P_2 的 x 轴和 y 轴的值，可以建立下列方程：

$$\begin{cases}(x_{O_0}-P_{2x})^2+(y_{O_0}-P_{2y})^2=r^2\\ P_{2x}\cos(\alpha+\theta_{11})-(P_{2y}-y_{O_0})\sin(\alpha+\theta_{11})=0\end{cases}\tag{5.22}$$

根据几何关系可以计算得到 L_{c2} 和 θ_{11} 的数值，并计算得到接触点 2 的单位法向方向向量为 $\boldsymbol{n}_2=[\sin(\alpha+\theta_{11}),\cos(\alpha+\theta_{11})]^{\mathrm{T}}$，它的单位切向方向向量为 $\boldsymbol{t}_2=[\cos(\alpha+\theta_{11}),\sin(\alpha+\theta_{11})]^{\mathrm{T}}$。那么，可以计算得到在物体坐标系下接触点 2 的矢量 $\boldsymbol{r}_2$ 为

$$\boldsymbol{r}_2=\overrightarrow{O_0P_2}\tag{5.23}$$

接下来求得接触点 1 的相关矢量。令 L_{c1} 表示接触点 1 相应的长度，则可得接触点 1 的坐标为

$$\boldsymbol{P}_1=\left\{-\frac{L_b}{2}-L_f\cos\alpha-L_{c2}\cos(\alpha+\theta_{11})-L_{c1}\cos(\alpha+\theta_{11}+\theta_{12})\quad L_f\sin\alpha+L_{c2}\sin(\alpha+\theta_{11})+L_{c1}\sin(\alpha+\theta_{11}+\theta_{12})\right\}\tag{5.24}$$

根据式(5.24)，令 P_{1x} 和 P_{1y} 分别表示点 P_1 的 x 轴和 y 轴的值，可以建立如下方程：

$$\begin{cases}(x_{O_0}-P_{1x})^2+(y_{O_0}-P_{1y})^2=r^2\\ P_{1x}\cos(\alpha+\theta_{11})-P_{1y}\sin(\alpha+\theta_{11})=0\end{cases}\tag{5.25}$$

根据几何关系可以很容易地计算得到 L_{c1} 和 θ_{12} 的数值，然后可以计算得到接触点1的单位法向方向向量 $\boldsymbol{n}_1=[\sin(\alpha+\theta_{11}+\theta_{12}),\cos(\alpha+\theta_{11}+\theta_{12})]^{\mathrm{T}}$，它的单位切向方向向量 $\boldsymbol{t}_1=[\cos(\alpha+\theta_{11}+\theta_{12}),-\sin(\alpha+\theta_{11}+\theta_{12})]^{\mathrm{T}}$。那么，可得到在物体坐标系下接触点 1 的矢量 $\boldsymbol{r}_1$ 为

$$\boldsymbol{r}_1=\overrightarrow{O_0P_1}\tag{5.26}$$

相似地，可以求出接触点 3 和 4 对应的重要矢量 $\boldsymbol{n}_3$、$\boldsymbol{t}_3$、$\boldsymbol{r}_3$ 和 $\boldsymbol{n}_4$、$\boldsymbol{t}_4$、$\boldsymbol{r}_4$。

2.六点抓取圆形物体时的接触点矢量计算

为了方便力封闭分析，图 5.9 给出了一种六接触点包络抓取圆形物体的情况。为了准确地计算该包络抓取中四个接触点的位置，图 5.10 给出了圆形被抓取物体中心与两手指之间的相对位置关系。

首先，令 L_{c3} 表示接触点 3 相应的长度，可得接触点 3 的坐标为

$$P_3=\left\{-\frac{L_b}{2}-L_{c3}\cos\alpha\quad L_{c3}\sin\alpha\right\}\tag{5.27}$$

根据式(5.27)，令 P_{3x} 和 P_{3y} 分别表示坐标系 P_3 的 x 轴和 y 轴的值，可以建立如下的方程：

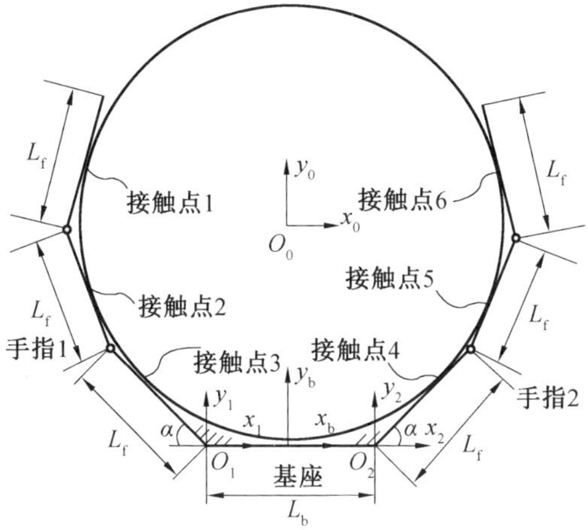

图5.9　六接触点包络抓取圆形物体

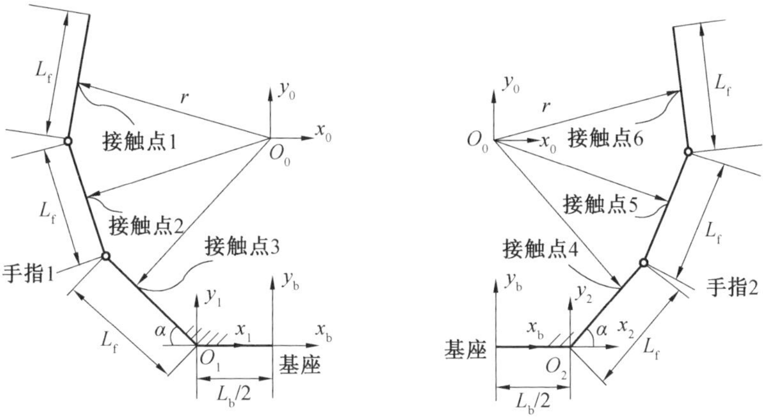

图5.10　六点包络抓取接触点的位置关系

$$\begin{cases}(x_{O_0} - P_{3x})^2 + (y_{O_0} - P_{3y})^2 = r^2 \\ P_{3x}\cos\alpha - (P_{3y} - y_{O_0})\sin\alpha = 0\end{cases} \tag{5.28}$$

根据几何关系式可以计算得到 L_{c3} 的数值，然后可以计算得到接触点 3 的单位法向方向向量 $\boldsymbol{n}_3 = [\sin\alpha \quad \cos\alpha]^{\mathrm{T}}$，它的单位切向方向向量 $\boldsymbol{t}_2 = [\cos\alpha \quad -\sin\alpha]^{\mathrm{T}}$。那么，可得到在物体坐标系下接触点 3 的矢量 $\boldsymbol{r}_3$ 为

$$\boldsymbol{r}_3 = \overrightarrow{O_0 P_3} \tag{5.29}$$

接下来，令 L_{c2} 表示接触点 2 相应的长度，可得接触点 2 的坐标为

$$P_2 = \left\{ -\frac{L_b}{2} - L_f\cos\alpha - L_{c2}\cos(\alpha + \theta_{11}) \quad L_f\sin\alpha + L_{c2}\sin(\alpha + \theta_{11}) \right\} \tag{5.30}$$

根据式(5.30)，令 P_{2x} 和 P_{2y} 分别表示坐标系 P_2 的 x 和 y 轴的值，可以建立如下方程：

$$(x_{O_0}-P_{2x})^2+(y_{O_0}-P_{2y})^2=r^2$$
$$P_{2x}\cos(\alpha+\theta_{11})-(P_{2y}-y_{O_0})\sin(\alpha+\theta_{11})=0 \tag{5.31}$$

根据几何关系可以计算得到 L_{c2} 和 θ_{11} 的数值，然后可以计算得到接触点 2 的单位法向方向向量 $\boldsymbol{n}=[\sin(\alpha+\theta_{11}),\cos(\alpha+\theta_{11})]^{\mathrm{T}}$，它的单位切向方向向量 $\boldsymbol{t}_2=[\cos(\alpha+\theta_{11}),-\sin(\alpha+\theta_{11})]^{\mathrm{T}}$。可得到在物体坐标系下接触点 2 的矢量 $\boldsymbol{r}_2$ 为

$$\boldsymbol{r}_2=\overrightarrow{O_0P_2} \tag{5.32}$$

接下来求得接触点 1 的相关矢量。令 L_{c1} 表示接触点 1 相应的长度，那么可得接触点 1 的坐标为

$$P_1=\left\{-\frac{L_b}{2}-L_f\cos\alpha-L_{c2}\cos(\alpha+\theta_{11})-L_{c1}\cos(\alpha+\theta_{11}+\theta_{12})\right.$$
$$\left.L_f\sin\alpha+L_{c2}\sin(\alpha+\theta_{11})+L_{c1}\sin(\alpha+\theta_{11}+\theta_{12})\right\} \tag{5.33}$$

根据式(5.33)，令 P_{1x} 和 P_{1y} 分别表示坐标系 P_1 的 x 轴和 y 轴的值，可以建立如下方程：

$$\begin{cases}(x_{O_0}-P_{1x})^2+(y_{O_0}-P_{1y})^2=r^2\\ P_{1x}\cos(\alpha+\theta_{11}+\theta_{12})-P_{1y}\sin(\alpha+\theta_{11}+\theta_{12})=0\end{cases} \tag{5.34}$$

根据几何关系式可以计算得到 L_{c1} 和 θ_{12} 的数值，然后可以计算得到接触点 1 的单位法向方向向量 $\boldsymbol{n}_1=[\sin(\alpha+\theta_{11}+\theta_{12}),\cos(\alpha+\theta_{11}+\theta_{12})]^{\mathrm{T}}$，它的单位切向方向向量 $\boldsymbol{t}_1=[\cos(\alpha+\theta_{11}+\theta_{12}),-\sin(\alpha+\theta_{11}+\theta_{12})]^{\mathrm{T}}$。那么，可得在物体坐标系下接触点 1 的矢量 $\boldsymbol{r}_1$ 为

$$\boldsymbol{r}_1=\overrightarrow{O_0P_1} \tag{5.35}$$

相似地，可求出接触点 4、5、6 的重要矢量 $\boldsymbol{n}_4$、$\boldsymbol{t}_4$、$\boldsymbol{r}_4$，$\boldsymbol{n}_5$、$\boldsymbol{t}_5$、$\boldsymbol{r}_5$ 和 $\boldsymbol{n}_6$、$\boldsymbol{t}_6$、$\boldsymbol{r}_6$。

5.3.4 仿真结果与分析

下面使用力封闭性方法对四点和六点包络抓取情况下的抓取稳定性进行仿真与分析，归纳出接触点分布和接触点个数多包络抓取稳定性影响的规律。

1.四点抓取稳定性分析

图 5.11 给出了一种四点包络抓取圆形物体的情况，下面对这种抓取情况进行力封闭仿真分析。在仿真研究中，令基本可展开单位长度 $L_f=0.365$ m，令点 O_1 和点 O_2 之间的距离 $L_b=0.858$ m，令手指连杆与基座之间的角度 $\alpha=50^\circ$。令被抓物体的基坐标系下的坐标 $\{x_{O_0},y_{O_0}\}=\{0,0.75\}$，令圆形物体的半径 $r=$

0.75 m。使用 Matlab 工具，可以求出接触点 1、2、3、4 对应的重要矢量 $\boldsymbol{n}_1$、$\boldsymbol{t}_1$、$\boldsymbol{r}_1$，$\boldsymbol{n}_2$、$\boldsymbol{t}_2$、$\boldsymbol{r}_2$，$\boldsymbol{n}_3$、$\boldsymbol{t}_3$、$\boldsymbol{r}_3$ 和 $\boldsymbol{n}_4$、$\boldsymbol{t}_4$、$\boldsymbol{r}_4$ 如下：

$$\boldsymbol{n}_1=[0.994\,3\quad -0.106\,3]^{\mathrm{T}},\quad \boldsymbol{t}_1=[-0.106\,3\quad -0.994\,3]^{\mathrm{T}},\quad \boldsymbol{r}_1=[-0.743\,5\quad -0.071\,3]^{\mathrm{T}}$$
$$\boldsymbol{n}_2=[0.965\,7\quad 0.259\,6]^{\mathrm{T}},\quad \boldsymbol{t}_2=[0.259\,6\quad -0.965\,7]^{\mathrm{T}},\quad \boldsymbol{r}_2=[-0.724\,3\quad -0.194\,7]^{\mathrm{T}}$$
$$\boldsymbol{n}_3=[-0.965\,7\quad -0.259\,6]^{\mathrm{T}},\quad \boldsymbol{t}_3=[-0.259\,6\quad -0.965\,7]^{\mathrm{T}},\quad \boldsymbol{r}_3=[0.724\,3\quad -0.194\,7]^{\mathrm{T}}$$
$$\boldsymbol{n}_4=[0.724\,3\quad -0.194\,7]^{\mathrm{T}},\quad \boldsymbol{t}_4=[0.106\,3\quad -0.994\,3]^{\mathrm{T}},\quad \boldsymbol{r}_4=[-0.743\,5\quad -0.071\,3]^{\mathrm{T}}$$

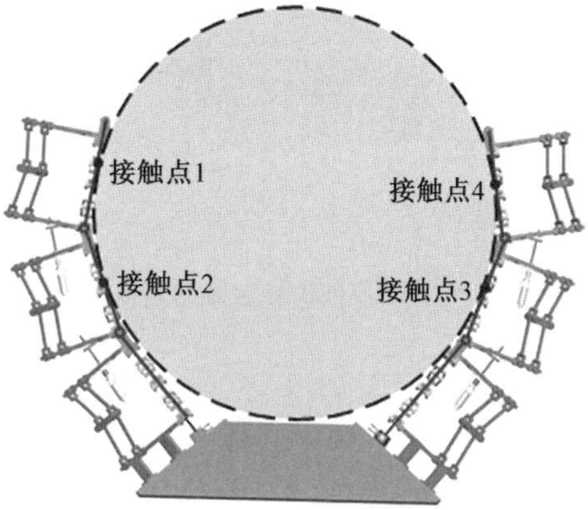

图5.11　四点包络抓取圆形物体

根据本章中的力封闭定量判定步骤，令摩擦系数 μ_i 分别为 0.5、1.0、1.5、2.0，通过 Matlab 工具可以计算抓取力封闭评价指标 $z_{\max}(-\boldsymbol{P})$ 的值，见表 5.1。从表 5.1 可知，当摩擦系数大于等于 1 时，$z_{\max}(-\boldsymbol{P})<1$ 均成立，也就是说，该四点接触包络抓取都是力封闭的。另外，可以看出摩擦系数越大，指标 $z_{\max}(-\boldsymbol{P})$ 的值越小，力封闭性能越好，这也符合常识。

表 5.1　不同摩擦系数下的评价指标

摩擦系数	评价指标 $z_{\max}(-\boldsymbol{P})$
0.5	1.485 4
1.0	0.848 9
1.5	0.575 1
2.0	0.447 8

令展开长度 L_f 为变化值，范围为 $0.45\ \mathrm{m}\geqslant L_f\geqslant 0.25\ \mathrm{m}$，探明展开长度 L_f 和摩擦系数 μ_i 对在该四点包络抓取情景下的评价指标 $z_{\max}(-\boldsymbol{P})$ 的影响规律，如图 5.12 所示。从图 5.12 可以看出，随着摩擦系数 μ_i 的增加，评价指标 $z_{\max}(-\boldsymbol{P})$ 会逐渐变小，而随着展开长度 L_f 的增加，评价指标 $z_{\max}(-\boldsymbol{P})$ 会逐渐变大，从而揭示这种抓取情境下展开长度 L_f 和摩擦系数 μ_i 对评价指标 $z_{\max}(-\boldsymbol{P})$ 的影响。

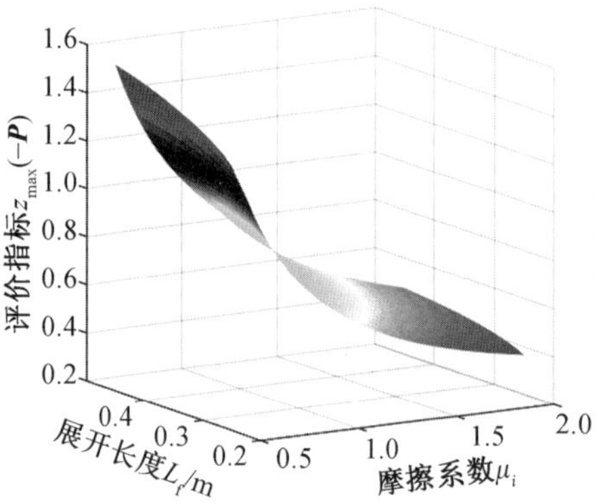

(a) 评价指标三维图

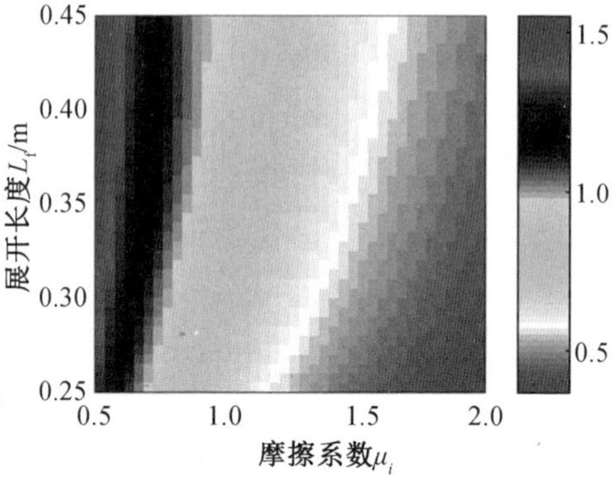

(b) 评价指标的分布

图5.12 评价指标三维图及分布

2.六点抓取稳定性分析

图 5.13 给出了一种六点包络抓取圆形物体的情况，下面对这种抓取情况进行力封闭仿真分析。在仿真研究中，给出以下设置：令基本展开长度 $L_f = 0.365$ m，令点 O_1 和点 O_2 之间的距离 $L_b = 0.8$ m，令手指连杆与基座之间的角度 $\alpha = 60°$。令其基坐标系 x_{O_0} 的坐标 $x_{O_0} = 0$，令圆形物体的半径 $r = 0.63$ m。

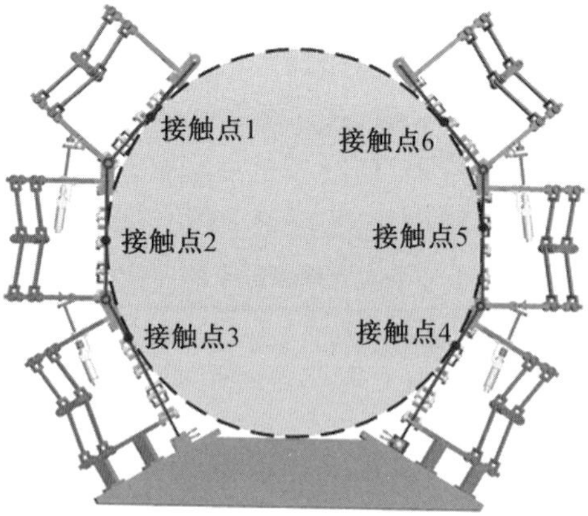

图5.13 六点包络抓取圆形物体

根据几何关系式并用 Matlab 工具计算得到被抓取物体基坐标系的 y_{O_0} 坐标为 $y_{O_0} = (2r - L_b \sin 60°)\text{m} = 0.57$ m，得到接触点 3 的接触长度 $L_{c3} = r \cdot \tan 60° - L_b = 0.29$ m，得到接触点 2 的接触长度 $L_{c2} = L_f - L_{c3} = 0.073\ 8$ m 和转动角度 $\theta_{11} = 180° - 2\arctan(r/L_{c2}) = 13.3°$，并得到可以计算得到接触点 1 的接触长度 $L_{c1} = L_f - L_{c2} = 0.291\ 2$ m 和转动角度 $\theta_{12} = 180° - 2\arctan(r/L_{c1}) = 49.6°$。

因此，可以求出接触点 1、2、3、4、5、6 对应的重要矢量 $\boldsymbol{n}_1$、$\boldsymbol{t}_1$、$\boldsymbol{r}_1$，$\boldsymbol{n}_2$、$\boldsymbol{t}_2$、$\boldsymbol{r}_2$，$\boldsymbol{n}_3$、$\boldsymbol{t}_3$、$\boldsymbol{r}_3$，$\boldsymbol{n}_4$、$\boldsymbol{t}_4$、$\boldsymbol{r}_4$，$\boldsymbol{n}_5$、$\boldsymbol{t}_5$、$\boldsymbol{r}_5$ 和 $\boldsymbol{n}_6$、$\boldsymbol{t}_6$、$\boldsymbol{r}_6$ 如下：

$\boldsymbol{n}_1=[0.840\,8\quad -0.541\,4]^{\mathrm{T}}$，　$\boldsymbol{t}_1=[-0.541\,4\quad -0.840\,8]^{\mathrm{T}}$，

$\boldsymbol{r}_1=[-0.532\,8\quad 0.338\,8]^{\mathrm{T}}$

$\boldsymbol{n}_2=[0.955\,8\quad 0.294\,0]^{\mathrm{T}}$，　$\boldsymbol{t}_2=[0.294\,0\quad -0.955\,8]^{\mathrm{T}}$，

$\boldsymbol{r}_2=[-0.603\,1\quad -0.187\,0]^{\mathrm{T}}$

$\boldsymbol{n}_3=[-0.866\,0\quad 0.500\,0]^{\mathrm{T}}$，　$\boldsymbol{t}_3=[0.500\,0\quad -0.866\,0]^{\mathrm{T}}$，

$\boldsymbol{r}_3=[-0.545\,0\quad -0.318\,9]^{\mathrm{T}}$

$\boldsymbol{n}_4=[0.866\,0\quad 0.500\,0]^{\mathrm{T}}$，　$\boldsymbol{t}_4=[-0.500\,0\quad -0.866\,0]^{\mathrm{T}}$，

$\boldsymbol{r}_4=[0.545\,0\quad -0.318\,9]^{\mathrm{T}}$

$\boldsymbol{n}_5=[-0.955\,8\quad 0.294\,0]^{\mathrm{T}}$，　$\boldsymbol{t}_5=[-0.294\,0\quad -0.955\,8]^{\mathrm{T}}$，

$\boldsymbol{r}_5=[-0.603\,1\quad -0.187\,0]^{\mathrm{T}}$

$\boldsymbol{n}_6=[-0.840\,8\quad -0.541\,4]^{\mathrm{T}}$，　$\boldsymbol{t}_6=[0.541\,4\quad -0.840\,8]^{\mathrm{T}}$，

$\boldsymbol{r}_6=[0.532\,8\quad 0.338\,8]^{\mathrm{T}}$

根据本章中的力封闭定量判定步骤，令摩擦系数 μ_i 分别为 0.5、1.0、1.5、2.0，通过 Matlab 可以计算抓取力封闭评价指标 $z_{\max}(-\boldsymbol{P})$ 的值，见表 5.2。从表 5.2 可知，不同的摩擦系数下，$z_{\max}(-\boldsymbol{P})<1$ 均成立，也就是说，该四点接触包络抓取都是力封闭的。另外，可以看出摩擦系数越大，评价指标 $z_{\max}(-\boldsymbol{P})$ 的值越小，力封闭性能越好，这也符合常识。

表 5.2　不同摩擦系数下的评价指标

摩擦系数	评价指标 $z_{\max}(-\boldsymbol{P})$
0.5	0.094 4
1.0	0.059 1
1.5	0.041 5
2.0	0.032 8

同样摩擦系数下的力封闭性能指标对比如图 5.14 所示，在相同摩擦系数的情况下，与四接触点包络抓取相比，六接触点包络抓取拥有更小的力封闭抓取稳定性能评价指标 $z_{\max}(-\boldsymbol{P})$。这将为更合理的包络抓取规划提供必要的定量分析基础和理论依据。

接下来，令展开长度 L_{f} 为变化值且 0.45 m $\geqslant L_{\mathrm{f}}\geqslant$ 0.25 m，探讨展开长度 L_{f} 和摩擦系数 μ_i 对在该六点包络抓取情景下的评价指标 $z_{\max}(-\boldsymbol{P})$ 的影响规律，如图 5.15 所示。从图 5.15 可以看出，随着摩擦系数 μ_i 的增加，评价指标 $z_{\max}(-\boldsymbol{P})$ 值逐渐变小，而随着展开长度 L_{f} 的增加，评价指标 $z_{\max}(-\boldsymbol{P})$ 值先降低后升高，从而说明选择合理的展开长度 L_{f} 可以降低评价指标 $z_{\max}(-\boldsymbol{P})$ 值并提高抓取稳定性。

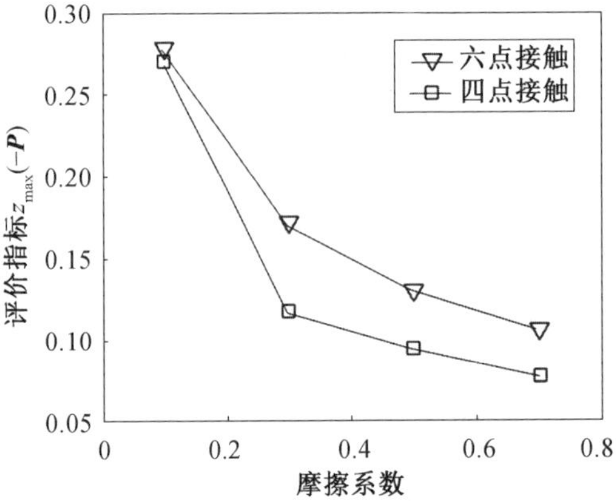

图5.14 同样摩擦系数下的力封闭性指标对比

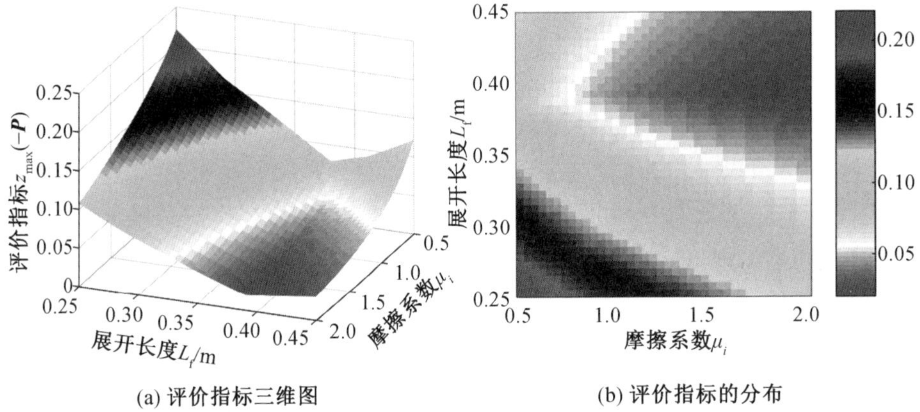

图5.15 评价指标的分布

5.4 包络抓取规划

5.4.1 最优抓取规划方法

完成包络抓取力封闭分析之后，希望能够利用这种分析方法，并使用该分析结果指导包络抓取规划或控制策略。本节的主要结果是基于简化的引理5.1来完成的。由于该定理计算出来的最优值 $z_{max}(-\boldsymbol{P})$ 可以衡量多点包络抓取稳定性，也就是说，$z_{max}(-\boldsymbol{P})$ 的值可以反映在包络抓取模式下被抓取物体能够承受外力的大小，因此，本节选择 $z_{max}(-\boldsymbol{P})$ 作为最优包络抓取规划问题的目标优化函数。在包络抓取接触形成的几何约束条件下，$z_{max}(-\boldsymbol{P})$ 越小，则可以认为抓取越稳定。

由于本书设计的可展开抓取机械手可以根据需要通过调节其展开长度 L_f 来调节其手指的长度，因此，这里选择展开长度 L_f 作为可展开抓取机械手最优化抓取问题的参数变量。将 $z_{max}(-\boldsymbol{P})$ 改写为 $z_{max}(-\boldsymbol{P},L_f)$，并使用 $z_{max}(-\boldsymbol{P},L_f)$ 作为最优抓取规划问题的优化目标函数，则最优化的展开长度 L_{opt} 可以通过下面的优化问题来解决：

$$\begin{cases}\text{Minimize } S=z_{max}(\boldsymbol{t},L_f)\\ \text{subject to } l_{min}\leqslant L_f\leqslant l_{max}\\ l_{ci}\leqslant L_f\end{cases} \tag{5.36}$$

式中 $\boldsymbol{t}$——射线 PO 的方向向量，$\boldsymbol{t}=-\boldsymbol{P}$；

l_{min}——基本展开单元的最小长度；

l_{max}——基本展开单元的最大长度；

l_{ci}——第 i 个基本展开单元的接触长度。

基于优化问题表达式(5.36)获得的最优值 L_{opt}，可以根据第 3 章的知识将可展开抓取机械手的运动学问题转化为传统平面串联机器人的运动学问题。这样，基于几何学方法，可以比较容易地计算得到每个电机的期望轨迹，从而解决该可展开抓取机械手的最优轨迹规划问题。

5.4.2 仿真结果与分析

本节仿真对象为两手指且每个手指具有三个基本单元的桁架式可展开抓取机械手，假设使用该抓取机械手抓取一个圆柱形物体，并形成一个六点接触包络抓取的情况，如图 5.9 所示。参数化设置如图 5.9 所示，设置机器人基座长度为 $L_b=0.8$ m，两边的每一个手指与机器人基座之间的角度 $\alpha=60°$，被抓取圆形物体的半径 $r=0.63$ m，并令被抓取物体的基坐标系的坐标 $x_{O_0}=0$。

选取可展开抓取机械手的展开长度 L_f 作为被优化的变量，并给定 L_f 的约束范围为 $0.435\text{ m}\geqslant L_f\geqslant 0.150$ m，并使用 $z_{max}(-\boldsymbol{P},L_f)$ 作为最优抓取规划问题的优化目标函数，可以将抓取机械手的抓取规划问题转化为优化问题表达式(5.36)。然后，根据 5.3 节提出的基于几何学的求解方法，求出左右两边的第 i 个基本展开单元的接触长度 l_{ci} 的数值。最后，使用 Matlab 优化工具，计算获得最优值 $L_{opt}=0.345$ m。根据这一最优化数值，在六点接触的情况下可以获得该包络抓取的最优最鲁棒的抓取规划。具体到每个机器人关节的轨迹计算，可以根据几何方法很容易地得到，这里不再赘述。

为在理论上说明可展开抓取机械手的展开长度 L_f 对包络抓取力封闭稳定性的影响，并说明 $L_{opt}=0.345$ m 是最优值的原因，图 5.16 给出了可展开抓取机械手的展开长度 L_f 对包络抓取稳定性指标 $z_{max}(-\boldsymbol{P},L_f)$ 影响的曲线。根据这一曲线，可以很容易地发现在该特定包络抓取中，可展开抓取机械手的展开长度 L_f 过大或过短都不能获取最优最鲁棒的包络抓取效果。这也进一步说明本节所提出的最优包络抓取规划方法是非常必要的。需要指出的是，虽然本节提出的方法是在六点接触的包络抓取圆柱形物体的情况下进行验证的，但是该最优抓取规划方法可以推广到其他多点接触的情况，这里不再具体给出。

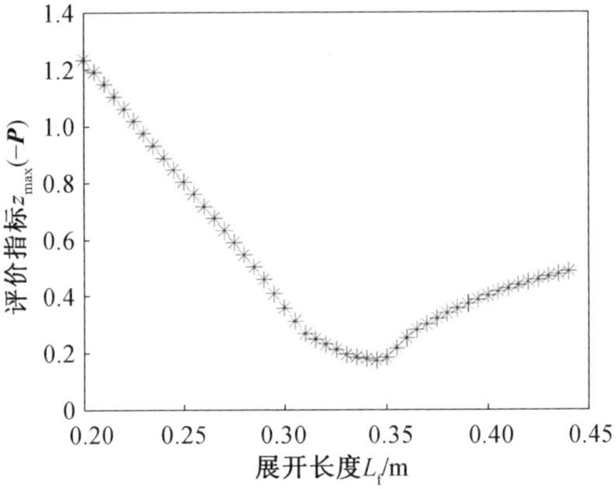

图5.16　六点包络抓取的力封闭稳定性变化情况

5.5　本章小结

本章对两分支可展开抓取机械手进行抓取模式、抓取力封闭性和最优包络抓取规划等方面的研究。首先，讨论可展开抓取机械手的指尖抓取和包络抓取模式，并说明包络抓取在抓取性能方面的优越性。然后，利用凸分析技术，根据摩擦扇边界向量和抓取矩阵获取原始力旋量。通过求取原始力旋量凸包的内点，利用凸包和凸多面体的对偶性和射线法，给出简化的力封闭性定量判断方法，并整理出该力封闭抓取力封闭性的判定步骤。针对不同接触点的抓取情形，利用机械手与被抓取物体之间的相对位置关系，本章给出相应接触点的位置向量、法向向量和切向向量的计算方法，并通过Matlab仿真完成多点接触的包络抓取力封闭性的判定。之后，通过对力封闭性评价指标结果进行分析，说明摩擦系数和展开长度等因素与包络抓取力封闭性之间的关系。最后，基于包络抓取的力封闭性评价指标，根据包络抓取接触几何约束条件，本章提出了一种最优包络抓取规划方法，并通过仿真结果分析说明了该规划方法的合理性。

参 考 文 献

[1] WIMB C K T, OTT C, ALBU-SCH FFER A, et al. Comparison of object-level grasp controllers for dynamic dexterous manipulation[J]. The International Journal of Robotics Research,2012,31(1):3-23.

[2] KANEKO M, SHIRAI T, TSUJI T. Scale-dependent grasp[J]. IEEE Transactions on Systems, Man, and Cybernetics-Part A: Systems and Humans,2000,30(6):806-816.

[3] 郑宇.多指抓取的封闭性、最优规划与动态力分配研究[D].上海:上海交通大学,2007.

[4] DING D, LIU Y H, WANG M Y, et al. Automatic selection of fixturing surfaces and fixturing points for polyhedral workpieces[J]. IEEE Transactions on Robotics and Automation,2001,17(6):833-841.

[5] ZHENG Y, QIAN W H. Simplification of the ray-shooting based algorithm for 3-D force-closure test[J]. IEEE Transactions on Robotics, 2005,21(3):470-473.

[6] MIAO W, LI G, JIANG G, et al. Optimal grasp planning of multi-fingered robotic hands: a review[J]. Applied and Computational Mathematics: An International Journal,2015,14(3):238-247.

[7] JIA G, HUANG H, LI B, et al. Synthesis of a novel type of metamorphic mechanism module for large scale deployable robotic hands[J]. Mechanism and Machine Theory,2018,128:544-559.

[8] LIU Y H. Qualitative test and force optimization of 3-D frictional form-closure grasps using linear programming[J]. IEEE Transactions on Robotics and Automation,1999,15(1):163-173.

[9] MULMULEY K. Computational geometry: an introduction through randomized algorithms[M]. Englewwod Cliffs, N J: Prentice-Hall,1994.

[10] ZHENG Y, QIAN W H. Simplification of the ray-shooting based algorithm for 3-D force-closure test[J]. IEEE Transactions on Robotics, 2005,21(3):470-473.

第 6 章

空间桁架式可展开抓取机构的控制

6.1 概　述

空间桁架式可展开抓取机构的运动控制问题是该机构样机集成和抓取操作的基础。本书研究的抓取操作是基于该空间桁架式可展开抓取机构的位置控制来实现的。考虑到展开机构结构的复杂性，作为一个强非线性的新型抓取机械手，为了获取更好的位置控制效果，有必要对空间桁架式可展开抓取机构的展开运动控制和展开抓取运动控制进行研究。

近年来，比较主流的非线性控制技术包括自抗扰控制技术、反演控制和动态面控制技术、自适应鲁棒控制技术和滑模控制技术。受 PID 技术的无模型优良特性的启发，自抗扰控制算法首先由韩京清提出，以希望能够发展一种可以取代 PID 技术且容易工程化的先进控制策略。该控制策略的最大特点是无模型控制却拥有很好的控制性能，已经成功应用于很多工程实际中。自适应鲁棒控制方法可以对参数摄动、未建模扰动及外部扰动进行同时处理，而滑模控制技术作为一种经典的鲁棒控制方法可以提高非线性系统的鲁棒性。利用这些非线性控制技术的优良性质，本章将对空间桁架式可展开抓取机构的运动控制予以进一步研究。

针对空间桁架式可展开抓取机构展开运动中存在的过约束和扰动问题，本章首先提出一种基于扩张状态观测器和部分动力学模型的空间桁架式可展开抓取机构展开运动控制方法，以考虑该机构中存在的过约束、摩擦等对系统的影响，并通过理论证明其稳定性，通过试验完成该算法的验证。然后，在第 3 章提出的递归动力学模型的基础上，提出一种基于递归动力学模型的 PD 控制方法，并通过试验的方式完成该算法的验证。最后，针对空间桁架式可展开抓取机构的展开和抓取运动，提出一种基于扩张状态观测器的控制方法。在该控制方法中，本章提出一种新型自适应扩张状态观测器，以实现动力学的解耦和降低对系统模型的依赖；同时，提出一种改进型的自适应滑模控制项，以提高系统的鲁棒性，并通过理论证明其稳定性，通过试验验证其正确性。

6.2　基于扩张状态观测器的展开运动控制

6.2.1　展开动力学建模

本节将重点对空间桁架式可展开抓取机构的展开运动进行动力学建模和控制方法研究。空间桁架式可展开抓取机构的展开运动是通过一个电机驱动多级剪叉状机构来完成的。因此，除非有特殊说明，本节后面内容中的电机均指电机 1。为了保障该机构的刚度和可靠性，在设计该机构的基本展开单元时采用了两个双平行四边形机构来交错布置。同时，这也使得其基本展开单元中引入了过约束。虽然过约束的引入有消除机构关节间隙、变形和振动等效果，但也给该机构的静力学分析和动力学建模带来了极大的难度和不确定性因素。

假设机构中杆件是刚性的和质量均匀分布的，由于面向宇航空间应用，这里假设重力影响比较微小，根据多体动力学，可得该空间桁架式可展开抓取机构的第 i 个基本展开单元的动力学模型为表达式(3.82)，具体见第 3 章相关内容。但是，式(3.82) 中并没有考虑机构中过约束等因素引起的动力学项，本节内容将予以考虑。由于过约束对基本展开单元的展开动力学影响的精确建模难度很大，本节中设过约束引起的未知动力学项为 f_{over}，则第 i 个基本展开单元的动力学模型可以转化为

$$M(i,y)\ddot{y}+C(i,y,\dot{y})\dot{y}+D_1+D_2+D_3+f_{\text{over}}+F_{i,2y}=F_{i,1y} \tag{6.1}$$

由于基本展开单元的主动驱动力和被动力之间是作用力和反作用力关系，它们的绝对值之间的关系为

$$F_{i-1,2y}=F_{i,1y}\quad i=1,2,3 \tag{6.2}$$

由于本节以具有 3 个基本展开单元的空间桁架式可展开抓捕机构为研究对象，那么其第 $3i$ 个基本展开单元受到的被动力 $F_{3,2y}=0$，通过递归的方法可得该

机构的展开动力学模型为

$$M_{\Delta}\ddot{y}+C_{\Delta}\dot{y}+3D_1+3D_2+3D_3+3f_{\text{over}}=F_{1,1y} \tag{6.3}$$

式中　M_{Δ}—— 惯性项，具体为

$$M_{\Delta}=M(1,y)+M(2,y)+M(3,y)$$

C_{Δ}—— 科氏项，具体为

$$C_{\Delta}=C(1,y,\dot{y})+C(2,y,\dot{y})+C(3,y,\dot{y})$$

设电机 1 驱动的螺母丝杠的导程为 P，则可得

$$\Delta l=\frac{\Delta\theta_{\text{m}}}{2\pi}P \tag{6.4}$$

式中　Δl—— 相应螺母丝杠驱动长度的微变；

$\Delta\theta_{\text{m}}$—— 电机转动角度的微变。

令 η 为螺母丝杠的传递效率，根据虚功原理可得

$$F_{1,1y}\Delta l=\eta\tau_{\text{m}}\Delta\theta_{\text{m}} \tag{6.5}$$

式中　τ_{m}—— 电机的驱动力矩。

因此，可得电机的驱动力矩为

$$\tau_{\text{m}}=\frac{F_{1,1y}\Delta l}{\eta\Delta\theta_{\text{m}}}=\frac{F_{1,1y}P}{\eta 2\pi} \tag{6.6}$$

由式(6.4)和式(6.6)可得

$$\tau_{\text{m}}=M\cdot\ddot{y}+C\cdot\dot{y}+D+f \tag{6.7}$$

式中　M—— 惯性项，具体为

$$M=M_{\Delta}P/2\eta\pi$$

C—— 科氏项，具体为

$$C=C_{\Delta}P/2\eta\pi$$

D—— 阻尼项，具体为

$$D=\frac{3P}{2\eta\pi}(D_1+D_2+D_3)$$

f—— 未知函数项，具体为

$$f=\frac{3P}{2\eta\pi}f_{\text{over}}$$

令 $x_1=y$，$x_2=\dot{y}$ 和 $u=\tau_{\text{m}}$，则式(6.7)可以转化为状态空间方程的形式：

$$\begin{cases}\dot{x}_1=x_2\\ \dot{x}_2=\dfrac{1}{M}u+C\cdot\dot{y}+D+f\end{cases} \tag{6.8}$$

由于惯性参数 M 对扩张状态观测器的性能具有较大影响，而 M 本身的计算是在机构系统的名义值的基础上得到的且随展开运动而变化，很难得到其实时

变化的真实值。因此，在本章令 $\theta=1/M$，并将设计自适应率来逼近其真实值，以改善扩张状态观测器性能和控制性能，这样式(6.8)可以转化为

$$\begin{cases}\dot{x}_1=x_2\\ \dot{x}_2=\theta u+F_0+d\end{cases} \tag{6.9}$$

式中　F_0—— 已知的名义动力学项，$F_0=C\cdot\dot{y}+D$；

d—— 未知的动力学项，$d=f$，主要包括过约束、摩擦和质量不均匀分布等因素引起的动力学变化。

6.2.2　扩张状态观测器设计

1.扩张状态观测器的设计

由于 J. Q. Han 等提出的扩张状态观测器设计方法仅仅需要很少的系统动力学信息，且实施难度低，简单实用，因此本节将设计线性扩张状态观测器来估计系统中的未知动力学项 d。

为了设计扩张状态观测器，定义一个新的变量 $x_3=d$，并将式(6.9)转化为

$$\begin{cases}\dot{x}_1=x_2\\ \dot{x}_2=\theta u+F_0+x_3\\ \dot{x}_3=\dot{d}\end{cases} \tag{6.10}$$

式(6.10)可以整理为如下的矩阵形式：

$$\begin{cases}\dot{\boldsymbol{x}}=\boldsymbol{Ax}+\boldsymbol{F}+\boldsymbol{G}u+\boldsymbol{\Delta}(t)\\ \boldsymbol{y}=\boldsymbol{Cx}\end{cases} \tag{6.11}$$

式中　$\boldsymbol{x}$—— 状态矢量，$\boldsymbol{x}=[x_1,x_2,x_3]^{\mathrm{T}}$；

$\boldsymbol{A}$—— 矩阵，$\boldsymbol{A}=\begin{bmatrix}0&1&0\\0&0&1\\0&0&0\end{bmatrix}$；

$\boldsymbol{F}$—— 已知动力学矢量，$\boldsymbol{F}=[0,F_0,0]^{\mathrm{T}}$；

$\boldsymbol{G}$—— 惯性参数矢量，$\boldsymbol{G}=[0,\theta,0]^{\mathrm{T}}$；

$\boldsymbol{u}$—— 控制输出变量；

$\boldsymbol{\Delta}(t)$—— 扰动微分矢量，$\boldsymbol{\Delta}(t)=[0,0,\dot{d}]^{\mathrm{T}}$；

$\boldsymbol{C}$—— 转换矩阵，$\boldsymbol{C}=[1,0,0]^{\mathrm{T}}$。

不失一般性，在设计该扩张状态观测器之前，对系统模型信息给出如下假设。

假设 6.1　系统中的未知动力学项 $\boldsymbol{\Delta}(t)$ 的导数是关于 $\boldsymbol{x}$ 满足利普希茨连续

条件且是有界的，且参数 θ 的取值范围如下：

$$\theta \in \Omega_\theta \triangleq \{\theta : \theta_{\min} \leqslant \theta \leqslant \theta_{\max}\} \tag{6.12}$$

式中　$\theta_{\max}$，$\theta_{\min}$——已知常数。

根据式(6.12)，可以将扩张状态观测器设计为

$$\begin{cases} \dot{\hat{\boldsymbol{x}}} = \boldsymbol{A}\hat{\boldsymbol{x}} + \boldsymbol{F} + \boldsymbol{G}(\hat{\theta})\boldsymbol{u} + \boldsymbol{L}(x_1 - \hat{x}_1) \\ \hat{\boldsymbol{y}} = \boldsymbol{C}\hat{\boldsymbol{x}} \end{cases} \tag{6.13}$$

式中　$\hat{\boldsymbol{x}}$——估计的状态矢量，$\hat{\boldsymbol{x}} = [\hat{x}_1, \hat{x}_2, \hat{x}_3]^{\mathrm{T}}$；

$\boldsymbol{G}(\hat{\theta})$——估计的惯性参数矩阵，$\boldsymbol{G}(\hat{\theta}) = [0, \hat{\theta}, 0]^{\mathrm{T}}$，$\hat{\theta}$ 可由后面设计的非连续映射自适应控制律得到；

$\boldsymbol{L}$——扩张状态观测器的增益矩阵，$\boldsymbol{L} = [3\omega_0, 3\omega_0^2, \omega_0^3]^{\mathrm{T}}$，通过调节扩张状态观测器增益 ω_0 可以对该观测器的收敛性能进行调节。

2.扩张状态观测器的稳定性证明

下面将本节设计的扩张状态观测器归纳为如下的定理，并对其进行严格的数学证明。

定理 6.1　在满足假设 6.1 的情况下，存在正增益参数 ω_0 使得不等式 $|\tilde{x}_i| = |\hat{x}_i - x_i| \leqslant \iota\,(i = 1, 2, 3)$ 在 $t > T$ 成立，其中 ι 表示最大的估计误差。

证明　定义 $\tilde{\boldsymbol{x}} = \boldsymbol{x} - \hat{\boldsymbol{x}}$，式(6.11)减去式(6.13)可得观测误差动力学方程为

$$\dot{\tilde{\boldsymbol{x}}} = \boldsymbol{A}\tilde{\boldsymbol{x}} + \boldsymbol{\Delta}(t) - \boldsymbol{L}(x_1 - \hat{x}_1) \tag{6.14}$$

式(6.14)可以改写为

$$\dot{\tilde{\boldsymbol{x}}} = \begin{bmatrix} 0 & 1 & 0 \\ 0 & 0 & 1 \\ 0 & 0 & 0 \end{bmatrix} \tilde{\boldsymbol{x}} + \begin{bmatrix} 0 \\ 0 \\ \dot{d} \end{bmatrix} - \begin{bmatrix} 3\omega_0 \\ 3\omega_0^2 \\ \omega_0^3 \end{bmatrix} \tilde{x}_1 \tag{6.15}$$

定义尺度化的观测误差变量为 $\varepsilon_i = \tilde{x}_i / \omega_0^{i-1}$，则有

$$\dot{\boldsymbol{\varepsilon}} = \omega_0 \boldsymbol{A}\boldsymbol{\varepsilon} + \boldsymbol{B}\frac{\dot{d}}{\omega_0^2} \tag{6.16}$$

其中，

$$\boldsymbol{\varepsilon} = \begin{bmatrix} \varepsilon_1 \\ \varepsilon_2 \\ \varepsilon_3 \end{bmatrix}, \quad \boldsymbol{A} = \begin{bmatrix} -3 & 1 & 0 \\ -3 & 0 & 1 \\ -1 & 0 & 0 \end{bmatrix}, \quad \boldsymbol{B} = \begin{bmatrix} 0 \\ 0 \\ 1 \end{bmatrix}$$

由于矩阵 $\boldsymbol{A}$ 是 Hurwitz 的，存在正定矩阵 $\boldsymbol{A}$ 使得等式$\boldsymbol{A}^{\mathrm{T}}\boldsymbol{P}+\boldsymbol{P}\boldsymbol{A}^{\mathrm{T}}=-\boldsymbol{I}$ 成立。本书选择李雅普诺夫函数为 $V(\boldsymbol{\varepsilon})=\boldsymbol{\varepsilon}^{\mathrm{T}}\boldsymbol{P}\varepsilon$，对 $V(\boldsymbol{\varepsilon})$ 求导可得

$$\dot{V}(\boldsymbol{\varepsilon})=\omega_0\boldsymbol{\varepsilon}^{\mathrm{T}}(\boldsymbol{A}^{\mathrm{T}}\boldsymbol{P}+\boldsymbol{P}\boldsymbol{A}^{\mathrm{T}})\boldsymbol{\varepsilon}+\frac{\dot{d}}{\boldsymbol{\omega}_0^2}\boldsymbol{B}^{\mathrm{T}}\boldsymbol{P}\boldsymbol{\varepsilon}+\frac{\dot{d}}{\boldsymbol{\omega}_0^2}\boldsymbol{\varepsilon}^{\mathrm{T}}\boldsymbol{P}\boldsymbol{B}=$$

$$-\omega_0\ \|\boldsymbol{\varepsilon}\|^2+2\frac{\dot{d}}{\boldsymbol{\omega}_0^2}\boldsymbol{\varepsilon}^{\mathrm{T}}\boldsymbol{P}\boldsymbol{B} \tag{6.17}$$

根据假设 6.1 可知，如果令 $c=2c'\boldsymbol{\varepsilon}^{\mathrm{T}}\boldsymbol{P}\boldsymbol{B}_3$，那么对所有的 $\omega_0>1$ 均存在下列不等式：

$$2\frac{\dot{d}}{\boldsymbol{\omega}_0^2}\boldsymbol{\varepsilon}^{\mathrm{T}}\boldsymbol{P}\boldsymbol{B}_3\leqslant 2c'\frac{\sqrt{|\varepsilon_1^2+\omega_0^2\varepsilon_2^2+\omega_0^4\varepsilon_3^2|}}{\omega_0^2}\boldsymbol{\varepsilon}^{\mathrm{T}}\boldsymbol{P}\boldsymbol{B}_3=c\ |\boldsymbol{\varepsilon}|^2 \tag{6.18}$$

于是有

$$\dot{V}(\boldsymbol{\varepsilon})=-(\omega_0-c)\ \|\boldsymbol{\varepsilon}\|^2 \tag{6.19}$$

因此，如果 $\omega_0>c$ 成立，则 $\dot{V}(\boldsymbol{\varepsilon})<0$，定理得证。

6.2.3　展开运动位置控制器设计

1.非连续映射自适应控制律

根据 L. Xu 等的自适应鲁棒控制研究工作，定义参数 θ 的估计值为 $\hat{\theta}$，并定义参数 θ 的估计误差为 $\tilde{\theta}=\hat{\theta}-\theta$，则非连续映射 $\mathrm{Proj}_{\hat{\theta}}(a)$ 可以写为如下的形式：

$$\mathrm{Proj}_{\hat{\theta}}(a)=\begin{cases}0, & \hat{\theta}=\theta_{\max}\wedge a>0\\ 0, & \hat{\theta}=\theta_{\min}\wedge a>0\\ a, & \text{其他}\end{cases} \tag{6.20}$$

式中　a—— 相应的参数。

因此，非连续映射自适应控制律可以设计为

$$\dot{\hat{\theta}}=\mathrm{Proj}_{\hat{\theta}}(\Gamma\tau) \tag{6.21}$$

式中　$\hat{\theta}$—— 估计的参数，$\theta_{\min}\leqslant\hat{\theta}\leqslant\theta_{\max}$；

Γ—— 增益参数，$\Gamma>0$；

τ—— 待设计的自适应函数，后面将给出。

对于任意自适应函数 τ，下面的性质都成立：

$$\begin{cases}\hat{\theta}\in\Omega_\theta\triangleq\{\hat{\theta}:\theta_{\min}\leqslant\hat{\theta}\leqslant\theta_{\max}\}\\ \tilde{\boldsymbol{\theta}}^{\mathrm{T}}(\boldsymbol{\Gamma}^{-1}\mathrm{Proj}_{\hat{\theta}}(\boldsymbol{\Gamma}\tau)-\tau)\leqslant 0,\quad\forall\tau\end{cases} \tag{6.22}$$

2.改进型的自适应鲁棒控制器设计

自适应鲁棒控制方法可以用于同时处理参数不确定性和非结构不确定性，其中，自适应控制律可以用来降低参数不确定性引起的影响，鲁棒反馈项可以用来处理非结构不确定性。但是，现有的自适应鲁棒控制方法鲁棒反馈项只是简单的线性形式。因此，本节将为空间桁架式可展开抓取机构的展开运动提出改进的自适应鲁棒控制方法，并利用扩张状态观测器补偿系统未知动力学项，提高机构的展开运动控制性能。

定义位置跟踪误差变量为

$$z_1 = x_1 - x_{1d} \tag{6.23}$$

为控制器设计需要，定义一个新的跟踪误差变量为

$$z_2 = \dot{z}_1 + k_1 z_1 = x_2 - x_{eq} \tag{6.24}$$

式中 x_{eq}—— 中间等价变量，其表达式为 $x_{eq} = \dot{x}_{1d} - k_1 z_1$；

k_1—— 正增益参数。

设计控制器的目的是使机构的位置跟踪误差 z_1 在一定时间内收敛到零或一个很小的区域。由于 $G(s) = z_1(s)/z_2(s) = 1/(s + k_1)$ 是位置跟踪误差变量 z_1 和 z_2 之间的传递函数，使 z_2 收敛到零，也会使 z_1 收敛到零成立。因此，本章的设计目的可以转化为使 z_2 尽可能收敛到零。

对变量 z_2 进行微分，可得

$$\dot{z}_2 = \dot{x}_2 - \dot{x}_{eq} = \theta\varphi + F_0 + x_3 - \dot{x}_{eq} \tag{6.25}$$

使用动力学模型中已知的名义动力学项 F_0 来设计扩张状态观测器，并利用观测得到的 $\hat{x}_3$ 补偿系统未知动力学项；为了处理机构系统中的存在参数摄动和系统不确定性因素，基于扩张状态观测器提出的改进型自适应鲁棒控制器为

$$\begin{cases} u = (u_a + u_s)/\hat{\theta} \\ u_a = \dot{x}_{eq} - F_0 - \hat{x}_3 \\ u_s = u_{s1} + u_{s2} \\ u_{s1} = -k_2 z_2 \end{cases} \tag{6.26}$$

式中 u_a—— 包含了已知的动力学项 F_0 和扩张状态观测器估计得到的动力学项 $\hat{x}_3$ 的控制项；

$\hat{\theta}$—— 参数 θ 的估计值；

u_{s1}—— 对名义系统进行镇定的控制项；

u_{s2}—— 待设计的自适应滑模控制项，可以用于减小观测器误差和非结

构不确定性对控制性能的影响。

将式(6.26) 代入式(6.24),可得

$$\begin{aligned}\dot{z}_2 &= \theta\varphi + F_0 + x_3 - \dot{x}_{eq} = \\ &-\tilde{\theta}u + \hat{\theta}u + F_0 + x_3 - \dot{x}_{eq} = \\ &-\tilde{\theta}u - k_2 z_2 + u_{s2} + \tilde{x}_3 = \\ &-k_2 z_2 + u_{s2} - \tilde{\theta}\varphi + \tilde{x}_3\end{aligned} \tag{6.27}$$

式中 $\tilde{x}_3$—— 观测器估计误差,$\tilde{x}_3 = x_3 - \hat{x}_3$;

φ—— 将在自适应控制律中使用的回归函数,$\varphi = u$。

根据定理6.1,在选择合适增益参数 ω_0 的情况下扩张状态观测器存在一定的估计误差。与传统的基于观测器的自适应鲁棒控制方法不同,为了减小扩张状态观测器的估计误差对控制系统带来的影响,本章提出了一种自适应滑模控制律来设计控制项 u_{s2},其具体形式如下:

$$\begin{cases} u_{s2} = -k_s \operatorname{sign} z_2 \\ \dot{k}_s = \alpha \left| z_2 \right| \operatorname{sign}\left(\left| z_2 \right| - \dfrac{k_s^2}{\beta} \right) \end{cases} \tag{6.28}$$

与 Yao 等提出的基于线性扩张状态观测器的自适应鲁棒控制方法相比,本节提出了一种自适应滑模控制律 u_{s2} 来代替原来的简单的鲁棒控制项。这里提出的自适应滑模控制律具有更好的收敛和调节性能。

由于自适应滑模控制律 u_{s2} 中存在 sign z_2 项,输入控制信号可能会出现很大震颤现象。为了避免或者减弱震颤现象的出现,在实际实施过程中,可以使用边界层 sat(z_2,Φ) 来替换不连续函数 sign z_2。其中,边界层 sat(z_2,Φ) 的表达式为

$$\operatorname{sat}(z_2,\Phi) = \begin{cases} z_2 / \left| z_2 \right|, & \left| z_2 \right| > \Phi \\ z_2 / \left| \Phi \right|, & \left| z_2 \right| < \Phi \end{cases} \tag{6.29}$$

式中 Φ—— 调节参数。

3.控制器稳定性证明

下面将本节设计的控制算法的结果归纳为如下的定理,并对其进行严格的数学证明。

定理 6.2 在满足假设 6.1 的情况下,若设计扩张状态观测器为式(6.13),设计自适应控制律为式(6.21) 且令 $\tau = \varphi z_2$,并设计改进型自适应鲁棒控制器为式(6.26) 和式(6.28),那么在通过选择合理增益参数使得 $\| z_2 \|_\infty \beta < \left| \tilde{x}_3^+ - \tilde{x}_3 \right|^2$ 成立的情况下,所设计的控制器是最终一致有界的。

证明　首先，选择正定的李雅普诺夫函数 V 为

$$V=\frac{z_2^2}{2}+\frac{1}{2}\tilde{\theta}^{\mathrm{T}}\Gamma^{-1}\tilde{\theta}+\frac{1}{2\alpha}(k_s-\tilde{x}_3^+)^2 \tag{6.30}$$

式中　$\tilde{x}_3^+$—— 观测器估计误差 $\tilde{x}_3$ 的最大值。

对所设计的自适应鲁棒控制律进行分析。如果滑模面参数 z_2 满足条件 $|z_2|\leqslant k_s^2/\beta$，那么 z_2 自然而然地是最终一致有界的，所以下面重点讨论滑模面 z_2 是处于 $|z_2|>k_s^2/\beta$ 之中的情况。如果 $|z_2|>k_s^2/\beta$，可得 $k_s<\sqrt{|z_2|\beta}$。根据式(6.28)，可知参数 k_s 是以 $\dot{k}_s=\alpha|z_2|$ 的速度递增的。参数 k_s 可达到的最大值为 $k_s^+=\sqrt{\|z_2\|_\infty\beta}$，其中 $\|z_2\|_\infty$ 是变量 z_2 的无穷范数。

根据式(6.27)，可知 z_2 的导数为

$$\dot{z}_2=-k_2z_2+u_{s2}-\tilde{\theta}\varphi+\tilde{x}_3 \tag{6.31}$$

根据性质 $\tilde{\theta}^{\mathrm{T}}(\Gamma^{-1}\ \mathrm{Proj}_{\hat{\theta}}(\Gamma\tau)-\tau)\leqslant 0$，可得 V 的导数的表达式为

$$\begin{aligned}\dot{V}&=z_2\dot{z}_2+\tilde{\theta}^{\mathrm{T}}\Gamma^{-1}\dot{\tilde{\theta}}+(k_s-\tilde{x}_3^+)\dot{k}_s/\alpha=\\&-k_2z_2^2+z_2(u_{s2}-\tilde{\theta}\varphi+\tilde{x}_3)+\\&\tilde{\theta}^{\mathrm{T}}\Gamma^{-1}\dot{\tilde{\theta}}+(k_s-\tilde{x}_3^+)\dot{k}_s/\alpha\end{aligned} \tag{6.32}$$

对式(6.32)进一步处理，可得李雅普诺夫函数 V 的导数为

$$\begin{aligned}\dot{V}\leqslant&-k_2z_2^2+z_2(-k_s\mathrm{sign}\ z_2+\tilde{x}_3)+\tilde{\theta}^{\mathrm{T}}\Gamma^{-1}(\dot{\tilde{\theta}}-\Gamma\tau)+|z_2|(k_s-\tilde{x}_3^+)\leqslant\\&-k_2z_2^2-k_s|z_2|+|z_2|[k_s-(\tilde{x}_3^+-\tilde{x})]\leqslant\\&-k_2z_2^2-k_s|z_2|+|z_2|(k_s-|\tilde{x}_3^+-\tilde{x}_3|)\end{aligned} \tag{6.33}$$

若选择合理的参数 β 满足不等式 $\|z_2\|_\infty\beta<|\tilde{x}_3^+-\tilde{x}_3|^2$，则可以得到

$$k_s<k_s^+=\sqrt{\|z_2\|_\infty\beta}<|\tilde{x}_3^+-\tilde{x}_3| \tag{6.34}$$

将式(6.34)代入式(6.33)，可得

$$\dot{V}<-k_2z_2^2-k_s|z_2|<0 \tag{6.35}$$

综上，可以证明本节所设计的控制器最终是一致有界的。

6.2.4　试验验证

1.展开试验平台搭建

本章搭建的空间桁架式可展开抓取机构样机主要分为机械部分和电气部

分。试验样机的机械部分是按照前面所提出的非对称式空间桁架式可展开抓取机构加工的,并通过多个基本可展开单元的装配搭建起来的。由于本书提出的空间桁架式可展开抓取机构主要是面向宇航空间应用的,一般来说宇航空间应用中的重力不予考虑,因此本章采用多个万向球安装于空间桁架式可展开抓取机构的一侧,设计了重力补偿装置,主要目的是在完成重力补偿的同时不影响机构的展开和抓取运动。在电气部分,根据前面的设计采用三个电机驱动螺母丝杠进而完成机构的驱动。电机采用配有相对值编码器的 Maxon 电机进行驱动,相对编码器的线数为 1 000。为了提高电机输出力矩,本章采用谐波减速器进行减速和提高输出力矩,减速比为 100∶1。另外,本章采用 dSPACE MicroLabBox 实验室虚拟仿真系统进行空间桁架式可展开抓取机构的控制。为了实现与 dSPACE 实现 ms 级的通信,本章使用模拟量与美国的 Copley 驱动器进行通信来完成 Maxon 电机的驱动任务。为了统一,本节设置控制系统的采样周期统一为 $T=1$ ms。

空间桁架式可展开抓取机构样机如图 6.1 所示。空间桁架式可展开抓取机构的尺寸如下:$L_{11}=280$ mm, $L_{13}=187$ mm, $h_1=60$ mm, $h_2=30$ mm。图 6.2 为该机构的展开运动过程,并给出了展开姿态和折叠姿态时的尺寸,分别为 1 300 mm 和450 mm。这一比例得到的展开比 $\rho=2.9$。图 6.1 中的激光跟踪仪可以对空间桁架式可展开抓取机构末端在笛卡儿坐标系下的位置进行测量。

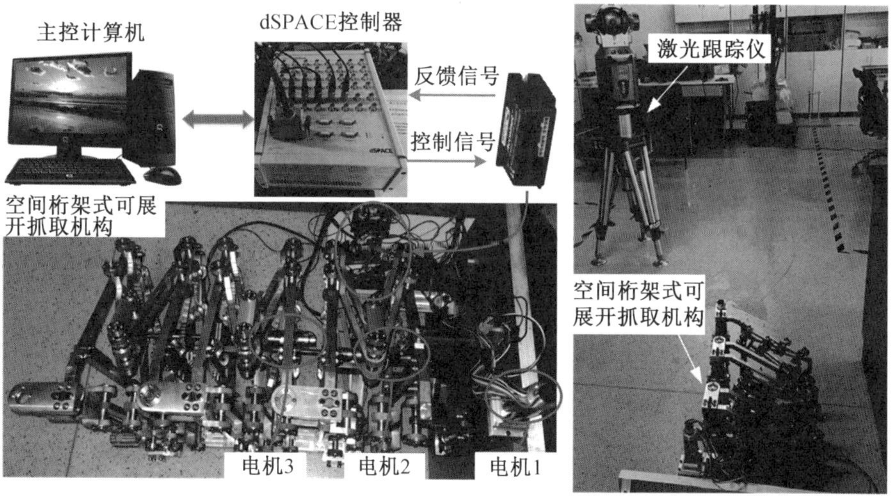

(a) 样机系统　　(b) 测量系统

图6.1　空间桁架式可展开抓取机构样机

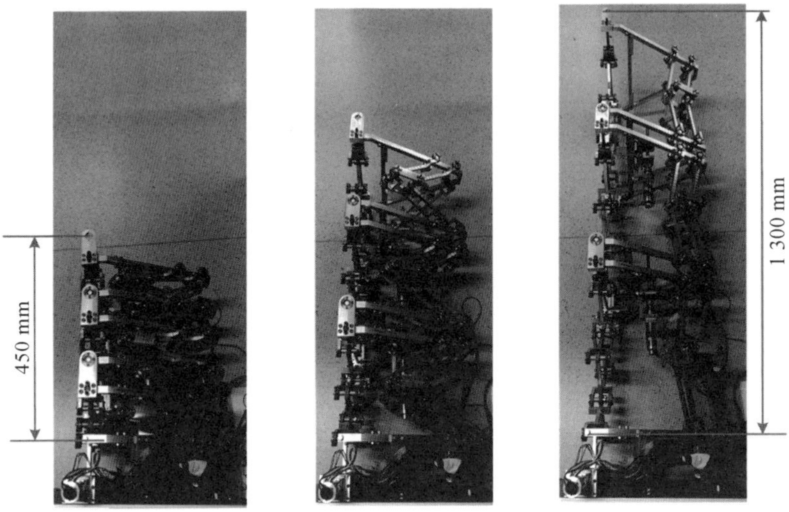

(a) 折叠姿态　　(b) 中间姿态　　(c) 展开姿态

图6.2　空间桁架式可展开抓取机构的三种状态

2.展开控制试验设置

为了验证提出的基于扩张状态观测器的空间桁架式可展开抓取机构的展开运动位置控制器的控制性能，本节将其与现有的同类控制器和无扩张状态观测器作为反馈的控制器进行对比，以说明所提出的控制器的有效性和相对的控制性能。这三种控制器的设计和增益参数的设置如下。

(1) 基于扩张状态观测器的空间桁架式可展开抓取机构的展开运动位置控制器(控制器 1)：这里将本书提出的控制器定义为控制器 1。设置扩张状态观测器式(6.13) 的增益 $\omega_0 = 20$；设置自适应控制律式(6.21) 的增益为 $\Gamma = 1.5$，参数 θ 的最大值 $\theta_{\max} = 0.045$，最小值 $\theta_{\min} = 0.005$，初始值 $\theta_{\text{inital}} = 0.025$；设置自适应鲁棒控制器式(6.21) 的增益 $k_1 = 1$ 和 $k_2 = 0.002\,9$，其自适应滑模控制律式(6.26)、式(6.28) 的增益 $\alpha = 0.008$ 和 $\beta = 0.001$。

(2) 文献中基于扩张状态观测器的自适应鲁棒控制器(控制器 2)：这里将 Yao 等提出的使用观测器作为补偿的自适应鲁棒控制器定义为控制器 2。该控制器中不含本书提出的自适应滑模控制律式(6.26)、式(6.28)，控制器中的其他部分(包括扩张状态观测器) 的设计和增益参数设置均与控制器 1 相同。

(3) 无扩张状态观测器反馈的自适应鲁棒控制器(控制器 3)：该控制器除了无扩张状态观测器式(6.13) 作为反馈之外，其他部分的设计和增益参数设置与控制器 1 的设置完全相同。

为了定量评价所设计的控制器的性能，并与其他控制器相比较，给出如下三个控制性能评价指标：

① 平均绝对误差：即绝对误差的平均值，其计算公式为 $\frac{1}{n}\int |e(t)|\mathrm{d}t$，式中 n 为采集的误差的个数。

② 绝对误差积分：即绝对误差的积分值，其计算公式为 $\int |e(t)|\mathrm{d}t$。

③ 平方误差积分：即平方误差的积分值，其计算公式为 $\int (e(t)-e_0)^2\mathrm{d}t$，式中 e_0 表示误差的平均值。

3.展开试验结果

设置电机 1 的参考轨迹为 $x_{d1}=8\pi+8\pi\sin(\pi t/30-\pi/2)$，单位为弧度。在该参考轨迹下，空间桁架式可展开抓取机构的展开运动过程和收回过程均为 30 s。图 6.3 所示为在三种不同控制策略下空间桁架式可展开抓取机构的展开运动驱动电机的角度轨迹跟踪误差 $\Delta\theta$，单位为度(°)。从图 6.3 的结果可以看出，本书提出的改进型自适应鲁棒控制器(控制器 1) 获得的跟踪误差是三种控制器中最小的，这说明了本书所设计的控制器的有效性。

为了说明控制器性能对比的合理性，图 6.4 给出了三种控制器的控制输入信号，从图中可以看出这三种控制器的控制输入信号都是稳定有界的，并且三种控制输入具有相似的高频信号，说明这三种控制器是在控制输入能量消耗相似的情况下进行比较的。

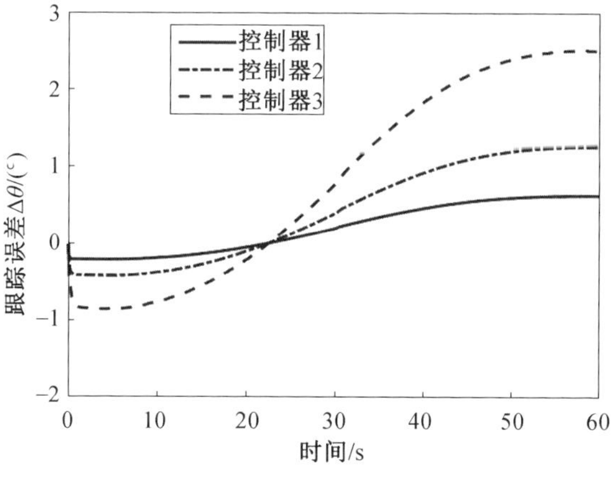

图6.3　不同控制器下的跟踪误差情况

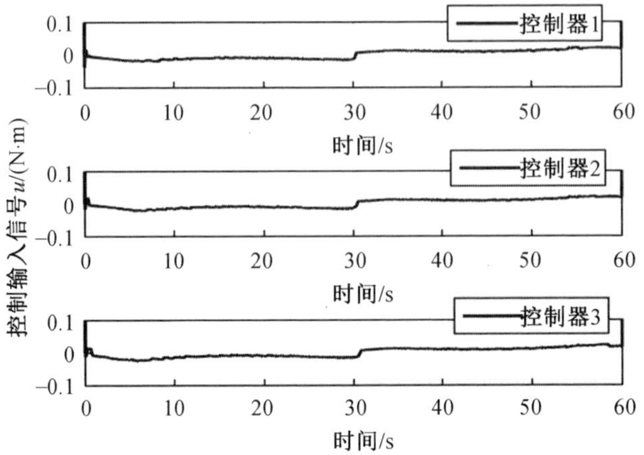

图6.4　不同控制器下的控制输入信号

为了进一步说明本书设计的控制器在驱动空间桁架式可展开抓取机构的展开运动时的控制性能，表 6.1 给出了三种控制器在不同控制性能评价指标下的试验结果，具体指标包括平均绝对误差、绝对误差积分和平方误差积分。从这些试验数据可以看出，本书所设计的控制器在三种控制性能评价指标中都是最好的，说明所设计的控制器在轨迹跟踪精度和稳定性等方面具有一定优点。

表 6.1　控制性能评价

控制器	平均绝对误差	绝对误差积分	平方误差积分
1	0.312 9	1.9×10^{4}	6.3×10^{3}
2	0.624 1	3.8×10^{4}	2.5×10^{4}
3	1.246 0	7.7×10^{4}	1.0×10^{5}

6.3　基于动力学前馈的展开抓取运动控制

6.3.1　展开抓取运动控制器设计

根据第 3 章提出的空间桁架式可展开抓取机构运动过程中的递归动力学建模方法计算 $M(\boldsymbol{\theta}_{\mathrm{m}})$、$C(\boldsymbol{\theta}_{\mathrm{m}},\dot{\boldsymbol{\theta}}_{\mathrm{m}})$ 和 $B(\boldsymbol{\theta}_{\mathrm{m}},\dot{\boldsymbol{\theta}}_{\mathrm{m}})$ 等项，并以该递归动力学的期望值形式作为期望前馈项作用到控制器中，则可以设计空间桁架式可展开抓取机构的比例微分(Proportional Differential，PD) 控制器为

$$\boldsymbol{\tau}_{\mathrm{m}}=M(\boldsymbol{\theta}_{\mathrm{m}}^{\mathrm{d}})\ddot{\boldsymbol{\theta}}_{\mathrm{m}}^{\mathrm{d}}+C(\boldsymbol{\theta}_{\mathrm{m}}^{\mathrm{d}},\dot{\boldsymbol{\theta}}_{\mathrm{m}}^{\mathrm{d}})\dot{\boldsymbol{\theta}}_{\mathrm{m}}^{\mathrm{d}}+B(\boldsymbol{\theta}_{\mathrm{m}}^{\mathrm{d}},\dot{\boldsymbol{\theta}}_{\mathrm{m}}^{\mathrm{d}})+ \left[K_{\mathrm{P}}(\boldsymbol{\theta}_{\mathrm{m}}^{\mathrm{d}}-\boldsymbol{\theta}_{\mathrm{m}})+K_{\mathrm{D}}(\dot{\boldsymbol{\theta}}_{\mathrm{m}}^{\mathrm{d}}-\dot{\boldsymbol{\theta}}_{\mathrm{m}})\right] \tag{6.36}$$

式中　$\boldsymbol{\theta}_{\mathrm{m}}^{\mathrm{d}}$—— 期望电机角度矢量；

$\dot{\boldsymbol{\theta}}_{\mathrm{m}}^{\mathrm{d}}$—— 期望电机速度矢量；

$\ddot{\boldsymbol{\theta}}_{\mathrm{m}}^{\mathrm{d}}$—— 期望电机加速度矢量；

$K_{\mathrm{P}}, K_{\mathrm{D}}$—— 控制器的增益。

根据操作任务需求可以设计出期望的电机转动轨迹，并可通过低通滤波器和差分的方法计算出相应的期望电机速度和加速度轨迹，代入第 4 章提出的递归动力学模型中可以建立期望递归动力学模型，以此模型作为前馈项设计的基于动力学前馈的 PD 控制器框图如图 6.5 所示。

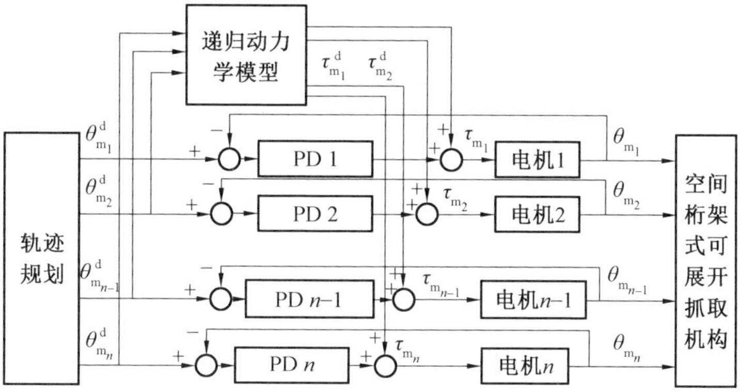

图6.5　基于动力学前馈的 PD 控制器框图

由于基于期望动力学前馈的 PD 控制器已经得到了广泛的应用，因此其稳定性证明本章不再给出。本控制器的设计及其试验验证可以从反馈的角度说明本章提出的动力学建模方法的正确性。

6.3.2　试验验证

1.展开试验平台搭建

对提出的基于递归牛顿欧拉动力学模型的空间桁架式可展开抓取机构的展开抓取运动 PD 控制器进行试验验证。比较对象包括本书中的具有期望动力学前馈的 PD 控制器和普通无前馈的 PD 控制器。为了保证比较的合理性，需要尽量保证两种控制器拥有相似的能量消耗。两种控制器设计和参数设置如下：

(1) 具有期望动力学前馈的 PD 控制器(PD Controller with Desired

Dynamics Feedforward,PDF):在该控制器中使用了递归动力学模型,且将其增益参数设置为 $\boldsymbol{K}_{\mathrm{P}}=[2,1,1]^{\mathrm{T}}$ 和 $\boldsymbol{K}_{\mathrm{D}}=[0.1,0.05,0.05]^{\mathrm{T}}$。

(2) 无期望动力学前馈的 PD 控制器(PD Controller):这里把该控制器的增益参数同样设置为 $\boldsymbol{K}_{\mathrm{P}}=[2,1,1]^{\mathrm{T}}$ 和 $\boldsymbol{K}_{\mathrm{D}}=[0.1,0.05,0.05]^{\mathrm{T}}$,以方便进行比较。

2.试验结果

具有期望动力学前馈的 PD 控制器的验证试验在本书搭建的空间桁架式可展开抓取机构的样机平台上展开,并使用激光跟踪仪测量空间桁架式可展开抓取机构的末端轨迹,包括在 X 方向和 Z 方向上的位置。根据末端轨迹的规划,将电机 1、电机 2 和电机 3 的期望轨迹设置为 $x_{\mathrm{d1}}=8\pi+8\pi\sin(2\pi t/15-\pi/2)$, $x_{\mathrm{d2}}=10\pi+10\pi\sin(\pi t/6-\pi/2)$, $x_{\mathrm{d3}}=10\pi+10\pi\sin(\pi t/6-\pi/2)$,分别使用两种控制器进行试验,根据测量系统和规划的期望轨迹得到的比较结果如图 6.6 所示。图 6.6 中的 PD 控制器在 X 方向和 Z 方向上的跟踪误差为 [7.62 mm 15.30 mm],具有期望动力学前馈的 PD 控制器的跟踪误差为 [1.29 mm 2.31 mm]。因此,很显然,具有期望动力学前馈的 PD 控制器拥有更好的控制性能。

为了说明比较试验的合理性,图 6.7 给出了两种控制器的控制输入信号的情况。图 6.7 显示,两种控制器具有类似的高频信号,说明它们具有相似的能量消耗,从而验证比较试验的合理性。

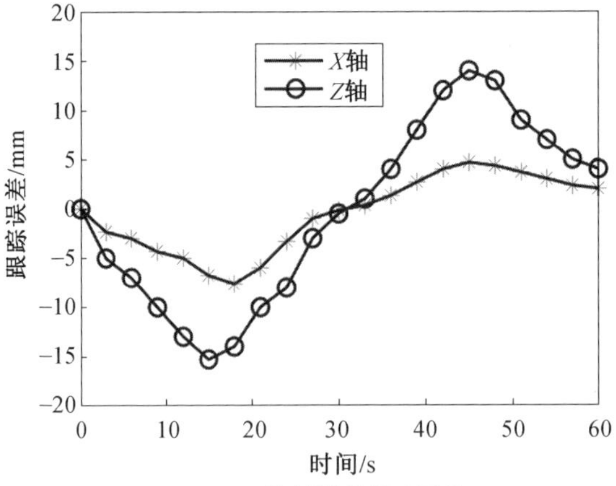

(a) PD控制器的跟踪误差

图6.6 PD 和 PDF 控制器的比较轨迹跟踪误差

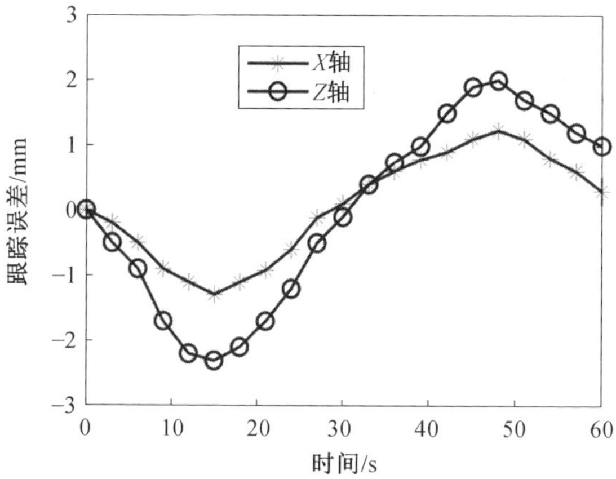

(b) PDF控制器的跟踪误差

续图 6.6

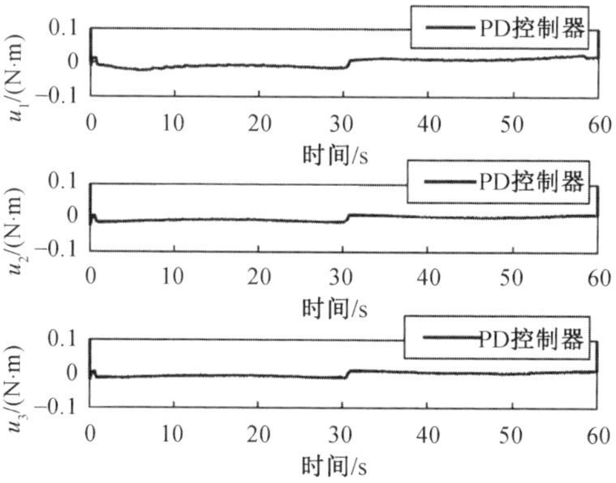

(a) PD控制器的控制输入信号

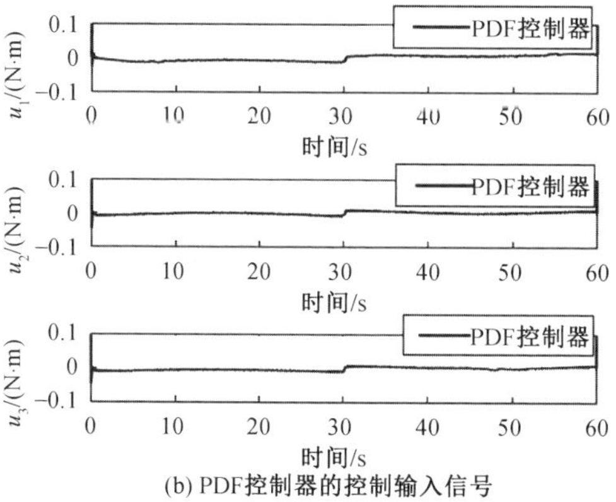

(b) PDF控制器的控制输入信号

图6.7　PD 和 PDF 控制器的控制输入信号

6.4 基于扩张状态观测器的展开抓取运动控制

6.4.1 动力学模型

为了降低对精确动力学模型的依赖，本节将动力学耦合项整合到一个集成的动力学项中，通过动力学估计方法来实现系统动力学的解耦，从而改善展开抓取运动控制的性能。定义控制输入变量 $\boldsymbol{u}=\boldsymbol{\tau}_{\mathrm{m}}$，可以将空间桁架式可展开抓取机构的动力学模型(3.82) 转化为

$$\ddot{\boldsymbol{\theta}}_{\mathrm{m}}=\boldsymbol{M}^{-1}[\boldsymbol{u}-\boldsymbol{n}(\boldsymbol{\theta}_{\mathrm{m}},\dot{\boldsymbol{\theta}}_{\mathrm{m}})] \tag{6.37}$$

式中 $\boldsymbol{n}(\boldsymbol{\theta}_{\mathrm{m}},\dot{\boldsymbol{\theta}}_{\mathrm{m}})$—— 集成的动力学项，$\boldsymbol{n}(\boldsymbol{\theta}_{\mathrm{m}},\dot{\boldsymbol{\theta}}_{\mathrm{m}})=\boldsymbol{C}(\boldsymbol{\theta}_{\mathrm{m}},\dot{\boldsymbol{\theta}}_{\mathrm{m}})\dot{\boldsymbol{\theta}}_{\mathrm{m}}+\boldsymbol{B}(\boldsymbol{\theta}_{\mathrm{m}},\dot{\boldsymbol{\theta}}_{\mathrm{m}})$。

定义 $\boldsymbol{x}_1=\boldsymbol{\theta}_{\mathrm{m}}$ 和 $\boldsymbol{x}_2=\dot{\boldsymbol{\theta}}_{\mathrm{m}}$，可以得到

$$\begin{cases}\dot{\boldsymbol{x}}_1=\boldsymbol{x}_2\\ \dot{\boldsymbol{x}}_2=\boldsymbol{M}^{-1}\boldsymbol{u}+\boldsymbol{d}\end{cases} \tag{6.38}$$

式中 $\boldsymbol{d}$—— 转化的总扰动，$\boldsymbol{d}=-\boldsymbol{M}^{-1}\boldsymbol{n}(\boldsymbol{\theta}_{\mathrm{m}},\dot{\boldsymbol{\theta}}_{\mathrm{m}})$。

为了方便扩张状态观测器的设计，首先将转化的总扰动 $\boldsymbol{d}$ 转化为一个扩张项。定义参数 $\boldsymbol{x}_3=\boldsymbol{d}$，将系统状态参数扩张为 $\boldsymbol{X}=[\boldsymbol{x}_1^{\mathrm{T}},\boldsymbol{x}_2^{\mathrm{T}},\boldsymbol{x}_3^{\mathrm{T}}]^{\mathrm{T}}$，并定义被扩张状态 $\boldsymbol{x}_3$ 的一阶导数为 $\boldsymbol{\Lambda}(t)$，则可以得到

$$\begin{cases}\dot{\boldsymbol{x}}_1=\boldsymbol{x}_2\\ \dot{\boldsymbol{x}}_2=\boldsymbol{M}^{-1}\boldsymbol{u}+\boldsymbol{x}_3\\ \dot{\boldsymbol{x}}_3=\boldsymbol{\Lambda}(t)\end{cases} \tag{6.39}$$

根据文献[20]，矩阵 $\boldsymbol{M}$ 具有如下的几项性质：

(1) 矩阵 $\boldsymbol{M}$ 是一个对称正定矩阵，并对任意 θ 满足

$$\mu_1\boldsymbol{I}\leqslant\boldsymbol{M}\leqslant\mu_2\boldsymbol{I} \tag{6.40}$$

式中 μ_1,μ_2—— 正参数。

(2) 矩阵 $\boldsymbol{M}$ 可以被描述为参数矢量 $\boldsymbol{\theta}$ 的函数，其中参数矢量 $\boldsymbol{\theta}=[\theta_1,\theta_2,\theta_3]^{\mathrm{T}}=[M_1,M_2,M_3]^{\mathrm{T}}$。

假设 6.2 期望的轨迹是有界的，矩阵 $\boldsymbol{M}$ 和总扰动 $\boldsymbol{d}$ 也是有界的。参数矢量 $\boldsymbol{\theta}$、总扰动 $\boldsymbol{d}$ 和它们的导数满足如下不等式：

$$\begin{cases}\boldsymbol{\theta}_{\min} \leqslant \boldsymbol{\theta} \leqslant \boldsymbol{\theta}_{\max} \\ \| \boldsymbol{x}_3 \| = \| \boldsymbol{d} \| \leqslant \delta \\ \| \dot{\boldsymbol{x}}_3 \| = \| \boldsymbol{\Lambda}(t) \| \leqslant \delta_{\mathrm{d}}\end{cases} \tag{6.41}$$

式中　$\boldsymbol{\theta}_{\min}$—— 最小值向量，$\boldsymbol{\theta}_{\min} = [\theta_{1\min}, \theta_{2\min}, \theta_{3\min}]^{\mathrm{T}}$，$\theta_{i\min}$ 大于零；

$\boldsymbol{\theta}_{\max}$—— 最大值向量，$\boldsymbol{\theta}_{\max} = [\theta_{1\max}, \theta_{2\max}, \theta_{3\max}]^{\mathrm{T}}$；

$\delta, \delta_{\mathrm{d}}$—— 正参数。

6.4.2　自适应扩张状态观测器设计

1.自适应扩张状态观测器的设计

本节提出了一种新型的自适应扩张观测器，以改善传统扩张状态观测器的收敛性能。为了方便自适应扩张状态观测器的设计，定义 $\boldsymbol{X} = [\boldsymbol{x}_1^{\mathrm{T}}, \boldsymbol{x}_2^{\mathrm{T}}, \boldsymbol{x}_3^{\mathrm{T}}]^{\mathrm{T}}$，则式(6.39) 可以转化为

$$\begin{cases}\dot{\boldsymbol{X}} = \boldsymbol{A}\boldsymbol{X} + \boldsymbol{G}\boldsymbol{u} + \boldsymbol{\Delta}(t) \\ \boldsymbol{Y} = \boldsymbol{C}\boldsymbol{X}\end{cases} \tag{6.42}$$

其中，$\boldsymbol{A} = \begin{bmatrix}\boldsymbol{0}_{3\times3} & \boldsymbol{I}_{3\times3} & \boldsymbol{0}_{3\times3} \\ \boldsymbol{0}_{3\times3} & \boldsymbol{0}_{3\times3} & \boldsymbol{I}_{3\times3} \\ \boldsymbol{0}_{3\times3} & \boldsymbol{0}_{3\times3} & \boldsymbol{0}_{3\times3}\end{bmatrix}$，$\boldsymbol{G} = \begin{bmatrix}\boldsymbol{0}_{3\times3} \\ \boldsymbol{M}^{-1} \\ \boldsymbol{0}_{3\times3}\end{bmatrix}$，$\boldsymbol{\Delta}(t) = \begin{bmatrix}\boldsymbol{0}_{3\times3} \\ \boldsymbol{0}_{3\times3} \\ \boldsymbol{\Lambda}(t)\end{bmatrix}$ 和 $\boldsymbol{C} = [\boldsymbol{I}_{3\times3}, \boldsymbol{0}_{3\times3}, \boldsymbol{0}_{3\times3}]$。

定义对角矩阵估计值 $\hat{\boldsymbol{M}} = \mathrm{diag}[\hat{M}_1, \cdots, \hat{M}_n] = \mathrm{diag}[\hat{\theta}_1, \cdots, \hat{\theta}_n]$，其中 $\hat{\theta}_i (i = 1, \cdots, n)$ 是向量 $\hat{\boldsymbol{\theta}} = [\hat{\theta}_1, \cdots, \hat{\theta}_n]^{\mathrm{T}}$ 中的相应值，而向量 $\hat{\boldsymbol{\theta}}$ 是利用后面设计的自适应率估计出来的。设计自适应扩张状态观测器为

$$\begin{cases}\dot{\hat{\boldsymbol{X}}} = \boldsymbol{A}\hat{\boldsymbol{X}} + \hat{\boldsymbol{G}}\boldsymbol{u} - \boldsymbol{L}(\hat{\boldsymbol{x}}_1 - \boldsymbol{x}_1) + \boldsymbol{Q}\tilde{\boldsymbol{\omega}} \\ \hat{\boldsymbol{Y}} = \boldsymbol{C}\hat{\boldsymbol{X}}\end{cases} \tag{6.43}$$

式中　$\hat{\boldsymbol{X}}$—— 观测矢量，$\hat{\boldsymbol{X}} = [\hat{\boldsymbol{x}}_1^{\mathrm{T}}, \hat{\boldsymbol{x}}_2^{\mathrm{T}}, \hat{\boldsymbol{x}}_3^{\mathrm{T}}]^{\mathrm{T}}$；

$\boldsymbol{Q}$—— 对角矩阵，$\boldsymbol{Q} = \begin{bmatrix}\boldsymbol{I}_{n\times n} & \boldsymbol{0}_{n\times n} & \boldsymbol{0}_{n\times n} \\ \boldsymbol{0}_{n\times n} & \omega_0 \boldsymbol{I}_{n\times n} & \boldsymbol{0}_{n\times n} \\ \boldsymbol{0}_{n\times n} & \boldsymbol{0}_{n\times n} & \omega_0^2 \boldsymbol{I}_{n\times n}\end{bmatrix}$；

$\hat{\boldsymbol{G}}$—— 由 $\hat{\boldsymbol{M}}$ 的值确定的矩阵，$\hat{\boldsymbol{G}} = [\boldsymbol{0}_{n\times n}, \hat{\boldsymbol{M}}^{-1}, \boldsymbol{0}_{n\times n}]^{\mathrm{T}}$；

$\boldsymbol{L}$—— 增益矩阵，$\boldsymbol{L} = [3\omega_0 \boldsymbol{I}_{n\times n}, 3\omega_0^2 \boldsymbol{I}_{n\times n}, \omega_0^3 \boldsymbol{I}_{n\times n}]^{\mathrm{T}}$；

ω_0—— 扩张状态观测器的宽带；

$\tilde{\boldsymbol{\omega}}$—— 向量，可以设计为

$$\tilde{\boldsymbol{\omega}}(\hat{\rho})=\begin{cases}\boldsymbol{P}^{-1}\boldsymbol{C}^{\mathrm{T}}\hat{\rho}\tilde{\boldsymbol{Y}}/\|\tilde{\boldsymbol{Y}}\|, & \|\tilde{\boldsymbol{Y}}\|\neq 0\\ \boldsymbol{0}_{3n\times 1}, & \|\tilde{\boldsymbol{Y}}\|=0\end{cases} \tag{6.44}$$

式中　$\tilde{\boldsymbol{Y}}$——输出矢量观测误差，$\tilde{\boldsymbol{Y}}=\boldsymbol{Y}-\hat{\boldsymbol{Y}}$；

$\hat{\rho}$——自适应变量参数，$\hat{\rho}>0$。

参数 $\hat{\rho}$ 的自适应率可以设计为

$$\dot{\hat{\rho}}=\gamma\|\tilde{\boldsymbol{Y}}\|,\quad \hat{\rho}(0)=0 \tag{6.45}$$

式中　γ——正增益参数；

$\hat{\rho}(0)$——参数 $\hat{\rho}$ 的初始值。

为了设计高性能的跟踪控制器和提高控制器的鲁棒性能，以下将使用估计出来的扰动值 $\hat{\boldsymbol{x}}_3$ 作为补偿项来设计控制器。

2.自适应扩张状态观测器的稳定性证明

将本节提出的自适应扩张状态观测的结果归纳为定理 6.3，并完成理论证明。

定理 6.3　根据本章的假设 6.2，对于本节设计的自适应扩张状态观测器表达式(6.43)～(6.44)，当参数 ω_0 选择为合理区间时，总存在正整数 k 使得 $\|\tilde{\boldsymbol{x}}_i\|=\|\boldsymbol{x}_i-\hat{\boldsymbol{x}}_i\|\leqslant O(\omega_0^k)$ $(i=1,2,3)$ 成立。

证明　定义 $\tilde{\boldsymbol{x}}_i=\boldsymbol{x}_i-\hat{\boldsymbol{x}}_i$，并定义尺度化的估计误差为 $\boldsymbol{\varepsilon}_i=\tilde{\boldsymbol{x}}_i/\omega_0^{i-1}$ $(i=1,2,3)$，令 $\boldsymbol{\varepsilon}=[\boldsymbol{\varepsilon}_1^{\mathrm{T}},\boldsymbol{\varepsilon}_2^{\mathrm{T}},\boldsymbol{\varepsilon}_3^{\mathrm{T}}]^{\mathrm{T}}$，选择正定李雅普诺夫函数：

$$V_1=\frac{1}{2}\boldsymbol{\varepsilon}^{\mathrm{T}}\boldsymbol{P}\boldsymbol{\varepsilon}+\frac{1}{2\gamma}\tilde{\rho}^2 \tag{6.46}$$

式中　$\tilde{\rho}$——自适应变量参数估计误差，$\tilde{\rho}=\hat{\rho}-\rho$；

$\boldsymbol{P}$——反对称矩阵。

定义 $\tilde{\boldsymbol{X}}=\boldsymbol{X}-\hat{\boldsymbol{X}}$，则自适应扩张状态观测器的观测误差动力学方程可以写为

$$\dot{\tilde{\boldsymbol{X}}}=\boldsymbol{A}\tilde{\boldsymbol{X}}+(\boldsymbol{G}-\hat{\boldsymbol{G}})u+\boldsymbol{L}(\hat{\boldsymbol{x}}_1-\boldsymbol{x}_1)-\boldsymbol{Q}\tilde{\boldsymbol{\omega}} \tag{6.47}$$

由于 $\boldsymbol{\varepsilon}_i=\tilde{\boldsymbol{x}}_i/\omega_0^{i-1}$ $(i=1,2,3)$，式(6.47)可以转化为

$$\dot{\boldsymbol{\varepsilon}}=\omega_0\boldsymbol{A}_{\varepsilon}\boldsymbol{\varepsilon}+\boldsymbol{B}_1\frac{(\bar{\boldsymbol{M}}^{-1}-\hat{\boldsymbol{M}}^{-1})\boldsymbol{u}}{\omega_0}+\boldsymbol{B}_2\frac{\boldsymbol{\Lambda}(t)}{\omega_0^2}-\tilde{\boldsymbol{\omega}} \tag{6.48}$$

式中　$\boldsymbol{\varepsilon}$——估计误差向量，$\boldsymbol{\varepsilon}=[\boldsymbol{\varepsilon}_1^{\mathrm{T}},\boldsymbol{\varepsilon}_2^{\mathrm{T}},\boldsymbol{\varepsilon}_3^{\mathrm{T}}]^{\mathrm{T}}$；

$\boldsymbol{A}_\varepsilon$——Hurwitz 矩阵，反对称矩阵，$\boldsymbol{A}_\varepsilon = \begin{bmatrix} -3\boldsymbol{I}_{n\times n} & \boldsymbol{I}_{n\times n} & \boldsymbol{0}_{n\times n} \\ -3\boldsymbol{I}_{n\times n} & \boldsymbol{0}_{n\times n} & \boldsymbol{I}_{n\times n} \\ -\boldsymbol{I}_{n\times n} & \boldsymbol{0}_{n\times n} & \boldsymbol{0}_{n\times n} \end{bmatrix}$；

$\boldsymbol{B}_1, \boldsymbol{B}_2$—— 定义的矩阵，$\boldsymbol{B}_1 = [\boldsymbol{0}_{n\times n}, \boldsymbol{I}_{n\times n}, \boldsymbol{0}_{n\times n}]^{\mathrm{T}}$，

$\boldsymbol{B}_2 = [\boldsymbol{0}_{n\times n}, \boldsymbol{0}_{n\times n}, \boldsymbol{I}_{n\times n}]^{\mathrm{T}}$。

根据假设 6.2 和上式可知，$(\bar{\boldsymbol{M}}^{-1} - \hat{\boldsymbol{M}}^{-1})\boldsymbol{u}$ 和 $\boldsymbol{\Lambda}(t)$ 是有界的，且满足

$$\boldsymbol{B}_1 \frac{(\bar{\boldsymbol{M}}^{-1} - \hat{\boldsymbol{M}}^{-1})\boldsymbol{u}}{\omega_0} + \boldsymbol{B}_2 \frac{\boldsymbol{\Lambda}(t)}{\omega_0^2} = \boldsymbol{P}^{-1}\boldsymbol{C}^{\mathrm{T}}\rho_l(t) \tag{6.49}$$

式中　$\rho_l(t)$—— 有界变量，满足 $\|\rho_l(t)\| \leqslant \rho$。

那么，式(6.48) 可以转化为

$$\dot{\boldsymbol{\varepsilon}} = \omega_0 \boldsymbol{A}_\varepsilon \boldsymbol{\varepsilon} + \boldsymbol{P}^{-1}\boldsymbol{C}^{\mathrm{T}}\rho_l(t) - \tilde{\boldsymbol{\omega}} \tag{6.50}$$

由于 $\boldsymbol{A}_\varepsilon$ 是 Hurwitz 矩阵，并且满足 $\boldsymbol{A}_\varepsilon^{\mathrm{T}}\boldsymbol{P} + \boldsymbol{P}\boldsymbol{A}_\varepsilon = -I$，矩阵 $\boldsymbol{P}$ 可以被计算为

$$\boldsymbol{P} = \begin{bmatrix} \boldsymbol{I}_{n\times n} & -0.5\boldsymbol{I}_{n\times n} & -\boldsymbol{I}_{n\times n} \\ -0.5\boldsymbol{I}_{n\times n} & \boldsymbol{I}_{n\times n} & -0.5\boldsymbol{I}_{n\times n} \\ -\boldsymbol{I}_{n\times n} & -0.5\boldsymbol{I}_{n\times n} & 4\boldsymbol{I}_{n\times n} \end{bmatrix} \tag{6.51}$$

函数 V_1 的导数可以求解为

$$\dot{V}_1 = -\frac{1}{2}\omega_0 \|\boldsymbol{\varepsilon}\|^2 + \boldsymbol{\varepsilon}^{\mathrm{T}}\boldsymbol{C}^{\mathrm{T}}\rho_l(t) - \boldsymbol{\varepsilon}^{\mathrm{T}}\boldsymbol{P}\tilde{\boldsymbol{\omega}} + \tilde{\rho}\|\tilde{\boldsymbol{Y}}\| \tag{6.52}$$

式中　$\|\cdot\|$—— 欧几里得范数。

由于 $\boldsymbol{\varepsilon}^{\mathrm{T}}\boldsymbol{C}^{\mathrm{T}} = [\boldsymbol{\varepsilon}_1, \boldsymbol{\varepsilon}_2, \boldsymbol{\varepsilon}_3][\boldsymbol{I}_{n\times n}, \boldsymbol{0}_{n\times n}, \boldsymbol{0}_{n\times n}]^{\mathrm{T}} = \boldsymbol{\varepsilon}_1 = \tilde{\boldsymbol{x}}_1 = \tilde{\boldsymbol{Y}}$，可知 $\boldsymbol{\varepsilon}^{\mathrm{T}}\boldsymbol{C}^{\mathrm{T}} \leqslant \|\tilde{\boldsymbol{Y}}\|$ 和 $\boldsymbol{\varepsilon}^{\mathrm{T}}\boldsymbol{C}^{\mathrm{T}}\tilde{\boldsymbol{Y}}/\|\tilde{\boldsymbol{Y}}\| = \tilde{\boldsymbol{Y}}\cdot\tilde{\boldsymbol{Y}}/\|\tilde{\boldsymbol{Y}}\| = \|\tilde{\boldsymbol{Y}}\|$，可得

$$\dot{V}_1 \leqslant -\frac{1}{2}\omega_0 \|\boldsymbol{\varepsilon}\|^2 + \hat{\rho}\|\tilde{\boldsymbol{Y}}\| - \boldsymbol{\varepsilon}^{\mathrm{T}}\boldsymbol{C}^{\mathrm{T}}\hat{\rho}\tilde{\boldsymbol{Y}}/\|\tilde{\boldsymbol{Y}}\| \leqslant -\frac{1}{2}\omega_0 \|\boldsymbol{\varepsilon}\|^2 \tag{6.53}$$

由于 $\lambda(\boldsymbol{P})\|\boldsymbol{\varepsilon}\|^2/2 = \boldsymbol{\varepsilon}^{\mathrm{T}}\boldsymbol{P}\boldsymbol{\varepsilon}/2$，可得

$$\dot{V}_1 \leqslant -\omega_0 \frac{V_1}{\lambda(\boldsymbol{P})} + \frac{\omega_0}{2\gamma}\frac{\tilde{\rho}^2}{\lambda(\boldsymbol{P})} \tag{6.54}$$

根据文献，可知式(6.54) 可以转化为

$$V_1(\boldsymbol{\varepsilon}) \leqslant \left[\frac{1}{2}\boldsymbol{\varepsilon}(0)^{\mathrm{T}}\boldsymbol{P}\boldsymbol{\varepsilon}(0)\right]\mathrm{e}^{-\frac{\omega_0}{\lambda(\boldsymbol{P})}t} + \frac{\tilde{\rho}^2}{2\gamma} \tag{6.55}$$

所以，存在

$$\|\boldsymbol{\varepsilon}\| \leqslant \sqrt{2\beta/\lambda(\boldsymbol{P})} = \upsilon \tag{6.56}$$

式中　β—— 函数，$\beta = \left[\frac{1}{2}\boldsymbol{\varepsilon}(0)^{\mathrm{T}}\boldsymbol{P}\boldsymbol{\varepsilon}(0)\right]\mathrm{e}^{-\frac{\omega_0}{\lambda(\boldsymbol{P})}t}$。

由于 $\boldsymbol{\varepsilon}_i = \tilde{\boldsymbol{x}}_i / \omega_0^{i-1}$， $i=1,2,3$ 可以得到

$$\|\tilde{\boldsymbol{x}}_i\| = \|\boldsymbol{x}_i - \hat{\boldsymbol{x}}_i\| \leqslant \sigma_i = O(\omega_0^k) = \omega_0^{i-1}\upsilon \quad i=1,2,3 \tag{6.57}$$

因此，总存在正整数 k 使得 $\|\tilde{\boldsymbol{x}}_i\| = \|\boldsymbol{x}_i - \hat{\boldsymbol{x}}_i\| \leqslant O(\omega_0^k)$ $(i=1,2,3)$ 成立。

6.4.3 基于自适应扩张状态观测器的自适应鲁棒控制

1.参数自适应率设计

定义 $\boldsymbol{\theta}$ 的估计值为 $\hat{\boldsymbol{\theta}}$，并定义估计误差为 $\tilde{\boldsymbol{\theta}} = \hat{\boldsymbol{\theta}} - \boldsymbol{\theta}$，则非连续映射 $\mathrm{Proj}_{\hat{\theta}}(\bullet) = [\mathrm{Proj}_{\hat{\theta}}(\bullet_1), \cdots, \mathrm{Proj}_{\hat{\theta}}(\bullet_n)]$ 可以描述为

$$\mathrm{Proj}_{\hat{\theta}}(\bullet_i) = \begin{cases} 0, & \hat{\theta}_i = \theta_{i\,\max} \wedge \bullet_i > 0 \\ 0, & \hat{\theta}_i = \theta_{i\,\min} \wedge \bullet_i < 0 \\ \bullet_i, & \text{其他} \end{cases} \tag{6.58}$$

式中 $\bullet_i$—— 相应的项，$\bullet_i$ $(i=1,\cdots,n)$。

为了估计系统参数，设计非连续参数自适应率为

$$\dot{\hat{\boldsymbol{\theta}}} = \mathrm{Proj}_{\hat{\theta}}(\boldsymbol{\Gamma}\tau) \tag{6.59}$$

式中 τ—— 自适应函数；

$\boldsymbol{\Gamma}$—— 对角增益矩阵。

非连续映射(6.58) 和非连续参数自适应率(6.59) 具有下面的性质：

$$\begin{cases} \hat{\boldsymbol{\theta}} \in \Omega_\theta \triangleq \{\hat{\boldsymbol{\theta}} : \hat{\theta}_{\min} \leqslant \hat{\theta} \leqslant \hat{\theta}_{\max}\} \\ \tilde{\boldsymbol{\theta}}^{\mathrm{T}}[\boldsymbol{\Gamma}^{-1}\,\mathrm{Proj}_{\hat{\theta}}(\boldsymbol{\Gamma}\tau) - \tau] \leqslant 0, \quad \forall \tau \end{cases} \tag{6.60}$$

2.基于自适应扩张状态观测器的自适应鲁棒控制器设计

姚斌提出的自适应鲁棒控制器具有很多好的特性，如它可以集成非连续映射自适应率和鲁棒控制项来同时处理参数摄动、未建模扰动和外部扰动等。但是，自适应鲁棒控制方法却对高增益的反馈设计有比较严重的依赖，且需要扰动项是有界的且界限已知。众所周知，高增益反馈控制设计会增加控制系统的震颤现象和能量消耗。为了避免这样的问题，文献[18] 中提出了基于扩张状态观测器的自适应鲁棒控制框架，这样的控制框架降低了对系统模型信息的要求，相对传统的自适应鲁棒控制器，该基于扩张状态观测器的自适应鲁棒控制器拥有更好的控制性能。但是，这种基于扩张状态观测器的自适应鲁棒控制器也有缺

点:它没有很好地考虑到扩张状态观测器固有的峰值现象;它的鲁棒控制项也过于简单,仅仅是一种线性组合的形式,这也限制了控制器的性能。

基于自适应鲁棒控制的方法和反演法,本节提出了一种新型的基于扩张状态观测器的自适应鲁棒控制方法。该控制器首先使用了前面设计的自适应扩张状态观测器来估计系统的总扰动;然后利用积分滑模面作为误差项来改善控制器的性能;最后提出一个改进型自适应滑模控制项来提高控制器的鲁棒性。

为了方便控制器的设计,定义轨迹跟踪误差项为

$$\boldsymbol{z}_1=\boldsymbol{x}_1-\boldsymbol{x}_{1d} \tag{6.61}$$

并定义一个积分滑模面 $\boldsymbol{s}$ 为

$$\boldsymbol{s}=\boldsymbol{K}_1\boldsymbol{z}_1+\boldsymbol{K}_2\int_0^t\boldsymbol{z}_1\mathrm{d}\tau+\dot{\boldsymbol{z}}_1=\boldsymbol{K}_1\boldsymbol{z}_1+\boldsymbol{K}_2\int_0^t\boldsymbol{z}_1\mathrm{d}\tau+\boldsymbol{z}_2 \tag{6.62}$$

式中 $\boldsymbol{z}_1$—— 轨迹跟踪误差矢量,$\boldsymbol{z}_1=[z_{11},\cdots,z_{1n}]^{\mathrm{T}}$;

$\boldsymbol{z}_2$—— 误差矢量的导数,$\boldsymbol{z}_2=\dot{\boldsymbol{z}}_1=\boldsymbol{x}_2-\dot{\boldsymbol{x}}_{1d}$;

$\boldsymbol{s}$—— 积分滑模面矢量,$\boldsymbol{s}=[s_1,\cdots,s_n]^{\mathrm{T}}$;

$\boldsymbol{K}_1,\boldsymbol{K}_2$—— 两个增益矩阵,$\boldsymbol{K}_1=\mathrm{diag}\,[K_{11},\cdots,K_{1n}]^{\mathrm{T}}$,$\boldsymbol{K}_2=\mathrm{diag}\,[K_{21},\cdots,K_{2n}]^{\mathrm{T}}$。

根据式(6.62)可知,积分滑模面 $\boldsymbol{s}$ 的导数为

$$\dot{\boldsymbol{s}}=\boldsymbol{K}_1\boldsymbol{z}_2+\boldsymbol{K}_2\boldsymbol{z}_1+\boldsymbol{M}^{-1}\boldsymbol{u}-\ddot{\boldsymbol{x}}_{1d}+\hat{\boldsymbol{x}}_3+\tilde{\boldsymbol{x}}_3 \tag{6.63}$$

定义一个李雅普诺夫函数 V_2 为

$$V_2=\frac{1}{2}\boldsymbol{s}^{\mathrm{T}}\boldsymbol{M}\boldsymbol{s} \tag{6.64}$$

则可得李雅普诺夫函数 V_2 的导数为

$$\dot{V}_2=\boldsymbol{s}^{\mathrm{T}}(\boldsymbol{u}-\boldsymbol{M}\ddot{x}_{1d}+\boldsymbol{M}\boldsymbol{K}_1\boldsymbol{z}_2+\boldsymbol{M}\boldsymbol{K}_2\boldsymbol{z}_1+\boldsymbol{M}\hat{\boldsymbol{x}}_3+\boldsymbol{M}\tilde{\boldsymbol{x}}_3) \tag{6.65}$$

接下来,对式(6.65)的一些项进行线性化,可得

$$\boldsymbol{M}\ddot{x}_{1d}-\boldsymbol{M}\boldsymbol{K}_1\boldsymbol{z}_2-\boldsymbol{M}\boldsymbol{K}_2\boldsymbol{z}_1-\boldsymbol{M}\hat{\boldsymbol{x}}_3=-\boldsymbol{\Psi}[\boldsymbol{x}_1,\boldsymbol{x}_2,\boldsymbol{t}]\boldsymbol{\theta} \tag{6.66}$$

式中 $\boldsymbol{\Psi}[\boldsymbol{x}_1,\boldsymbol{x}_2,\boldsymbol{t}]$—— 一个 3 × 3 已知回归矩阵。

根据式(6.66),式(6.65)可以转化为

$$\dot{V}_2=\boldsymbol{s}^{\mathrm{T}}[\boldsymbol{u}+\boldsymbol{\Psi}(\boldsymbol{x}_1,\boldsymbol{x}_2,\boldsymbol{t})\boldsymbol{\theta}+\boldsymbol{M}\tilde{\boldsymbol{x}}_3] \tag{6.67}$$

根据式(6.67),在自抗扰控制的框架下,设计基于自适应鲁棒观测器的自适应鲁棒控制器为

$$\begin{cases}\boldsymbol{u}=\mathrm{sat}(\boldsymbol{u}_{\mathrm{a}})\\ \boldsymbol{u}_{\mathrm{a}}=-\boldsymbol{\Psi}(\boldsymbol{x}_1,\boldsymbol{x}_2,\boldsymbol{t})\hat{\boldsymbol{\theta}}-\boldsymbol{K}_{\mathrm{s1}}\boldsymbol{s}+\boldsymbol{u}_{\mathrm{s}}\end{cases}\tag{6.68}$$

式中 $\boldsymbol{u}_{\mathrm{a}}$—— 控制项，$\boldsymbol{u}_{\mathrm{a}}=[u_{\mathrm{a1}},\cdots,u_{\mathrm{an}}]^{\mathrm{T}}$，可以通过自适应观测器来估计相应的动力学项并用来补偿系统动力学；

$\boldsymbol{K}_{\mathrm{s1}}$—— 正的增益矩阵，$\boldsymbol{K}_{\mathrm{s1}}=[K_{\mathrm{s11}},\cdots,K_{\mathrm{s1}n}]$；

$\boldsymbol{u}_{\mathrm{s}}$—— 改进型的自适应滑模控制项，$\boldsymbol{u}_{\mathrm{s}}=[u_{\mathrm{s1}},\cdots,u_{\mathrm{s}n}]^{\mathrm{T}}$，用来提高系统的鲁棒性，具体设计下面将具体给出。

设计控制输入 $\boldsymbol{u}$ 为一个饱和函数：$\mathrm{sat}(\boldsymbol{u}_{\mathrm{a}})=[\mathrm{sat}(u_{\mathrm{a1}}),\cdots,\mathrm{sat}(u_{\mathrm{an}})]$。函数 sat：$\mathbf{R}\to\mathbf{R}$ 表示一个饱和函数，具体如下：

$$\mathrm{sat}(\bullet_i)=\mathrm{sign}(\bullet_i)\min\{(\bullet_i)_{\max},|\bullet_i|\},\quad i=1,\cdots,n\tag{6.69}$$

式中 $\bullet_i$—— 相应的项，$\bullet_i(i=1,\cdots,n)$。

全局有界反馈控制和高增益观测器的组合使得这两部分满足分离原则，即可以进行分别独立设计，这里根据分离原则设计了基于自适应扩张状态观测器的自适应鲁棒观测器。

饱和函数 $\mathrm{sat}(\boldsymbol{u}_{\mathrm{a}})$ 可用于处理扩张状态观测器的瞬态峰值现象。另外，还可用于降低积分滑模控制的不好影响，因为饱和函数可使控制器产生更平滑的控制输入信号，并减弱与控制输入信号相关的扰动的影响。因此，本节提出的基于自适应扩张状态观测器的自适应鲁棒观测器的性能不仅是由自适应扩张状态观测器来保障的，还与控制器的饱和设计方法一起来保障。

将式(6.68)代入式(6.67)可得

$$\dot{V}_2\leqslant\boldsymbol{s}^{\mathrm{T}}[-\boldsymbol{K}_{\mathrm{s1}}\boldsymbol{s}+\boldsymbol{u}_{\mathrm{s}}-\boldsymbol{\Psi}(\boldsymbol{x}_1,\boldsymbol{x}_2,\boldsymbol{t})\tilde{\boldsymbol{\theta}}+\boldsymbol{M}\tilde{\boldsymbol{x}}_3]\tag{6.70}$$

为了提高系统的鲁棒性，特别是为了降低观测器误差 $\tilde{\boldsymbol{x}}_3$ 对控制器性能的影响，本节设计了一个改进型自适应滑模控制器 $\boldsymbol{u}_{\mathrm{s}}$，具体形式如下：

$$\boldsymbol{u}_{\mathrm{s}}=-\boldsymbol{K}_{\mathrm{s2}}\mathrm{sign}(\boldsymbol{s})\tag{6.71}$$

$$\dot{K}_{\mathrm{s2}i}=\alpha_i|s_i|\mathrm{sign}\left(|s_i|-\frac{K_{\mathrm{s2}i}^2}{\beta_i}\right)\tag{6.72}$$

式中 α_i,β_i—— 正的增益参数；

$\boldsymbol{K}_{\mathrm{s2}}$—— 增益矩阵，$\boldsymbol{K}_{\mathrm{s2}}=[K_{\mathrm{s21}},\cdots,K_{\mathrm{s2}n}]$。

由于自适应扩张状态观测器的带宽限制，自适应扩张状态观测器不能够对系统中的高速或高频信号进行观测。因此，本节设计了一个自适应滑模控制项 $\boldsymbol{u}_{\mathrm{s}}$ 用于改善自适应扩张状态观测器的观测误差。在这里，系统总扰动的处理不仅依赖于自适应扩张状态观测器，还依赖于自适应滑模控制项，它们共同保障了控制器的性能。与传统的自适应鲁棒控制方法相比，本节提出的基于自适应扩张状态观测器的自适应鲁棒控制方法可以对系统扰动进行处理，且不需要太多的系统模型信息，也不需要估计系统扰动的上界，这降低了控制器实施的难度。

3.控制器稳定性证明

下面对本节提出的控制器进行归纳，并完成其稳定性证明。

定理 6.4　根据假设 6.2，设计自适应扩张状态观测器为式(6.63) ~ (6.64)，设计非连续参数自适应率为式(6.59)，并令 $\tau = \boldsymbol{\Psi}^{\mathrm{T}}[\boldsymbol{x}_1, \boldsymbol{x}_2, \boldsymbol{t}]\boldsymbol{s}$，设计自适应鲁棒控制器为式(6.68) 和式(6.71) ~ (6.72)，如果选择合适的增益使得 $\| s_i \|_{\infty}\beta < M_i \, |\tilde{\boldsymbol{x}}_3^+ - \tilde{\boldsymbol{x}}_3|^2$ 成立，那么所设计的控制器可以保证轨迹跟踪误差最终一致有界。

证明　选择正定李雅普诺夫函数为

$$V(\boldsymbol{t}) = V_1 + V_2 + \frac{1}{2}\tilde{\boldsymbol{\theta}}^{\mathrm{T}}\boldsymbol{\Gamma}^{-1}\tilde{\boldsymbol{\theta}} + \sum_{i=1}^{n}\frac{1}{2\alpha_i}(K_{s2i} - M_i \tilde{x}_{3i}^+)^2 \tag{6.73}$$

式中　$\tilde{\boldsymbol{x}}_3$—— $\tilde{\boldsymbol{x}}_3 = [\tilde{x}_{31}, \cdots, \tilde{x}_{3n}]$；

$\tilde{x}_{3i}^+$—— 观测误差 $\tilde{x}_{3i}$ 的最大正值。

对 $V(\boldsymbol{t})$ 求导，可得

$$\dot{V}(\boldsymbol{t}) = -\frac{1}{2}\omega_0 \, \| \varepsilon \|^2 - \boldsymbol{s}^{\mathrm{T}}\boldsymbol{K}_{s1}\boldsymbol{s} + \boldsymbol{s}^{\mathrm{T}}\boldsymbol{K}_{s2}\,\mathrm{sign}(\boldsymbol{s}) + \boldsymbol{s}^{\mathrm{T}}\boldsymbol{M}\tilde{\boldsymbol{x}}_3 -$$

$$\boldsymbol{s}^{\mathrm{T}}\boldsymbol{\Psi}(\boldsymbol{x}_1, \boldsymbol{x}_2, \boldsymbol{t})\tilde{\boldsymbol{\theta}} + \tilde{\boldsymbol{\theta}}^{\mathrm{T}}\boldsymbol{\Gamma}^{-1}\dot{\tilde{\boldsymbol{\theta}}} + \sum_{i=1}^{n}|s_i|(K_{s2i} - M_i \tilde{x}_{3i}^+) \tag{6.74}$$

如果不等式 $|s_i| \leqslant K_{s2i}^2/\beta_i$ 条件满足，很显然可以得到滑模面参数 $\boldsymbol{s}$ 是有界的。接下来，重点讨论 $|s_i| > K_{s2i}^2/\beta_i$ 的情况。在这种情况下，可以得到 $K_{s2i} < \sqrt{|s_i|\beta_i}$，并可知 K_{s2i} 会以 $\dot{K}_{s2i} = \alpha_i |s_i| > 0$ 的速度进行增加，该增长速度由式(6.72) 决定。因此，K_{s2i} 可以达到的最大值为 $K_{s2i}^+ = \sqrt{|s_i|_{\infty}\beta_i}$，其中 $|s_i|_{\infty}$ 表示 s_i 的无穷范数。

根据性质，当满足条件 $|s_i| > K_{s2i}^2/\beta_i$ 时，式(6.74) 可以写为

$$\dot{V}(t) \leqslant -\frac{1}{2}\omega_0 \, \| \boldsymbol{\varepsilon} \|^2 - \boldsymbol{s}^{\mathrm{T}}\boldsymbol{K}_{s1}\boldsymbol{s} - \boldsymbol{K}_{s2}\, \| \boldsymbol{s} \| + \sum_{i=1}^{n}|s_i|[K_{s2i} - M_i(\tilde{x}_3^+ - \tilde{x}_3^+)] \tag{6.75}$$

如果选择合理的参数 β 并使之满足 $\| s_i \|_{\infty}\beta < M_i^2 \, |\tilde{x}_3^+ - \tilde{x}_3|^2$，则可得不等式：$K_{s2i} < K_{s2i}^+ = \sqrt{|s_i|_{\infty}\beta_i} < M_i \, |\tilde{x}_3^+ - \tilde{x}_3|$，然后可以将式(4.87) 转化为

$$\dot{V}(t) \leqslant -\frac{1}{2}\omega_0 \, \| \boldsymbol{\varepsilon} \|^2 - \boldsymbol{s}^{\mathrm{T}}\boldsymbol{K}_{s1}\boldsymbol{s} - \boldsymbol{K}_{s2}\, \| \boldsymbol{s} \| < 0 \tag{6.76}$$

因此，当不等式 $\|\boldsymbol{s}_i\|_\infty\beta<M_i^2|\tilde{x}_3^+-\tilde{x}_3|^2$ 成立时，则所设计的控制器可以保证轨迹跟踪误差最终一致有界。

6.4.4 试验验证

1.展开抓取试验设置

以空间桁架式可展开抓取试验样机为试验对象，验证控制器的展开抓取协调运动控制性能。通过与同类先进的控制器进行比较，来验证前面提出的基于自适应扩张状态观测器的自适应鲁棒控制器的控制性能。为了定量说明所提出控制器的优越性，本节采用下面的性能参数进行比较：

(1) 绝对误差积分：$\mathrm{IAE}=\int|e(t)|\mathrm{d}t$。

(2) 平均绝对误差积分：$\mathrm{ISDE}=\int(e(t)-e_0)^2\mathrm{d}t$，其中 e_0 值是指跟踪误差的平均值。

(3) 控制输入信号绝对值积分：$\mathrm{IAU}=\int|u(t)|\mathrm{d}t$。

(4) 控制输入信号平方误差积分：$\mathrm{ISDU}=\int(u(t)-u_0)^2\mathrm{d}t$，其中 u_0 是指控制输入信号的平均值。

基于自适应扩张状态观测器的自适应滑模控制器和另外两种先进的控制器的具体控制器参数如下：

(1) 基于自适应扩张状态观测器的自适应鲁棒控制器(Adaptive Extened State Observer Based Adaptive Robust Controller，AESOARC)：控制器的具体设计见第 4 章，自适应扩张状态观测器的增益参数设置为 $\omega_0=20$，$\gamma=0.1$。该控制器的自适应率的增益设置为 $\boldsymbol{\Gamma}=\mathrm{diag}[1.5,1,1]^{\mathrm{T}}$，参数的最大值和最小值分别为 $\boldsymbol{\theta}_{\min}=[50,0.8,0.8]^{\mathrm{T}}$ 和 $\boldsymbol{\theta}_{\max}=[1\ 000,10,10]^{\mathrm{T}}$，参数的初始值 $\boldsymbol{\theta}_{\mathrm{inital}}=[100,1,1]^{\mathrm{T}}$。控制器的其他增益分别设置为 $\boldsymbol{u}_{\max}=[3.5,1.5,0.5]^{\mathrm{T}}$，$\boldsymbol{K}_1=[2,1,1]^{\mathrm{T}}$，$\boldsymbol{K}_2=[0.002\ 9,0.002\ 5,0.000\ 5]^{\mathrm{T}}$，$\boldsymbol{K}_{s1}=[1,1,1]^{\mathrm{T}}$ 和 $\alpha_1=\alpha_2=\alpha_3=0.08$，$\beta_1=\beta_2=\beta_3=0.001$。

(2) 基于扩张状态观测器的自适应鲁棒控制器(Extened State Observer Based Adaptive Robust Controller，ESOARC)：该控制器是指一种最近提出的基于传统扩张状态观测器的自适应鲁棒控制方法。其中，扩张状态观测器采用本书设计的扩张状态观测器但去掉自适应部分，即没有 $\boldsymbol{Q}\tilde{\boldsymbol{\omega}}$ 的部分。不同于前面设计的滑模面，该滑模面设计为 $\boldsymbol{s}=\boldsymbol{K}_1\boldsymbol{z}_1+\dot{\boldsymbol{z}}_1$。自适应鲁棒控制器也采用类似的方式，去掉改进的自适应滑模控制部分。该控制器的所有其他控制器设计参数均与前面的 AESOARC 控制器完全相同。

(3) 自适应鲁棒控制器(Adaptive Robust Controller, ARC)：ARC 控制器是在 AESOARC 控制器的基础上去掉其中的自适应扩张状态观测器的部分，其余部分的设计和参数设置与 AESOARC 控制器保持完全相同。

2.展开抓取试验结果

设置控制器的控制周期为 $T=1$ ms。电机 1、电机 2 和电机 3 的参考轨迹规划为：$x_{d1}=8\pi+8\pi\sin(2\pi t/15-\pi/2)$rad，$x_{d2}=10\pi+10\pi\sin(\pi t/6-\pi/2)$ 和 $x_{d3}=x_{d2}$。基于以上设置，本节完成了空间桁架式可展开抓取机构的展开抓取控制试验。图 6.8 所示为该空间桁架式可展开抓取机构的试验过程。

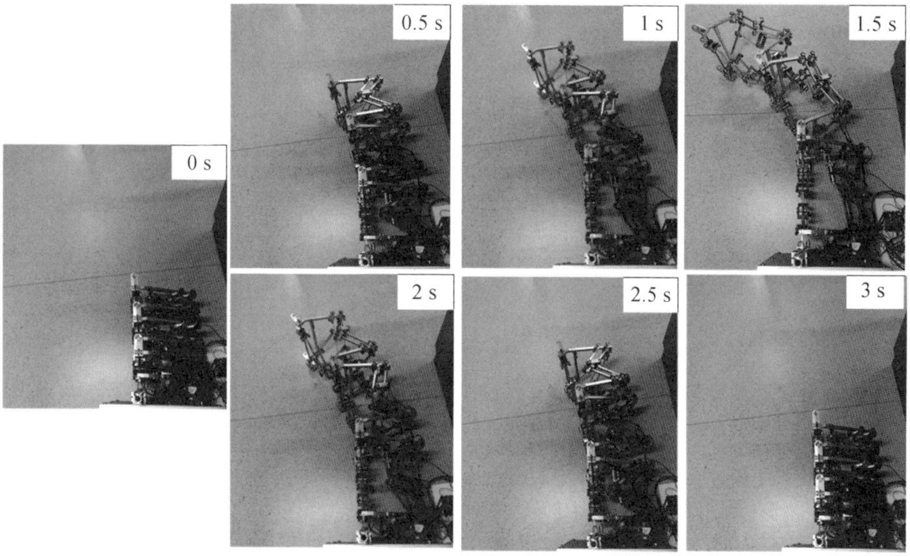

图6.8　空间桁架式可展开抓取机构的轨迹跟踪试验过程展示

为了说明所提出的 AESOARC 控制器的性能，图 6.9 给出了不同电机相应的轨迹跟踪误差的试验结果，其中参数 $\Delta\theta_1$、$\Delta\theta_2$ 和 $\Delta\theta_3$ 分别代表电机 1、电机 2 和电机 3 的轨迹跟踪误差。从图 6.9 可以看出，AESOARC 控制器获得了最低的跟踪误差。另外，为了说明跟踪误差比较的合理性，图 6.10 给出了三种控制器的控制输入信号。图 6.10 说明这三种控制器的控制输入信号的高频信号类似，即它们的输入控制信号中的高频成分是相似的，表明本试验的比较结果是在考虑输入信号的基本相同的情况下进行比较的，验证了比较试验的合理性。另外，从图 6.10 可以看出，本试验中 AESOARC 控制器的输入控制信号是稳定且有界的，说明 AESOARC 控制器具有很好的输入稳定性。

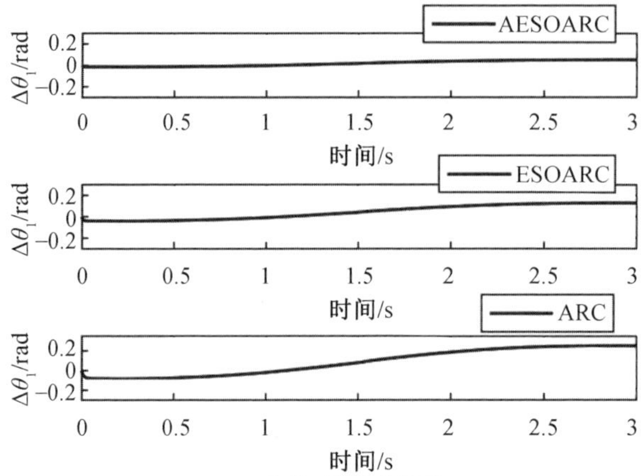

(a) 电机1的跟踪误差

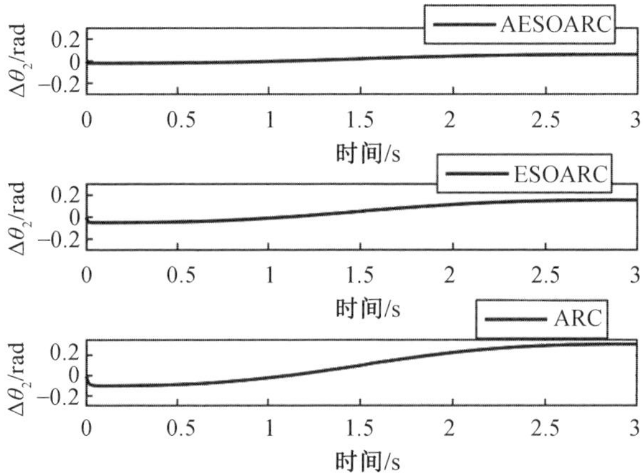

(b) 电机2的跟踪误差

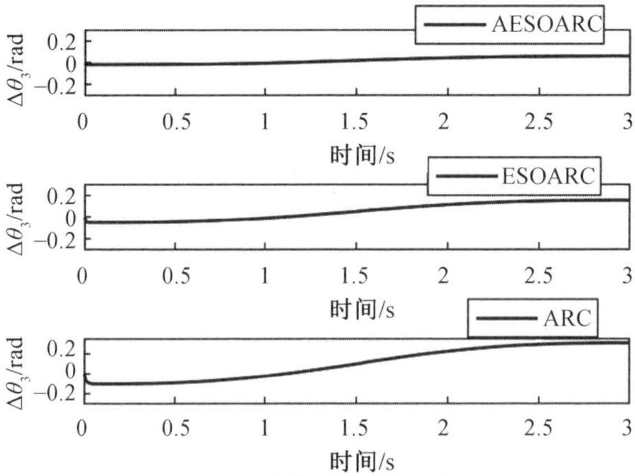

(c) 电机3的跟踪误差

图6.9　空间桁架式可展开抓取机构的轨迹跟踪比较试验

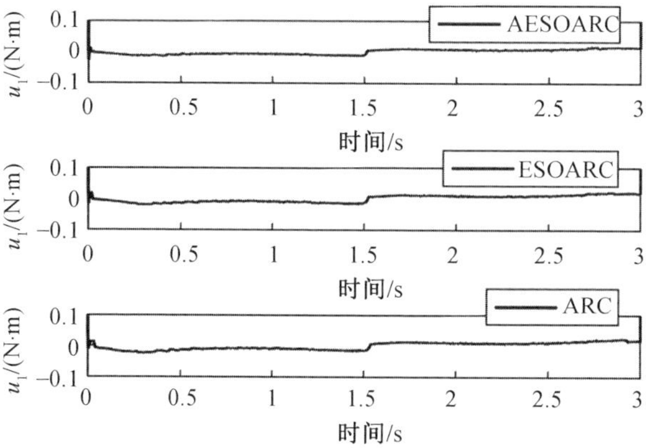

(a) 电机1的控制输入信号

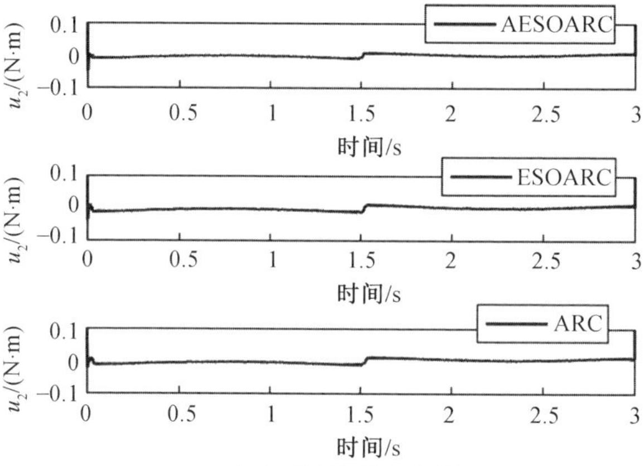

(b) 电机2的控制输入信号

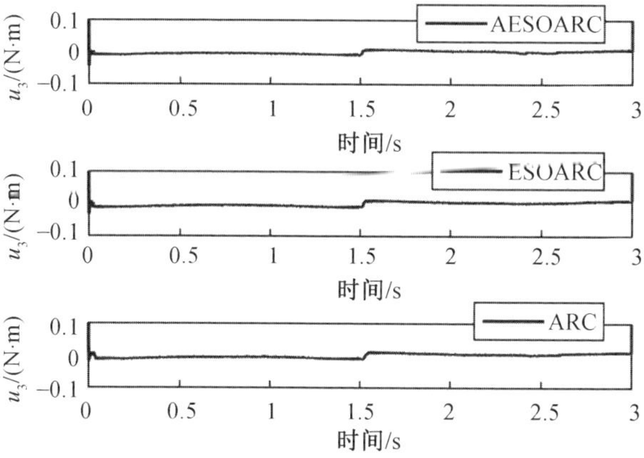

(c) 电机3的控制输入信号

图6.10　空间桁架式可展开抓取机构的控制输入信号

为了进一步说明AESOARC控制器在驱动空间桁架式可展开抓取机构的展

开抓取运动时的控制性能，表 6.2 给出了 3 种控制器对应于电机 1 的不同控制性能评价指标的试验结果，其中包括平均绝对误差、绝对误差积分、控制输入信号绝对值积分和控制输入信号平方误差积分。从这些试验数据可以看出，本书所设计的控制器在 3 种控制性能评价指标中都是最好的。电机 2 和电机 3 也具有类似的情况，但是为了简单起见，本书没有详细给出。以上结果说明 AESOARC 控制器在轨迹跟踪精度和稳定性等方面均有一定优势。

表 6.2　控制性能评价

评价指标	平均绝对误差	绝对误差积分	控制输入信号绝对值积分	控制输入信号平方误差积分
AESOARC	116.6	1.5	5 049	2 047
ESOARC	156.4	2.4	5 401	2 521
ARC	797.0	15.7	5 513	2 833

6.5　本章小结

针对空间桁架式可展开抓取机构展开过程中存在的过约束问题，本章提出了一种基于扩张状态观测器和部分动力学模型的空间桁架式可展开抓取机构展开运动控制方法，并完成了试验验证。针对空间桁架式可展开抓取机构的展开和抓取运动控制问题，提出了一种基于递归动力学模型的运动控制方法和一种基于自适应扩张状态观测器的运动控制方法。其中，在基于扩张状态观测器的控制方法中，首先提出了一种自适应扩张状态观测器，改进了传统扩张状态观测器的性能；其次，通过将非连续映射自适应率和自适应鲁棒控制方法进行深度融合，提出了一种自适应滑模控制项。基于这两个方面的改进，本章提出了基于自适应扩张状态观测器的自适应鲁棒控制器，并完成了其稳定性的理论证明和试验验证。这些控制方法的提出为空间桁架式可展开抓取机构的高性能运动控制提供了一种解决方案。

参考文献

[1] TAO J, SUN Q, SUN H, et al. Dynamic modeling and trajectory tracking control of parafoil system in wind environments [J]. IEEE/ASME

Transactions on Mechatronics, 2017, 22(6): 2736-2745.

[2] LIU H, LI S. Speed control for PMSM servo system using predictive functional control and extended state observer [J]. IEEE Transactions on Industrial Electronics, 2011, 59(2): 1171-1183.

[3] TALOLE S E, KOLHE J P, PHADKE S B. Extended-state-observer-based control of flexible-joint system with experimental validation [J]. IEEE Transactions on Industrial Electronics, 2009, 57(4): 1411-1419.

[4] GUO Q, ZHANG Y, CELLER B G, et al. Backstepping control of electro hydraulic system based on extended-state-observer with plant dynamics largely unknown [J]. IEEE Transactions on Industrial Electronics, 2016, 63(11): 6909-6920.

[5] SONG B. Robust stabilization of decentralized dynamic surface control for a class of interconnected nonlinear systems [J]. International Journal of Control, Automation and Systems, 2007, 5(2): 138-146.

[6] YAO B, BU F, REEDY J, et al. Adaptive robust motion control of single-rod hydraulic actuators: theory and experiments [J]. IEEE/ASME Transactions on Mechatronics, 2000, 5(1): 79-91.

[7] SUN W, ZHAO Z, GAO H. Saturated adaptive robust control for active suspension systems [J]. IEEE Transactions on Industrial Electronics, 2012, 60(9): 3889-3896.

[8] CUI R, CHEN L, YANG C, et al. Extended state observer-based integral sliding mode control for an underwater robot with unknown disturbances and uncertain nonlinearities [J]. IEEE Transactions on Industrial Electronics, 2017, 64(8): 6785-6795.

[9] 韩京清. 从 PID 技术到“自抗扰控制”技术 [J]. 控制工程,2002,9(3):13-18.

[10] LIU W L, XU Y D, YAO J T, et al. Methods for force analysis of overconstrained parallel mechanisms: a review [J]. Chinese Journal of Mechanical Engineering, 2017, 30(6): 1460-1472.

[11] 王向阳,郭盛,曲海波,等. 并联机构驱动力优化配置方法及应用研究[J]. 机械工程学报,2019,55(1):32-41.

[12] ZHAO Y, HUANG Z. Force analysis of lower-mobility parallel mechanisms with over-constrained couples [J]. Journal of Mechanical Engineering, 2010, 46(5): 15-21.

[13] HAN J Q. From PID to active disturbance rejection control [J]. IEEE Transaction on Industrial Electronics, 2009, 56(3): 900-906.

[14] XU L, YAO B. Adaptive robust precision motion control of linear motors with negligible electrical dynamics: theory and experiments [J]. IEEE/ASME Transactions on Mechatronics, 2001, 6(4): 444-452.

[15] GOODWIN G C, MAYNE D Q. A parameter estimation perspective of continuous time model reference adaptive control [J]. Automatica, 1987, 23(1): 57-70.

[16] YAO J, DENG W, JIAO Z. Adaptive control of hydraulic actuators with lugre model-based friction compensation[J]. IEEE Transactions on Industrial Electronics, 2015, 62(10): 6469-6477.

[17] YAO J, JIAO Z, MA D. Adaptive robust control of DC motors with extended state observer [J]. IEEE Transactions on Industrial Electronics, 2013, 61(7): 3630-3637.

[18] NA J, CHEN Q, REN X, et al. Adaptive prescribed performance motion control of servo mechanisms with friction compensation [J]. IEEE Transactions on Industrial Electronics, 2013, 61(1): 486-494.

[19] CHEAH C C, LIU C, SLOTINE J J E. Adaptive tracking control for robots with unknown kinematic and dynamic properties [J]. The International Journal of Robotics Research, 2006, 25(3): 283-296.

[20] WALCOTT B, ZAK S. State observation of nonlinear uncertain dynamical systems [J]. IEEE Transactions on Automatic Control, 1987, 32(2): 166-170.

[21] KHALIL H K. High-gain observers in nonlinear feedback control [C]. New Zealand: International Conference on Control, Automation and Systems, 2008.

第7章

空间桁架式可展开抓取机构的设计实例

7.1 概述

空间桁架式可展开抓取机构样机的设计实例与生产是其理论分析到实际应用中的必备环节，工程样机的设计实例涉及诸多的工程问题，包括材料选择、采用工艺、间隙配置及结构的可加工性等。通常，材料选择极大地决定了空间桁架式可展开抓取机构的刚度、耐磨度、质量等，比如常见的工业生产原材料结构钢与铝合金，铝合金的耐磨性差、刚度小，同时又有质量轻、易于加工等优点，而结构钢强度大、耐磨，但质量大，对轻量化设计较为不利。工程中所采用的加工工艺通常与样机设计实例中具体的结构有关，复杂的结构通常决定了其需要更加复杂的工艺，比如电火花打孔与磨削等，从而有效保证其平面度、粗糙度等，这是设计实例中应该充分避免的。间隙的配置和配合的类型决定了设计实例最终运动的精度，这对于变胞机构尤其重要，运动误差可能会导致变胞机构难以在变胞位置实现准确的变胞运动。结构的可加工性是针对空间桁架式可展开抓取机构的每个构件而言的，其不但要在设计时考虑避免各个位置的物理干涉，同时要尽可能地采用易于生产加工的设计，这有助于空间桁架式可展开抓取机构的产品化。显而易见，其中每一项都决定了该设计实例能否有效地验证其理论分析，并形成最终的工业产品。

本章在第2章构型设计的基础上，从工程化的角度分别设计了两种空间桁架式可展开抓取机构，一种是基于变胞机构模块的桁架式可展开抓取机构，另一种是基于平行四边形机构的欠驱动索杆桁架式可展开抓取机械手，最终完成了基于设计实例的试验样机加工，在此基础上，完成了对目标物的抓取测试。

7.2 基于变胞机构模块的桁架式可展开抓取机构设计实例

7.2.1 抓取子机构设计

该类桁架式可展开抓取机构的单元为变胞机构模块，如图 7.1 所示。变胞机构模块由抓取子机构和支撑子机构构成，为了实现展开运动，在抓取子机构中设计一个双闭环的剪刀叉机构。其中，R2 是剪刀叉机构的转动副，在剪刀叉机构的一边，3 个转动副 R5、R1、R2 和一个移动副 P1 组成了一个闭环单自由度 3R1P 机构。在剪刀叉机构的另一边，5 个转动副 R3、R4、R5、R6、R7 和一个移动副 P2 组成了另一个闭环机构，称为 5R1P 机构。该闭环机构与 3R1P 机构组成了抓取子机构。

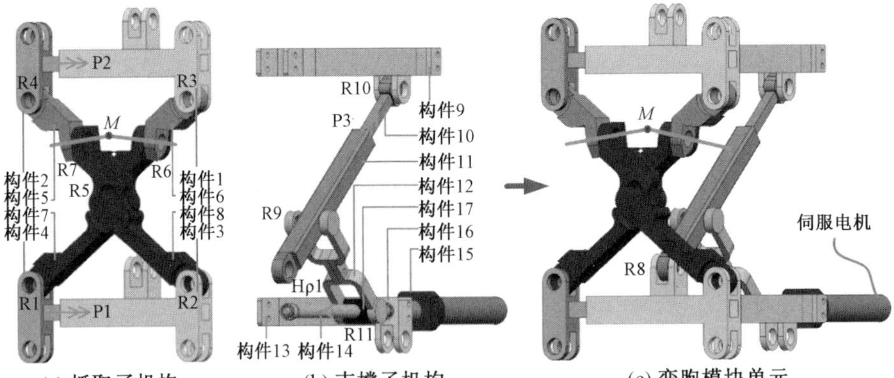

(a) 抓取子机构　(b) 支撑子机构　(c) 变胞模块单元

图7.1　变胞机构模块

当构件 7 相对于构件 8 绕转动副 R2 转动时，称为展开运动。在这个运动过程中，转动副 R1、R2、R3、R4、R5 的轴线相互平行并且垂直于转动副 R6、R7 的轴线。转动副 R6、R7 的轴线相交于点 M，但不共线。显然，在展开运动过程中，构件 6 相对于构件 7 不能绕着转动副 R6 的轴线转动，构件 5 相对于构件 8 不能绕着转动副 R7 的轴线转动。5R1P 机构在展开运动中也是一个单自由度闭环机构，相当于 3R1P 机构。在该情况下，由于剪刀叉机构的存在，该双闭环机构能够同时运动。此处设置了特殊的几何限制，使基础变胞机构模块能够刚好展开至自由度分岔姿态，如图 7.2 所示。

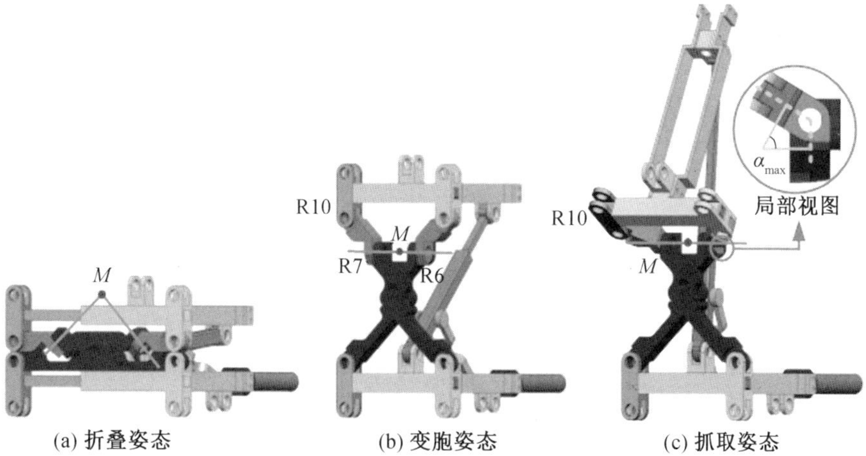

图7.2　变胞机构模块的展开和抓取运动

此时，转动副 R6、R7 的轴线共线，在这种状态下，基础模块单元可以绕着转动副 R6、R7 的轴线转动，可见机构在经过变胞姿态之后进入抓取姿态，在此过程中仍只有 1 个自由度。抓取运动和展开运动都只由一个驱动完成，这对于抓取机械手的轻量化具有重要意义。此外，特殊的结构设计确保了基础模块单元有最大抓取角 α_{max}，如图 7.2(c) 中的局部视图。这个设计将有助于减小整个机械手的体积。

7.2.2　支撑子机构设计与刚度增强

为了增强抓取子机构的抓取力和抓取刚度，需要设计对应于双闭环抓取子机构的支撑子机构。在展开运动中，构件 1 相对于构件 3 与构件 2 相对于构件 4 具有相同的移动自由度。在抓取运动过程中，移动副 P1 和 P2 不再移动，构件 5 相对于构件 7、构件 6 相对于构件 8 只能绕着转动副 R6、R7 的轴线转动。基于以上分析，最终的支撑子机构如图 7.1 所示。

在支撑机构中，构件 9 和构件 10 通过转动副 R10 连接，构件 11 和构件 3、构件 12 通过转动副 R8、R9 连接。在抓取运动过程中，转动副 R6、R8、R10 和移动副 P3 组成了 3R1P 机构，移动副 P3 可用于安装驱动。为进一步提高结构的刚度并简化驱动的设计，本章设计了另一个闭环，构件 12 与构件 17 通过转动副 R11 连接，构件 17 和构件 13 实际上是一组螺母丝杠副，通过螺旋副 Hρ1 连接。此时，转动副 R8、R9、R11 与螺旋副 Hρ1 组成了单自由度的 3R1H 机构，显然，滚珠丝杠副可作为该抓取机械手的驱动部件。

7.2.3 手掌子机构设计

本节提出的抓取机械手由 3 个手指子机构和 1 个手掌子机构组成，其中手指子机构即为可展开抓取机构，由变胞机构模块连接而成，连接方法在下一小节进行说明。手掌子机构则有 3 个对称的手指子机构的安装位置。考虑到轻量化设计的需要，1 个单自由度伞状手掌机构被提出，如图 7.3 所示。

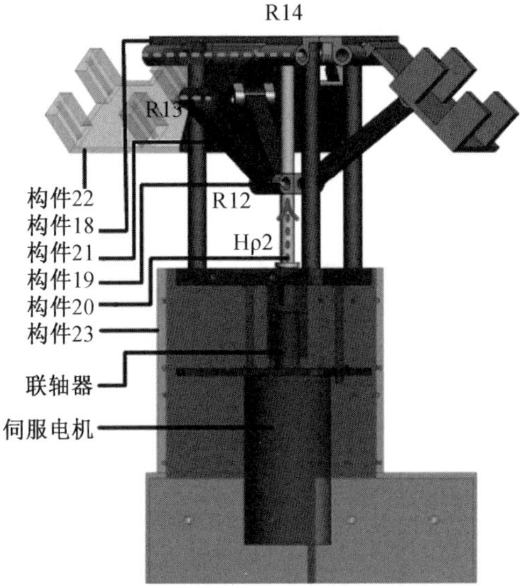

图7.3 手掌子机构

其中，构件 19 和构件 20 是一组螺母丝杠副，通过螺旋副 Hρ3 连接，构件 21 与构件 19、构件 22 通过转动副 R12、R13 连接，构件 22 与构件 18 通过转动副 R14 连接。在手掌子机构中转动副 R12、R13、R14 和螺旋副 Hρ2 同样构成了一个单自由度的 3R1H 机构，其中螺旋副 Hρ3 将作为驱动关节，其他的两个手指支链与其有相同的特征。在驱动器 M00 的驱动下，构件 22 可以绕着转动副 R14 的轴线旋转，其转动范围显然是 $0^\circ \sim 90^\circ$，其他构件如图 7.3 所示，其中构件 23 将用于驱动卡的安装。

7.2.4 连接机构设计及抓取机械手装配

为了完成机械手整体的装配，首先需要研究变胞机构模块的连接。与传统的串联抓取机械手不同，本节所提出的抓取机械手基础模块单元需要通过移动连接，其最主要的难点在于变胞机构模块不是刚性的构架而是可移动的机构，所以变胞机构模块的连接不能影响其原有的展开运动和抓取运动，同时又能保证同一手指上的模块能够同步展开。基于以上分析，最终的连接机构如图 7.4 所示。

如图 7.4(a) 所示，构件 3C 和构件 4C 通过移动副连接。构件 13C 和构件 17C 通过螺旋副 HρC 连接。两个相邻的模块共享了一部分构件和移动副，以便于两个相邻的基础模块单元能够同步展开。

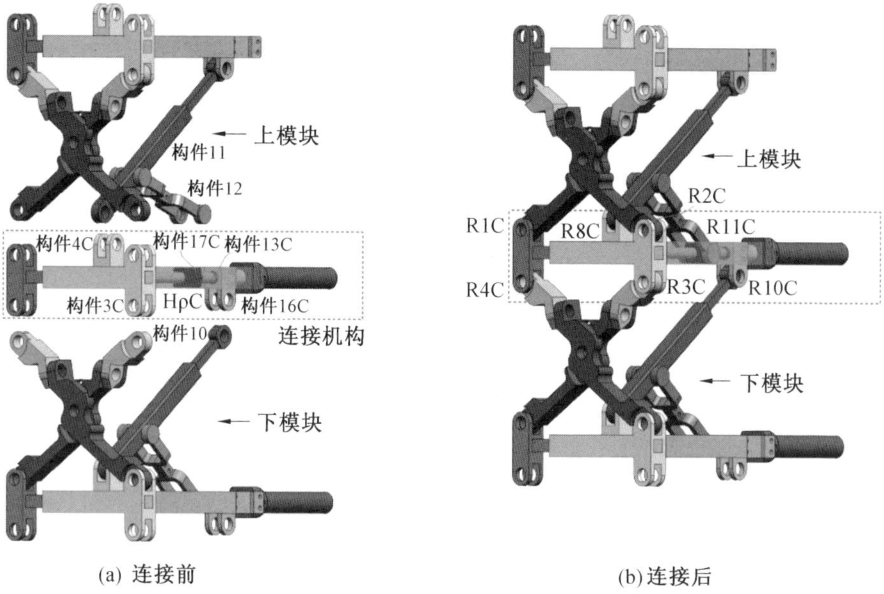

图7.4　模块连接

在变胞机构模块(上)与连接机构的连接过程中，首先变胞机构模块(上)的剪刀叉机构与连接机构通过转动副 R1C、R2C 连接；接着，变胞机构模块(上)的构件 11 和连接机构的构件 3C 通过转动副 R8C 连接；最后，变胞机构模块(上)的构件 12 和连接机构的构件 17C 通过转动副 R11C 连接。转动副 R1C、R2C 相对于变胞机构模块(上)与转动副 R1、R2 相同，如图 7.1 所示；转动副 R8C 相对于变胞机构模块(上)与转动副 R8 相同，转动副 R11C 相对于变胞机构模块(上)与转动副 R11 相同，如图 7.1 所示。

在变胞机构模块(下)与连接机构的连接过程中，首先变胞机构模块(下)的剪刀叉机构与连接机构通过转动副 R3C、R4C 连接；其次，变胞机构模块(下)的构件 10 与连接机构的构件 16C 通过转动副 R10C 连接。转动副 R3C、R4C 相对于变胞机构模块(下)与转动副 R3、R4 相同，转动副 R10C 相对于变胞机构模块(下)与转动副 R10 相同，如图 7.1 所示。

使用这种连接方法，两个相邻的变胞机构模块可实现连接而不影响原有的展开自由度和抓取自由度。由三个变胞机构模块即可连接得到三个手指子机构，如图 7.5(a) 所示。在手指子机构中，为了保证手指子机构的折展比，变胞机构模块的初始传动角较小，不利于展开运动，因此设计了一个辅助电机 $Mi0$ ($i=$

1，2，3)，该电机用于辅助手指子机构的展开运动。最终，三个手指子机构与手掌子机构刚性连接，即可装配得到可展开抓取机械手，如图 7.5(b) 所示。

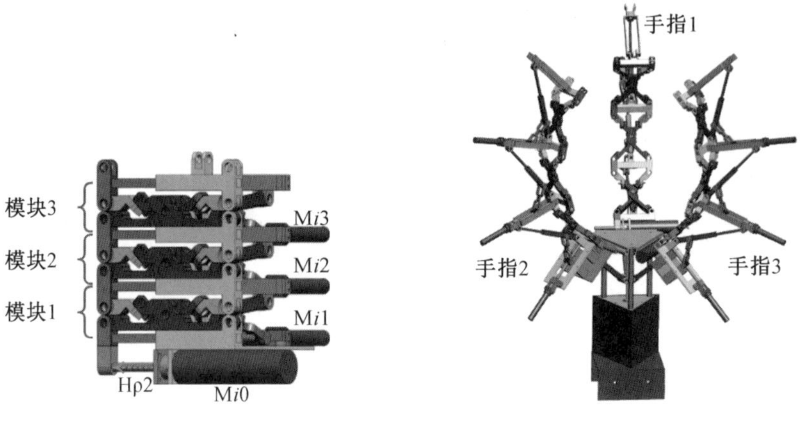

(a) 机械手手指　　(b) 可伸展抓取机械手

图7.5　机械手装配

7.2.5　抓取策略设计及形状适应性

根据桁架式可展开抓取机械手的特点，本节规划了一个简单的抓取策略，图 7.6 所示为一个球目标被机械手抓取的过程。

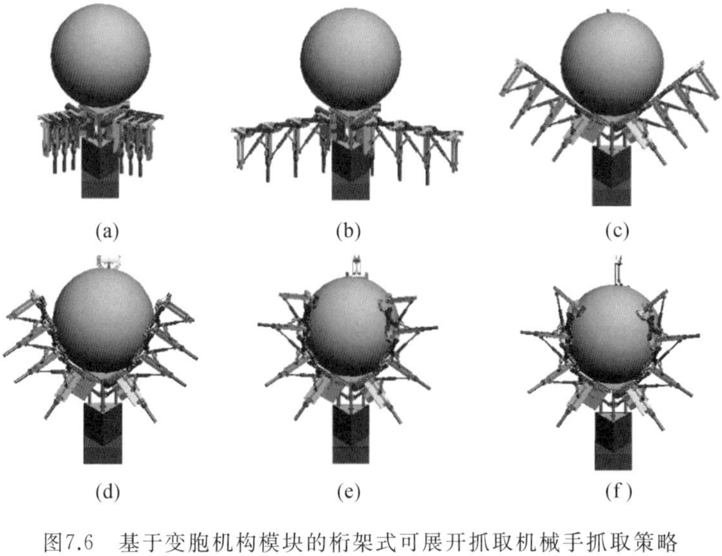

(a)　(b)　(c)

(d)　(e)　(f)

图7.6　基于变胞机构模块的桁架式可展开抓取机械手抓取策略

(1) 桁架式可展开抓取机械手移动到球目标位置直到手掌子机构与目标接触，如图 7.6(a) 所示。

(2) 三个手指子机构同步展开到变胞位置，如图 7.6(b) 所示。

(3) 手掌子机构展开直至三个手指子机构与目标表面接触,如图7.6(c)所示。

(4) 各手指子机构中模块1开始进行抓取,直至手指子机构均与目标表面接触,如图7.6(d)所示。

(5) 各手指子机构中模块2开始进行抓取,直至手指子机构均与目标表面接触,如图7.6(e)所示。

(6) 各手指子机构中模块3开始进行抓取,直至手指子机构均与目标表面接触,如图7.6(f)所示。

可以看出,本节所提出的桁架式可展开抓取机械手的抓取过程不同于传统的串联抓取机械手。在展开过程中,三个手指子机构可根据目标的形状同步展开或者异步展开;当该机构完全展开后,机械手到达变胞位置;由于几何限制和自由度分岔,机械手开始进行抓取运动,在这个过程中,每个模块都有一个独立的抓取自由度,其抓取角度可依据目标形状调整,从而进行有效抓取。

继抓取策略后,本节还将探讨机械手的形状适应性,主要体现在两方面:一是机械手是否能够抓取不同大小的同类目标;二是机械手是否能够抓取不同形状的目标。为了说明该机械手的形状适应性,机械手抓取三个不同直径的球目标和三个不同形状目标的效果如图7.7所示。从图中可以看出,该抓取机械手有卓越的抓取性能。

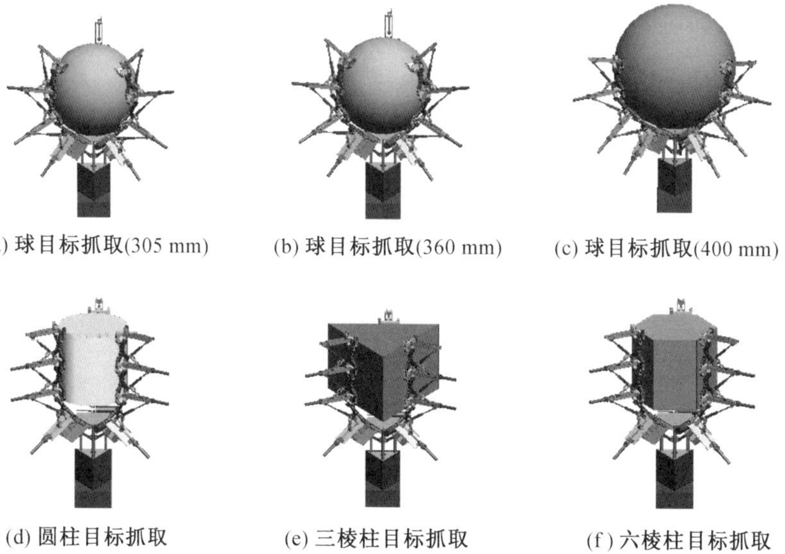

(a) 球目标抓取(305 mm)　(b) 球目标抓取(360 mm)　(c) 球目标抓取(400 mm)

(d) 圆柱目标抓取　(e) 三棱柱目标抓取　(f) 六棱柱目标抓取

图7.7 机械手抓取运动过程中的形状适应性

7.2.6 驱动系统与试验

1.伺服电机驱动器选型

考虑到桁架式可展开抓取机构在运动过程中需要对位置进行精确的控制，因此，伺服电机成为驱动器的首选。伺服电机可分为直流伺服电机和交流伺服电机。

直流伺服电机分为有刷电机和无刷电机。有刷电机成本低，结构简单，启动转矩大，调速范围宽，控制容易，但需要维护且不方便，易产生电磁干扰，对环境有要求。因此，它可以用于对成本敏感的普通工业和民用场合。无刷电机体积小，质量轻，出力大，响应快，速度高，惯量小，转动平滑，力矩稳定，控制复杂，容易实现智能化，其电子换相方式灵活，可以方波换相或正弦波换相，电机免维护，效率很高，运行温度低，电磁辐射很小，寿命长，可用于各种环境。

交流伺服电机也是无刷电机，分为同步电机和异步电机，运动控制中一般都用同步电机，它的功率范围大，可以达到很大的功率。另外，交流伺服电机具有大惯量，最高转动速度低，且随着功率增大而快速降低，因而适合做低速平稳运行的应用。伺服电机内部的转子是永磁铁，驱动器控制的U/V/W三相电形成电磁场，转子在此磁场的作用下转动，同时电机自带的编码器反馈信号给驱动器，驱动器根据反馈值与目标值进行比较，调整转子转动的角度。伺服电机的精度决定于编码器的精度。交流伺服电机和无刷直流伺服电机在功能上的区别：交流伺服更好一些，因为是正弦波控制，转矩脉动较小；直流伺服是梯形波，但直流伺服比较简单、便宜。

综上所述，可以从以下几个方面确定伺服电机的选择：① 转速和编码器分辨率的确认。② 电机轴上负载力矩的折算和加减速力矩的计算。③ 计算负载惯量匹配。④ 再生电阻的计算和选择，对于伺服电机，一般 2 kW 以上，要外配置，对于本书所提到的桁架式可展开抓取机构，由于其功率较小，不需要考虑外置。⑤ 电缆选择。参考以上选型条件，选择 Maxon 伺服电机，机械手伺服电机选型和主要参数分别见表 7.1 和表 7.2。

表 7.1 机械手伺服电机选型

安装位置	模块单元	辅助电机	手掌单元
电机	DCX10L	DCX22L	EC45flat
驱动卡	EPOS2 24/2	EPOS2 24/2	EPOS2 24/5
编码器	ENX10 1024CPT	ENX16 1024CPT	MILE 2048CPT
减速箱	GPX10A	GPX22A	GP42C
通信模块	IXXAT	IXXAT	IXXAT

表 7.2　机械手伺服电机主要参数

伺服电机	额定电压 /V	最大转速 /(r·min^{-1})	额定转矩 /(mN·m)	绕组热时间常数	电机磁极对数
DCX10L	12	11 300	2.03	3.94	1
DCX22L	12	11 700	27	22	1
EC45flat	12	8 150	23.6	8.36	8

2.控制系统设计

由于桁架式可展开抓取机构的各个驱动构成多个节点，因此该控制系统采用 CAN 总线结构并遵循 CANopen 协议。首先对机械手上所有的驱动器进行编号，M00 代表手掌子机构的伺服电机。Mi0 (i=1,2,3) 代表了第 i 个手指子机构上的辅助伺服电机，Mij (i=1,2,3；j=1,2,3) 代表第 i_{th} 个手指子机构上的第 j_{th} 个基础模块单元伺服单机。基于 CAN 总线结构的桁架式可展开抓取机构的总体控制系统方案如图 7.8 所示。在这个控制系统中，PC 将作为主机来发送和接收指令，然后通过 IXXAT 通信模块与驱动卡进行通信。每一个驱动卡节点都是带有接收和发送 CAN 命令的模块单元。该系统具有通信距离长、数据传输速度快等特点，因此更容易实现伺服电机的数字化控制。基于所选伺服电机的特性，该机械手的运动即可被实现。除此之外，还可以通过设置一些机械急停按钮等来使机械手的运动更加平稳和安全。

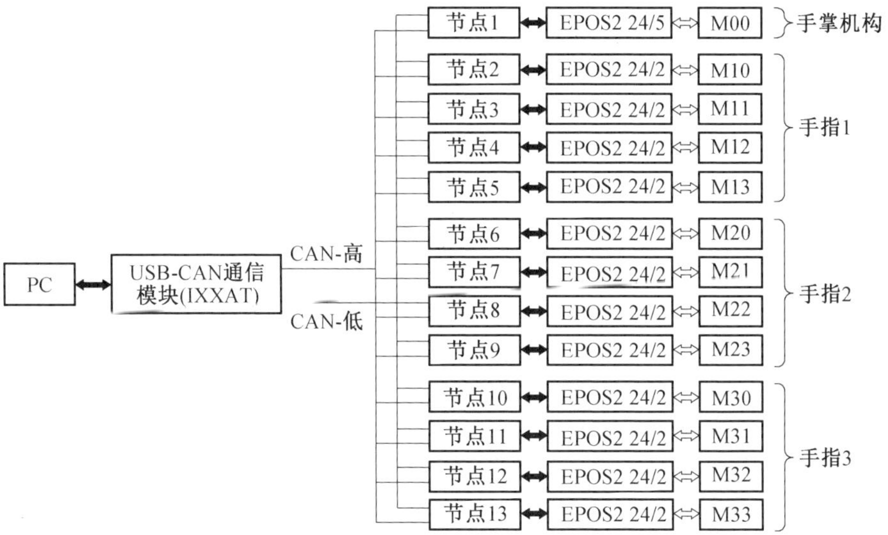

图7.8　控制系统方案

3.控制功能分析

结合所提到的桁架式可展开抓取机构的特点，控制程序功能应该包含以下五个功能区域：主控制功能区域、可展开运动功能区域、抓取运动功能区域、参数输入功能区域及实时位置监测功能区域。

(1) 主控制功能区域。

该区域主要包含以下功能：初始化、通信、中断与中断恢复、数据存储和关闭。

① 初始化。当桁架式可展开抓取机构即将执行抓取任务时，控制系统将首先被打开。由于采用Maxon伺服电机，首先要完成电机的初始化，使其处于待工作状态。

② 通信。在控制程序完成电机的初始化后，主机与伺服电机驱动卡之间的通信功能应该被建立起来，系统采用遵循CANopen通信协议的IXXAT通信模块，CANopen已经对节点进行了定义，因此极大地简化了控制程序的编写。

③ 中断与中断恢复。当桁架式可展开抓取机构执行抓取任务时，如果有紧急的情况发生，控制系统能通过中断功能及时地中断桁架式可展开抓取机构的运动，以免对桁架式可展开抓取机构和目标造成不必要的损坏。当突发情况处理完毕后再通过中断恢复功能恢复桁架式可展开抓取机构的工作。这两个工作在控制界面中可由一个操作按钮完成，当操作按钮按下时，执行中断功能，再次按下时，执行中断恢复功能。

④ 数据存储和关闭。在桁架式可展开抓取机构完成抓取任务后，需要对重要的数据进行存储，然后关闭控制程序，主机与驱动卡之间的通信断开。这两个工作在实际的程序编写中可由一个操作按钮完成，当按钮按下时，控制系统首先存储数据，然后关闭控制系统。

(2) 可展开运动功能区域。

该区域的主要功能是控制桁架式可展开抓取机械手中的三个手指子机构和手掌子机构的展开与收拢，由于该机械手的三个手指子机构既可以同步展开，也可以独立展开，因此需要对每个手指的展开和收拢单独进行定义，从而适应不同形状的目标。

(3) 抓取运动功能区域。

该区域的主要功能是控制三个手指子机构的弯曲。当机械手完全展开后，依据目标物体的形状，每个变胞机构模块既可以同步弯曲，也可以独立弯曲。当目标物体是一个规格物体时，通常不同手指的同一模块需要同时运动，这种情况下只需要三个按钮来控制不同手指子机构的三个关节。当目标物体是非规则物体时，不同的变胞机构模块都需要独立运动，在这种情况下，则需要九个按钮用于独立控制不同的变胞机构模块。除此之外，每一个伺服电机的逆行程也需要被考虑进控制按钮的设计程序中，与抓取过程相似，变胞机构模块的收拢也需要相同数目的执行按钮。

(4) 参数输入功能区域。

该区域可以分为两部分：一部分区域是手掌子机构运动参数输入，由于不同形状的目标要求手掌子机构展开的位置不同，因此手掌子机构的运动参数需要动态调整，同时脉冲发送的相对运动和绝对运动的选择同样应该在这一部分被指明，这需要增加一个选择窗口。为了更好地控制伺服电机的位置，在这一部分增加了手掌子机构伺服电机的初始位置和实时位置检测功能，及时地反映伺服电机所在的位置。另一部分区域是抓取参数输入区域，由于每个变胞机构模块都要独立控制，因此控制每个伺服电机都需要识别抓取参数输入区的数值。

(5) 实时位置监测功能区域。

该区域的功能是对九个模块单元伺服单机和三个辅助伺服电机进行实时监测，确认伺服电机转动的开始位置和实时位置，这有助于伺服电机运动的可视化。当伺服电机出现堵转现象时，可通过判断伺服电机的实时位置来判断并中断程序，以保护伺服电机。

基于以上分析，该桁架式可展开抓取机械手的控制软件界面如图7.9所示。

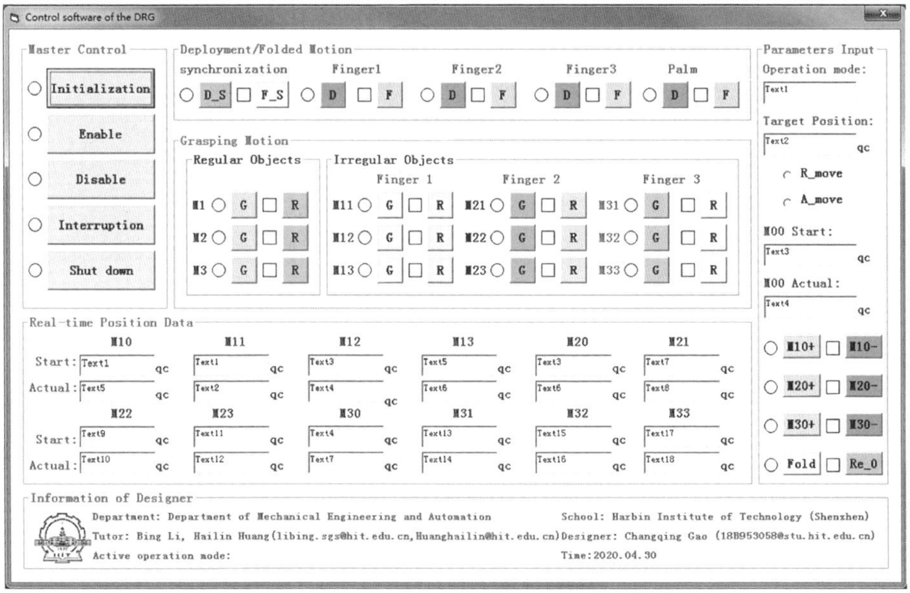

图7.9　桁架式可展开抓取机械手的控制软件界面

4.抓取测试

桁架式可展开抓取机械手试验平台如图7.10所示。首先，抓取运动过程中的三个关键状态，包括折叠姿态、变胞姿态和抓取姿态，如图7.11所示。从图中可以看到，机械手有一个紧凑的折叠姿态和一个展开后的抓取姿态。

为了说明桁架式可展开抓取机械手的形状适应性，令机械手分别抓取三个不同大小的同类目标及三个不同形状的目标，效果如图7.12所示。对于不同直径的球目标，考虑到机械手在折叠姿态的体积为10.9 dm^3，而三个球目标的体积分别为14.86 dm^3、24.43 dm^3、33.51 dm^3，可以看出机械手能适用于大尺度目标的抓取。对于不同形状的目标，变胞机构模块的抓取角可调整，仅仅模块1和手掌子机构形成了一定的角度，而其他的抓取子机构直接与目标面接触，显然，这有助于提高抓取力。因此，不同形状的目标依然可以被有效抓取。

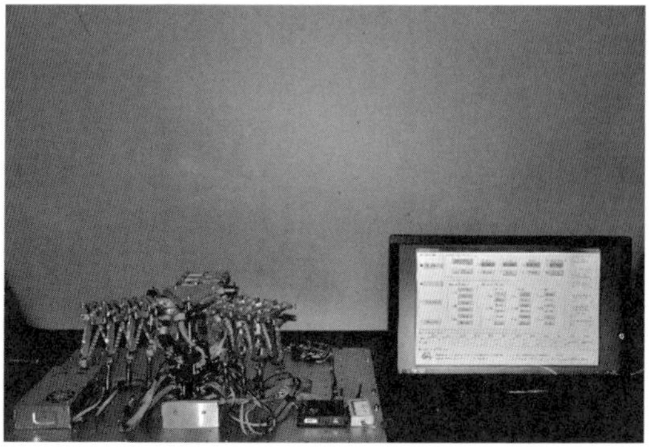

图7.10 桁架式可展开抓取机械手试验平台

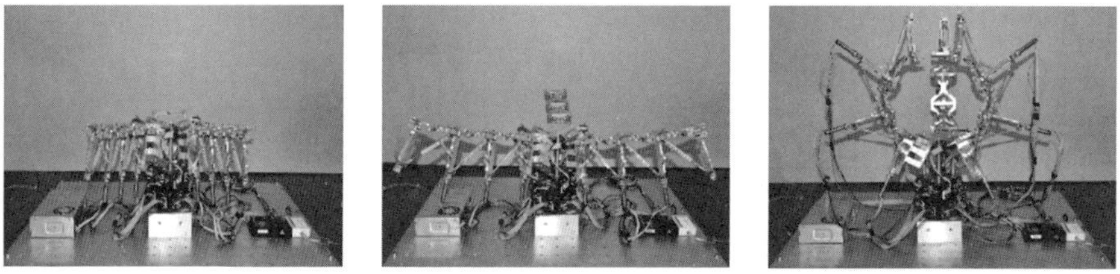

(a) 折叠姿态　(b) 变胞姿态　(c) 抓取姿态

图7.11 抓取运动过程中的三个关键姿态

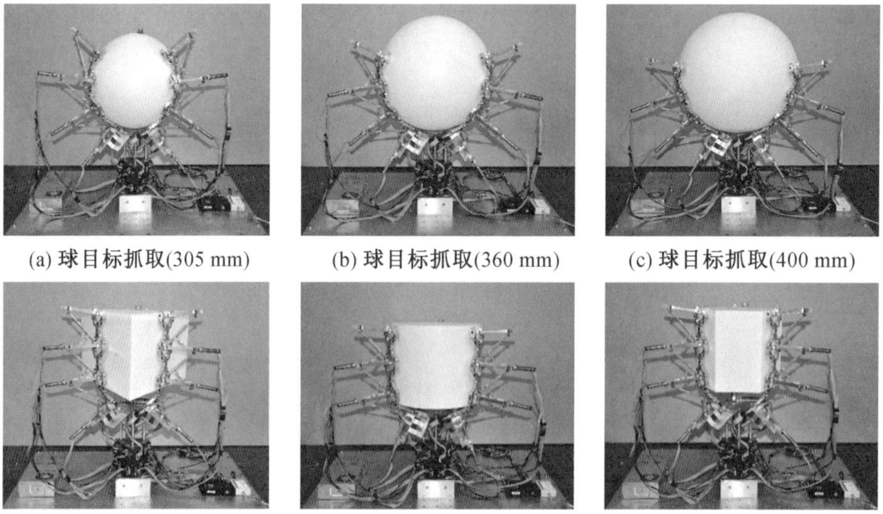

(a) 球目标抓取(305 mm)　(b) 球目标抓取(360 mm)　(c) 球目标抓取(400 mm)

(d) 三棱柱目标抓取　(e) 圆柱目标抓取　(f) 六棱柱目标抓取

图7.12 试验样机抓取运动中的形状适应性

7.3　基于平行四边形的欠驱动索杆桁架式可展开抓取机械手设计实例

7.3.1　样机研制

根据 2.10 节可以设计得到基于平行四边形的欠驱动索杆桁架式可展开抓取机械手(后文简称机构),根据该机械手的三维模型、绘制零件图及装配图进行加工并装配,装配完成的机构如图 7.13 所示。为方便后续试验的进行,将摩擦关节从基座至机构末端依次编号(图 7.13)。考虑试验设施的限制及试验的性质(验证机构功能和自适应特性,不包含控制环节),本节试验未涉及电位器的使用,接口设计只为进一步的控制试验做准备。

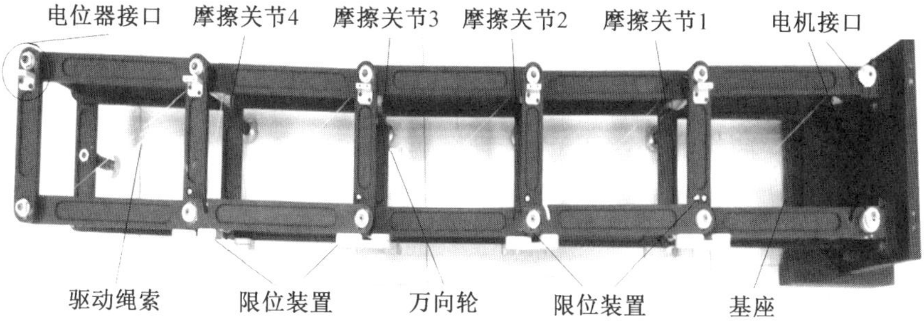

图7.13　欠驱动索杆桁架式可展开抓取机械手实物图

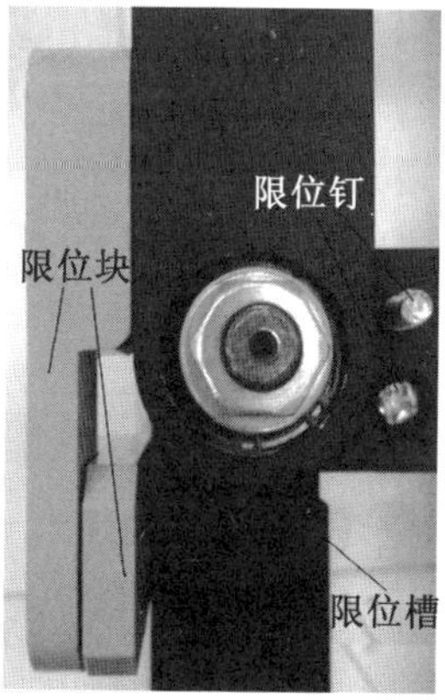

图7.14　样机限位装置

由于限位装置(图 7.14)的作用,样机具有极限位置。初始极限位置如图 7.15 所示,最终极限位置如图 7.16 所示。单元 1 转角 θ_1 的运动范围为 $(-70°,70°)$。调节机构关节运动顺序的主要关节——摩擦关节如图 7.17 所示,通过调节螺母 1 和调节螺母 2 的间距来调节摩擦块 1 与摩擦块 2 之间的压力大小,从而使杆 1 与杆 2 之间产生一定摩擦扭矩。

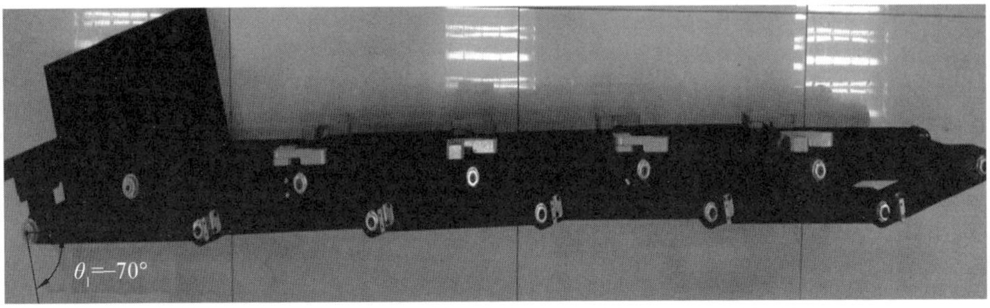

图7.15 样机初始极限位置

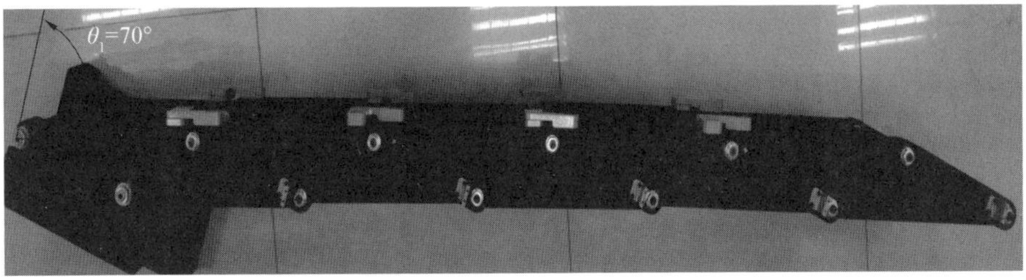

图7.16 样机最终极限位置

图7.17 样机摩擦关节

电机连接件和连接架如图 7.18 和图 7.19 所示，如需更换其他型号电机，只需改变电机连接架和连接轴套的尺寸即可。本节试验只采用一个电机驱动验证机构抓取及释放功能和自适应特性。

图7.18　电机连接件

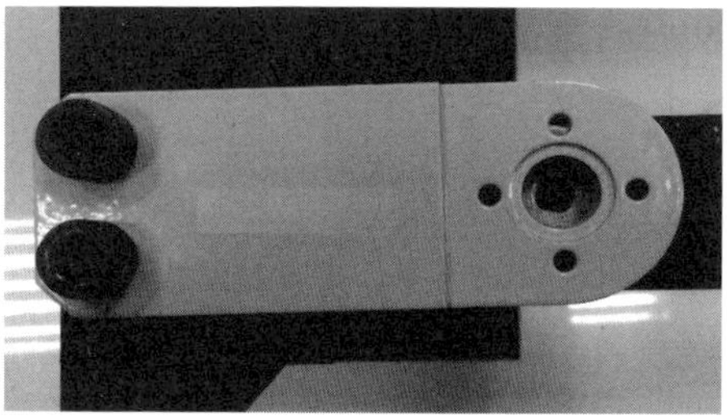

图7.19　电机连接架

7.3.2　机构自适应性能的验证试验

1.机构抓取不同半径圆柱目标的试验

欠驱动索杆桁架式可展开抓取机构抓取直径为 824 mm 的圆柱目标（初始位置）如图 7.20 所示，初始单元 1 与目标接触，调节机构摩擦关节与对应的摩擦扭矩，参数配置见表 7.3。机构抓取目标过程如图 7.21 所示，单元 2 ～ 5 对应的广义位移依次变化。

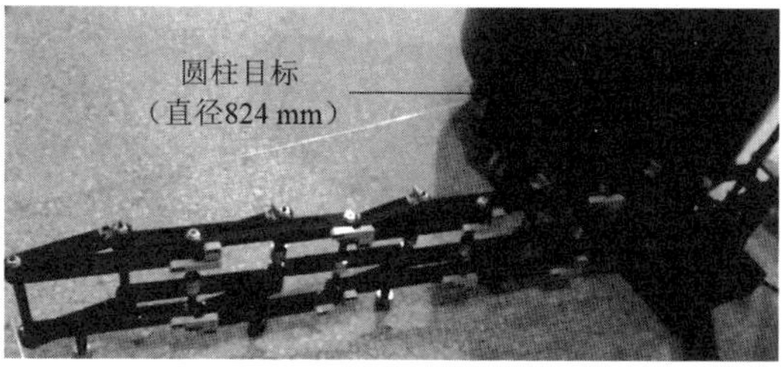

图7.20　欠驱动索杆桁架式可展开抓取机构抓取直径为 824 *mm* 的圆柱目标（初始位置）

表 7.3　摩擦关节扭矩参数配置

摩擦关节序号	1	2	3	4
相对转动角度 /(°)	5	15	30	45
对应的摩擦扭矩 /(N·m)	0.058 8	0.162 5	0.344 7	0.605 4

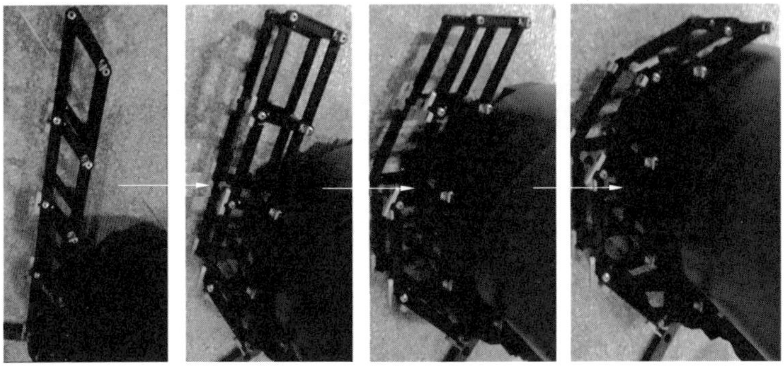

(a)　(b)　(c)　(d)

图7.21　欠驱动索杆桁架式可展开抓取机构抓取直径为 824 *mm* 的圆柱目标的过程

欠驱动索杆桁架式可展开抓取机构抓取直径为590 mm的圆柱目标(初始位置)如图 7.22 所示，初始单元 2 与目标接触，调节机构摩擦关节与对应的摩擦扭矩，参数配置见表 7.3。机构抓取目标过程如图 7.23 所示，单元 3 ~ 5 对应的广义位移依次变化。

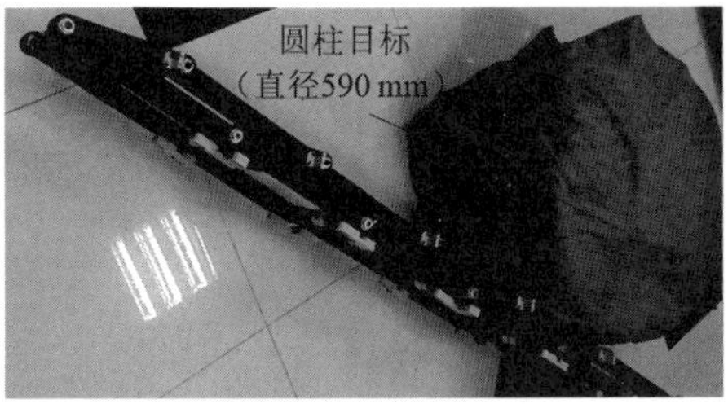

图7.22　欠驱动索杆桁架式可展开抓取机构抓取直径为 590 *mm* 的圆柱目标(初始位置)

2.机构抓取不同尺寸矩形目标的试验

欠驱动索杆桁架式可展开抓取机构抓取较大体积矩形目标(初始位置)如图 7.24 所示，初始机构与目标无接触，调节机构摩擦关节与对应的摩擦扭矩，参数配置见表 7.3。欠驱动索杆桁架式可展开抓取机构抓取目标的过程如图 7.25 所示，单元 1 和单元 2 对应的广义位移依次变化，抓取过程中单元 2 与单元 3 未与目标接触，单元 4 直接与目标接触，单元 5 达到极限位置。

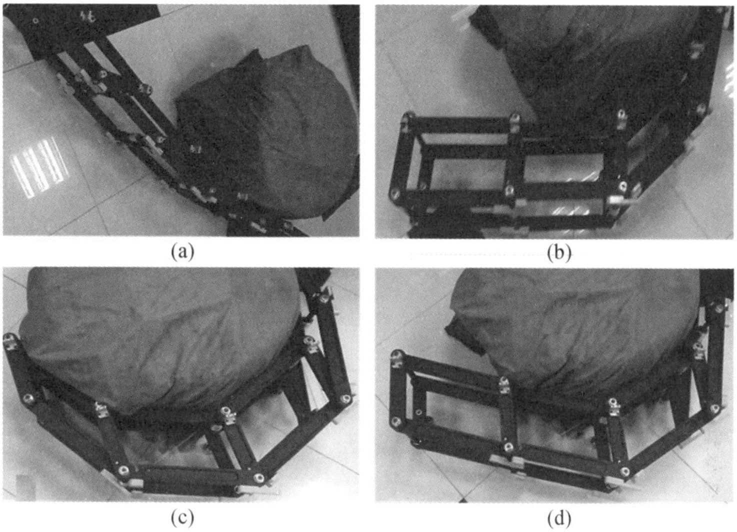

图7.23　欠驱动索杆桁架式可展开抓取机构抓取直径为 590 mm 的圆柱目标的过程

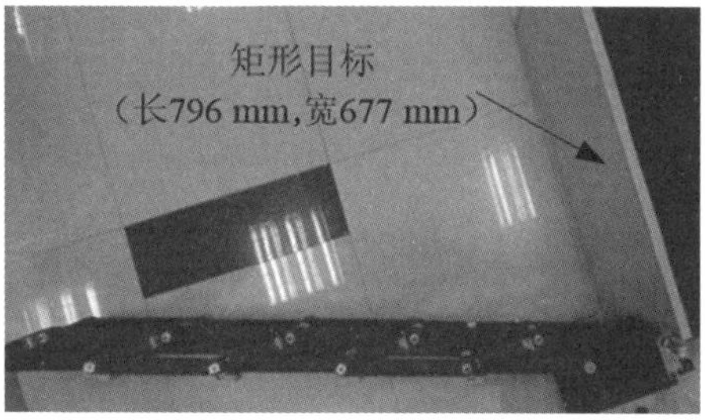

图7.24　欠驱动索杆桁架式可展开抓取机构抓取大体积矩形目标（初始位置）

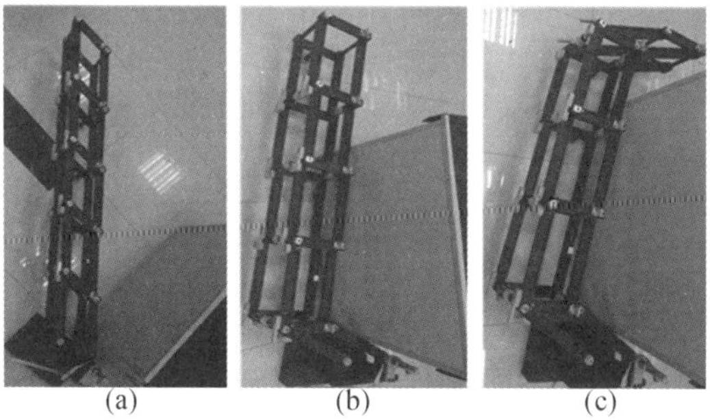

图7.25　欠驱动索杆桁架式可展开抓取机构抓取大体积矩形目标的过程

欠驱动索杆桁架式可展开抓取机构抓取较小体积矩形目标（初始位置）如图 7.26 所示，初始机构与目标无接触，调节机构摩擦关节与对应的摩擦扭矩，参数配置见表 7.3。欠驱动索杆桁架式可展开抓取机构抓取目标的过程如图 7.27 所示，单元 1 对应的广义位移首先变化，抓取过程中单元 1 与单元 3 未与目标接触，单元 2 和单元 4 依次与目标接触，单元 5 达到极限位置。

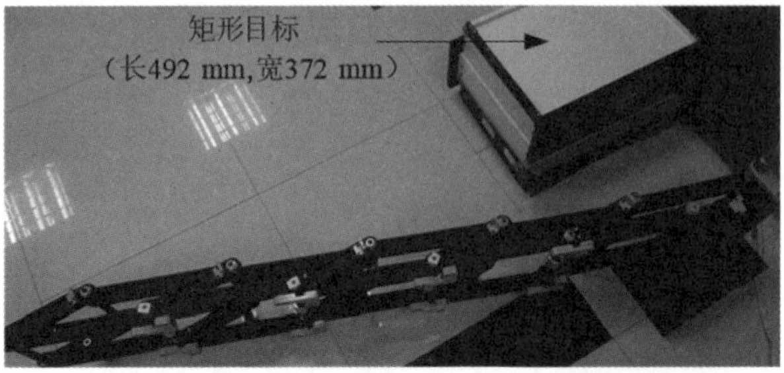

图7.26　欠驱动索杆桁架式可展开抓取机构抓取较小体积矩形目标(初始位置)

(a)　(b)　(c)

图7.27　欠驱动索杆桁架式可展开抓取机构抓取较小体积矩形目标的过程

3.机构抓取边界不规则目标的试验

通过摆放物件制作边界形状复杂抓取目标，欠驱动索杆桁架式可展开抓取机械手单元 1 接触杆件直接与目标接触，初始位置如图 7.28 所示，驱动电机转动即可完成抓取试验。

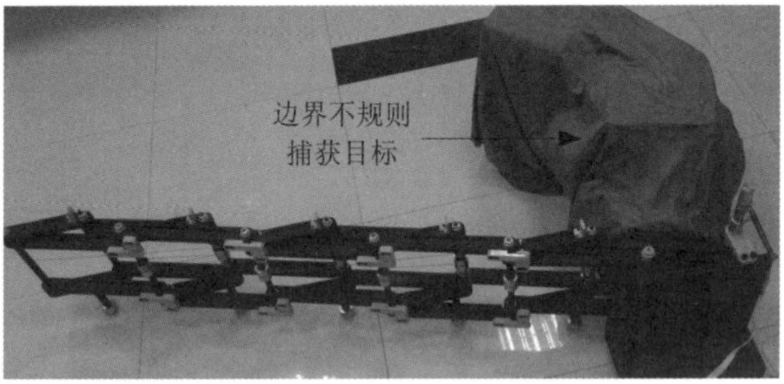

图7.28　机构抓取边界不规则物体(初始位置)

首先不对机构的摩擦关节进行摩擦力矩配置，即各摩擦关节均处于初始状态，根据标定试验结果，可以认为各摩擦关节不产生摩擦力矩。此机构状态完成抓取试验的过程如图 7.29 所示，可以看出，机构末端 3 个单元广义位移 θ_3、θ_4、θ_5

一起发生变化，后续除单元1广义位移 θ_1 未发生变化，其他广义位移均改变。

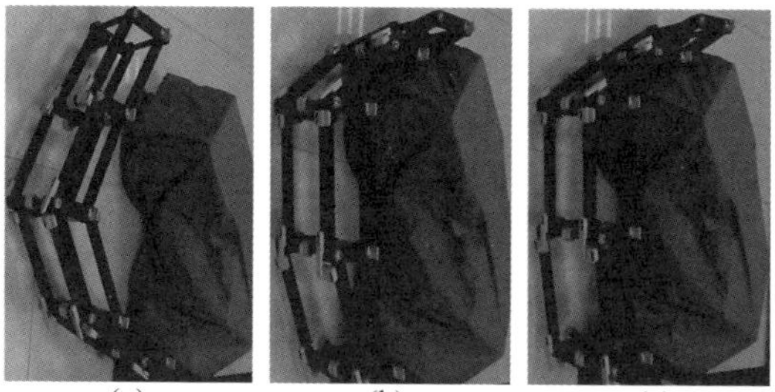

(a)　　(b)　　(c)

图7.29　机构抓取边界不规则物体的过程(未配置摩擦力矩)

对机构的摩擦关节进行摩擦扭矩配置后重新进行抓取试验，配置参数见表7.4，抓取过程如图7.30所示。可以看出单元1直接与目标接触，广义位移 θ_1 未发生变化，抓取过程中单元3比单元2先一步与目标接触，广义位移 θ_3 未发生变化，其他单元对应的广义位移依次变化。

表7.4　摩擦关节扭矩配置

摩擦关节序号	1	2	3	4
相对转动角度 /(°)	10	20	30	40
对应的摩擦扭矩 /(N·m)	0.058 8	0.162 5	0.344 7	0.605 4

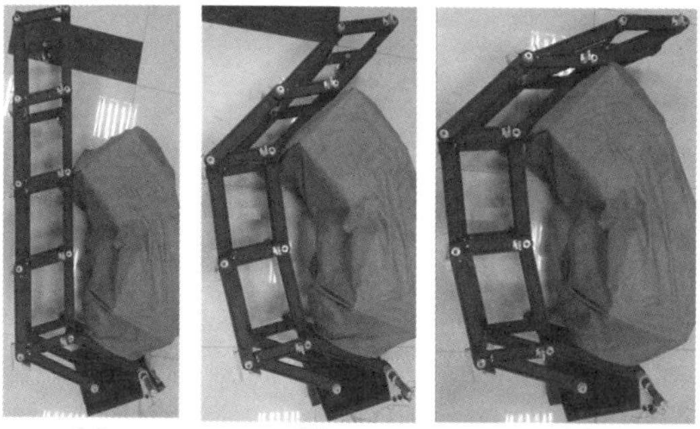

(a)　　(b)　　(c)

图7.30　欠驱动索杆桁架式可展开抓取机构抓取边界不规则物体的过程(配置摩擦力矩)

7.3.3　机构抓取活动目标试验

上述试验抓取目标均为固定目标，下面对能够移动的体积较小的目标进行抓取试验，机构抓取可移动物体(初始位置)如图7.31所示。由于欠驱动索杆桁架式可展开抓取机构样机只有一个，无法完成两边对称抓取，因此第3章中所述抓取策略1无法实现，采用抓取策略2完成抓取任务，抓取的过程如图7.32所示。

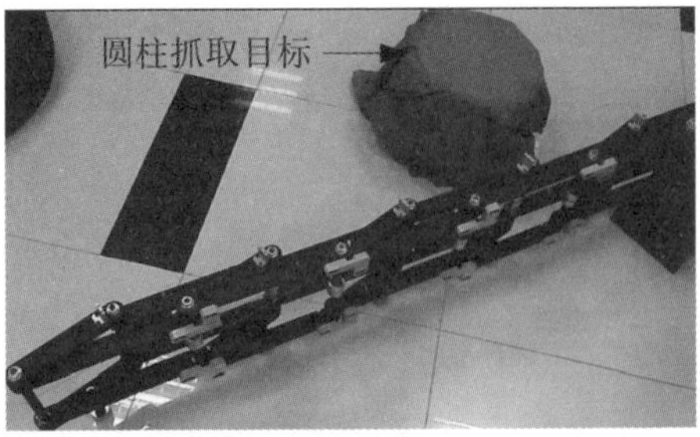

图7.31　欠驱动索杆桁架式可展开抓取机构抓取可移动物体(初始位置)

由图7.32可以看出,机构各单元对应的广义位移一起发生变化,单元4首先与目标接触,物体受到机构作用向机构基座方向移动,之后单元5与目标接触,而随着目标的移动,单元5由于达到极限位置与目标分离,最终将依靠单元1、单元2和单元3的共同作用完成抓取任务。

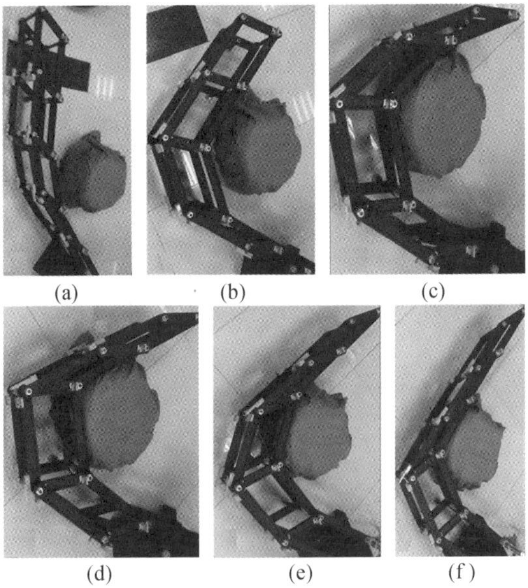

图7.32　机构抓取可移动物体的过程(初始位置)

7.4　本章小结

本章提出了两种桁架式可展开抓取机构,第一种机构使用基于变胞机构的模块进行设计,得到的桁架式可展开抓取机构具有较大的折展比、紧凑的折叠姿态和展开后的抓取姿态,能实现抓取自由度和展开自由度的转换;第二种机构是基于平行四边形机构的思想，通过索牵引来驱动整个桁架式可展开抓取机构，实现了桁架式可展开抓取机构的轻量化设计。通过抓取仿真，证实了两种方案的可行性。

参考文献

[1] 凌纯，姚智颖. 结构钢的回火脆性综述[J]. 热加工工艺，2018，2(47)：11-14.

[2] 万响亮，胡峰，成林. 两步贝氏体转变中碳微纳结构钢韧性的影响[J]. 金属学报，2019，12(55)：1503-1511.

[3] 邓运来，张新明. 铝及铝合金材料的进展[J]. 中国有色金属学报，2019，9(29)：2115-2141.

[4] 刘轩之，顾开远，翁泽锯，等. 铝合金深冷处理研究进展[J]. 材料导报，2020，3(34)：178-183.

[5] 路旭东. 机械加工工艺对零件加工精度的影响[J]. 内燃机与配件，2020(8)：139-140.

[6] 张发军，张烽，杨晶晶，等. 串联机械臂关节铰间隙配合精度设计方法[J]. 组合机床与自动化加工技术，2017(4)：38-42.

[7] 章崇任. 工程机械配合间隙的控制[J]. 工程机械，1993(6)：32-34.

[8] 王芳林，徐国华，陈建军. 机加工零件可制造性分析的特征识别[J]. 机械科学与技术，2003(A1)：67-69.

[9] 李桂东，周来水，安鲁陵，等. 复杂曲面零件可加工性分析的多属性评价算法研究[J]. 中国机械工程，2019，3(20)：315-319.

[10] GAO C Q, HUANG H L, Li B, et al. Design of the truss-shaped deployable grasping mechanism using mobility bifurcation [J]. Mechanism and Machine Theory, 2019 (139): 346-358.

[11] DAI J S, HUANG Z, HARVEY L. Mobility of overconstrained parallel mechanism [J]. Journal of Mechanical Design, 2006, 128(1): 220-229.

[12] DAI J S, REES J J. Mobility in metamorphic mechanism of foldable/erectable kinds [J]. Journal of Mechanical Design, 1999, 121(3): 375-382.

[13] DAI J S, WANG D L, CUI L. Orientation and workspace analysis of the multi-fingered metamorphic hand-metahand [J]. IEEE Transaction on Robotics, 2009, 25(4): 942-947.

[14] DAI J S, WANG D L. Geometric analysis and synthesis of the

metamorphic robotic hand [J]. Journal of Mechanical Design, 2007, 129 (11): 1191-1197.

[15] MASSA B, ROCCELLA S, CARROZZA M C, et al. Design and development of an underactuated prosthetic grasper [C]//IEEE International Conference on Robotics and Automation. Washington: DC, IEEE, 2002: 3374-3379.

[16] REA P. On the design of underactuated finger mechanisms for robotic hands [J]. Advances in Mechatronics, 2011(6): 131-154.

[17] DOYLE C E, BIRD J J, ISOM T A, et al. An avian-inspired passive mechanism for quadrotor perching [J]. IEEE/ASME Transactions on Mechatronics, 2013(2): 4975-4980.

[18] 张文增,陈强,孙振国,等. 变抓取力的欠驱动拟人机器人手[J]. 清华大学学报:自然科学版,2003(8):1143-1147.

名词索引

X

Y

Z

部分彩图

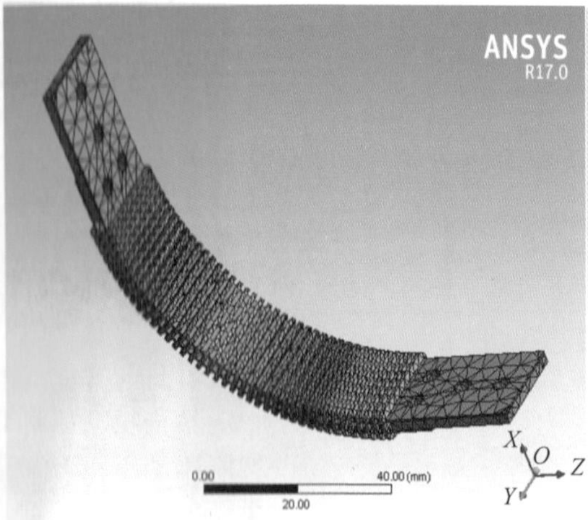

图 4.34　SMA 驱动器有限元模型的网格划分

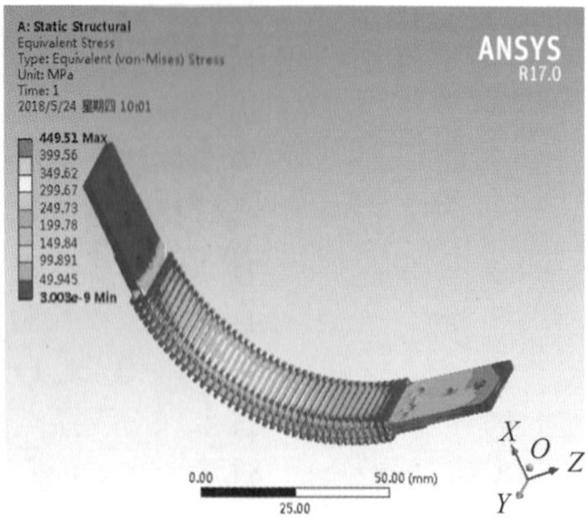

图 4.35　SMA 驱动器整体的等效应力分布

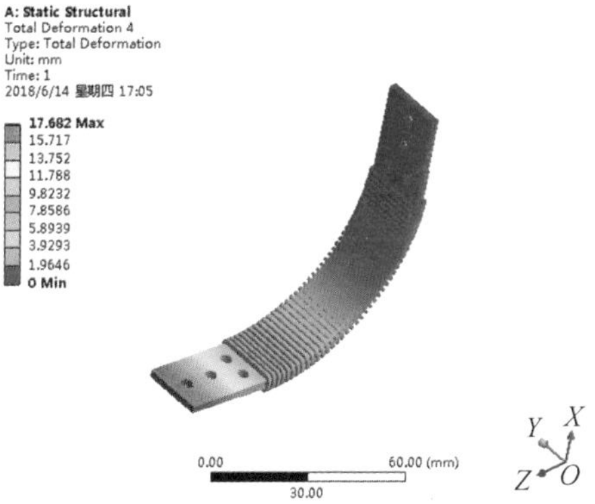

图 4.36　SMA 驱动器在力矩作用下整体的变形趋势

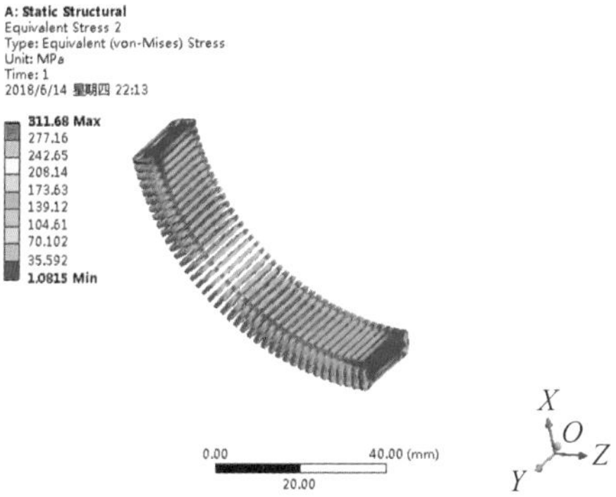

(a) 间距保持片等效应力图

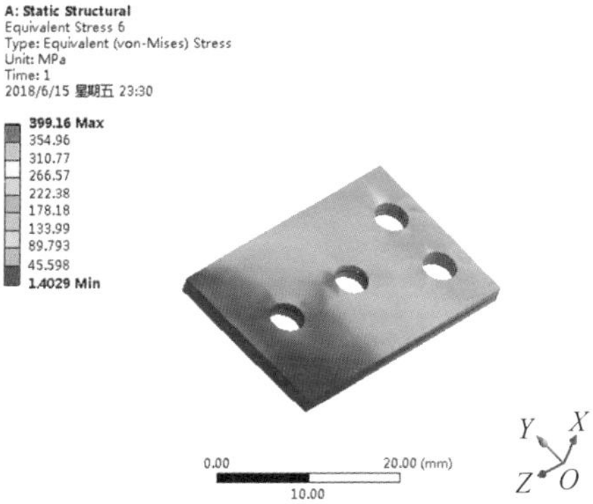

(b) 连接板等效应力图

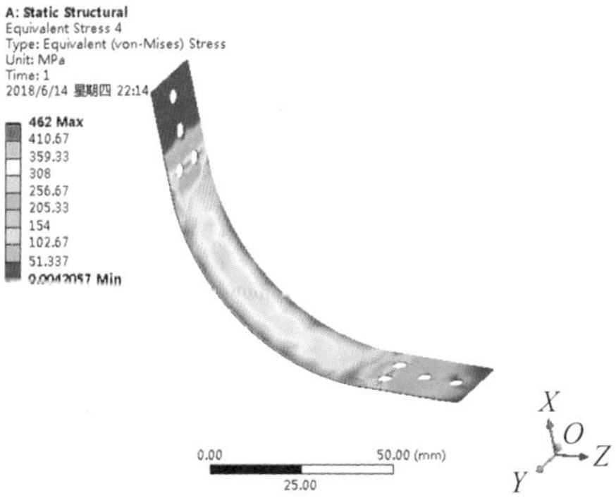

(c) 被动片等效应力图

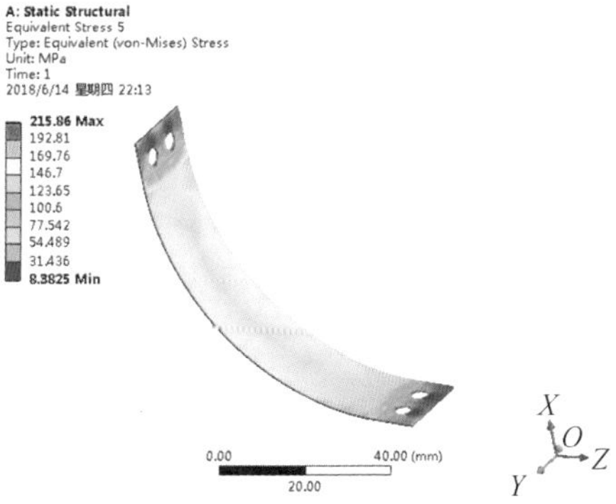

(d) SMA片等效应力图

图 4.37　力矩作用下各组件的等效应力分布

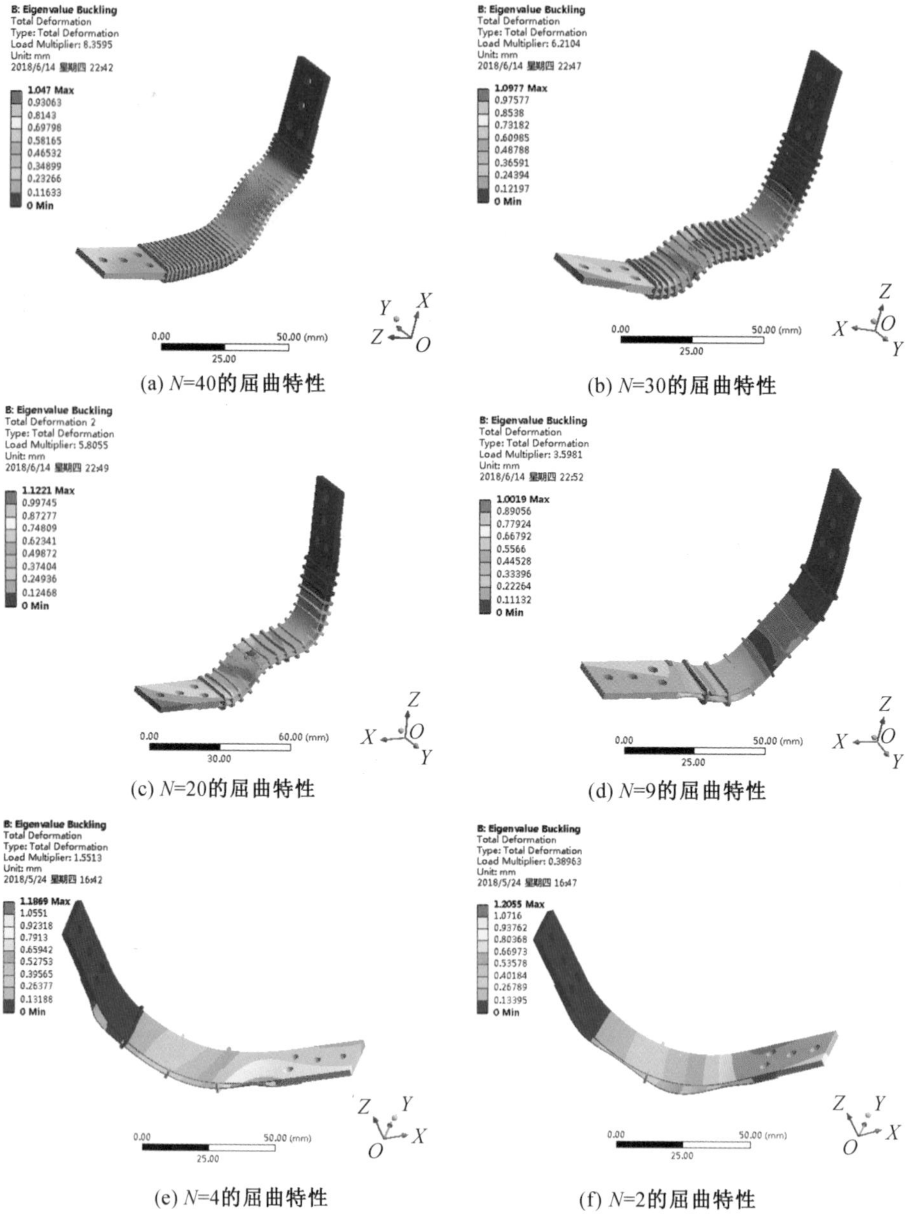

(a) N=40的屈曲特性　(b) N=30的屈曲特性

(c) N=20的屈曲特性　(d) N=9的屈曲特性

(e) N=4的屈曲特性　(f) N=2的屈曲特性

图 4.38　不同数量间距保持片下的驱动器屈曲特性分析